现代爆破技术

戚文革　孙文武　杨和玉　主　编
郎淳慧　刘　杰　王　鹏　副主编

北京理工大学出版社
BEIJING INSTITUTE OF TECHNOLOGY PRESS

内 容 简 介

本书以项目为载体组织编写内容，详细说明了矿山平巷掘进、地下采场落矿以及露天台阶爆破说明书的编制程序与内容。详细阐述了矿山平巷掘进爆破、地下采场落矿爆破以及露天台阶爆破的设计方法、施工程序与安全技术。特别针对平巷掘进爆破、露天台阶爆破以及爆破易发事故选取典型案例编写了专题案例汇编，有较强的实用性。

本书除作为高等院校采矿工程专业教材外，亦可供从事采矿工作的技术人员参考。

图书在版编目（CIP）数据

现代爆破技术/戚文革，孙文武，杨和玉主编. —北京：北京理工大学出版社，2015.9
ISBN 978 - 7 - 5640 - 7214 - 8

Ⅰ.①现… Ⅱ.①戚… ②孙… ③杨… Ⅲ.①爆破技术 Ⅳ.①TB41

中国版本图书馆 CIP 数据核字（2015）第 218987 号

出版发行 /	北京理工大学出版社有限责任公司
社　　址 /	北京市海淀区中关村南大街 5 号
邮　　编 /	100081
电　　话 /	（010）68914775（总编室）
	（010）82562903（教材售后服务热线）
	（010）68948351（其他图书服务热线）
网　　址 /	http：//www.bitpress.com.cn
经　　销 /	全国各地新华书店
印　　刷 /	三河市华骏印务包装有限公司
开　　本 /	787 毫米 × 1092 毫米　1/16
印　　张 /	21
字　　数 /	490 千字
版　　次 /	2015 年 9 月第 1 版　2015 年 9 月第 1 次印刷
定　　价 /	48.00 元

责任编辑 / 李志敏
文案编辑 / 李志敏
责任校对 / 周瑞红
责任印制 / 李志强

前　言

本书根据高等教育的特点，基于能力本位，以项目为载体组织编写内容，突出爆破设计能力和施工组织能力的培养。以三个项目的实施覆盖了金属矿山平巷掘进、地下采场落矿以及露天台阶爆破设计与施工的基本能力点和知识点。同时辅以典型专题案例作为补充，增强了本书的针对性和实用性。天井掘进爆破、竖井掘进爆破与平巷掘进爆破过程相同，硐室爆破在矿山正常生产中应用较少，因此本书未编写天井掘进爆破、竖井掘进爆破以及硐室爆破的相关内容。

本书共分三编。

第一编主要阐述了爆破工作过程，详细说明了爆破工、爆破组长和爆破技术员在爆破工作过程中的职责以及所应具备的岗位能力。提出了学生学习所应达成的能力要求，设计了承载本门课程的教学项目和建议考核方法。

第二编主要阐述了三个教学项目实施过程、学习效果要求，并汇编了相关参考资料（项目一为编制某地下矿山平巷掘进爆破说明书；项目二为编制某地下矿山采场落矿深孔爆破说明书；项目三为编制某矿露天台阶深孔爆破说明书）。

第三编针对平巷掘进爆破、露天台阶爆破以及爆破易发事故选取典型案例编写了专题案例集，使学生可以了解到生产实践中发生的各种问题以及解决方案，理论联系实际，增强实用性。

本书由戚文革、孙文武和杨和玉编写。吉林省冶金研究院郎淳慧、刘杰也参与了部分章节的编写工作。

全书由戚文革统稿。

戚文革编写了第一编和第二编项目一中的任务 1 至任务 9；孙文武编写了第二编项目一中的任务 10 至任务 14 以及项目二和项目三；杨和玉编写了第三编中的第三部分；郎淳慧编写了第三编中的项目一：掘进爆破案例；戚文革、刘杰编写了第三编中的项目二：露天爆破案例。刘杰、王鹏参与了资料搜集工作，并参与了全书的校对工作。

本书由戚文革统稿。

本书可作为高等技术院校采矿工程专业的教材，也可供从事采矿工作的技术人员参考。

本书在编写过程中引用了一些相关文献资料，谨向文献作者、出版社致以诚挚的谢意！

由于水平有限，书中难免存在不足之处，恳请读者批评指正。

目 录

第一编 爆破技术学习综述

第二编 教学项目实施

第三编　专题案例汇编

第一编　爆破技术学习综述

一、爆破工作的过程

矿山爆破技术工作岗位晋升依次为爆破工、爆破班组长（或掘进班组长）和爆破技术员。

（一）爆破工作总的工作过程

爆破工作的过程共分三步。

第一步：孔的设计与施工。

（1）孔的设计包括孔数、孔深、孔径及孔的排列方式。

（2）孔的施工包括标识孔位、凿岩、成孔的测量，形成实际孔位图。

第二步：爆破的设计与施工。

（1）爆破的设计包括炸药品种的选择、爆破网络的设计、炸药单耗的确定、装药结构的确定、总药量的计算等。

（2）爆破的施工包括装药、起爆网络连接、堵塞、警戒以及起爆等。

第三步：爆破效果分析。

对技术、经济、安全等指标进行分析，看看是否达到预期效果，若没达到，要查找原因，优化设计方案后再实施。

爆破工作的过程如图1-1所示。

（二）凿岩工、爆破工岗位工作过程分析

（1）典型工作过程：按班长要求完成相应工作，如图1-2所示。

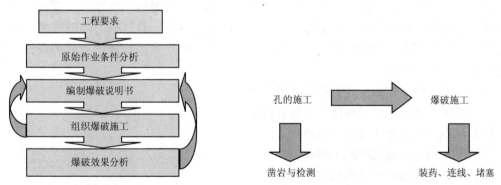

图1-1　爆破工作的过程　　　　图1-2　凿岩工、爆破工典型工作过程

（2）能力要求：能按班长要求完成。

① 凿岩施工任务（钻孔与检测）。

② 爆破施工任务（装药、连线、堵塞）。

（三）爆破班组长（或掘进班组长）岗位工作过程分析

（1）典型工作过程：按图纸要求现场组织施工完成相应工作，如图1-3所示。

（2）能力要求：能按设计图纸要求组织完成掘进或采区落矿任务。

① 凿岩施工任务（钻孔）。

② 爆破施工任务（装药、连线、堵塞）。

③ 安全技术措施。

（四）爆破技术员岗位工作过程分析

（1）典型工作流程：按岗位职责要求完成相应工作，如图1-4所示。

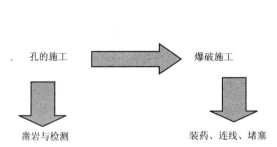

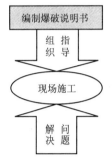

图1-3 爆破班组长（或掘进班组长）的工作过程　　图1-4 爆破技术员的工作流程

（2）能力要求。

① 能根据矿山水文地质、岩性、工程以及环境要求，依据设计规范进行金属矿露天台阶爆破设计、地下采场落矿以及巷道掘进爆破设计，并完成爆破说明书的编制。

② 能够根据爆破说明书的要求组织指导爆破施工。

③ 能够处理常见各种爆破技术、安全问题。

④ 能进行爆破效果分析。

二、教学项目

金属矿爆破分为两大类，即露采爆破和地采爆破。露采爆破主要是台阶深孔爆破，地采爆破主要是巷道掘进爆破和采场落矿爆破。台阶深孔爆破、巷道掘进爆破和采场落矿爆破是金属矿矿山爆破的主要形式，因此，选择这三类爆破形式进行教学项目的设计。本书共设计了七个教学项目。

（1）编制某地下矿山平巷掘进爆破说明书。

（2）编制某地下矿山采场落矿爆破说明书。

（3）编制某矿露天矿台阶爆破说明书。

（4）某矿掘进爆破模拟施工训练。

（5）某矿地采落矿爆破模拟施工训练。

（6）某矿露天台阶爆破模拟施工训练。

（7）编制某矿平巷掘进爆破说明书并实施爆破。

前三个设计项目本书撰写了详细的任务、知识储备和学习效果要求以及参考资料，可据此实施设计。后四个项目教师可根据实训条件和实习条件选择实施。

从表1-1可以看到，虽然爆破形式不同，但任务名称相同，这里隐含一个重要的结论，即过程相同，内容不同。

表1-1　"矿山爆破技术"教学项目汇总表

项目序号	项目名称	项目序号	任务名称	成果（展示）
1	编制某地下矿山平巷掘进爆破说明书	1	选择凿岩设备	凿岩设备型号、数量表（附原因）
		2	选择炸药品种	炸药选择分析报告
		3	确定炮孔参数	炮孔参数表
		4	绘制炮孔排列图	炮孔排列三视图
		5	确定爆破参数	爆破参数表
		6	设计起爆网络	起爆网络图
		7	设计装药结构	装药结构图
		8	设计警戒区域	警戒区域图
		9	设计施工进度	施工进程表
		10	预测爆破效果	爆破效果预期技术经济指标表
		11	设计施工程序	施工程序报告
		12	规范爆炸危险管理办法	规章制度
		13	设计爆破施工组织机构	组织机构图及职责说明
		14	任务合成	完整的某地下矿山平巷掘进爆破说明书
2	编制某地下矿山采场落矿爆破说明书	1	选择凿岩设备	凿岩设备型号、数量表（附原因）
		2	选择炸药品种	炸药选择分析报告
		3	确定炮孔参数	孔的参数表
		4	绘制炮孔排列图	炮孔排列图
		5	确定爆破参数	爆破参数表
		6	设计起爆网络	起爆网络图
		7	设计装药结构	装药结构图
		8	设计警戒区域	警戒区域图
		9	设计施工进度	施工进程表
		10	预测爆破效果	爆破效果预期技术经济指标表
		11	设计施工程序	施工程序报告
		12	规范爆炸危险管理办法	规章制度
		13	设计爆破施工组织机构	组织机构图及职责说明
		14	任务合成	完整的某地下矿山采场落矿爆破说明书

项目序号	项目名称	项目序号	任务名称	成果（展示）
3	编制某矿露天台阶爆破说明书	1	选择凿岩设备	凿岩设备型号、数量表（附原因）
		2	选择炸药品种	炸药选择分析报告
		3	确定炮孔参数	孔的参数表
		4	绘制炮孔排列图	炮孔排列图
		5	确定爆破参数	爆破参数表
		6	设计起爆网络	起爆网络图
		7	设计装药结构	装药结构图
		8	设计警戒区域	警戒区域图
		9	设计施工进度	施工进程表
		10	预测爆破效果	爆破效果预期技术经济指标表
		11	设计施工程序	施工程序报告
		12	规范爆炸危险管理办法	规章制度
		13	设计爆破施工组织机构	组织机构图及职责说明
		14	任务合成	完整的某矿露天台阶爆破说明书
4	某矿平巷掘进爆破模拟施工训练	1	装药、堵塞、网络连接	过程及工作质量记录
		2	警戒	过程记录
		3	起爆	起爆效果分析报告
5	某矿地采落矿爆破模拟施工训练	1	装药、堵塞、网络连接	过程及工作质量记录
		2	警戒	过程记录
		3	起爆	起爆效果分析报告
6	某矿露天台阶爆破模拟施工训练	1	装药、堵塞、网络连接	过程及工作质量记录
		2	警戒	过程记录
		3	起爆	起爆效果分析报告
7	编制某矿平巷掘进爆破说明书并实施爆破 说明：在实习时，根据矿山具体矿岩情况，结合已有的爆破方案，提出改进意见，编制完成爆破说明书，并据此方案进行一次实地爆破	1	编制某矿平巷掘进爆破说明书	某矿平巷掘进爆破说明书
		2	参与施工，与当班爆破班组一起完成一个完整的施工过程，并分析爆破效果	（1）施工记录单 （2）爆破效果分析报告

三、课程目标

课程目标分为总体目标和具体目标。

（一）总体目标

（1）能根据矿山水文地质、岩性以及环境要求进行金属矿露天台阶爆破设计、地下采场落矿以及平巷掘进爆破设计，并完成爆破说明书的编制。

（2）能够根据爆破说明书的要求组织爆破施工。

（二）具体目标

1. 能力目标

（1）能进行岩石性质及环境分析，为爆破参数设定及爆破方案选择提供依据。

（2）能根据岩石性质以及施工要求进行凿岩设备选型。

（3）能根据工程、地质、岩性以及安全、环保要求选择炸药。

（4）能根据工程、地质以及安全、环保要求选择起爆器材。

（5）能编制爆破说明书并组织施工。

（6）能进行爆破效果以及安全评估。

2. 知识目标

（1）掌握岩石性质、岩石分级以及矿山地质。

（2）掌握炸药组分、性能指标。

（3）掌握凿岩设备性能指标以及使用方法。

（4）掌握起爆器材的结构、性能以及使用方法。

（5）掌握爆破孔网参数选择依据。

（6）掌握导爆索、导爆管起爆网络知识。

（7）掌握爆破安全技术知识。

（8）掌握岩石爆破机理、爆破漏斗理论。

（9）掌握炸药、雷管的运输、储存、使用各环节的知识。

3. 素质目标

（1）培养学生在矿山爆破工程中的安全、环保以及效益意识。

（2）培养学生按照《爆破安全规程》以及其他规范、要求完成爆破设计、施工的职业素质。

（3）培养、树立学生爆破工作安全第一、安全无小事的思想。

四、考核方案

在完成项目的过程中，学生是主体，自主学习、合作学习是学生学习的主要方式，在这一过程中，学生的各种能力不断形成与提升，各种素养不断积淀，能力与素质变成可考核的显性状态，知识、能力与素质都变成能够考核的内容。

与此同时，学生的学习过程变得可控，因此，过程性评价成为项目教学考核评价的主要方式。

在项目教学过程中，学生的学习状态和成绩可以得到三个方面的监控，即学生本人、同学和教师。因此，项目教学中，学生成绩考核由学生自评、学生互评和教师评价三方按照统一的标准和一定的权重综合评价。

表1-2为教学项目建议考核评价表，表中包括了考核项目和考核标准。三方评价使用同一张表，自评、互评和师评的权重分别为30%、30%、40%。

表1-2 项目（任务）完成情况考核评价表

班级： 　　　评价人： 　　　被评价人 　　　项目（任务）编号：

序号	考核内容	权重	成绩	序号	考核内容		权重	成绩
1	完成项目（任务）的态度	10%		7	与人合作能力		2.5%	
2	项目（任务）报告的质量	50%		8	语言表达能力		2.5%	
3	资料查阅、汇总、分析能力	10%		9	自我学习能力		2.5%	
4	知识应用能力	5%		10	遵守纪律		3%	
5	回答问题的质量	5%		11	小组	成果展示	4%	
6	经济、安全、环保意识	2.5%		12	表现	主题发言	4%	
评分标准	优秀		良好		中等	及格		不及格
	100分		80分		70分	60分		50分

评分标准说明：学生对评价结果如有异议，可申请复议。

考核项目1：正式报告字迹工整、格式正确、内容丰富、表达方式多样，资料查阅不低于三种为优秀。

考核项目2：达成项目（任务）目标、阐述清晰、表达方式丰富（图、表、文字）为优秀。

考核项目3：有笔记本（字迹工整，有丰富摘记，出处记录清楚），资料查阅不低于三种，有明确的分析、汇总过程及结论、引用正确为优秀。

考核项目4：在完成项目（任务）时，知识应用准确，能从不同的角度说明问题为优秀。

考核项目5：回答问题时直指目的，思路清晰、逻辑严密、论据丰富为优秀。

考核项目6：在项目（任务）完成过程中，有鲜明的经济、安全和环保意识为优秀。

考核项目7：在一对一或团队的工作学习的环境中，为了达成某个目标，能够主动协商、主动配合，并能适时建议调整合作方式、改善合作关系为优秀。

考核项目8：语言表达流畅、语义清晰、能够围绕主题展开说明，肢体舒展大方，表情自然为优秀。

考核项目9：掌握不低于五种自我学习的方法（比如阅读的方法、记忆的方法、查找资料的方法、时间利用的方法、问题法以及能做学习计划等），并且能够熟练使用，行之有效为优秀。

考核项目10：遵守纪律（小组各成员不迟到、早退，课堂上能够按照教师要求迅速完成各种活动）。

考核项目11：小组表现由其他小组评定。具体考核标准为思维导图准确反映汇报内容，主题清楚，思路清晰，语言表达流畅，回答问题时直指目的，逻辑严密、论据丰富为优秀。

第二编　教学项目实施

本书只对爆破设计教学项目进行了实施设计，训练项目未做实施设计。教学项目分解为任务，学生的学习过程就是不断完成任务并按要求提交成果。本书进行了三个教学项目的实施设计。

（1）编制某地下矿山平巷掘进爆破说明书。

（2）编制某矿露天矿台阶深孔爆破说明书。

（3）编制某地下矿山采场落矿深孔爆破说明书。

为了更好地实施教学项目，创设学习情境是一个很好的选择，可以根据班级人数进行分组，每组即为一个爆破设计公司，视为乙方，教师视为甲方。每一个教学项目可视为甲方委托给乙方的一个项目。可以按照实际的工作过程完成每一个项目，使学生在学习过程中体会真实的工作情景、要求和步骤，从而提高学习效果，提升培养质量。

项目一　编制某地下矿山平巷掘进爆破说明书

一、项目分解

项目一任务分解见表 2 - 1。

表 2 - 1　项目一任务分解表

项目 1	序号	任务名称	成果
编制某地下矿山平巷掘进爆破说明书	1	选择凿岩设备	凿岩设备型号、数量表（附原因）
	2	选择炸药品种	炸药选择分析报告
	3	确定炮孔参数	炮孔参数表
	4	绘制炮孔排列图	炮孔排列三视图
	5	确定爆破参数	爆破参数表
	6	设计起爆网络	起爆网络图
	7	设计装药结构	装药结构图
	8	设计警戒区域	警戒区域图
	9	设计施工进度	施工进程表
	10	预测爆破效果	爆破效果预测技术经济指标表
	11	设计施工程序	施工程序报告
	12	规范爆炸危险管理办法	规章制度

项目1	序号	任务名称	成果
编制某地下矿山平巷掘进爆破说明书	13	设计爆破施工组织机构	组织机构图及职责说明
	14	任务合成	完整的某矿平巷掘进爆破说明书

二、项目原始条件

项目一的原始条件见表2-2。

表2-2　项目一的原始条件表

矿山名称	原始条件	完成人
矿山1	某金矿，矿岩坚固性系数$f=12$，矿岩平均密度为3.8g/m³，波速为5000m/s，矿岩含水率低。在-300m水平掘进水平运输巷，巷道断面为梯形，下底×高×上底尺寸为3.5m×2.5m×3m。爆破块度不超过300mm。无瓦斯、可燃粉尘爆炸危险。请编制爆破说明书	1组
矿山2	某地下铁矿为块状磁铁矿，矿岩坚固性系数$f=10$，矿岩平均密度为3.3g/cm³，波速为5200m/s，矿岩含水丰富。在-220m水平掘进水平运输巷，巷道断面为梯形，下底×高×上底尺寸为4m×3m×3.5m。爆破块度不超过300mm。无瓦斯、可燃粉尘爆炸危险。请编制爆破说明书	2组
矿山3	某地下钼矿，矿岩坚固性系数$f=8$，矿岩平均密度为4.1g/m³，波速为5000m/s，矿岩含水丰富，在-120m水平掘进水平运输巷，巷道断面为矩形，尺寸为3m×2.5m。爆破块度不超过300mm。无瓦斯、可燃粉尘爆炸危险。请编制爆破说明书	3组
矿山4	某镍矿，矿岩坚固性系数$f=16$，矿岩平均密度为4.5g/m³，波速为5100m/s，在-220m水平掘进水平运输巷，巷道断面为梯形，下底×高×上底尺寸为3.5m×2.5m×3m。爆破块度不超过300mm。无瓦斯、可燃粉尘爆炸危险。请编制爆破说明书	4组
矿山5	某铁矿，矿岩坚固性系数$f=8$，矿岩平均密度为2.5g/m³，波速为5100m/s，矿岩含水丰富。在-120m水平掘进水平运输巷，巷道断面为梯形，下底×高×上底尺寸为3.5m×2.5m×3m。爆破块度不超过300mm。无瓦斯、可燃粉尘爆炸危险。请编制爆破说明书	5组
矿山6	某铁矿，矿岩坚固性系数$f=12$，矿岩平均密度为4.2g/m³，波速为5200m/s，矿岩含水率低。在-720m水平掘进水平运输巷，巷道断面为梯形，下底×高×上底尺寸为3.5m×2.5m×3m。爆破块度不超过300mm。无瓦斯、可燃粉尘爆炸危险。请编制爆破说明书	6组

三、项目实施导学与要求

任务1　为某矿选择平巷掘进凿岩设备

（一）完成任务所需知识储备

（1）各种气腿式凿岩机的优缺点比较。

（2）凿岩机台班功效。

（3）凿岩机能耗。

（4）凿岩成本。

（5）安全、维护。

（6）凿岩机价格。

（7）岩石比重、密度、孔隙率、含水性等物理性质与爆破相关性。

（8）岩石的弹性、塑性、硬度、波阻抗等力学性质与凿岩、爆破难易相关性。

（9）岩石在抗压、抗拉以及抗剪等方面表现出的特性。

（10）岩石坚固性系数的含义，熟悉岩石普氏分级表，每一级的代表性岩石。

（二）学习效果要求

各小组根据矿山原始条件达到以下要求。

（1）至少选择两种不同型号凿岩机进行比较，择优选用。

（2）完成凿岩机选择说明（附凿岩设备型号、数量表）。

（3）各小组随机选择代表上台，要求能够流畅陈述选择理由。

（三）参考资料汇编

凿岩设备与岩石性质。

第一部分 凿岩设备

手凿打眼难以满足工业爆破需要，1887 年制造出第一台轻型气动凿岩机，1938 年发明了气腿和碳化钨钎头。气腿和钎头的不断完善，对凿岩机的效率又提出了新的要求，20 世纪 60 年代初，开发了独立回转凿岩机。随后发展和完善了架柱式凿岩机和凿岩钻车。

在凿岩机不断发展的同时，注意到随着孔深的增加，深孔凿岩接杆钎具连接处能量损失较大，提出了将凿岩机送入孔底的设想，因而发明了潜孔冲击器。气动凿岩机虽然具备很多优点，但存在着能耗大和作业环境恶劣的缺点，1946 年研制成功矿用牙轮钻机，20 世纪 70 年代初期液压凿岩机投入市场。近年来，国外一些先进矿山实现了掘进、采矿凿岩钻车遥控和机器人化，并将支腿式水力凿岩机和水压潜孔冲击器投入使用。

迄今为止，凿岩爆破是实施岩石破碎的主要方法，破碎岩石首先需要在岩（矿）石中钻凿按爆破要求设计的炮孔。目前采用机械破碎岩石钻孔的方法，主要有三种类型。①冲击 – 旋转破碎岩石钻孔，它利用冲击载荷和转动钎具有一定角度，并施加合理的推力来破碎岩石，适合在中硬、坚硬的岩石中钻孔。此类钻孔设备有潜孔钻机和凿岩机等。②旋转破碎岩石钻孔，它是采用旋转式多刃钎具切割岩石，同时施加较大的推力破碎岩石。适合在磨蚀性小及中硬以下的岩石中钻孔。此类钻孔设备有电钻和旋转钻机。③旋转 – 冲击破碎岩石钻孔，又称为碾压破碎钻孔，它是施加很大的轴压（一般大于 300kN）给钻头，同时旋转滚齿传递冲击和压入力，滚齿压入岩石的作用比冲击作用大，通过旋转 – 冲击破碎岩石。此类穿孔设备最典型的是牙轮钻机。

1. 潜孔钻机

潜孔钻机是目前钻凿炮孔作业广为使用的凿岩机械之一。它是由冲击器潜入孔内，直接冲击钻头，而回转机构在孔外，带动钻杆旋转，向岩石钻进的设备。其优点是结构简单，使用方便。国外潜孔凿岩始于 1932 年，首先使用于地下矿山钻凿深孔，十余年后，露天矿山开始采用潜孔凿岩。到 20 世纪 70 年代，国外对潜孔钻机做了大量研制工作，其开始广泛用于采矿、采石、水电、交通、勘探、锚固等施工作业。

目前，我国生产的潜孔钻机种类繁多，型号各异。其分类根据使用地点不同分为井下和露天两大类，亦可根据行走方式、孔径、机重的不同分类。

$$根据行走方式分类\begin{cases}自行\begin{cases}轮胎\\履带\end{cases}\\非自行\begin{cases}支（柱）架\\简易钻机\end{cases}\end{cases}$$

$$根据孔径和机重分类\begin{cases}轻型（\leqslant\phi100、\leqslant3t）\\中型（\phi120\sim\phi150、10\sim15t）\\重型（\phi165\sim\phi250、25\sim30t）\\特重型（>\phi250、\geqslant40t）\end{cases}$$

目前还出现多用钻机，即牙轮 - 潜孔两用钻机和凿岩机 - 潜孔两用钻机。

国内潜孔钻机技术性能见表 2 - 3。

表 2 - 3　国内潜孔钻机技术性能

型号	钻孔		工作气压/MPa	推进力kN	扭矩/kN·m	推进长度/m	转速/r·min⁻¹	耗气量/L·s⁻¹	驱动方式	生产厂家
	直径/mm	深度/m								
KQY90	80 ~ 130	20	0.5 ~ 0.7	4.5		1	75	116	气动 - 液压	浙江开山股份有限公司
KSZ100	80 ~ 130	20	0.5 ~ 0.7			1		200	全气动	
KQD100	80 ~ 130	20	0.5 ~ 0.7			1		116	电动	
HQJ100	83 ~ 100	20	0.5 ~ 0.7	4.5		1	75	100 ~ 116	气动 - 液压	衢州红五环公司
KQN90	95	20	0.5 ~ 0.7			1.5	50	150	柴油 - 液压	宣化采掘机械厂
KQL100B	95	30	0.5 ~ 0.7	6.5		1	90	200	气动	
TLQG - 100A	95	15	0.5 ~ 1.2			3	50	200	柴油 - 液压	
QZJ - 100B	100	60	0.5 ~ 0.7			1	90	200	气动	
KQG - 100	115	40	0.5 ~ 1.2	10		3	38.6	200	电动	
DQG - 150	165	17.5	1.0 ~ 2.5	12.3	2.43	9	24	433	电动	
KQS - 150	170	25	0.5 ~ 0.7	22	2.97	9	27	333	电动	
KQG - 165	165	60	7.76			1.6	30	270	电动 - 液压	
KQ250	250	16	10	30	8.62	8.5	17.9	500	电动 - 液压	
KQL120	90 ~ 115	20	0.63		0.9	3.6	50	270	气动 - 液压	沈阳凿岩机械股份有限公司
KQG120	90 ~ 120	20	1.0 ~ 1.6		0.9	3.6	50	300		
KQL150	150 ~ 175	17.5	0.63		2.4		50	290		
CTQ500	90 ~ 100	20	0.63	0.5		1.6	100	150		

续表

型号	钻孔		工作气压/MPa	推进力/kN	扭矩/kN·m	推进长度/m	转速/r·min⁻¹	耗气量/L·s⁻¹	驱动方式	生产厂家
	直径/mm	深度/m								
HCR－C180	65～90	20				3.74			柴油－液压	沈凿－古河
HCR－C300	75～120	20		3.2		4.5			柴油－液压	
CLQ80A	80～120	30	0.63～0.7	10		3	50	280	气动－液压	宣化－英格索兰公司
CM－220	105～115		0.7～1.2	10		3	72	330	气动－液压	
CM－351	165		1.0～2.5	13.6		3.66	72	350	气动－液压	
CM120	80～130		0.63	10		3	40	280	气动－液压	

潜孔钻机的主要部件为冲击器和钻头，它们的性能直接影响到潜孔钻机的技术经济指标。冲击器结构形式、规格型号较多，可按配气原理、排粉方式、动力源等来分类。

目前国内几乎都使用气动潜孔冲击器，液压潜孔冲击器极少，而且以低气压潜孔冲击器居多，一般以中心排气吹粉为主。国内高气压潜孔冲击器，除外资企业生产的外，基本上处于仿制和仿制改进阶段。

目前国内低气压潜孔冲击器及柱齿钻头的使用寿命偏低，以钻凿岩石硬度 $f = 10 \sim 14$ 为例，$\phi100$ 规格的冲击器寿命大约为累计进尺 2500m，配套的 $\phi110$ 柱齿钻头寿命大约为累计进尺 200m。国内生产的潜孔冲击器技术性能参数见表 2－4。

表 2－4 国内生产的潜孔冲击器技术性能参数

型号	钻孔直径/mm	全长/mm	工作气压/MPa	冲击能量/J	冲击频率/Hz	耗气量/L·s⁻¹	重量/kg	生产厂家
QCW150	150～155	938	0.5～0.7	254～291	16	133	81	通化风动工具厂
QCW170	170～155	1193	0.5～0.7	333～392	15	200	100	
QCW200	200～210	1190	0.5～0.7	392～460	14	300	152	
QCW200B	200～210	1190	0.49	392	14.3	350	152	
J－80B	90～95	854	0.63	108	16	100	19	嘉兴冶金机械厂
J－100B	105～120	870	0.63	165	16	150	30	
J－150B	155～165	1012	0.63	400	16	250	81	
J－170B	175～194	1036	0.63	430	15	300	94	
J－200B	210～235	1249	0.63	520	17.2	400	163	
J－250B	250～300	1250	0.63	560	16.2	500	208	
K1121	105～120	459	0.5	70	30	75	13.3	
K1151	155～165	573	0.5	150	20	180	42	

型号	钻孔直径/mm	全长/mm	工作气压/MPa	冲击能量/J	冲击频率/Hz	耗气量/L·s⁻¹	重量/kg	生产厂家
JG－80	90~95	860	1.0	120			23	嘉兴冶金机械厂
JG－100A	105~120	1051	1.0	210	19.2	90	37.5	
JG－150	155~165	1510	1.6	560	18.2	300	118	
JW－150	155~165	1248	1.03	509	19	317	95	
QCC80	80	390	0.63	77	28	110	11	黄石市黄风机械有限公司
QCC90	90	770	0.63	90	23	112	17.5	
QCC100	100	815	0.63	108	17	116	30	
CIR90	90	815	0.63	90	23	112	17.5	
JH100	100	815	0.63	140	17	138	31	
DHD340A	105~108	1138	1.05~2.45		21.7~30		47	宣化－英格索兰公司
DHD360	152~165	1450	1.05~2.45		20~27.5		129	
CIR65A	65.67	745	0.5~0.7	37	20.7	42	12	
CIR80	83	860	0.5~0.7	80	13.5	83	21	
CIR－90	90.100	860	0.5~0.7	108	14.2	120	17	
CIR110	110.120	871	0.5~0.7	177	14.25	200	36	
CIR130	130.140	950	0.5~0.7	314	14	233		
CIR150A	155.165	1008	0.5~0.7	412	14	275	89	
CIR170A	175.185	1142	0.5~0.7		14.08	317	119	
CIR200W	200	1360	0.5~0.7			333	180	
QCZ－90	90~95	800	0.5	78	13.3	80	21	宣化采掘机械厂
QCZ－170	165~170	1040	0.5	275	14	250	90	
QCZ－150	155~165	1070	0.5	302	18.6	217		

2. 手持、支腿式凿岩机

这类凿岩机主要用于炮孔直径<48mm,凿孔深度≤6m的凿孔作业,是一种量大面广的传统凿岩机械,也称为小型凿岩机。按动力源分为气动凿岩机、液压凿岩机、电动凿岩机、内燃凿岩机和水力凿岩机等类型。内燃凿岩机和其他质量较轻的凿岩机多为手持式,也有部分手持、支腿两用凿岩机。支腿式凿岩机的支腿一般为气腿,也有电动、液压、水力和手摇支腿。

目前广泛使用的小型凿岩机为气动凿岩机,转钎机构基本上采用内回转单向旋转。手持式气动凿岩机验收压力为0.4MPa,气腿式气动凿岩机验收压力为0.63MPa。

内燃凿岩机和电动凿岩机多用在空压机设备移动不便的施工地点。但内燃凿岩机由于废气的排放影响，限制了其在地下凿岩作业中的使用，此时多采用电动凿岩机。

支腿式液压凿岩机能量利用率高、噪声低、凿岩速度快，但因液压油基本不可压缩，而且转钎扭矩较大，采用液压支腿调节推力较困难，而采用气腿，势必增加另一动力源，另外液压凿岩机制造成本高，维修较困难，故推广较难。

水力凿岩机起源于南非，由于矿山开采深度的增加（超过1800m），利用落差产生高压水而使用水力凿岩机。在国内水力凿岩机研制才刚刚起步，仅通过了产品鉴定，还未进入商品化阶段。小型气动凿岩机技术性能参数见表2-5。

表2-5　小型气动凿岩机技术性能参数

型号	凿孔		冲击能 /J	冲击频率 /Hz	耗气量 /L·s^{-1}	钎尾尺寸 $H > L$/mm	生产厂家
	孔径/mm	深度/m					
Y19A	34 ~ 40	5	40	35	43	22 × 108	阿特拉斯·科普柯（沈阳）建筑矿山设备有限公司
Y26	34 ~ 42	5	30	23	47	22 × 108	
Y27	34 ~ 45	5	50	34	47	22 × 108	
YL19A	36 ~ 40	3	15	26	20	22 × 108	
7655	34 ~ 42	5	67	37	78	22 × 108	
YT27	34 ~ 42	5	70	37	83	22 × 108	
Y20	34 ~ 40	3	25	35	25	22 × 108	天水风动机械有限公司
Y24	34 ~ 42	5	59	27	55	22 × 108	
Y20LY	36 ~ 42	4	38	28	35	22 × 108	
YT24	34 ~ 42	5	67	31	80	22 × 108	
YT20	34 ~ 42	5	76	37	85	22 × 108	
Y25	34 ~ 42	5	44	32	40	22、25 × 108	湘潭风动机械厂
YH20LY	36 ~ 42	4	35	36	30	22 × 108	
YTP26	34 ~ 46	5	70	45	85	22、25 × 108	
YT25DY	46	5	73	37	75	22、25 × 108	
YS35	46	6	74	37	75	22、25 × 108	
QJ15	32 ~ 38	3	22	32	22	22 × 108	浙江衢州煤矿机械有限公司
ZY24	32 ~ 42	4	55	30	47	22 × 108	
YT24	34 ~ 42	5	67	31	80	22 × 108	
7665MZ※	28 ~ 42	5	62	34	56	19、22 × 108	
Y018	36 ~ 42	3	24	30	23	22 × 108	浙江开山股份有限公司
Y19A	36 ~ 40	5	15	26	20	22 × 108	
Y020	36 ~ 42	5	26	33	33	22 × 108	

型号	凿孔		冲击能 /J	冲击频率 /Hz	耗气量 /L·s⁻¹	钎尾尺寸 H>L/mm	生产厂家
	孔径/mm	深度/m					
Y26	36～42	5	30	23	47	22×108	浙江开山股份有限公司
YT23	34～42	5	65	36	78	22×108	
MZ7665※	28～42	5	58	34	55	19、22×108	
YT28	36～42	5	76	37	81	22×108	
Y018	36～42	3	24	30	23	22×108	浙江红五环机械有限公司
HY20	36～42	5	26	33	30	22×108	
YT24	34～42	5	65	30	80	22×108	
HY28	34～42	5	70	37	81	22×108	

注：标有※者验收压力为 0.5MPa。

3. 重型凿岩机和凿岩台车

1）重型凿岩机

中深孔钻孔是目前地下金属矿山采矿、中小型露天矿和采石场及工程爆破施工主要的施工手段。其中除部分采用潜孔钻机外，重型凿岩机钻进（Top hammer）由于其钻速高亦得到了广泛应用。重型凿岩机配用露天钻车或地下钻车（架）在露天或地下实施中深孔钻孔，其钻孔直径一般为 $\phi50\sim\phi100$，多采用独立回转转钎机构。重型凿岩机有气动凿岩机（见表2-6）和液压凿岩机（见表2-7）。气动凿岩机是传统产品，其特点是结构简单，工作可靠。

表2-6 重型气动凿岩机的性能特性

国别	型号	缸径 /mm	冲程 /mm	冲击能 /J	频率 /Hz	扭矩/ N·m	转速 /r·min⁻¹	重量 /kg	孔径 /mm	钎杆 形式	耗气量 /m³· min⁻¹	备注
中国	YGZ290	125	62	200	33	120		95	50～80	32	11	南京工程机械厂
	YG80	120	70	180	29	100		74	50～70	25～32	8.5	天水风动机械有限公司
	YGZ120	125	95	280	28	180		120			10	
	YGZ170	125	102		30	350		170	65～100	32～38	13.8	
	YGZ200	140	90	400	22			200	65～100	38	13.5	宣化采掘机械厂
瑞典	BBC120F	120	65		35		180	69	64～76	T38	10	Atlas Copco 公司
	COP932MS	115				240	0～300	130	51～64	R32	10.4	
	COP938MS	115	60		41	240	0～300	130	64～76	R38	10.4	

续表

国别	型号	缸径/mm	冲程/mm	冲击能/J	频率/Hz	扭矩/N·m	转速/r·min⁻¹	重量/kg	孔径/mm	钎杆形式	耗气量/m³·min⁻¹	备注
瑞典	BBE57-01	120	66		33	780	60~150	170	64~89 76~115	T38 T45	13.7	Atlas Copco 公司
	COP131EB	130	65		39	195	96	179	51~64 64~89	R32 T38	15.5	
芬兰	L400	125	34	115	57	110		85	48~76	R32	11	TamRock 公司
	L500	125	50	190	43	110		90	48~76	R32	12.5	
	L600	130	57	250	34	190		140	48~102	R32	13	
美国	PR123J	114		270	33	350		132	42~102		14.8	G-D公司
	PR133S	127		390	27.5			148	102~127		21.3	
	PR1000	137		238	47	136	200	130	38~64		13.9	
	PR2000	137		333	39	258		140	64~89		20.5	
	VL120	121	70		31.7			170	64~89		17	英格索兰 公司
	VL140	140	92		35			195	64~102		21.2	
	VL671	170	92		30.8			238	76~102		25.2	
俄罗斯	ПК75	120	68	167	33.3	245	50~70	75	46~85		13~15	KOMMY НИСТ
	ПК75А	125	68	177	37	255	50~70	75	46~85		12~13	
	БГП	140	47	157	53.3	196	120	130			12~13	
	ГБПГ	125	73	147	53.3	350	0~300	100	>70		90	

表2-7 国外主要公司的液压凿岩机产品性能

型号	机重/kg	冲击功率/kW	冲击频率/Hz	钎杆转速/r·min⁻¹	最大扭矩/N·m	冲击压力/MPa	钎杆规格	制造厂
Cop1022HD	51	5.5	50	0~300	120	14	H22 整体	瑞典阿特拉斯·考普柯公司
Cop1025	52	5.5	50	0~300	120	18.5	H25 整体	
Cop1028HD	52	5.5	50	0~300	120	18.5	R28 接杆	
Cop1032HD	112	7.5	40~53	0~120	200	20	R,H28/R,H32	
Cop1032HB	112	8	50	0~240	200	21	R28/R32	
Cop1238HE	160	18	50	0~200	700	15~25	T45	
Cop1238ME	153 150 151	15	40~60	0~100 0~200 0~300	1000 700 500	12~25	R38/R38E/T38	
Cop1238LE	150	13	41~60	0~300/200	500/700	15~21.5	R32/R38/T38	

型号	机重/kg	冲击功率/kW	冲击频率/Hz	钎杆转速/r·min⁻¹	最大扭矩/N·m	冲击压力/MPa	钎杆规格	制造厂
Cop1238HF	150	14	100~105	0~370	430	15~25	R38	瑞典阿特拉斯·考普柯公司
Cop1440	151	20	60~70	0~300	500	12	T，R38	
Cop1550	160	18	35~48	0~100/200	700/1000	23	T45/S51	
Cop1838ME（MEX）	171	20	60	0~300	740	23	T38（R38）	
Cop1838HE	174	19	38~48	0~140	980	23		
Cop1338MEX	177	15	40~60	0~200	700	15~25		
Cop4050（BEX，B）	390（420/395）	40	40~60	0~300	2500	23	T51（TAC76/87管）	
Cop1840HE	192	20	38~48	0~340	545	23	T45	
Cop1840HEX	249	20	30~48	0~210	740	23	T51	
Cop1850	196	20	37	0~140	980	23	T51	
Cop1850EX	253	20	37	0~110	1190	23	T51	
HYD200	95	6.8~13	34~67	0~220	300	16~19	R25/R28/R32 R28/R38	法国埃姆－塞科马公司
HYD300	115	12~15	40~50	0~220	300	16~19		
HYD350	140	11.5~21	33~60	0~300	360~550	16~20		
HYD350L	145	11.5~21	33~60	0~300	360~550	16~20		
RD500	32/33	5	83	0~140/300	65	17.2	22/25/28	英国帕拉尔德扭矩－张力公司
RD2000	68			0~150		17.2		
RD2500	78/79/80	3.5~9.5	58~67	0~150/480	230	17.2	25/28/32	
RD3000	125	7	63	0~150/480	230	17.2	25/25	
RD4000	155	13	58	0~150/480	290	17.2	T/R38	

液压凿岩机是 20 世纪 70 年代推出的新型凿岩设备，它有穿孔效率高（一般高出气动凿岩机一倍以上）、噪声小、能耗低的特点。我国研制液压凿岩机起步较早，1980 年长沙矿冶研究院、株洲东方工具厂、湘东钨矿合作完成了我国第一台用于生产的液压凿岩机，并通过了技术鉴定。液压凿岩机近年来得到了快速的发展。

我国气动凿岩机产品主要为南京工程机械厂的 YGZ90 型和天水风动机械有限公司的 YG80 型。YGZ170 型亦有少量应用，销售量约为数百台。

我国液压凿岩机因为机械制造和液压技术总体水平的限制，虽然研制的型号很多，但形成稳定生产的产品较少，引进国外技术或仿制国外的产品居多，通过多年的生产，目前产品性能和质量日趋稳定。目前，我国中深孔气动凿岩机（YGZ90、YG80）在地下矿山仍被广泛使用，重型凿岩机配用钎具多为 $\phi32$、$\phi38$ 接杆钎，目前我国接杆钎在工程应用中的主要问题是几何尺寸偏差大，配套不合适，拆卸困难、能量传递效率低，和国外产品有较大差距，严重地影响生产效率。

根据某地下铁矿 2004 年统计数据，在原生铁矿（$f = 12 \sim 16$）中采用 YGZ90 型凿岩机和 TT25 型圆盘式钻架实施中深孔钻进，中深孔接杆钎（$\phi32$、长 1.1m）平均寿命为 116.8m/支，钎头（$\phi70$，十字）平均寿命为 270m/支，套筒平均寿命为 143m/支，钎尾平均寿命为 222m/支。

气动凿岩设备的主要优点是使用简单、工作可靠、便于维修、价格较低，其缺点是效率低、钻速慢、不能满足深孔钻进的要求；液压凿岩设备的优点是效率高、钻速快、卫生条件好，其缺点是系统复杂、维护技能要求高、作业巷道要求尺寸大、造价高。考虑到气动和液压凿岩设备两者的优缺点，国外开发了综合两者特点的新型凿岩设备——气液联动凿岩设备，在德国、奥地利、俄罗斯的煤矿、金属矿山和水电工程中得到了广泛的采用。它采用压气作为冲击动力，液压作为旋转动力，其主要技术特性见表 2-8。

表 2-8 国外几种型号气液联动凿岩机的技术特性

国别	型号	缸径/mm	冲程/mm	冲击能/J	频率/Hz	扭矩/N·m	转速/r·min⁻¹	重量/kg	孔径/mm	钻孔深度/m	耗气量/m³·min⁻¹	备注
俄罗斯	ГБПГ	125	73	147	53.3	350	0~300	100	>70	20	9	ВНИПИ
瑞士	PLB-80HSR	100	51	120	60	245	0~300	80	36~43		7	SIG 公司（气液联动）
奥地利	HM753-HR30	125	45		33.3	317	0~300	126	~64	25	9.7	Böhler 公司（气液联动）

SIG 公司的 PLB-80HSR 型气液联动凿岩机，虽然冲击功率不大，但由于采用了强力液压旋转，在抗压强度 $\sigma_p = 200$MPa 的岩石中，钻进 $\phi36$ 的炮孔，钻速为 $1 \sim 1.25$m/min。俄罗斯在罗岗斯克水电站的隧道掘进中使用三台由 ВНИПИ 厂生产的 ГБПГ 气液联动凿岩机，共钻孔 19049m（$f = 6 \sim 10$ 的砂岩），平均钻速为 1100mm/min，达到了与同样条件下使用的芬兰 TamRock 公司 HL438L 型液压凿岩机的钻速，为气动凿岩机钻速的 $1.8 \sim 2$ 倍，钻每米炮孔的成本比液压凿岩机低 15%，比气动凿岩机低 27.5%。

长沙矿冶研究院与有关单位合作于 1999 年研制出第一台气液联动凿岩机样机，现在已推广使用。

2）凿岩台车

凿岩台车是将凿岩机和推进装置安装在钻臂上进行凿岩作业的设备，它的使用标志着凿岩机械化水平进一步提高。它提高了凿岩效率，减轻了工人的劳动强度，改善了劳动条件。

凿岩台车分为掘进台车、露天台车、采矿台车和锚杆台车；按行走方式分为轨轮式台车、轮胎式台车、履带式台车和牵引式台车；还可按驱动方式和安装凿岩机台数分类。

掘进台车以轮胎式和轨轮式台车居多，大部分是两机或多机台车，用于巷道、隧道掘进。配合相应的凿岩机能钻凿平行孔、倾斜孔、顶板孔、帮孔和锚杆孔，它一般用来钻凿孔径小、深度浅、移位频繁的炮孔。

露天台车以履带式和牵引式台车为主，爬坡能力强，一般安装一台凿岩机或潜孔冲击器。配合相应的凿岩机或潜孔冲击器，一般用来钻凿直径大、有一定深度的炮孔。广泛用于中小型露天矿山及采石场开采、水电、交通和建筑工程的凿岩作业。

采矿台车一般为轮胎式和履带式台车，多为单机或双机台车。配合相应的凿岩机或潜孔冲击器进行井下深孔凿岩，根据采矿方法（如分段崩落法、水平充填法等）的要求，钻凿环形孔、扇形孔和平行中深孔。

锚杆台车又称锚杆安装机，配合相应的凿岩机或回转钻，不仅能钻凿顶板锚杆孔，而且能够安装锚杆和进行注浆。用于煤矿和金属矿山井下巷道及隧道支护。各种台车的技术参数见表2－9。

表2－9　国产凿岩台车技术参数

型号	凿孔直径 /mm	深度 /mm	工作压力 /MPa	耗气量 /L·min⁻¹	推进长度 /m	配套凿岩机型号	生产厂家
CTJ10.2	40～50		12～15		2.5	YY120	阿特拉斯·考普柯（沈阳）建筑矿山设备有限公司
CTJY10	35～64		12～15		2.5	YYG60	
CTJ500.2A	44～48				2.5	YGP28	
CGJ500.2					2.5	YGP28	
CTCY10			15		1.4	YYG120	
CL10	50～80	20	0.63	360	3	YGZ200	宣化采掘机械厂
KZL－12	60～120	20			4		
CTJ10－2Y	38～42		12		2.5	YYG80A	
CLM－1	38～46		0.5～0.7	317		YGP28	
CMJ17	27～42	2.1	22		2.1	HYD200	宣化－英格索兰公司
CTJY10J	35～64		15～24		3.7	YYG110HD	南京华瑞工程机械公司
NH174/175	38～102		25		5	SCOP1238	
CTC14	50～80	30	0.5	217	1.4	YCZ90	

第二部分　岩石性质

1. 岩石性质概述

1）岩石物理性质

在工程爆破的工作中，通常是采用凿岩设备在矿岩内进行穿孔并装入炸药进行爆破的方法来破碎矿石或岩石。正确地认识岩石的有关性质，并在此基础上对岩石进行分级，能为爆破设计、施工、制定生产定额以及成本核算等提供依据。

（1）孔隙率：孔隙率 η，是指岩石中各孔隙的总体积 V_0 与岩石总体积 V 之比，用百分率表示为

$$\eta = \frac{V_0}{V} \times 100\%$$

岩石孔隙的存在，能削弱岩石颗粒之间的连接力而使岩石强度降低。孔隙率越大，岩石强度降低得就越严重。岩石内孔隙的存在，一方面使破碎岩石所需要的炸药能量降低，但另一方面会因炸药爆炸的能量会从孔隙逸出而使爆破效果受到影响。

（2）密度：密度 ρ，是指构成岩石的物质质量 M 对该物质所具有的体积 $V - V_0$ 之比，即

$$\rho = \frac{M}{V - V_0}$$

（3）体积密度：体积密度 γ，是指岩石的质量 G 对包括孔隙在内的岩石体积 V 之比，即

$$\gamma = \frac{G}{V}$$

可以看出，岩石的密度与体积密度是不同的。一般来说，岩石的密度和体积密度越大，就越难以破碎，在抛掷爆破时需消耗较多的能量去克服重力的影响。

（4）岩石的碎胀性：岩石破碎成块后，因碎块之间存有空隙而使总体积增加，这一性质称为岩石的碎胀性，可用碎胀系数（或松散系数）K 表示（其值为 $1.2 \sim 1.6$）。K 是指岩石破碎后的体积 V_1 与破碎前体积 V 之比，即

$$K = \frac{V_1}{V}$$

在采掘工程或其他土石方工程中选择采装、运输、提升等设备的容器时，必须考虑矿岩的碎胀性，特别是地下开采矿石爆破所需要或允许碎胀空间的大小，同该矿石的碎胀系数有着密切的关系。

（5）岩石的强度与硬度：岩石的强度是指岩石抵抗外力破坏的能力，或者说是指岩石的完整性开始被破坏的极限应力值。在材料力学中，用强度来表示各种材料抵抗压缩、拉伸、剪切等简单作用力的能力。但是在爆破工程中，由于岩石承受的是冲击载荷，因而强度只是用来说明岩石坚固性的一个方面。

岩石的硬度，是指岩石抵抗工具侵入的能力。凡是用刃具切削或挤压的方法凿岩，首先必须将工具压入岩石才能达到钻进的目的，因此研究岩石的硬度具有一定的意义。

一般来说，强度和硬度越大的岩石就越难以凿岩和爆破。但值得注意的是，某些硬度较大的岩石往往比较脆，因而也就易于爆破。

（6）岩石的裂隙性：由于岩体存在节理、裂隙等结构面，所以岩体的弹性模量、波传播速度不同于岩石试件。实验表明，对同一种岩石而言，岩体的波速比要比单个岩石试件的值大，而弹性模量及波速则比试件小。工程上常用岩体与岩石试件内的波速比值的平方来评价岩体的完整性，称为岩体的完整系数。由此可见，岩体只能被认为是"由

结构面网络和岩块组成的地质体"，它的性质由岩块与结构面共同决定。岩石的裂隙性对爆破能量的传递影响很大，并且由于岩石裂隙存在的差异性很大，使岩体的受力破坏问题更加复杂化。

以上岩石的物理性质都从不同方面影响着爆破效果。

几种常见岩石的孔隙率、密度、体积密度和波阻抗值见表2－10。

表2－10　常见岩石的孔隙率、密度、体积密度和波阻抗值

岩石名称	孔隙率/%	密度 /g·cm^{-3}	体积密度 /t·m^{-3}	纵波波速 /m·s^{-1}	波阻抗 /kg·cm^{-2}·s^{-1}
花岗岩	0.5～1.5	2.6～3.0	2.56～2.67	4000～6800	800～1900
玄武岩	0.1～0.2	2.7～2.86	2.65～2.8	4500～7000	1400～2000
辉绿岩	0.6～1.2	2.85～3.05	2.8～2.9	4700～7500	1800～2300
石灰岩	5.0～20	2.3～2.8	2.46～2.65	3200～5500	700～1900
白云岩	1.0～5.0	2.3～2.8	2.3～2.4	5200～6700	1200～1900
砂岩	5.0～23	2.1～2.9	2.0～2.8	3000～4600	600～1300
板岩	10～30	2.3～2.7	2.1～2.57	2500～6000	575～1620
片麻岩	0.5～1.5	2.5～2.8	2.4～2.65	5500～6000	1400～1700
大理岩	0.5～2.0	2.6～2.8	2.5	4400～5900	1200～1700
石英岩	0.1～0.8	2.63～2.9	2.45～2.85	5000～6500	1100～1900

2）岩石力学性质

用炸药爆炸来破碎岩石是爆破工程的主要内容，而炸药爆炸加载于介质的载荷是冲击载荷，属于动力学范畴。因此，必须对岩石的动力学性质进行研究。冲击载荷能引起介质中产生波的传播，这种波在介质中统称为应力波。研究岩石动力学性质，首先应研究载荷性质、应力波性质及其传播规律。

（1）炸药爆炸的载荷性质：根据介质的应变速率、冲击速度或加载速度的不同，载荷性质可分为动载荷和静载荷。应变速率是指应变随时间的变化率；冲击速度是指试件一端质点相对另一端质点的运动速度；加载速度是指应力随时间的变化率。

（2）岩石的波阻抗：岩石密度 ρ 与纵波在该岩石中传播速度 Cp 的乘积，称为岩石的波阻抗。它有阻止波传播的作用，即所谓对应力波传播的阻尼作用。实验表明，波阻抗值的大小除与岩石性质有关外，还与作用于岩石界面的介质性质有关。岩石的波阻抗值对爆破能量在岩体中的传播效率有直接影响，即炸药的波阻抗值与岩石的波阻抗值相接近（相匹配）时，爆破传给岩石的能量就多，在岩石中所引起的应变值也就大，可获得较好的爆破效果。

（3）岩石的弹性与塑性：岩石在外力作用下产生变形，其变形性质可用应力－应变曲线表示，如图2－1所示。根据变形性质的不同，可分为弹性变形和塑性变形。弹性变形具有可逆性，即载荷消除后变形跟着消失。这种变形又分为线性变形和非线性变形两种。应

力值在比例极限之内时，应力与应变呈线性关系，并遵守胡克定律；当应力值超过比例极限时，则进入非线性弹性变形阶段，其应力应变关系不遵守胡克定律；当应力值超过极限抗压强度（峰值）时，脆性材料则立即发生破坏，而塑性材料则进入具有永久变形特性的塑性变形区。塑性变形是不可逆的，载荷消除后，部分变形将永久保留下来。但是，岩石与其他材料不同，在弹性区内，应力消除之后，应变并不能立即消失，而需要经过一定时间才能恢复，这种现象称为岩石的弹性后效。岩石被破坏前，不产生明显残余变形者称为脆性岩石。铁矿山、有色金属矿山的矿岩，大多属于脆性岩石。

（4）岩体在爆炸冲击载荷作用下的力学反应：岩体在爆炸冲击载荷作用下产生一种波，通常叫作应力波或纵波，它在岩体中传播，能引起岩体的变形乃至破坏。这种动力学反应具有如下特点。

① 炸药爆炸首先形成应力脉冲，使岩体表面产生变形和运动。由于爆轰压力瞬间高达数千乃至数万兆帕，会在岩体表面产生冲击波。爆轰压力的特点是突跃式上升，峰值高而作用时间短，并随着冲击波的传播和衰减而变成应力波，如图 2-1、图 2-2 所示。

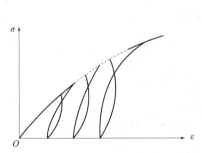

图 2-1 反复加载与卸载的应力-应变曲线

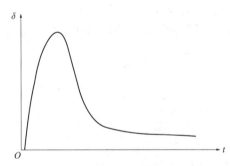

图 2-2 炸药爆炸形成的应力波变化曲线

② 岩体中某局部被激发的应力脉冲是时间和距离的函数。由于应力作用时间短，往往其前沿扰动才传播了一小段距离而载荷已作用完毕。因此，在岩体中产生明显的应力不均现象。

③ 岩体中各点产生的应力呈动态，即所发生的变形、位移和运动均随时间而变化。

④ 载荷与岩体之间有明显的"匹配"作用。在炸药与岩体紧密接触的条件下爆炸时，爆轰压力值与作用在岩体表面的应力值并不相等。这是由于介质或岩体的性质不同，在不同程度上改变了载荷作用的大小。换言之，由于加载体与承载体性质不同，匹配程度也不同，从而改变了作用结果和能量传递效率。

3）影响岩石物理力学性质的因素

岩石的物理、力学性质与下述因素有关。

① 与组成岩石的矿物成分、结构构造有关。例如，由重矿物组成的岩石密度大；由硬度高、晶粒小而均匀矿物组成的岩石坚硬；结构致密的岩石比结构疏松的岩石孔隙率小；成层结构的岩石具有各向异性等。

② 与岩石的生成环境有关。生成环境是指形成岩石过程的环境和后来环境的演变。如岩浆岩体，深成岩常称为晶结构，浅成岩及喷出岩则常称为细晶结构。又如沉积岩体，海

相与陆相沉积相比,其性质有很大差别。成岩后是否受构造运动的影响等,都会引起力学性质的变化。

③与受力状况有关。实践证明,同一种岩石,其静、动力学性质有明显的差别。同样载荷下,单向受力和三向受力所表现的力学性质也有所不同。

2. 岩石普氏分级

由于表征岩石性质的参数较多且较为复杂,为使工程爆破的设计施工人员对岩石的性质有一个整体把握,必须进行岩石分级。岩石分级广泛应用于各种与岩石有关的工程施工中,但由于问题的复杂性、各种类型工程差异性以及各学术派别观点的不一致,有关岩石分级的方法很多,而且目前尚无统一的或比较公认的分级方法,在工程施工中可根据不同的工程特点参考选用。

按岩石坚固性分级的方法是20世纪20年代苏联学者普洛吉亚柯夫提出来的。他经过长期的研究,建立了一种岩石坚固性的抽象概念,即岩石的坚固性是凿岩性、爆破性和采掘性等的综合,也是岩石、力学性质的体现。岩石坚固性在各种方式的破坏中的表现是趋于一致的。例如,某种岩石在各种破坏条件下,若难于凿岩,也难于爆破,难于崩落、破碎等。普氏用岩石强度、凿岩速度、凿碎单位体积岩石所消耗的功和单位炸药消耗量等多项指标来综合表征岩石的坚固性,并按岩石坚固性系数值的大小将岩石分为10个等级,如表2-11所示。

表2-11 普氏岩石分级简表

等级	坚固性程度	典型岩石	坚固性系数 f
I	最坚固	最坚固、致密和有韧性的石英岩、玄武岩及其他各种特别坚固岩石	20
II	很坚固	很坚固的花岗岩、石英斑岩、硅质片岩,较坚固的石英岩,极坚固的铁矿石	15
III	坚固	致密花岗岩,很坚固的砂岩和石灰岩、石英质矿脉,坚固的砾岩,极坚固的铁矿石	10
III$_a$	坚固	坚固的石灰岩、砂岩、大理岩,不坚固花岗岩、黄铁矿	8
IV	较坚固	一般的砂岩、铁矿	6
IV$_a$	较坚固	砂质页岩、页岩质砂岩	5
V	中等	坚固的黏土质矿石,不坚固的砂岩和石灰岩	4
V$_a$	中等	各种不坚固的页岩,致密的泥灰岩	3
VI	较软弱	软弱的页岩,很软的石灰岩、白垩、岩盐、石膏、冻土、无烟煤、普通泥灰岩、破碎砂岩、胶结砾岩、石质土层	2
VI$_a$	较软弱	碎石质土层、破碎页岩、凝结成块的砾石和碎石,坚固的烟煤、硬化黏土	1.5
VII	软弱	致密黏土、软弱的烟煤、坚固的冲基层、黏土质土层	1.0

续表

等级	坚固性程度	典型岩石	坚固性系数 f
VII$_a$	软弱	轻砂质黏土、黄土、砾石	0.8
VIII	土质岩石	腐殖土、泥煤、轻砂质土层、湿砂	0.6
IX	松散型岩石	砂、山麓堆积、细砾石、松土、采下的煤	0.5
X	流沙性岩石	流沙、沼泽土层、含水黄土及其他含水土层	0.3

　　由于生产力和科学技术的飞速发展，普氏当年采用的多项指标已经不适用，只剩下一个静载抗压强度指标沿用至今，即现在的普氏坚固性系数值直接用岩石的单轴抗压强度来确定为

$$f = \frac{R}{10}$$

式中　f——普氏坚固性系数；

　　　　R——岩石的单轴抗压强度，单位：MPa。

　　普氏岩石坚固性分级方法抓住了岩石抵抗各种破坏方式能力趋于一致的这个主要性质，并从数量上用一个简单明了的岩石坚固性系数 f 表示这种共性，所以在工程爆破中被广泛采用。但是，由于岩石坚固性这个概念过于概括，因而只能作为笼统的、总的分级。实际上有些岩石的可钻性、可爆性和稳定性并不趋于一致。有的岩石易于凿岩，难爆破；相反，有的岩石难凿岩，易爆破。而且以小块岩石试件的静载单向抗压强度来表征岩石的坚固性是不妥当的。

任务2　为某矿平巷掘进选择炸药品种

（一）完成任务所需知识储备

（1）常见地下矿山炸药种类。

（2）炸药性能指标含义。

（3）炸药价格。

（4）安全、环保指标。

（二）学习效果要求

（1）至少选择两种同类不同型号或不同种类炸药进行比较，择优选用。

（2）完成炸药选择说明。

（3）各小组随机选择代表上台流畅地陈述选择理由。

（三）参考资料汇编

炸药性能与选型示例。

第一部分　炸药性能及对爆破影响

1. 爆力及对爆破影响

1）定义

爆力是指炸药爆炸对外做功的能力，是指对爆破对象产生的整体压缩、破坏和抛移的

做功能力。

2）理解

爆力的大小取决于爆热和生成气体的多少。爆热越大、生成气体越多，则爆力越大，也就是说炸药爆炸对外做功的能力就越大。

通俗地讲，爆力的大小就是炸药爆炸的"劲"是大还是小，是爆炸做的"有用功"，不是炸药爆炸做的全功。

3）爆力的两种测试方法

① 铅铸扩大法（体积表示）。

② 爆破漏斗法（所测值不准，但较实用）。

4）爆力表示方法

爆力值是一种相对表示法，是用炸药爆破后被破坏介质体积的大小来表示爆力的大小。因此，爆力值是一个相对量。

铅铸扩大法测得爆力的单位为 mL。

爆破漏斗法测得爆力的单位为 m^3 或炸药单耗表示爆力大小（kg/m^3），炸药单耗越大表示爆力越小。

炸药单耗是指崩落单位体积岩石所消耗的炸药的数量，单位为 kg/m^3。

5）爆力对爆破的影响

爆力作为炸药的一个重要性能指标，在出厂时已经写在了产品说明书里。炸药在出厂时标注的爆力是指在标准条件下用铅铸扩大法测得的，单位为 mL。因此，常用此值进行各种炸药间爆力大小的比较，2 号岩石炸药是一个标准（爆力 320mL），若某炸药爆力大于 320mL，则常说其爆力大；若爆力小于 320mL，即为爆力小。

如果查不到铅铸扩大法爆力值，可在施工现场用爆破漏斗法做炸药爆力检测，用爆破后形成的漏斗的体积或炸药单耗来比较各种炸药的爆力大小。

一般而言，难爆岩石需要爆力大的炸药，硬岩也需要爆力大的炸药，软岩则需爆力适中的炸药。

2. 猛度及对爆破影响

1）定义

猛度是指炸药爆炸瞬间对邻近介质强烈的破坏作用，表征了炸药做功的功率大小；表征了炸药爆炸产生应力波和冲击波的强度。

2）理解

猛度是炸药爆炸初始瞬间爆压达到最大值时对爆破对象形成破坏的猛烈程度。炸药的密度和爆速越高，则猛度也越高。

针对岩石，炸药爆炸产生四个破坏区，即粉碎区、裂隙区、震动区和片落区，其中粉碎区是猛度做功的结果。

无论是爆力还是猛度都是从不同角度表述炸药爆炸对外做功的能力，但爆力和猛度是有区别的，爆力是炸药爆炸所做全功有用的那一部分，或者说是有用功所形成的结果。猛度是炸药爆炸初始瞬间爆压、应力波和冲击波达到最大值时对岩石的破坏程度，最大峰值衰减后的破坏非猛度所为。

通常情况下，爆力大的炸药猛度也大，但并不总是呈线性关系。如果炸药爆力小，但反应速度快，猛度也会很大。

3）猛度测试方法

猛度的测试方法为铅柱压缩法。

4）猛度表示方法

猛度的值是一种相对表示法，是用炸药爆破后被压缩铅柱高度的大小来表示猛度的大小。因此，猛度的值是一个相对量。

使用铅柱压缩法测得猛度的单位为 mm，其公式为：炸药猛度 $= 60 - h$。

用压缩前铅柱的高度 60mm 与压缩后的铅柱的高度 h 的差值表示该炸药的猛度。

5）猛度对爆破的影响

猛度作为炸药的一个重要的性能指标，在出厂时已经写在了产品说明书里，常用此值进行各种炸药间猛度大小的比较。

对于特别难爆的岩石可选用猛度大的炸药，但一般情况下，猛度适中即可。因为猛度对岩石所形成的破坏是在粉碎区，过于粉碎的岩石对人们是无用的，猛度过大，大量的能量消耗在岩石的粉碎上，不利于爆能做有用的功。

3. 爆速及对爆破影响

1）定义

爆速是指爆轰波在炸药内部传播的速度，单位为 km/s。爆速与化学反应速度是有区别的，化学反应速度是指单位时间内反应消耗物质的量，单位为 kg/s。

2）理解

通常所说爆速是指爆轰波在炸药内部以恒定不变的最高极限速度传播时的速度，此时的爆轰称为理想爆轰。若由于某种原因，爆轰波不能以极限速度传播，但能以一定速度恒定传播，则称为非理想爆轰或稳定传爆。如果爆速不稳定，则称为不稳定爆炸。

理想爆轰时，炸药释放出的能量最多，因此，为提高爆能利用水平，在实际爆破工程实践中，应尽量创造条件使炸药爆炸达到理想爆轰或稳定传爆状态。

炸药爆炸达到最高爆速，能量释放最多，爆力最大，但实际情况是常常达不到最高爆速，影响炸药爆速的因素主要有以下五个。

（1）密度对炸药爆速的影响。

单质炸药与混合炸药密度对爆速的影响是不同的。

① 单质炸药：对单质炸药而言，密度越高，爆速越高，密度与爆速呈线性关系。

② 混合炸药：混合炸药密度与爆速呈非线性关系。按照爆速的变化趋势，混合炸药密度可划分为三个区间。

爆速上升密度区间，随着密度的上升，爆速上升，呈一定的线性变化，在此区间内，如果密度发生变化，就会表现为不稳定传爆。

爆速稳定密度区间，随着密度的上升，爆速没有明显上升变化，密度变化如果不超出此区间，爆轰表现为理想爆轰，此区间为炸药最优密度区间。

爆速下降密度区间，当密度升高到一定值时，爆速下降，继续升高，则爆速继续下降，达到某一值时，息爆，此时密度称为压死密度。

工业猛性炸药几乎都是混合炸药，对于工程技术人员来讲，应该理解以下四种炸药密度的含义。

a. 出厂密度：即炸药说明书标注的密度，此密度在最优密度区间。

b. 最优密度：即爆速最大的炸药密度区间。

c. 装药密度：即炮孔内装药质量与装药体积（装药长度内炮孔体积）之比。有三种情况，即装药密度大于出厂密度、等于出厂密度以及小于出厂密度。

d. 可调密度：即可调密度范围，就是最优密度区间的大小。如果可调密度范围宽，那么装药密度就会很容易落在炸药最优密度区间，爆炸就会达到理想爆轰。

人们在选择炸药时，可调密度范围是一个很重要的指标。一般而言，难爆岩石选择爆速高的炸药。水孔炸药密度要大于 $1g/cm^3$，否则会影响装药沉降。

通过炸药密度调节剂可以调节炸药密度，但加入密度调节剂通常是将密度调低，使爆速下降。

低爆速炸药可以由猛炸药与密度调节剂以一定配比机械混匀而成，密度调节剂通常可为带微孔物质或轻质微粉颗粒（珍珠岩粉）。上述物质是在猛炸药中不参与反应或虽参与反应但热效应极小的成分。

③ 沟槽效应（径向间隙效应、管道效应）。在实际爆破中，实验表明，对于硝铵类炸药（矿山爆破炸药主力），当药卷与炮孔的间隙达到炮孔的 12%～13%，药卷与药卷间隙达到药卷直径20%的时候，爆轰就会转为燃烧以至于息爆，此现象称为沟槽效应。

沟槽效应会使孔底部分炸药不爆而形成盲炮，一方面达不到爆破效果，同时，还会形成安全事故隐患。防止沟槽效应的措施如下。

a. 用散装炸药耦合装药，或在药卷外再裹纸等物，降低间隙。

b. 导爆索助爆或孔内多点起爆。

（2）药卷直径对炸药爆速的影响。

药卷直径对炸药的爆速和稳定传爆影响很大。先理解以下几个名词术语。

临界直径：能够使炸药发生爆炸的最小直径，低于此直径，炸药息爆；当药卷直径超过临界直径，随着直径的增加，爆速增加很快。

极限直径：爆速达到最高值时的最小直径，再增加直径，爆速不提高。

处于临界直径时的爆速称为临界爆速，处于极限直径时的爆速称为极限爆速。临界爆速与极限爆速之间可形成稳定传爆。极限直径一般为临界直径的 8～13 倍。几种炸药的临界直径见表2－12。

表 2－12　几种炸药临界直径

序号	炸药名称	临界直径/mm	序号	炸药名称	临界直径/mm
13+16	硝铵类	18～20	4	浆状炸药	
>215	泰安或黑索今	1～1.5	5	水胶炸药	
12 3 16	TNT	8～10	6	乳化炸药	

在工程实践中，炮孔直径最好等于或大于极限直径，这样才会获得最大爆速，释放最多能量，才会达到最大爆力值。但在地下矿山，我国常见炮孔直径在 38~75mm 之间，都达不到极限直径，因此，爆速都会低于极限爆速。

低于临界直径，炸药息爆是由于侧向扩散引起的。

（3）药包外壳对爆速的影响。

药包外壳质量、密度、强度对炸药传爆影响很大。如药包外壳质量、密度、强度大，药卷的临界直径会下降。因此，当药卷直径小于临界直径时，外壳对于药包的稳定传爆影响显著，当药卷直径大于临界直径时，外壳对于药包的稳定传爆影响不显著。

在工程实践中，当炮孔直径小于临界直径时，可增加药包外壳的质量、密度、强度以使炸药能够稳定传爆。

（4）炸药颗粒大小对爆速的影响。

一般而言，炸药颗粒越小，化学反应越充分，爆速越高，释放能量越多，可降低临界直径与极限直径。

（5）起爆能量大小对爆速的影响。

起爆能量必须达到一定程度，炸药才会理想爆轰。炸药不同，理想爆轰所需的起爆能量也不同。起爆能量的高低，对爆速影响巨大，起爆能量不足，虽然炸药也能稳定传爆，但爆速相差巨大。以硝化甘油为例，在不同起爆条件下爆速见表 2-13。

表 2-13　6 号和 8 号雷管起爆条件下硝化甘油爆速的差别

雷管号数	爆速/m · s^{-1}
6 号	2000
8 号	8000

因此，在爆破设计时，一定要注意起爆雷管号数要与被起爆炸药相匹配，要提供足够高的起爆能量，以使炸药达到理想爆轰，最大程度释放能量，降低炸药单耗。

3）爆速测定方法

（1）三种爆速测定方法。

① 导爆索法。

② 计时法。

③ 高速摄影法。

（2）爆速表示法。

爆速是指爆轰波在炸药内部传播的速度，单位为 km/s。

4）爆速对爆破的影响

要从密度、药卷直径、药包外壳以及起爆能量等方面考虑，以使炸药能够达到极限速度，实现理想爆轰，释放最多能量，降低单耗，降低成本。

4. 感度及对爆破影响

1）定义

感度是指炸药在外能作用下发生爆轰的难易程度。外能有三种，即热能、机械能和爆轰能。

2）理解

炸药是不是安全、可靠，与感度密切相关。对应热能、机械能和爆轰能三种外能分别有热感度、机械感度和爆轰感度。

对热能引发爆炸的敏感程度，即热感度。热感度有爆发点感度和火焰感度两种表示法，其中爆发点感度是指炸药能发生爆炸的最低温度，单位为℃。

以导火索或黑火药药柱燃烧产生的火星或火焰，作用位于不同距离的火炸药试样上，观察其是否被引燃，采用50%发火率的距离或上下限（100%发火的最大距离为上限，100%不发火的最小距离为下限）表示火焰感度，单位为mm。

对机械能引发爆炸的敏感程度，即为机械感度。机械感度分为摩擦感度和冲击感度。在测试条件下，炸药在摩擦和冲击能的作用下发生爆炸的可能性，用发生爆炸反应的百分数来表示，单位为%。

对爆轰能引发爆炸的敏感程度，即爆轰感度。爆轰感度用殉爆距离来表示。当炸药（主发药包）发生爆炸时，由于爆轰波的作用引起相隔一定距离的另一炸药（被发药包）爆炸的现象，叫殉爆。这一定的距离叫作殉爆距离。殉爆距离是指一个药包爆炸能引起另一个药包发生爆炸的最大距离，单位为cm。

现在常用的工业猛性炸药对热能和机械能都不敏感，只对爆轰能敏感。因此，在生产、运输、储存和使用各环节保证了安全性。

由于工业猛性炸药对爆轰能敏感，因此，都是使用雷管来引爆的，安全可靠。

3）感度测定方法

（1）两种热感度测定方法：

① 爆发点测试仪测爆发点。

② 加强帽法测火焰感度。

（2）两种机械感度测定方法：

① 垂直落锤仪测冲击感度。

② 摆式摩擦仪测摩擦感度。

（3）殉爆距离测定：殉爆距离按《工业炸药殉爆距离测定》（GB 12348—1990）规定进行。

（4）感度表示法：

热感度分别用温度和距离来表示，单位为℃、mm；

机械感度用发生爆炸的百分数来表示；

爆轰感度用殉爆距离来表示，单位为cm。

4）感度对爆破的影响

炸药的感度是表征炸药生产、运输、储存、使用安全以及可靠起爆的重要指标。对于现在常用的工业猛性炸药而言，热感度和机械感度都很低，这样，就大大提高了炸药在生产、运输、储存、使用中的安全性。而爆轰感度适中，通过雷管提供的爆轰能量可以很方便可靠地引爆炸药。

安全性和可靠性是炸药感度表征的炸药性能的内涵。

因此在选择炸药时，要选择热感度低、机械感度低，爆轰感度适中的炸药，以保证爆破过程中的安全性和可靠性。

安全性是指在非极端条件下，炸药的物理、化学状态稳定，不会发生意外爆炸。

可靠性是指炸药被起爆就能引爆，不起爆就不会发生爆炸。

通常工业炸药可以用 8 号雷管安全、可靠地起爆。

雷管号数表示雷管装药量的多少。我国雷管分 10 个号数，1 号装药量最少，10 号装药量最多。

5. 密度及对爆破影响

见上面有关密度对爆速的影响的内容，此处不再赘述。

6. 防水性及对爆破影响

无论是地下还是露天矿山，矿岩中都或多或少含水，特别是雨季，矿岩中水的含量会大增。因此，炸药是否具备防水性能就成为一个衡量炸药的重要指标。

根据矿岩含水的多少，选择具备相应防水性能的炸药，是炸药选型的重要依据。

7. 氧平衡及对爆破影响

1）定义

氧平衡是指炸药中氧元素与碳、氢元素的数量关系。有以下三种关系。

① 零氧平衡：炸药中氧的含量恰好能将碳、氢完全氧化。

② 正氧平衡：炸药中的氧含量足够将碳、氢完全氧化，还有剩余。

③ 负氧平衡：炸药中氧的含量不足以将碳、氢完全氧化。

2）理解

理论上讲零氧平衡的炸药能量释放最多，不产生毒气。负氧平衡的炸药由于碳、氢未完全氧化，能量未完全释放，同时产生有毒气体。正氧平衡的炸药由于氧有剩余，游离的氧元素会和氮元素发生吸热反应，同时生成有毒气体。

从以上分析可知，零氧平衡的炸药能量完全释放，不产生毒气，是理想炸药。正、负氧平衡炸药能量未完全释放，有毒气产生，是非理想炸药。氧平衡的判断与计算可查阅有关资料。

3）氧平衡的两种表示法

① ±%，正、负号表示是正氧平衡还是负氧平衡，具体数值表示氧的数量多少。

② ±g/g，正、负号表示是正氧平衡还是负氧平衡，具体数值表示 1 克炸药中氧的数量多少。

±号不可省略。

4）氧平衡对爆破的影响

对生产厂家而言，氧平衡是寻求炸药最优配比的重要依据。

对使用者而言，氧平衡是判断爆轰产物毒气量多少的重要依据。

因此，对地下矿山或其他通风条件不好的爆破作业环境，尽可能选取零氧平衡或接近零氧平衡的炸药，以减少有毒气体的危害，降低通风等生产设施的成本。

第二部分　炸药选型示例

为某矿山掘进爆破选择合适的炸药。

矿山矿岩基本情况：某露天矿山，矿岩稳固，$f=14$，矿岩平均密度为 $3.1g/cm^3$，应力波传播速度为 $5200m/s$。轻型钻机钻进 $1m$ 耗时达 $22min$。矿区降雨量较大，采场东侧 $500m$ 有河流流过，炮孔常年渗水，雨季炮孔水可满孔。请为此露天矿选择合适的炸药。

分析比较选择过程：根据矿山矿岩坚固性 $f=14$，以及钻机打孔耗时，可知此矿岩属于特别坚固难爆类型，需要爆速高、猛度大、威力大的炸药。同时，由于炮孔内积水严重，所以需要选用高抗水炸药。为了在装药时，炸药能较顺利沉到孔底，故要求炸药密度最好超过水的密度。据此，预选下列两种炸药进行比较：1 号抗水露天铵梯炸药简称 1 号，EL－102 乳化炸药，简称 EL。

1. 预选炸药性能指标汇总比较

预选炸药的性能指标对照表见表 2－14。

表 2－14　预选炸药的性能指标对照表

性能指标 炸药名称	密度 /g·cm$^{3-1}$	爆力 /mL	猛度 /mm	爆速 /m·s^{-1}	殉爆 /mm	氧平衡 /%	波阻抗 /kg·s^{-1}·m^2	防水 性能	价格 /t·元$^{-1}$
1 号抗水露天铵梯炸药（简称 1 号）	0.85～1.10	≥300	≥11	≥3000	≥3	－0.6	3300000	一般	4010
EL－102 乳化炸药（简称 EL）	1.05～1.35	346	19	4700	11	－0.8	6345000	极好	3900

2. 预选炸药技术、经济等指标分析

预选炸药技术、经济等指标分析汇总见表 2－15。

表 2－15　预选炸药技术、经济等指标分析汇总表

指标	分析过程
技术指标	（1）密度：EL 密度整体大于 1，有利于炸药沉入有水炮孔，二者密度可调范围相仿，故从密度角度选 EL （2）爆力：EL 高达 346mL，大于 1 号爆力，本露天矿岩为坚固难爆型，故选大爆力的 EL （3）猛度：由于矿岩坚固难爆，故选猛度大的 EL （4）爆速：由于矿岩坚固难爆，故选爆速大的 EL （5）防水性：EL 远远好于 1 号，故选 EL （6）波阻抗：此矿矿岩平均密度为 $3.1g/cm^3$，应力波传播速度为 $5200m/s$，故矿岩波阻抗为 $16120000kg/s·m^2$，都远大于 1 号和 EL 的波阻抗，二者相较，EL 的波阻抗与矿岩波阻抗更接近一些，对提升爆破能量利用率要好些，故选 EL 从技术指标看，EL 优于 1 号
经济指标	价格：EL 低于 1 号，故选 EL

续表

指标	分析过程
安全指标	（1）殉爆：无论 1 号还是 EL 均可用 8 号雷管起爆，故此项无比较必要 （2）氧平衡：氧平衡都很低，有毒气体量都不高，且为露天矿山，故此项无比较必要 （3）撞击感度：爆炸概率不大于 8% （4）摩擦感度：爆炸概率不大于 8% （5）热感度：不燃烧不爆炸 　　无论是 EL 还是 1 号的热感度和机械感度都很低，能够保证炸药在制造、运输、储存以及使用中的安全，且爆轰产物毒气量少，安全性好。从安全性讲，二者没有大的差异，都能满足安全要求

结论：综上所述，EL 在各项指标上都优于 1 号，故选 EL 为此矿山爆破用炸药。

第三部分　常用矿用炸药

1. 常用矿用炸药的适用范围与特点

常用矿用炸药的适用范围与特点见表 2 - 16。

表 2 - 16　常用矿用炸药的适用范围与特点表

炸药种类	适用范围	特点
岩石硝铵炸药	普遍使用在无瓦斯和无矿尘爆炸危险的隧道和地下工程。不适于在潮湿有水环境使用	对撞击摩擦比较敏感，用火焰和火星不太容易点燃，容易受潮结块，允许含水率为 0.3%。制造成本低，应用范围广，爆炸性能好，威力较大，可用雷管起爆
煤矿硝铵炸药	用于有瓦斯和矿尘爆炸危险的坑道。不适于在潮湿有水环境使用	爆温较低，敏感度较高，能保证稳定爆轰，炸药成分中不含易燃的金属粉，如铝粉等。制造成本低，爆炸性能好，威力较大，可用雷管起爆
胶质炸药	用于坚硬岩石和有水坑道内	敏感度高，防水性好，在 8℃ ~ 10℃ 时会结冻，稍加摩擦、折断即会引起爆炸
浆状炸药	用于水孔和坚硬岩石爆破。但仅适用于无瓦斯和煤尘爆炸坑道	以硝酸铵为主要成分的含水型炸药，突出优点是抗水性能强，炸药密度大，又有一定流动性，能充满整个炮眼直径；主要缺陷是敏感度低，制造成本高，雷管不能起爆
乳化油炸药	同上	抗水性能良好，爆轰稳定，爆速高，可在低温 40℃ 引爆
膨化炸药		

2. 常用铵油炸药性能

常用铵油炸药的品种性能见表 2 - 17。

表 2 – 17　常用铵油炸药的品种性能表

性能 \ 名称		1 号铵油炸药	2 号铵油炸药	3 号铵油炸药
组成（%）	硝酸铵	92 ± 1.5	92 ± 1.5	94.5 ± 1.5
	柴油	4 ± 1	1.8 ± 0.5	5.5 ± 1.5
	木粉	4 ± 0.5	6.2 ± 1	—
水分（%），不大于		0.25	0.8	0.8
药卷密度/g·cm^{-3}		0.9 ~ 1.0	0.8 ~ 0.9	0.9 ~ 1.0
爆轰性能	殉爆距离/cm 不小于 浸水前	5	—	—
	浸水后	—	—	—
	猛度/cm，不小于	2	18（钢管）	18（钢管）
	爆力/mL，不小于	300	250	250
	爆速/m·s^{-1}，不小于	3300	3800（钢管）	3800（钢管）
炸药保证期（d）		雨季7，一般15	15	15
炸药保证期内	殉爆距离/cm，不小于	2	—	—
	水分/%，不大于	0.5	1.5	1.5
适用条件		露天或无瓦斯、无矿尘爆炸危险的中硬以上的矿岩的爆破工程	露天中硬以下矿岩的中爆破和洞室大爆破的爆破工程	露天大爆破工程

3. 常用乳化油炸药性能

部分国产乳化油炸药组成性能见表 2 – 18。

表 2 – 18　部分国产乳化油炸药组成性能表

项目	型号	RL – 1	RL – 2	RMII – 1	EL – 102（φ32）	EL – 103（φ32）	RJ – 1（φ32 ~ φ40）
组成（%）	硝酸铵	55 ~ 70	65	55 ~ 65	55 ~ 65	53 ~ 63	50 ~ 70
	硝酸钠	10 ~ 16	15	10 ~ 15	10 ~ 15	10 ~ 15	5 ~ 15
	尿素		2.5		1.0 ~ 2.5	1.0 ~ 2.5	
	水	8 ~ 13	10	8 ~ 13	9 ~ 11	9 ~ 11	8 ~ 15
	水乳化剂（A）	0.8 ~ 1.2		0.8 ~ 1.2			
	司班 – 80				0.5 ~ 1.3	0.5 ~ 1.3	0.5 ~ 1.3
	石蜡		2		2 ~ 3	1.8 ~ 3.5	2 ~ 4
	矿物油	4 ~ 6	2.5	3 ~ 5	1 ~ 2	1 ~ 2	1 ~ 3
	膨胀珍珠岩	1 ~ 3		2 ~ 5			

续表

项目	型号	RL-1	RL-2	RMII-1	EL-102 (φ32)	EL-103 (φ32)	RJ-1 (φ32~φ40)
组成（%）	硫磺粉				1~2		
	铝粉				1~2	3~6	
	亚硝酸钠				0.1~0.3	0.1~0.3	0.1~0.7
	甲胺硝酸盐						5~20
	添加剂						0.1~0.3
性能	密度/g·cm⁻³	1.0~1.25	1.16~1.18	1.0~1.2	1.05~1.35	1.1~1.3	1.15~1.25
	稳定剂	1~3		5~10 包括消焰剂			
	临界直径/mm	25	20	20	12~16	12~16	12~16
	氧平衡/%	-1.212	-4.53				3.31~9.36
	猛度/mm	15~17	15~20	12~15	16~19	16~19	16~19
	爆力/mL	280~300	302~304	280~290	为2#硝铵的88%~108%		301
	爆速/m·s⁻¹	3500~4400	3600~4200	3300~4400	4000~4700	4300~4600	4500~5400
	爆生有害气体/L·kg⁻¹	29.5	21.33	25.4	24~29	24~29	11~19
	殉爆/cm	8~12	5~23	3~10	11	12	9
	起爆感度	8号雷管敏感	同左	同左	同左	同左	同左

4. 铵梯炸药与膨化炸药

2号岩石铵梯炸药是最主要的品种，直径多为32mm或35mm的纸卷装药，适于小直径炮孔装填，也可直接大包包装，用于露天岩石等爆破。8号雷管可起爆，在无水或少水炮孔中能可靠传爆和殉爆，化学性能比较稳定，但物理性能较差，易吸湿和结块，结硬的药卷难以使用，甚至失去爆炸能力，所以产品需要防潮包装和妥善保存。由于炸药中含TNT成分，毒性较大、成本较高，现逐渐被无梯型粉状岩石炸药（如岩石膨化硝铵炸药）取代。

岩石膨化硝铵炸药具有组成简单、容易制造、性能稳定、威力较高、成本很低、不含TNT等一系列优点，因而受到广大用户和生产单位的欢迎，现已逐步推广应用。

该炸药一般装成φ32、φ35和φ38的药卷，药卷材料为浸蜡纸卷，药卷质量大多为150g±3g和200g±5g。每20根药卷组成一个中包，8个中包装成一箱，每箱炸药质量为24kg。散装炸药是包在内衬一层塑料袋的编织袋中，每袋装药为40kg。

铵梯炸药与膨化炸药性能见表2-19。

表 2-19 铵梯炸药与膨化炸药性能

1 号铵梯炸药		2 号铵梯炸药		膨化炸药	
物理状态	灰白色至灰黄色松散粉状混合物	物理状态	灰白色至灰黄色松散粉状混合物	物理状态	灰色至灰白色松散油性粉状混合物
水分	≤0.3%	水分	≤0.3%	水分	≤0.3%
装药密度	0.95～1.10g/cm³	装药密度	最高可达 1.30g/cm³,通常为 0.95～1.10g/cm³	装填密度	0.85～1.00g/cm³
爆速	≥3400m/s	爆速	≥3200m/s	爆速	≥3200m/s (φ32 纸管)
爆热	4074kJ/kg	爆热	3690kJ/kg	氧平衡	+0.12%
爆温	2700℃	爆温	2514℃	爆力	≥320mL
比容	924L	爆压	kg	感度	3246MPa
爆力	≥350mL	比容	924L/kg	撞击感度	0 (标准状态)
猛度	≥12mm	爆力	≥320mL	摩擦感度	0 (标准状态)
殉爆距离	≥6cm	猛度	≥12mm	起爆感度	一个 8 号雷管可靠起爆
吸湿性	强	感度		临界直径	12mm (纸筒装药)
结块性	强	撞击感度	20% (标准状态)	极限直径	40mm (纸筒装药)
抗水性	差	摩擦感度	8% (标准状态)	殉爆距离	≥4cm, ≥3cm (储存期)
使用温度范围	≤80℃	起爆感度	一个 8 号雷管可靠起爆	有毒气体量	≤100L/kg (以 CO 计)
储存期	>6 个月	临界直径	20mm (纸筒装药)	吸湿性	中等
使用装填方法	药卷装填,现场炮孔装填	极限直径	100mm (纸筒装药)	结块性	几乎不结块
包装方式	纸板箱(药卷)或钙塑箱,每箱 8 个中包,每包 20 支药卷,每卷 150g 或 200g。也可用编织袋大包装	殉爆距离	≥5cm	抗水性	浸蜡纸卷浸于 1m 水下 1h 后仍能可靠起爆,殉爆距离大于 3cm
		有毒气体量	≤100L (以 CO 计,1LNO2 按 6.5LCO 计算)	使用温度范围	≤80℃
		吸湿性	强	储存期	≥6 个月
		结块性	强	使用装填方法	药卷装填或炮孔直接装药

1号铵梯炸药		2号铵梯炸药		膨化炸药	
		抗水性	差		纸板箱或钙塑板箱，每箱8中包，每中包20卷，每箱质量24kg。编织袋内衬塑料袋散装大包，每包40kg
		使用温度范围	≤80℃		
		储存期	≥6个月	包装方式	
		使用装填方法	药卷装填，现场炮孔装填		
		包装方式	纸板箱或钙塑板箱，每箱8个中包，每中包20支药卷。编织袋衬塑料袋散装大包		

第四部分　炸药价格

民用爆破器材产品出厂基准价格目录见表2-20。

表2-20　民用爆破器材产品出厂基准价格目录表　　　　（单位：元）

产品名称	型号规格	单位	出厂基准价格	备注
1号露天铵梯炸药	每卷100~200g	t	4400	
	每包1~9kg	t	4010	
	每包10~40kg	t	3730	
2号露天铵梯炸药	每卷100~200g	t	4160	
	每包1~9kg	t	3770	
	每包10~40kg	t	3560	
2号抗水露天铵梯炸药	每卷100~200g	t	4260	
	每包1~9kg	t	3800	
	每包10~40kg	t	3550	
3号露天铵梯炸药	每卷100~200g	t	4090	
	每包1~9kg	t	3650	
	每包10~40kg	t	3390	
2号岩石铵梯炸药	每卷100~200g	t	4610	
	每包1~9kg	t	4150	
	每包10~40kg	t	3940	
2号抗水岩石铵梯炸药	每卷100~200g	t	4700	
	每包1~9kg	t	4290	
	每包10~40kg	t	3990	

产品名称	型号规格	单位	出厂基准价格	备注
新2号岩石铵梯炸药	每卷100~200g	t	4570	
	每包1~9kg	t	4160	
	每包10~40kg	t	3860	
新3号岩石铵梯炸药	每卷100~200g	t	4810	
	每包1~9kg	t	4380	
	每包10~40kg	t	4110	
新4号岩石铵梯炸药	每卷100~200g	t	4580	*
	每包1~9kg	t	4290	*
	每包10~40kg	t	4150	*
4号抗水岩石铵梯炸药	每卷100~200g	t	5000	
	每包1~9kg	t	4570	
	每包10~40kg	t	4350	
2号煤矿许用铵梯炸药	每卷100~200g	t	4500	
3号煤矿用许铵梯炸药	每卷100~200g	t	4550	
3号煤矿许用铵梯炸药	每卷100~200g	t	4420	
3号抗水煤矿许用铵梯	每卷100~200g	t	4470	
3级被筒煤矿许用铵梯	每卷100~200g	t	4890	
黏性炸药		t	4640	
胶质炸药	普通,含甘油40%	t	8090	
	耐冻,含甘油40%	t	8390	
1号-3号铵油炸药	每卷100~200g	t	3810	
	每包1~9kg	t	3340	
	每包10~40kg	t	3100	
铵沥腊炸药	每卷100~200g	t	3980	
	每包1~9kg	t	3510	
	每包10~40kg	t	3260	
铵沥腊炸药	每卷100~200g	t	4310	
	每包1~9g	t	3830	
	每包10~40kg	t	3600	
多孔粒状铵油炸药	40kg	t	2940	

产品名称	型号规格	单位	出厂基准价格	备注
现场混装多孔粒状铵油炸药		t	3410	*
水胶炸药				
1号岩石水胶炸药	直径 35×200-500	t	6660	
2号岩石水胶炸药	直径 35×200-500	t	5450	
3号岩石水胶炸药	直径 32×200-500	t	4710	
2号煤矿水胶炸药	直径 35×200-500	t	5790	
3号煤矿水胶炸药	直径 35×200-500	t	5140	
岩石乳化炸药（一级）	每卷 150~250g	t	4540	
	每包 1~9kg	t	4070	
	每包 10~40kg	t	3840	
岩石乳化炸药（二级）	每卷 150~250g	t	4450	
	每包 1~9kg	t	3990	
	每包 10~40kg	t	3770	
露天乳化炸药	每卷 150~250g	t	4330	
	每包 1~9kg	t	3900	
	每包 10~40kg	t	3680	
粉状乳化炸药	每卷 100~200g	t	5040	*
	每包 1~9kg	t	4640	*
	每包 10~40kg	t	4410	*
煤矿乳化炸药	每卷 150~250g	t	4830	
乳化铵油炸药		t	3330	
太乳炸药		kg	48	
膨化硝铵炸药				
岩石膨化硝铵炸药	每卷 100~200g	t	4210	*
	每包 1~9kg	t	4150	*
	每包 10~40kg	t	4020	*
一级煤矿许用膨化硝铵炸药	每卷 100~200g	t	4320	*
一级抗水煤矿许用膨化硝铵炸药	每卷 100~200g	t	4460	*
二级煤矿许用膨化硝铵炸药	每卷 100~200g	t	4450	*

产品名称	型号规格	单位	出厂基准价格	备注
二级抗水煤矿许用膨化硝铵炸药	每卷 100~200g	t	4430	*
现场混装乳化炸药		t	3830	*

说明:

1. 供需双方可以目录中出厂基准价格为基础,在上浮不超过10%,下浮不超过5%的范围内协商确定具体出厂价格。

2. 目录中产品出厂基准价格为不含增值税价格。

3. 目录中产品执行出厂价格的交货地点为生产企业仓库。

4. 目录中产品出厂基准价格包含专业标准规定包装的包装费用,其中炸药为纸箱包装或麻袋、纤维袋包装,震源药柱、起爆药柱、塑料导爆管、导火索产品为纸箱包装,工程雷管、导爆索、聚能射孔弹产品为木箱包装。

5. 电雷管铁脚线每发增加0.5m,出厂基准价格每万发加价880元;铜脚线每发增加0.5m,出厂基准价格每万发加价1500元。导爆管雷管导爆管每增加10000m加价2400元;油气井用(地震勘察)电雷管长脚线每增配一个线轴加价0.6元。

6. 未列入本目录的其他非代表规格产品,有生产企业参照目录,按照合理比价制定具体出厂价格。

7. 备注中标"*"处为新定价产品

任务 3 确定炮孔参数

内容略。

任务 4 绘制炮孔排列图

内容略。

任务 5 确定爆破参数

内容略。

任务 6 设计装药结构

(一) 完成任务具备知识的要求
(1) 掏槽孔、辅助孔、周边孔、超深的概念与作用。
(2) 孔距、孔深、孔数、超深的确定方法与影响因素。
(3) 岩石爆破破岩机理。
(4) 直眼、斜眼及混合掏槽的适用条件。
(5) 视图知识。

(二) 学习成果要求
(1) 确定炮孔参数,画出炮孔参数表。
(2) 绘制炮孔排列图。
(3) 各小组随机选择代表上台陈述选择理由。

（三）参考资料汇编

炮孔设计与破岩机理。

第一部分　炮孔设计

井巷掘进是矿山生产中重要的作业，主要包括中段运输巷道、井底车场、部分水平采准巷道、硐室开凿。目前工程中主要用浅眼爆破方法来施工，炮眼长度多为 2～4m，直径为 30～46mm。

平巷掘进时，爆破条件往往很差，技术要求严格。其技术上的特点是：爆破自由面少，一般只有一个，且多与炮孔方向垂直；自由面不大，炮眼密度较大，药量较多；总炮孔数不大，爆破网络较简单；巷道规格要求严格，既要防止超挖增大成本和破坏井巷稳定性，又要防止欠挖致使巷道过窄而无法使用，要求严格控制井巷轮廓。

通常，对平巷掘进爆破的要求有：第一，巷道断面规格、巷道掘进方向和坡度要符合设计要求；第二，炮眼利用率要高，材料消耗少，成本低而掘进速度快；第三，块度均匀，爆堆集中，以利提高装岩效率；第四，爆破对巷道围岩震动和产生的裂隙少，周壁平整，以保证井巷的稳定性，确保掘进作业的安全。

掘进爆破中需正确解决的技术问题是：确定爆破参数，选择炮眼排列方式，采用正确的控制轮廓措施，采取有效的施工安全措施。

1. 炮孔分类

炮孔按用途不同，将工作面的炮眼分为三种。

1）掏槽眼

掏槽眼的作用是将自由面上某一部位岩石首先掏出一个槽子，形成第二个自由面，为其余的炮眼爆破创造有利条件。掏槽眼的爆破比较困难（只有一个垂直炮眼的自由面），因此，在选择掏槽形式和位置时应尽量利用工作面上岩石的薄弱部位。为了提高爆破效果，充分发挥掏槽作用，掏槽眼应比其他炮眼加深 10～15cm，装药量增加15%～20%。

2）辅助眼

辅助眼是破碎岩石的主要炮眼，是进一步扩大槽子体积和增大爆破量，并为周边眼爆破创造平行于炮眼的自由面，可使爆破条件大大改善，故能在该自由面向上形成较大体积的破碎漏斗。根据岩石的可爆性不同，辅助眼间距一般可取 0.4～0.8m。

3）周边眼

周边眼用于控制爆破后的巷道断面形状、大小和轮廓，其作用是使爆破后的井巷断面规格和形状能达到设计的要求。周边眼的眼底一般不应超出巷道的轮廓线，但在坚硬难爆的岩石中可超出轮廓线 10～20cm。这些炮眼应力求布置均匀以便充分利用炸药能量。辅助眼和周边眼的眼底应落在同一个垂直于巷道轴线的平面上，尽量使爆破后新工作面平整。周边眼间距取 0.5～1m，周边眼眼口距巷道轮廓线为 0.1～0.3m。

周边眼又可分为顶眼、底眼和帮眼。各类炮眼的排列及其爆破崩落范围如图 2－3、图 2－4 所示。

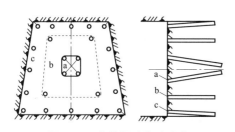

图2-3 井巷爆破炮孔分类
a—掏槽眼；b—辅助眼；c—周边眼

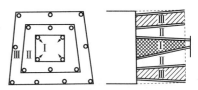

图2-4 各类炮眼的爆落范围
Ⅰ—掏槽眼的爆落范围；Ⅱ—辅助眼的爆落范围；
Ⅲ—周边眼的爆落范围

2. 平巷掘进爆破掏槽方式

在平巷的开挖过程中，在掘进工作面上，总是首先钻少量炮眼，起爆后，形成一个适当的空间，形成新的自由面，使周围其余部分的岩石，都顺序向这个空间方向崩落，以获得较好的爆破效果。形成这个空间的过程，通常称为掏槽。掏槽眼爆破时，炮眼是处于一个自由面的条件下，破碎岩石的条件非常困难，而掏槽的好坏又直接影响了其他炮眼的爆破效果，必须合理选择掏槽形式和装药量，使岩石完全破碎形成掏槽空间和达到较高的槽眼利用率。

掏槽爆破炮眼布置有多种不同的形式，归纳起来可分为两大类：斜眼掏槽和直眼掏槽。

1）斜眼掏槽

斜眼掏槽是掏槽眼与自由面（掘进工作面、掌子面）倾斜成一定角度。斜眼掏槽有多种不同的形式，各种掏槽形式的选择主要取决于围岩地质条件和掘进掌子面大小。常用的主要有以下几种形式。

（1）单向掏槽。

由数个炮眼向同一方向倾斜组成。适用于中硬（$f < 4$）以下具有分层节理或软夹层的岩层中。可根据自然弱面赋存条件分别采用顶部、底部和侧部掏槽（见图2-5）。掏槽眼的角度可根据岩石的可爆性，取45°～65°，间距为30～60cm。掏槽眼应尽量同时起爆，其效果更好。

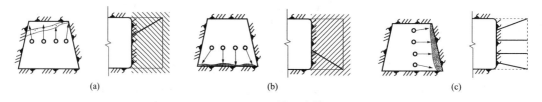

图2-5 锥形掏槽
（a）三角锥形；（b）四角锥形；（c）圆锥形

（2）锥形掏槽。

由数个共同向中心倾斜的炮眼组成（见图2-6）。爆破后掏槽空间呈锥形。锥形掏槽适用于$f > 8$的坚韧岩石，其掏槽效果较好，但钻眼困难，主要适用于竖井掘进，其他巷道很少采用。

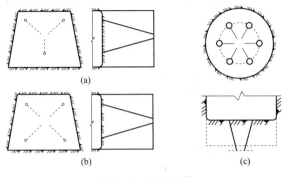

图 2 – 6 锥形掏槽

（a）三角锥形；（b）四角锥形；（c）圆锥形

（3）楔形掏槽。

楔形掏槽由数对（一般为 2 ~ 4 对）对称的相向倾斜的炮眼组成，爆破后形成楔形掏槽空间（见图 2 – 7），适用于各种岩层，特别是中硬以上的稳定岩层。这种掏槽方法爆力比较集中，爆破效果较好，形成的掏槽体积较大。掏槽炮眼两眼底部相距 0.2 ~ 0.3m，炮眼与工作面相交角度通常为 60° ~ 75°，根据炮孔角度分为水平楔形、垂直楔形。若岩石特别坚硬，难爆或眼深超过 2m 时，可增加 2 ~ 3 对初始掏槽眼形成双楔形复式掏槽。

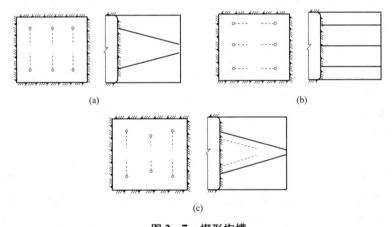

图 2 – 7 楔形掏槽

（a）垂直楔形；（b）水平楔形；（c）双楔形复式掏槽

斜眼掏槽的特点如下。

① 斜眼掏槽的优点。

a. 适用于各种岩层并能获得较好的掏槽效果。

b. 所需掏槽眼数目较少，单位耗药量小。

c. 掏槽眼位置和倾角的精确度对掏槽效果的影响较小。

② 斜眼掏槽的缺点。

a. 钻眼方向难以掌握，要求钻眼工人具有熟练的技术水平。

b. 炮眼深度受井巷断面的限制，尤其在小断面井巷中更为突出。

c. 全断面井巷爆破下岩石的抛掷距离较大，爆堆分散，容易损坏设备和支护。

2）直眼掏槽

直眼掏槽是指掏槽眼与工作面垂直，且相互平行，有时为了增加辅助自由面和破碎的补偿空间，其中可钻几个空眼，空眼的作用是给装药眼创造自由面和作为破碎岩石的膨胀空间，通常又分龟裂掏槽、桶状掏槽和空间螺旋形掏槽，如图2-8所示。

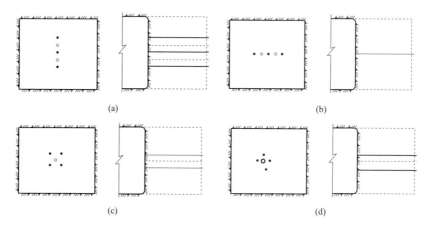

图2-8 部分直线掏槽形式

（a）垂直龟裂掏槽；（b）水平龟裂掏槽；（c）桶状掏槽；（d）空间螺旋形掏槽

（1）龟裂掏槽。

掏槽眼布置在一条直线上且相互平行，隔眼装药，各眼同时起爆，爆破后，在整个炮眼深度范围内形成一条稍大于炮眼直径的条形槽口，目的是为辅助眼创造爆破自由面。根据掏槽方向分为水平和垂直两种，适用于中硬以上或坚硬岩石和小断面巷道。炮眼间距视岩层性质，一般取1~2倍空眼直径，装药长度一般不小于炮眼深度的90%。在多数情况下，装药眼与空眼的直径相同。

（2）桶状掏槽。

掏槽眼按各种几何形状布置，使形成的槽腔呈角柱体或圆柱体，装药眼和空眼数目及其相互位置与间距是根据岩石性质和井巷断面来确定的。空眼直径可以采用大于或等于装药眼的直径。大直径空眼可以形成较大的人工自由面和膨胀空间，掏槽眼的间距可以扩大。大直径空眼角柱形掏槽如图2-9所示，实心为装药眼，空心为空眼。图2-9所示只是其中一种形式（大直径空眼四角柱形），还有其他形式（小直径空眼）如图2-10所示。

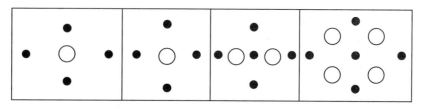

图2-9 大直径空眼四角柱形掏槽

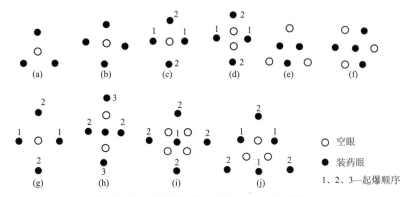

图 2 – 10　桶状掏槽小直径空眼的布置形式

（a）、（e）三角柱掏槽；（b）四角柱掏槽；（c）单空眼菱形掏槽；（d）双空眼菱形掏槽；
（f）六角柱掏槽；（g）、（h）大空眼菱形掏槽；（i）五星掏槽；（j）复式三角柱掏槽

（3）空间螺旋形掏槽。

所有装药眼围绕中心空眼呈螺旋状布置（见图 2 – 11），并从距空眼最近的炮眼开始顺序起爆，使掏槽空间逐步扩大。此种掏槽方法在实践中取得了较好的效果。其优点是可以用较少的炮眼和炸药获得较大体积的掏槽空间，各后续起爆的装药眼，易于将碎石从掏槽空间抛出。但是，若延期雷管段数不够，就会限制这种掏槽的应用。空眼距各装药眼的距离可依次取空眼直径的 1～1.8 倍、2～3 倍、3～4.5 倍、4～4.5 倍等。当遇到特别难爆的岩石时，可以增加 1～2 个空眼。为使掏槽空间内岩石抛出，有时将空眼加深 300～400mm，在底部装入适量炸药，并使之最后起爆，这样可以将掏槽空间内的碎石抛出。装药眼的药量为炮眼深度的 90% 左右。

当需要提高掘进速度时，可采用如图 2 – 12 所示的双螺旋形掏槽方式，装药眼围绕中心大空眼沿相对的两条螺旋线布置。其原理与螺旋形掏槽相同。中心空眼一般采用大直径钻孔，或采用两个相互贯通的小直径空眼（形成 "8" 字形空眼）。为了保证打眼规格，常采用布眼样板来确定眼位。此种掏槽适用的岩石应坚硬、密实，无裂缝和层节理。

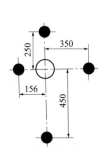

图 2 – 11　空间螺旋形掏槽炮孔布置

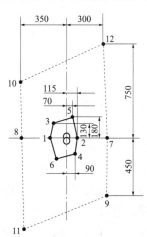

图 2 – 12　双螺旋形掏槽炮孔布置

1～12—起爆顺序

实验表明,直眼掏槽的眼距(包括装药眼到空眼间距和装药眼之间的距离)对掏槽效果影响很大。眼距是影响掏槽效果最敏感的参数,与最优眼距稍有偏离,可能就会出现掏槽失败。

眼距过大,爆破后岩石会仅产生塑性变形而出现"冲炮"现象;眼距过小,会将邻近炮眼内的炸药"挤死",使之拒爆,或使岩石"再生"。围岩不同,装药眼与空眼之间的距离也不同。装药眼直径与空眼直径均为 32~40mm 时,装药眼距空眼一般为:软的石灰岩、砂岩等,取 150~170mm;硬的石灰岩、砂岩等,取 125~150mm。

直眼掏槽的特点如下。

① 直眼掏槽的优点。

a. 炮眼垂直于工作面布置,方式简单,易于掌握和实现多台钻机同时作业和钻眼机械化。

b. 炮眼深度不受井巷断面限制,可以实现中深孔爆破;当炮眼深度改变时,掏槽布置可不变,只需调整装药量即可。

c. 有较高的炮眼利用率。

d. 全断面井巷爆破,岩石的抛掷距离较近,爆堆集中,不易崩坏井筒或巷道内的设备和支架。

② 直眼掏槽的缺点。

a. 需要较多的炮眼数目和较多的炸药。

b. 炮眼间距和平行度的误差对掏槽效果影响较大,必须具备熟练的钻眼操作技术。

3)混合掏槽

混合掏槽是将上述两种方法混合使用,如图 2-13 所示。

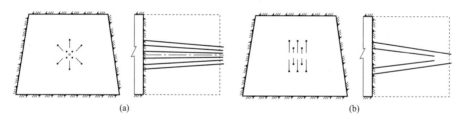

图 2-13 混合掏槽形式

(a)桶状和锥形;(b)复式楔形

3. 确定平巷掘进爆破参数

1)炮眼深度

炮眼深度是指眼底到工作面的平均垂直距离。它是一个很重要的参数,直接与成巷速度、巷道成本等指标有关。炮眼深度的确定,主要依据巷道断面、岩石性质、凿岩机具类型、装药结构、劳动组织及作业循环而定。

一般来说,炮眼加深可以使每个循环进尺增加,相对地减少了辅助作业时间,爆破材料的单位消耗量也可相应降低;但炮眼太深时,凿岩速度就会明显降低,而且爆破后岩石块度不均匀,装岩时间拖长,反而使掘进速度降低。从我国一些矿山的具体情况来看,采用气腿凿岩机时,炮眼深度一般为 1.8~2.0m,采用凿岩台车时,一般为 2.2~3.0m,较为合适。

此外炮眼深度也可根据月进度计划和预定的循环时间进行估算。

2）炮眼直径

炮眼直径应和药卷直径相适应：炮眼直径小了，装药困难；而过大的炮眼直径，将使药卷与炮眼内空隙过大，影响爆破效果。目前我国普遍采用的药卷直径为 $\phi32$ 和 $\phi35$ 两种，而钎头直径一般为 $\phi38 \sim \phi42$。

3）炸药消耗量

由于岩层多变，单位炸药消耗量目前尚不能用理论公式精确计算，一般根据实际经验按表 2 – 21 选取。表中所列数据系由 2 号岩石硝铵炸药所得，若采用其他炸药时，则需根据其爆力大小加以适当修正。

表 2 – 21　平巷掘进炸药单耗　　　　　　（单位：kg/m³）

掘进断面/m²	岩石的坚固性系数 f 值				掘进断面/m²	岩石的坚固性系数 f 值			
	4 ~ 6	8 ~ 10	12 ~ 14	15 ~ 20		4 ~ 6	8 ~ 10	12 ~ 14	15 ~ 20
<4	1.77	2.48	2.96	3.36	10 ~ 12	1.01	1.51	1.90	2.10
4 ~ 6	1.50	2.15	2.64	2.93	12 ~ 15	0.92	1.36	1.78	1.97
6 ~ 8	1.28	1.89	2.33	2.59	15 ~ 20	0.90	1.31	1.67	1.85
8 ~ 10	1.12	1.69	2.09	2.32	>20	0.86	1.26	1.62	1.80

巷道断面确定后，可根据岩石坚固性系数查表找出单位炸药消耗量 q，则一次爆破所需的总药量 Q 可按下式计算：

$$Q = qSL\eta \qquad (式2-1)$$

式中　q——单位炸药消耗量，单位 kg/m³；

　　　S——巷道掘进断面积，单位 m²；

　　　L——炮眼平均深度，单位 m；

　　　η——炮眼利用率。

上面的 q 和 Q 值是平均值，至于各个不同炮眼的具体装药量，则应根据各炮孔所起的作用及条件不同而加以分配。掏槽眼最重要，而且爆破条件最差，应分配较多的炸药；辅助眼次之；周边眼药量分配最小。周边眼中，底眼分配药量最多，帮眼次之，顶眼最少。采用光面爆破时，周边眼数目相应增加，但每眼药量适当减少。

4）炮眼数目

炮眼数目直接决定每个循环的凿岩时间，在一定程度上又影响爆破效果。实践证明，炮眼过多，在炸药量一定的条件下，每个炮眼的装药量减少，炸药过分集中于眼底，爆落岩块不均匀，将给装岩工作造成困难；炮眼过少，炮眼利用率会降低，崩落岩石少，崩出的巷道设计轮廓不规整。

炮眼数目的确定，一般根据岩石性质、巷道断面积、掏槽方式、爆破材料种类等因素作出炮眼布置图，经过实践最后确定合适的炮眼数目。表 2 – 22 为实践中总结的经验值。

表 2 - 22　每平方米掘进工作面上所需的炮眼数

坚固性系数 f	巷道断面积/m^2					
	4	6	8	10	12	14
5	2.65	2.39	2.09	1.81	1.81	1.70
8	3.00	2.78	2.50	2.21	2.20	2.05
10	3.25	3.05	2.77	2.48	2.35	2.20
12	3.61	3.33	3.04	2.74	2.45	2.35
14	3.91	3.60	3.31	3.01	2.71	2.50
18	4.45	4.15	3.85	3.54	3.24	2.99

也可根据将一个循环所需的总炸药量平均装入所有炮眼内的原则进行估算，作为实际排列炮眼时的参考。

一次爆破所需的总炸药量确定后，则炮眼数目可按下式计算为

$$Q = \frac{Nla}{m}p \qquad (式 2 - 2)$$

式中　N——炮眼数目，单位个；

　　　a——装药系数（一般为 0.5 ~ 0.7）；

　　　p——每个药卷质量，单位 kg；

　　　m——每个药卷的长度，单位 mm。

由式 2 - 1 和式 2 - 2 相等得炮眼数目为：

$$N = \frac{qS\eta m}{ap}$$

如前所述，上述公式只是一种估算方法，更切合实际的合理炮眼数目，目前只能从实际炮眼排列着手，经过实践不断调整完善。

5）炮眼填塞长度

用黏土、砂或土砂混合材料将装好炸药的炮眼封闭起来称为填塞，所用材料统称为炮泥。炮泥的作用是保证炸药充分反应，使之放出最大热量和减少有毒气体生成量，降低爆炸气体逸出自由面的温度和压力，使炮眼内保持较高的爆轰压力和较长的作业时间。

特别是在有瓦斯与煤尘爆炸危险的工作面上，炮眼必须填塞，这样可以阻止灼热的固体颗粒从炮眼中飞出。除此之外，炮泥也会影响爆炸应力波的参数，从而影响岩石的破碎过程和炸药能量的有效利用。试验表明，爆炸应力波参数与炮泥材料、炮泥填塞长度和填塞质量等因素有关。合理的填塞长度应与装药长度或炮眼直径成一定比例关系。生产中常取填塞长度相当于 0.35 ~ 0.50 倍的装药长度。在有瓦斯的工作面，可以采用水炮泥，即将装有水的聚乙烯塑料袋作为填塞材料，封堵在炮眼中，在炮眼的最外部仍用黏土封口。水炮泥可以吸收部分热量，降低喷出气体的温度，有利于安全。

4.确定平巷掘进爆破炮孔位置

除合理选择掏槽方式和爆破参数外，为保证安全，提高爆破效率和质量，还需合理布

置工作面上的炮眼。

1）布置炮眼位置的原则

（1）有较高的炮眼利用率。

（2）先爆炸的炮眼不会破坏后爆炸的炮眼，或影响其内装药爆轰的稳定性。

（3）爆破块度均匀，大块率低。

（4）爆堆集中，飞石距离小，不会损坏支架或其他设施。

（5）爆破后断面和轮廓符合设技要求，壁面平整并能保持井巷围岩本身的强度和稳定性。

2）布置炮眼位置的方法

（1）工作面上各类炮眼布置是"抓两头、带中间"，即首先选择适当的掏槽方式和掏槽位置，其次是布置好周边眼，最后根据断面大小布置辅助眼。

（2）掏槽眼的位置会影响岩石的抛掷距离和破碎块度，通常布置在断面的中央偏下，并考虑使辅助眼的布置较为均匀。

（3）周边眼一般布置在断面轮廓线上。按光面爆破要求，各炮眼要相互平行，底眼落在同一平面上。底眼的最小抵抗线和炮眼间距通常与辅助眼相同，为保证爆破后在巷道底板不留"根底"，并为铺轨创造条件，底眼眼底要超过底板轮廓线。

（4）布置好周边眼和掏槽眼后，再布置辅助眼。辅助眼是以掏槽空间为自由面而层层布置，均匀地分布在被爆岩体上，并根据断面大小和形状调整好最小抵抗线和邻近系数。图 2 – 14 是平巷炮孔布置实例。

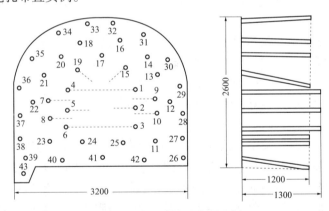

图 2 – 14 平巷炮孔布置实例

5. 确定装药结构

装药结构是指炸药在炮眼内的装填情况，装药结构如图 2 – 15 所示。

图 2 – 15（a）所示为连续装药——炸药在炮眼内连续装填，没有间隔。

图 2 – 15（b）所示为间隔装药——炸药在炮眼内分段装填，装药之间有炮泥、木垫或空气使之隔开。

图 2 – 15（c）所示为耦合装药——炸药直径与炮眼直径相同。

图 2 – 15（d）所示为不耦合装药——炸药直径小于炮眼直径。

图 2 – 15（e）所示为反向起爆装药——起爆雷管在炮眼眼底处，爆轰向眼口传播。

图 2 – 15（f）所示为正向起爆装药——起爆雷管在炮眼眼口处，爆轰向眼底传播。

还有无堵塞装药结构——不用堵塞炮孔。

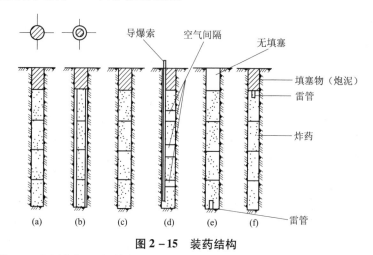

图 2 - 15　装药结构

（a）连续装药；（b）间隔装药；（c）耦合装药；（d）不耦合装药；（e）反向起爆装药；（f）正向起爆装药

1）连续装药和间隔装药

在间隔装药中，可以采用炮泥间隔、木垫间隔和空气柱间隔三种方式。试验表明，在较深的炮眼中采用间隔装药可以使炸药在炮眼全长上分布得更均匀，使岩石破碎块度均匀。采用空气柱间隔装药，可以增加用于破碎和抛掷岩石的爆炸能量，提高炸药能量的有效利用率，降低炸药消耗量。

当分配到每个炮眼中的装药量过分集中，眼口到眼底时或炮眼所穿过的岩层为软硬相间时，可采用间隔装药。一般可分为 2 ~ 3 段，若空气柱较长，不能保证各段炸药的正常殉爆，要采用导爆索连接起爆。在光面爆破中，若没有专用的光爆炸药时，可以将空气柱放于装药与炮泥之间，可取得良好的爆破效果。

2）耦合装药与不耦合装药

炮眼耦合装药爆炸时，眼壁受到的是爆轰波的直接作用，在岩体内一般要激起冲击波，造成粉碎区，而消耗了炸药的大量能量。不耦合装药，可以降低对孔壁的冲击压力，减少粉碎区，激起应力波在岩体内的作用时间加长，这样就加大了裂隙区的范围，炸药能量利用充分。在光面爆破中，周边眼多采用不耦合装药，炮眼直径与装药直径之比，称为不耦合值或不耦合系数。

在矿山井巷掘进中，大多采用粉状硝铵类炸药和乳化炸药。炮眼直径一般为 32 ~ 42mm，药卷直径为 27 ~ 35mm，径向间隙量平均为 4 ~ 7mm，最大可达 8 ~ 13mm。大量试验结果表明，对于混合炸药，特别是硝铵类混合炸药，在细长连续装药时，如果不耦合系数选取不当，就会发生爆轰中断，在炮眼内的装药会有一部分不爆炸，这种现象称为间隙效应，或称管道效应。矿山小直径炮孔（特别是增大炮眼深度时）往往产生"残炮"现象，间隙效应则是主要原因之一。这样不仅降低了爆破效果，而且当在瓦斯矿井内进行爆破时，若炸药发生燃烧，将会有引起事故的危险。

3）正向起爆装药和反向起爆装药

装药采用雷管起爆时，雷管所在位置称为起爆点。起爆点通常是一个，但当装药长度较大时，也可以设置多个起爆点，或沿装药全长敷设导爆索起爆。试验表明，反向起爆装药优于正向起爆装药，反向装药不仅能提高炮眼利用率，而且也能加强岩石的破碎，降低大块率。无论是正向起爆，还是反向起爆，岩体内的应力场分布都是很不均匀的，但若相邻炮眼分别采用正、反向起爆，就能改善这种状况。

6. 编制平巷掘进爆破说明书内容要求

（1）爆破作业的原始条件：包括井巷的用途、掘进井巷的种类、断面形状和尺寸、岩石的性质及有无瓦斯等。

（2）选用凿岩设备和爆破器材：包括凿岩机型号和工作面同时工作的台数、凿岩生产率、炸药品种、雷管的种类等。

（3）确定凿岩爆破参数：包括炮眼直径、炮眼深度、炮眼数目、单位炸药消耗量、装药量等。

（4）炮眼布置：包括掏槽眼、辅助眼和周边眼的数目，各炮眼的起爆顺序和炮眼布置三面投影图，各炮眼药量、装药结构和起爆药包位置及其草图。

（5）预期爆破效果：包括炮眼利用率、每循环进尺、每循环炸药消耗量、每循环爆破实体岩石量、单位雷管消耗量、单位炮眼消耗量等。

（6）掘进爆破作业进度安排（见表2-23）。

（7）爆破施工（详见本书附录）。

① 孔的施工：布孔、钻孔、测孔，形成真实孔位图，算出成孔率。

② 爆破施工：装药、连线、警戒、起爆。

（8）安全技术措施（详见本书附录）。

① 作业前安全检查。

② 作业中安全检查。

③ 通风安全。

④ 停止施工情况。

⑤ 盲炮处理。

⑥ 警戒。

（9）爆炸物品的使用及保管（详见本书附录）。

① 爆破物品的使用。

② 爆破物品的保管。

（10）施工组织机构（详见本书附录）。

表2-23为掘进一断面为2.5m×2m的平巷作业循环表实例，共布置20个炮孔，炮孔深2.2m，炮孔利用系数为90%，岩石碎胀系数为1.25。

表2-23 井巷掘进作业循环表

工序名称	工作量	效率	所需时间/h	进度/h													
				0.5	1.0	1.5	2.0	2.5	3.0	3.5	4.0	4.5	5.0	5.5	6.0	6.5	7.0 7.5
准备工作			0.5	▬													

工序名称	工作量	效率	所需时间/h	进度/h
				0.5 1.0 1.5 2.0 2.5 3.0 3.5 4.0 4.5 5.0 5.5 6.0 6.5 7.0 7.5
凿岩	44m	22m/h	2	▬▬▬▬
装药爆破			0.5	▬
通风			0.5	▬
出渣	12.5m³	5m³/h	2.5	▬▬▬▬▬
铺轨接线	2m		1.5	▬▬▬

第二部分 破岩机理

(一) 岩石爆破机理

在工程爆破中，利用炸药爆破来破碎岩体，至今仍然是一种最有效和应用最广泛的手段。在炸药爆炸作用下，岩体是如何破碎的呢？多年来国内外众多学者对此进行了探索，提出了许多理论和学说。然而由于岩石不均质性和各向异性等自然因素，以及炸药爆炸本身的高速瞬时性，给人们揭示岩石的破碎规律造成了种种困难。

1）岩石爆破破岩机理假说

迄今为止，对岩石的爆破破碎机理，仍然了解得很不够，因而所提出的各种破岩理论还只能算是假说，目前公认的有以下三种理论。

（1）爆生气体膨胀作用理论。

该理论认为炸药爆炸引起岩石破坏，主要是高温、高压气体产物膨胀做功的结果。爆生气体膨胀力引起岩石质点的径向位移，由于药包距自由面的距离在各个方向上不一样，质点位移所受的阻力就不同，最小抵抗线方向阻力最小，岩石质点位移速度最高。正是由于相邻岩石质点移动速度不同，造成了岩石中的剪切应力，一旦剪切应力大于岩石的抗剪强度，岩石即发生剪切破坏。破碎的岩石又在爆生气体膨胀推动下沿径向抛出，形成一倒锥形的爆破漏斗坑，如图 2-16 所示。

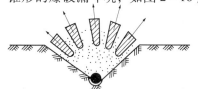

图 2-16 爆生气体的膨胀作用图

该理论的实验基础是早期用黑火药对岩石进行爆破漏斗试验中所发现的均匀分布的、朝自由面方向发展的辐射裂隙，这种理论称为静作用理论。

（2）爆炸应力波反射拉伸理论。

这种理论认为岩石的破坏主要是由于岩体中爆炸应力波在自由面反射后形成反射拉伸波的作用。岩石的破坏形式是拉应力大于岩石的抗拉强度而产生的，岩石是被拉断的。其实验基础是岩石杆件的爆破试验和板件爆破试验。

杆件爆破试验是用长条岩石杆件，在一端安置炸药爆炸，则靠炸药一端的岩石被炸碎，而另一端岩石由于应力波的反射拉伸作用而被拉断，呈许多块，杆件中间部分没有明显的破坏，如图 2-17 所示。板件爆破试验是在松香平板模型的中心钻一小孔，插入雷管引爆，除平板中心形成和装药的内部作用相同的破坏，在平板的边缘部分形成了由自由面向中心发展的拉断区，如图 2 - 18 所示。

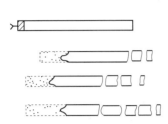

图 2 - 17　不同装药量的岩石杆件爆破试验

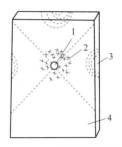

图 2 - 18　板件爆破试验

1—小孔；2—破碎区；3—拉伸区；4—振动区

以上试验说明了拉伸波对岩石的破坏作用，这种理论称为动作用理论。

（3）爆生气体和应力波综合作用理论。

该理论认为，岩石爆破破碎是爆生气体膨胀和爆炸应力波综合作用的结果，从而加强了岩石的破碎效果。因为冲击波对岩石的破碎，作用时间短，而爆生气体的作用时间长，爆生气体的膨胀，促进了裂隙的发展；同样，反射拉伸波也加强了径向裂隙的扩展。

至于哪一种作用是主要作用，应根据不同的情况来确定。黑火药爆破岩石，几乎不存在动作用。而猛炸药爆破时又很难说是气体膨胀起主要作用，因为往往猛炸药的爆容比硝铵类混合炸药的爆容要低。岩石性质不同，情况也不同，对松软的塑性土层，波阻抗很低，应力波衰减很大，这类岩土的破坏主要靠爆生气体的膨胀作用；而对致密坚硬的高波阻抗岩石，应主要靠爆炸应力波的作用，才能获得较好的爆破效果。

综合作用理论的实质是：岩体内最初裂隙的形成是由冲击波或应力波造成的，随后爆生气体渗入裂隙并在准静态压力作用下，使应力波形成的裂隙进一步扩展，即炸药爆炸的动作用和静作用在爆破破岩过程中的综合体现。

爆生气体膨胀的准静态能量，是破碎岩石的主要能源。冲击波或应力波的动态能量与介质特性和装药条件等因素有关。哈努卡耶夫认为，岩石波阻抗不同，破坏时所需应力波峰值不同。岩石波阻抗高时，要求高的应力波峰值，此时冲击波或应力波的作用就显得重要，他把岩石按波阻抗值的不同分为三类，见表 2 - 24。

表 2 - 24　岩石的波阻抗分类

岩石类别	波阻抗/$[(g/cm^3) \cdot (cm/s)]$	破坏作用
高阻抗岩石	$15 \times 10^5 \sim 25 \times 10^5$	主要取决于应力波，包括入射波和反射波
中阻抗岩石	$5 \times 10^5 \sim 15 \times 10^5$	入射应力波和爆生气体的综合作用
低阻抗岩石	$< 5 \times 10^5$	以爆生气体形成的破坏为主

2）爆破的岩体内部作用和外部作用

炸药在岩体内爆炸时所释放出来的能量，是以冲击波和高温、高压的爆生气体形式作用于岩体。由于岩石是一种不均质和各向异性的介质，因此在这种介质中的爆破破碎过程，是一个十分复杂的过程。

（1）爆破的内部作用。

下面在炸药类型一定的前提下，对单个药包爆炸作用进行分析。

岩石内装药中心至自由面的垂直距离称为最小抵抗线，通常用 W 表示。对于一定的装药量来说，若最小抵抗线 W 超过某一临界值时，可以认为药包处在无限介质中。此时当药包爆炸后在自由面上不会看到地表隆起的迹象。也就是说，爆破作用只发生在岩石内部，未能达到自由面。药包的这种作用，叫作爆破的内部作用。

炸药在岩石内爆炸后，引起岩体产生不同程度的变形和破坏。如果设想将经过爆破作用的岩体切开，便可看到如图 2 - 19 所示的剖面。根据炸药能量的大小、岩石可爆性的难易和炸药在岩体内的相对位置，岩体的破坏作用可分近区、中区和远区三个主要部分，亦即压缩粉碎区、破裂区和震动区三个部分，如图 2 - 19 所示。

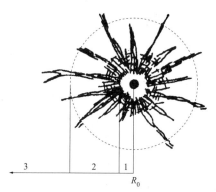

图 2 - 19　药包在无限岩体内的爆炸作用

R_0—药包半径；1—近区（压缩粉碎区），半径（2～7）R_0；2—中区（破裂区），半径（8～150）R_0；

3—远区（震动区），半径大于（150～400）R_0

① 压缩粉碎区形成特征。

所谓爆破近区是指直接与药包接触、邻近的那部分岩体。当炸药爆炸后，产生两三千摄氏度以上的高温和几万兆帕的高压，形成每秒数千米速度的冲击波，伴之以高压气体在微秒量级的瞬时力作用在紧靠药包的岩壁上，致使近区的坚固岩石被击碎成为微小的粉粒（半径为 0.5～2mm），把原来的药室扩大成空腔，称为粉碎区；如果所爆破的岩石为塑性岩石（如黏土质岩石、凝灰岩、绿泥岩等），则近区岩石被压缩成致密坚固的硬壳空腔，称为压缩区。

爆破近区的范围与岩石性质和炸药性能有关。比如，岩石密度越小，炸药威力越大，空腔半径就越大。通常压缩粉碎区半径约为药包半径 R_0 的 2～7 倍，破坏范围虽然不大，但却消耗了大部分爆炸能。工程爆破中应该尽量减少压缩粉碎区的形成，从而提高炸药能量的有效利用。

② 破裂区的形成特征。

炸药在岩体中爆炸后，强烈的冲击波和高温、高压爆轰产物将炸药周围岩石破碎压缩成粉碎区（或压缩区）后，冲击波衰减为应力波。应力波虽然没有冲击波强烈，剩余爆轰产物的压力和温度也已降低，但是，它们仍有很强大的能量，将爆破中区的岩石破坏，形成破裂区。

通常破裂区的范围比压缩粉碎区大得多，比如压缩粉碎区半径一般为 $(2\sim7)R_0$，而破裂区的半径则为 $(8\sim150)R_0$，所以，破裂区是工程爆破中岩石破坏的主要部分。破裂区主要是受应力波的拉应力和爆轰产物的气楔作用形成的，如图 2-20 所示。由于应力作用的复杂性，破裂区中有径向裂隙、环向裂隙和剪切裂隙。

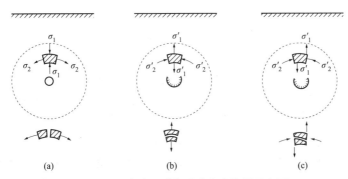

图 2-20 破裂区裂隙形成应力作用示意图

（a）径向裂隙；（b）环向裂隙；（c）剪切裂隙

σ_1—径向压应力；σ_2—切向拉应力；σ_1'—径向拉应力；σ_2'—切向压应力

③ 震动区效应。

爆破近区（压缩粉碎区）、中区（破裂区）以外的区域称为爆破远区。该区的应力波已大大衰减，渐趋于正弦波，部分非正弦波性质的小振幅震动，仍具有一定强度，足以使岩石产生轻微破坏。当应力波衰减到不能破坏岩石时，只能引起岩石质点做弹性震动，形成地震波。

爆破地震瞬间的高频震动可引起原有裂隙的扩展，严重时可能导致露天边坡滑坡、地下井巷的冒顶片帮以及地面或地下建筑物、构筑物的破裂、损坏或倒塌等。地震波是构成爆破公害的危险因素，因此，必须掌握爆破地震波危害的规律，采取降震措施，尽量避免和防止爆破地震的严重危害。

（2）爆破的外部作用。

在最小抵抗线的方向上，岩石与另一种介质（空气或水等）的接触面，称为自由面，也叫临空面。当最小抵抗线 W 小于临界抵抗线 W_c 时，炸药爆炸后除发生内部作用外，自由面附近也发生破坏。也就是说，爆破作用不仅只发生在岩体内部，还可达到自由面附近，引起自由面附近岩石的破坏，形成鼓包、片落或漏斗，这种作用叫作爆破的外部作用。

综合上所述，可以归纳出下列几点重要结论。

（1）应力波来源于爆轰冲击波，它是破碎岩石的能源，但气体产物的静膨胀作用同样是十分重要的能源。

（2）在坚硬岩石中，冲击波作用明显，而软岩中则气体膨胀作用明显，这一点在选择炸药爆速和确定装药结构时应加以考虑。

（3）粉碎区为高压作用结果，因岩石抗压强度大且处在三向受压状态，故粉碎区范围不大；裂隙区为应力波作用结果，其范围取决于岩性；片落区是应力波从自由面处反射的结果，此处岩石处于受拉应力状态，由于岩石的抗拉强度极低，故拉断区范围较大；震动区为弹性变形区，岩石未被破坏。

（4）大多数岩石坚硬有脆性，易被拉断。这就启示人们，应当尽可能为破岩创造拉断的破坏条件。应力反射面的存在是有利条件，在工程爆破中，如何创造和利用自由面是爆破技术中的重要问题。

3）爆破漏斗理论

（1）爆破漏斗。

① 爆破漏斗的形成。

在工程爆破中，往往是将炸药包埋置在一定深度的岩体内进行爆破。设一球形药包，埋置在平整地表面下一定深度的坚固均质的岩石中爆破，如果埋深相同，药量不同，或者药量相同，埋深不同，爆炸后则可能产生近区、中区、远区，或者还产生片落区以及爆破漏斗。

在坚固均质的岩体内，当有足够的炸药能量，并与岩体可爆性相匹配时，在相应的最小抵抗线等爆破条件下，炸药爆炸产生两三千摄氏度以上的高温和几万兆帕的高压，形成每秒几千米速度的冲击波和应力场，作用在药包周围的岩壁上，使药包附近的岩石或被挤压，或被击碎成粉粒，形成了压缩粉碎区。此后，冲击波衰减为压应力波，继续在岩体内自爆源向四周传播，使岩石质点产生径向位移，构成径向压应力和切向拉应力的应力场，形成与粉碎区贯通的径向裂隙。

高压爆生气体膨胀的气楔作用助长了径向裂隙的扩展。由于能量的消耗，爆生气体继续膨胀，但压力迅速下降。当爆源的压力下降到一定程度时，原先在药包周围岩石被压缩过程中积蓄的弹性变形能释放出来，并转变为卸载波，形成朝向爆源的径向拉应力。当此拉应力大于岩石的抗拉强度时，岩石被拉断，形成环向裂隙。

在径向裂隙与环向裂隙出现的同时，由于径向应力和切向应力共同作用的结果，又形成剪切裂隙。纵横交错的裂隙，将岩石切割破碎，构成了破裂区（中区），这是岩石被爆破破坏的主要区域。

当应力波向外传播到达自由面时产生反射拉伸应力波。该拉应力大于岩石的抗拉强度时，地表面的岩石被拉断形成片落区，在径向裂隙的控制下，破裂区可能一直扩展到地表面，或者破裂区和片落区相连接形成连续性破坏。

与此同时，大量的爆生气体继续膨胀，将最小抵抗线方向的岩石表面鼓起、破碎、抛掷，最终形成倒锥形的凹坑，此凹坑称为爆破漏斗。如图 2 - 21 所示。

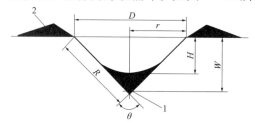

图 2 - 21　爆破漏斗及参数

D—爆破漏斗直径；H—爆破漏斗可见深度；r—爆破漏斗半径；W—最小抵抗线；
R—漏斗作用半径；θ—漏斗展开角；1—药包；2—爆堆

② 爆破漏斗的参数。

设一球状药包在自由面条件下爆破形成爆破漏斗的几何尺寸如图 2 – 21 所示。其中爆破漏斗三要素是指最小抵抗线 W，爆破漏斗半径 r 和漏斗作用半径 R。最小抵抗线 W 表示药包埋置深度，是岩石爆破阻力最小的方向，也是爆破作用和岩块抛掷的主导方向，爆破时部分岩块被抛出漏斗外，形成爆堆；另一部分岩块抛出之后又回落到爆破漏斗内。

在工程爆破中，经常应用爆破作用指数（n），这是一个重要的参数，它是爆破漏斗半径 r 和最小抵抗线 W 的比值，即

$$n = \frac{r}{W}$$

③ 常见漏斗形式。

爆破漏斗是一般工程爆破最普遍、最基本的形式。根据爆破作用指数 n 值的大小，爆破漏斗有如下四种基本形式。

松动爆破漏斗示意图见图 2 – 22（a）。爆破漏斗内的岩石被破坏、松动，但并不抛出坑外，不形成可见的爆破漏斗坑，此时 $n \approx 0.75$，它是控制爆破常用的形式。$n < 0.75$，不形成从药包中心到地表面的连续破坏，即不形成爆破漏斗。例如，工程爆破中采用的扩孔（扩药壶）爆破形成的爆破漏斗就是松动爆破漏斗。

减弱抛掷爆破漏斗见图 2 – 22（b）。爆破作用指数 $n < 1$，但大于 0.75，即 $0.75 < n < 1$，称为减弱抛掷漏斗（又称加强松动漏斗），它是井巷掘进常用的爆破漏斗形式。

标准抛掷爆破漏斗见图 2 – 22（c）。爆破作用指数 $n = 1$，此时漏斗展开角 $\theta = 90°$，形成标准抛掷漏斗。在确定不同种类岩石的单位炸药消耗量时，或者确定和比较不同炸药的爆炸性能时，往往用标准爆破漏斗的体积作为检查的依据。

加强抛掷爆破漏斗见图 2 – 22（d）。爆破作用指数 $n > 1$，漏斗展开角 $\theta > 90°$。当 $n > 3$ 时，爆破漏斗的有效破坏范围并不随炸药量的增加而明显增大，实际上，这时炸药的能量主要消耗在岩块的抛掷上。在工程爆破中加强抛掷爆破漏斗的作用指数为 $1 < n < 3$，根据爆破具体要求，一般情况下取 $n = 1.2 \sim 2.5$。这是露天抛掷大爆破或定向抛掷爆破常用的形式。

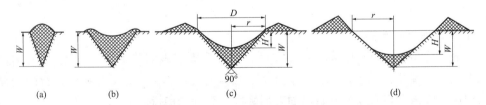

图 2 – 22　爆破漏斗的四种基本形式

（a）松动爆破漏斗；（b）减弱抛掷爆破漏斗（加强松动）；（c）标准抛掷爆破漏斗；（d）加强抛掷爆破漏斗

在工程爆破中，要根据爆破的目的选择爆破漏斗类型。如在筑坝、山坡公路的开挖爆破中，应采用加强抛掷爆破漏斗，以减少土石方的运输量；而在开挖沟渠的爆破中，则应采用松动爆破漏斗，以免对沟体周围破坏过大而增加工作量。

（2）利文斯顿爆破漏斗理论。

利文斯顿（C. W. Livingston）在各种岩石、不同炸药量、不同埋深的爆破漏斗试验的基

础上，提出了以能量平衡为准则的岩石爆破破碎的爆破漏斗理论。他认为炸药在岩体内爆破时，传给岩石能量的多少和速度的快慢，取决于岩石的性质、炸药性能、药包重量、炸药的埋置深度、位置和起爆方法等因素。在岩石性质一定的条件下，爆破能量的多少取决于炸药量的多少、炸药能量释放的速度与炸药起爆的速度。假设有一定数量的炸药埋于地下某一深处爆炸，它所释放的绝大部分能量被岩石所吸收。当岩石所吸收的能量达到饱和状态时，岩体表面开始产生位移、隆起、破坏以至被抛掷出去。如果没有达到饱和状态时，岩石只呈弹性变形，不被破坏。

2. 光面爆破机理

单排成组药包齐发爆破，易形成光面，怎样解释这种现象呢？

为了解释成组药包爆破应力波的相互作用情况，有人在有机玻璃中用微型药包进行了模拟爆破试验，并同时用高速摄影装置将试块的爆破破坏过程摄录下来进行分析研究。分析研究后认为，当药包同时爆破，在最初几微秒时间内应力波以同心球状从各爆点向外传播。经十几微秒后，相邻两药包爆轰波相遇，产生相互叠加，于是在模拟试块中出现复杂的应力变化情况，应力重新分布，沿炮孔中心连心线的应力得到加强，而炮孔连心线中段两侧附近则出现应力降低区。

应力波和爆轰气体联合作用爆破理论认为，应力波作用于岩石中的时间虽然极为短暂，然而爆轰气体产物在炮孔中却能较长时间地维持高压状态。在这种准静态压力作用下，炮孔连心线各点上产生切向拉伸应力，最大应力集中于炮孔连心线同炮孔壁相交处，如图 2-23 所示。因而拉伸裂隙首先在炮孔壁，然后沿炮孔连心线向外延伸，直至贯通相邻两炮孔。这种解释很有说服力，而且生产现场也证明相邻齐发爆破炮孔间的拉伸裂隙是从孔壁沿连心线向外发展的，如图 2-23 所示。

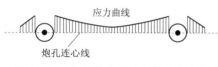

应力曲线

炮孔连心线

图 2-23 相邻炮孔同时起爆应力曲线图

根据上述理论，适当增大相邻炮孔距离，并相应减小最小抵抗线，避免左右相邻的压应力和拉应力相互抵消作用，有利于减少大块的产生。此外，相邻两排炮孔的梅花形布置比矩形布置更为合理，这一点已经被生产中采用大孔距、小抵抗线爆破取得良好效果所证明。

3. 自由面对爆破的影响

自由面在爆破破坏过程中起着重要作用，它是形成爆破漏斗的重要因素之一。自由面既可以形成片落漏斗，又可以促进径向裂隙的延伸，并且还可以大大减少岩石的夹制性，有了自由面，爆破后岩石才能从自由面方向破碎、移动和抛掷。

自由面数越多，爆破破岩越容易，爆破效果也越好。当岩石性质、炸药情况相同时，随着自由面的增多，炸药单耗将明显降低，炮孔与自由面的夹角越小，爆破效果越好。当其他条件不变时，炮孔位于自由面的上方时，爆破效果较好（但此时大块产出率可能较高）；炮孔位于自由面的下方时，爆破效果较差。

4. 最小抵抗线

最小抵抗线是指球形药包中心到自由面的最小距离，柱状药包是指装药中心到自由面的最小距离。最小抵抗线方向是爆破作用最先破坏的方向，是抛掷爆破抛掷的主方向，抵抗线过大会造成根底、块度不均，欠挖等；抵抗线过小，会造成超挖、后冲、飞石过远、过于破碎、抛掷超远等。

抵抗线的大小直接影响爆破效果，是爆破设计中的重要参数。

任务7　设计起爆网络

（一）完成任务所需知识储备

（1）雷管、导爆索、导爆管的性能与作用。

（2）雷管号数、段数的概念。

（3）分段爆破的优势。

（4）不同种类的起爆网络的适用范围与优缺点。

（二）学习效果要求

（1）设计起爆网络图。

（2）绘制起爆网络图。

（3）各小组随机选择代表上台流畅陈述设计理由。

（三）参考资料汇编

第一部分　起爆器材

1. 雷管

雷管是用来起爆炸药或导爆索的，它是一种最基本的起爆材料。雷管的引爆过程是通过火焰或电能首先使雷管上部起爆药着火，起爆药很快由燃烧转为爆轰。爆轰波将雷管下部的高猛炸药激发，从而完成整个雷管的爆炸。

雷管的种类很多，工业雷管按点火方式分类如下。

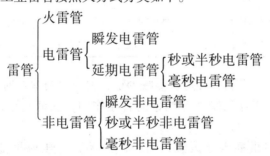

按管壳材料可分为：金属（铜、铁、铝等）管壳雷管和非金属（塑料、纸等）管壳雷管。

金属管壳强度高，加工容易，制成的雷管封闭性能好，有利于防潮抗水。缺点是铝壳雷管不能用于有瓦斯和矿尘爆炸危险的矿山；铜壳管壳的原材料缺乏，价格较高，且不能装填叠氮化铝；铁壳雷管强度高，来源广，但它能与硫氰酸铅起化学反应。非金属管壳雷管有塑料壳和纸壳等。塑料壳雷管用量少，尺寸易变，强度低，起爆威力小；纸壳雷管用量大，大部分火雷管和相当一部分延期雷管都是纸壳雷管，其材料来源广，但强度低，不抗水，防潮能力差。

导火索也称为导火线，它是一种用于传递火焰的索状点火材料，索芯是黑火药。导火索主要用于引爆火雷管或黑火药包。在索式秒延期雷管中，它还可作为延期元件，在花炮、军工制品（手榴弹、爆破筒等）中使用。但在有瓦斯、煤尘或矿尘爆炸危险的场所不能使用。

1）火雷管

在工业雷管中，火雷管是最基本、最简单的一个品种。由火焰直接引爆，火焰是通过导火索等传递的。火雷管结构简单，生产效率高，使用方便、灵活，价格低廉，不受各种杂电、静电及感应电的干扰，故至今仍被广泛使用。但必须指出，由于导火索难以避免速燃、缓燃等缺点，在使用过程中产生过大量爆破事故，因而，极大地限制了它的用量和使用范围。

（1）结构：火雷管由管壳、正起爆药、副起爆药、加强帽等组成。管壳的一端开口，另一端封闭并带有凹槽，起聚能作用，其结构如图2-24所示，其规格尺寸见表2-25。

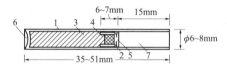

图 2-24 火雷管结构图

1—管壳；2—加强帽；3—副起爆药；4—正起爆药；5—中心孔；6—聚能穴；7—开口端

表 2-25 国产 6 号和 8 号火雷管的规格尺寸 （单位：mm）

雷管材料	雷管编号	雷管壳			加强帽（铜、铝、铁）			
		外径	内径	全长	外径	内径	全长	帽孔径
铜、铝、铁	6 号	6.6 ± 0.1	6.22 ± 0.04	35 ± 1	6.16 ± 0.06	6.55 ± 0.05	6.5 ± 1	2.0
铜、铝、铁	8 号	6.6 ± 0.1	6.22 ± 0.04	40 ± 1	6.16 ± 0.06	6.55 ± 0.05	6.5 ± 1	2.0
纸	8 号	7.8 ± 0.3	6.25 ± 0.1	40 ± 1	6.16 ± 0.06	5.55 ± 0.05	6.5 ± 1	2.0

① 管壳：管壳有一定的机械强度，能减少正、副起爆药爆炸时的侧向扩散，保证起爆能力，管壳还可以避免起爆药受外部能量的直接作用，保证安全，并可提高雷管的防潮能力。

金属管壳一端开口供插入导火索，另一端封闭，冲压成聚能穴。纸管壳则为两端开口，先将副起爆药压制成圆锥形或半球形凹穴，再在凹穴表面涂上防潮剂。

② 正起爆药：正起爆药是火雷管组成的关键部分，它在导火索火焰的作用下迅速爆轰。正起爆药具有良好的火焰感度，而且它的爆速能急速增长到稳定爆轰速度。6 号和 8 号雷管的正起爆药量相同。

③ 副起爆药：副起爆药（主装药）通常是黑索金或泰安，其净装药量为：6 号雷管不低于 0.4g，8 号雷管不低于 0.6g。副起爆药一般对火焰不很敏感，它需要由正起爆药爆轰起爆，但爆炸威力大，故在制造雷管时通常将两者配合使用。雷管的起爆能力与副起爆药的性能（主要是爆速和猛度）、装药密度、装药量等有关。

④ 加强帽：加强帽为中心带有一小孔的金属罩，多为铜片或铁片冲压而成，它有三个

作用,即减少起爆药的暴露面积,提高抗震能力,避免外力作用,加强雷管的安全性;防止起爆药受潮,增加雷管的防潮能力;促使起爆药爆炸时压力的增长,提高雷管起爆的可靠性和起爆能力。加强帽中心设有一个直径2mm的传火孔,其作用是让导火索产生的火焰通过传火孔引爆正起爆药,再由正起爆药激发雷管的副起爆药爆炸。为防止杂物、水汽侵入和起爆药散失,中心孔及加强帽周围常采取防潮处理。

（2）雷管号数和起爆能力。

工业雷管按其装药量的多少分为10个等级。号数愈大,起爆药量愈多,起爆能力愈强。较常用的是6号和8号雷管,表2-26列出了6号、8号两种雷管的装药量。按作用的不同,火雷管又可分为延发火雷管和瞬发火雷管两种。

表2-26　6号和8号雷管正、副起爆药量　　　　（单位：g）

雷管号数	副起爆药量			正起爆药量			
	二硝基重氮酚	雷汞	迭氮铅	黑索金或钝化黑索金	特屈儿	黑索金（TNT）	特屈儿（TNT）
6号	0.3±0.02	0.4±0.02	0.1±0.02（0.21±0.02）	0.4±0.02	0.4±0.02	0.5±0.02	
8号	0.3-0.367±0.02	0.4±0.02	0.1±0.02（0.21±0.02）	0.7-0.72±0.02	0.7-0.72±0.02	0.7-0.72±0.02	0.7-0.72±0.02

安全规程规定:每100发雷管装入一个纸盒内,纸盒必须用蜡封以防潮。每50或75盒雷管装入一个包装箱内。

（3）火雷管的检验。

经验表明,在爆破工程实践中,有时因雷管质量不合格或检查不严,常常发生拒爆现象,影响爆破效果和爆破作业安全。因此,在爆破作业的准备工作中,应对火雷管做必要的检验。

（4）火雷管储存有效期。

纸壳火雷管的有效期一般为1年,其他管壳雷管为2年。如对储存过久的火雷管的质量有怀疑时,应进一步做火雷管爆炸威力的试验。

2）电雷管

电雷管按作用不同可分为瞬发电雷管和延期电雷管两种。延期电雷管又可分为秒或半秒延期电雷管和毫秒延期电雷管两种。

（1）瞬发电雷管。

瞬发电雷管是在起爆电流足够大的情况下通电即爆的电雷管,又称作即发电雷管,实际上是一个火雷管与电力点火装置的结合体。

① 瞬发电雷管的构造。

瞬发电雷管的构造如图2-25所示。按点火装置的不同,瞬发电雷管分为药头式和直插式两种。

直插式瞬发电雷管的特点是:起爆药DDNP（二硝基重氮酚）是松装的,而点火装置的桥丝直接插入起爆药中，没有加强帽。这对雷管的起爆能力是不利的，故往往需要将起爆药量增大。

药头式瞬发电雷管的特点是，桥丝周围涂有引火药并制成圆珠状，桥丝在电流作用下发热引起点火头燃烧，火焰穿过加强帽中心孔，引起起爆药爆炸。

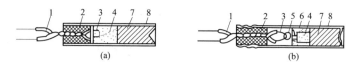

图 2-25　瞬发电雷管

（a）直插式；（b）药头式

1—脚线；2—密封塞；3—桥丝；4—起爆药；5—引火头；6—加强帽；7—加强药；8—管壳

② 瞬发电雷管的性能参数。

电雷管的性能参数是国家制定与爆破相关的法规、标准，生产厂家进行质量检验，用户进行验收，爆破工程技术人员进行电爆网路设计、选用起爆电源和检测仪表的重要依据。电雷管的性能参数主要有全电阻、最低准爆电流、最高安全电流、点燃时间、传导时间、点燃起始能等。

电雷管全电阻：电雷管全电阻包括桥丝电阻和脚线电阻。国产电雷管电阻值可参考表 2-27。

表 2-27　国产电雷管电阻值

桥丝材料	桥丝电阻/Ω	脚线长度/m	脚线材料	全电阻/Ω
康铜	0.7~1.0	2	铁线	2.5~4
			铜线	1~1.5
镍铬	2.5~3.0	2	铁线	5.6~6.3
			铜线	2.8~3.8

由表 2-27 可看出，2m 长铁脚线电雷管的全电阻不大于 6.3Ω，上下限差值不大于 2.0Ω；当采用铜脚线时，其全电阻不大于 4.0Ω，上下限差值不大于 1.0Ω。电雷管在出厂时，允许电阻值有一定的误差范围。因此在使用单个电雷管时，电阻值在规定范围内均属合格。电雷管在使用之前，要用爆破专用电表逐个测定每个电雷管的阻值，剔除断路、短路和阻值异常的电雷管。《爆破安全规程》规定：用于同一爆破网路的电雷管应为同厂同型号产品，康铜桥丝雷管的电阻值差不得超过 0.3Ω，镍铬桥丝雷管的电阻值差不得超过 0.8Ω，否则难以同时起爆甚至造成部分雷管拒爆。当使用电雷管大规模成组爆破时，若不能满足此要求，也应尽量把电阻值接近的雷管编在一组使用。

最低准爆电流：电雷管通以恒定的直流电流能使引火头必定引燃的最小电流，称为最低准爆电流。国产电雷管的最低准爆电流一般不大于 0.7A。

安全电流：在 5min 内不发火的恒定直流电流称为安全电流。国家标准规定，电雷管的安全电流不小于 0.18A。安全电流的试验测试方法为：20 发电雷管串联连接，测量电阻后，对该组电雷管通以 0.18A 的恒定直流，通电时间 5min，电雷管均不爆炸为合格。安全电流是电雷管对电流安全的一个指标。在设计爆破专用仪表时，安全电流是选择仪表输出电流的依据。为确保安全，《爆破安全规程》规定，爆破专用电表的工作电流应小于30mA。

（2）延期电雷管。

电雷管是通以足够电流之后，还要经过一定时间才能爆炸的电雷管。延期电雷管按时间间隔的长短可分为秒延期电雷管，半秒延期电雷管和毫秒延期电雷管。

① 秒和半秒延期电雷管。

秒和半秒延期电雷管的结构如图2-26所示。

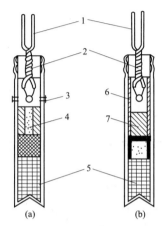

图2-26　秒和半秒延期电雷管的结构

（a）索式结构；（b）装配式结构

1—脚线；2—电引火线；3—排气孔；4—精制导火索；5—火雷管；6—延期体壳；7—延期药

电引火元件与起爆药之间的延期装置是用精制导火索段或在延期体壳内压入延期药构成的，延期时间由延期药的装药长度、药量和配比来调节。索式结构的秒或半秒延期电雷管在管壳上钻有两个起防潮作用的排气孔，排出延期装置燃烧时产生的气体。起爆过程是：通电后引火头发火，引起延期装置燃烧，延迟一段时间后雷管爆炸。秒和半秒延期电雷管段别与秒量见表2-28和表2-29。

在有瓦斯和煤尘爆炸危险的工作面不准使用秒延期电雷管。

表2-28　秒延期电雷管段别与秒量

段别	延期时间/s	脚线标志颜色
1	0	灰红
2	1.2	黄
3	2.3	蓝
4	3.5	白
5	4.8	绿红
6	6.2	绿黄
7	7.7	绿蓝

表 2－29 半秒延期电雷管段别与秒量

段别	延期时间/s	脚线标志颜色
1	0	
2	0.5	
3	1.0	
4	1.5	
5	2.0	雷管上印有段别标志，每发雷管还有段别标签
6	2.5	
7	3.0	
8	3.5	
9	4.0	
10	4.5	

②毫秒延期电雷管。

毫秒延期电雷管简称毫秒雷管，主要用于微差爆破。近年来它的应用范围不断扩大，在控制爆破中，已成为不可缺少的起爆器材。毫秒延期电雷管有等间隔和非等间隔之分。段与段之间的间隔时间相等的称为等间隔；间隔时间不相等的称为非等间隔。如第 2ms、4ms 系列产品及 1/4s，分别以 25ms，20ms，1/4s 为段间间隔，而第一、三系列产品为非等间隔毫秒延期电雷管。

我国毫秒延期电雷管的结构有多种形式，以延期药的装配关系的不同可分为装配式［如图 2－27（a）］和直填式［如图 2－27（b）所示］。装配式又有管式、索式和多芯式结构。

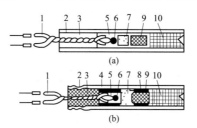

图 2－27 毫秒延期电雷管
（a）装配式；（b）直填式
1—脚线；2—管体；3—塑料塞；4—长内管；5—气室；6—引火头；7—压装延期药；
8—加强壳；9—起爆药；10—加强药

装配式结构，见图 2－27（a），该结构被广泛应用，其优点是结构简单，延期药可承受高压而不受起爆药的限制，生产时延期体与火雷管分开，加工后装配，因此安全性能良好。

直填式结构是把延期药直接装入雷管内，见图 2－27（b），优点是工艺简单，缺点是压药压力需严格控制，压力过大，起爆药将被"压死"而产生半爆。

国内毫秒延期电雷管段别与秒量见表 2－30。

表 2 - 30 国内毫秒延期电雷管段别与秒量

段别	第1毫秒系列/ms	第2毫秒系列/ms	第3毫秒系列/ms	第4毫秒系列/ms	1/4秒系列/s
1	0	0	0	0	0
2	25	25	25	25	0.25
3	50	50	50	45	0.50
4	75	75	75	65	0.75
5	110	100	100	85	1.00
6	150		128	105	1.25
7	200		157	125	1.50
8	250		190	145	
9	310		230	165	
10	380		280	185	
11	460		340	205	
12	550		410	225	
13	650		480	250	
14	760		550	275	
15	880		625	300	
16	1020		700	330	
17	1200		780	360	
18	1400		860	395	
19	1700		945	430	
20	2000		1035	470	
21			1125	510	
22			1225	550	
23			1350	590	
24			1500	630	
25			1675	670	
26			1875	710	
27			2075	750	
28			2300	800	
29			2550	850	
30			2800	900	
31			3035		

目前我国毫秒延期电雷管的延期元件更多的是采用铅质延期体，同时取消了加强帽。铅质延期体主要经过以下工序加工而成：首先在壁厚3mm左右，长度300mm左右，内径大于10mm的铅锑合金管内装入定量延期药，经专用模具引拔至一定细度后切成一定长度的中间料管，然后再将三根（或五根）这样的中间料管装入一根铅锑合金大套管内，然后按要求的延期时间切成一定长度，这样就形成了三芯（或五芯）的铅锑合金延期体，简称铅质延期体。铅质延期体内的延期药分布均匀，延期精度高，所以在毫秒延期雷管中得到了广泛的应用。

延期电雷管的作用原理：电雷管通电后，桥丝电阻产生热量点燃引火药头，引火药头迸发出的火焰引燃延期元件或延期药，延期元件或延期药按确定的速度燃烧并在延迟一定时间后将雷管引爆。毫秒延期电雷管在工程爆破中的用途越来越广泛，如降低爆破地震、保护边坡、控制飞石等爆破的有害效应，控制爆破和水利水电工程爆破的保护地基基础等。其发展趋势是：段数多，秒量精度高；发展等间隔毫秒电雷管，多品种，形成系列化，有抗杂电，抗静电，耐高温，抗深水等各种毫秒延期电雷管，以适应各种特殊爆破的需要。

3）导爆管雷管

导爆管雷管按抗拉性能的不同分为普通型导爆管雷管和高强度型导爆管雷管；按延期时间的不同分为毫秒导爆管雷管、1/4秒导爆管雷管、半秒导爆管雷管和秒导爆管雷管。以下为6号、8号导爆管雷管的性能。

（1）要求。

① 外观：

a. 应有明显易辨认的段别标志。

b. 火雷管表面不应有明显浮药、锈蚀、严重砂眼和裂缝。允许有轻微污垢、口部裂缝和机械损伤。

c. 导爆管不应有破损、断药、拉细、进水、管内杂质、塑化不良、封口不严。

d. 导爆管与火雷管结合应牢固，不应脱出或松动。

② 导爆管长度：

导爆管基本长度为3m，也可按合同规定。

③ 性能：

a. 抗震性能。导爆管雷管在震动试验机上连续震动10min，不应发生爆炸、结构松散或损坏现象。

b. 起爆能力。6号导爆管雷管应能炸穿厚度为4mm的铅板，8号导爆管雷管应能炸穿厚度为5mm的铅板，铅板穿孔直径应不小于雷管外径。

c. 抗水性能。普通型导爆管雷管：浸入水深1m的充水容器中，保持8h后取出，立即做测试，不应瞎火或半爆。

抗水型导爆管雷管：浸入水深20m或相当于20m水深压力的充水容器中，保持24h后取出，立即做测试，不应瞎火或半爆。

d. 抗拉性能。

普通型导爆管雷管：在19.6N的静拉力下持续1min，导爆管不应从卡口塞内脱出。

高强度型导爆管雷管：在78.4N的静拉力下持续1min，导爆管不应从卡口塞内脱出。

e. 延期时间。各段别导爆管雷管的延期时间一般应符合表2-31规定，也可根据需要生产其他延期时间系列。

f. 抗油性能。高强度型导爆管雷管浸入温度为（75±5）℃、压力为（0.3±0.02）MPa的0号柴油内，自然降温，经24h后取出，立即做发火可靠性试验，不应瞎火或半爆。

（2）导爆管雷管号数、段别与延期时间。

导爆管雷管号数与火雷管和电雷管要求一致。各系列导爆管雷管（6号、8号）段别与延期时间见表2-31。

表2-31　各系列不同段别的导爆管雷管（6号、8号）延期时间

段别	延期时间（以名义秒量计）							
	毫秒导爆管雷管/ms			1/4秒导爆管雷管/s	半秒导爆管雷管/s		秒导爆管雷管/s	
	第一系列	第二系列	第三系列	第一系列	第一系列	第二系列	第一系列	第二系列
1	0	0	0	0	0	0	0	0
2	25	25	25	0.25	0.50	0.50	2.5	1.0
3	50	50	50	0.50	1.00	1.00	4.0	2.0
4	75	75	75	0.75	1.50	1.50	6.0	3.0
5	110	100	100	1.00	2.00	2.00	8.0	4.0
6	150	125	125	1.25	2.50	2.50	10.0	5.0
7	200	150	150	1.50	3.00	3.00	—	6.0
8	250	175	175	1.75	3.60	3.50	—	7.0
9	310	200	200	2.00	4.50	4.00	—	8.0
10	380	225	225	2.25	5.50	4.50	—	9.0
11	460	250	250	—	—	—	—	—
12	550	275	275	—	—	—	—	—
13	650	300	300	—	—	—	—	—
14	760	325	325	—	—	—	—	—
15	880	350	350	—	—	—	—	—
16	1020	375	400	—	—	—	—	—
17	1200	400	450	—	—	—	—	—
18	1400	425	500	—	—	—	—	—
19	1700	450	550	—	—	—	—	—
20	2000	475	600	—	—	—	—	—

段别	延期时间（以名义秒量计）							
	毫秒导爆管雷管/ms			1/4 秒导爆管雷管/s	半秒导爆管雷管/s		秒导爆管雷管/s	
	第一系列	第二系列	第三系列	第一系列	第一系列	第二系列	第一系列	第二系列
21	—	500	650	—	—	—	—	—
22	—	—	700	—	—	—	—	—
23	—	—	750	—	—	—	—	—
24	—	—	800	—	—	—	—	—
25	—	—	850	—	—	—	—	—
26	—	—	950	—	—	—	—	—
27	—	—	1050	—	—	—	—	—
28	—	—	1150	—	—	—	—	—
29	—	—	1250	—	—	—	—	—
30	—	—	1350	—	—	—	—	—

2. 导火索

1）导火索的种类和结构

导火索按用途可分为普通导火索、缓燃导火索、高秒量导火索、安全导火索和防水导火索等。一般地说，普通导火索的每米燃速为 100～125s。缓燃导火索每米燃速可达 200s，而高秒量导火索均在 200s 以上。显然，缓燃导火索和高秒量导火索是相对于普通燃速导火索而言的，是通过调整药芯黑火药的配比和使用炭化程度不同的木炭来实现的；安全导火索的特点是在燃烧过程中其包裹层不燃烧；防水导火索从结构上看，有一塑料包缠层，具有较好的防水性能，适用于水孔爆破或水下爆破作业。

根据结构特点的不同或者说按照被覆材料的不同，导火索可分为全棉线导火索，三层纸导火索和塑料导火索三种。全棉导火索的被覆材料主要是棉线，内衬以纸条作为包缠物，石油沥青作为防潮剂，具有较好的防潮能力，适用于潮湿度较大的爆破作业。三层纸导火索以纸条代替部分棉纱，适用于干燥和潮湿度不大的爆破作业中。塑料导火索的突出特点在于有一塑料包缠层，因而有较好的防水性能，适用于水下爆破作业。此外还有双层沥青导火索、褐煤导火索和炭导火索等新产品。用途不同的导火索其结构也各有所异，但各种导火索的基本结构乃是相同的。普通工业导火索是以一定密度的黑火药为药芯（中间有三根芯线通过），其外包缠三层棉线和三层纸条（中间一层为防潮层涂沥青）。外层线用 21 支纱四根，中层线用 10 支纱四根（有时用塑料纤维或玻璃纤维代替），内层线用 10 支纱 12～13 根，芯线用 32 支纱四根，纸条用 $80g/m^2$ 牛皮纸或导火索专用纸，如图 2-28 所示。

导火索常见的质量问题有：断药、细药；线层包得不整齐，燃烧时可能透火；药芯密度太小，可能产生速燃。

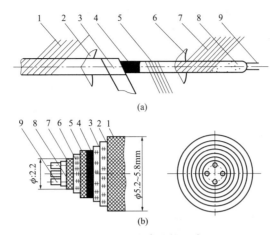

图 2 - 28　导火索结构示意图

1—外层线；2—外层纸（挂涂料）；3—中层纸；4—防潮层；5—中层线；
6—内层纸；7—内层线；8—药芯；9—芯线

2）导火索的质量标准

工业导火索的规格必须符合下列要求。

（1）外观：外表一般呈白色，表面粗细和绕线均匀；无损伤、变形、发霉、油污、剪断处散头等现象，外层线允许断线 1 根，但长度不超过 6m；外层线排得不匀的长度不超过 10cm，索头要用防潮剂密封。

（2）尺寸：导火索外径（5.5 ± 0.3）mm，药芯直径 2.2mm，每盘长为（250 ± 2）m 和（100 ± 1）m 两种，其中最短的一根不小于 2m。

（3）药芯质量：每米导火索所含黑火药的质量一般为 7 ~ 9g。

（4）喷火强度：在内径为 6 ~ 7mm，长度为 150 ~ 200mm 的标准玻璃管中进行喷火试验时，应能将 40mm 外的另一段导火索点燃。

（5）燃烧速度：燃速一般为 100 ~ 125m/s。

（6）燃烧性能：在导火索燃烧过程中，不应发生断火、透火（燃烧时有火星从索壳喷出的现象），外层燃烧、速燃和爆燃（燃烧时伴随有爆声）等现象。

（7）抗水性能：在 1m 深的常温（20℃）的静水中浸 2h（塑料导火索浸泡 5h 后），剪去受潮索头，燃速及燃烧性能不变。

（8）耐热及耐寒性能：在温度为 45℃ 的恒温箱中放置 2h，不应有黏结和外壳破坏现象。在温度为 -25℃ 的条件下放置 1h，不应有裂纹和折断现象。

（9）储存性能：当导火索储存于通风、干燥的库房内，且储存温度不超过 40℃ 时，其有效储存期一般为两年。

延期导火索的质量规格与工业导火索的不同之处是：外径为 5.9 ~ 6.1mm；药芯直径为 2.5mm；燃速有 60 ~ 80m/s 至 290 ~ 320m/s 等 6 种规格，而且规定每 100mm 长度的秒量偏差，高秒量为 1.5s，其余为 1s。其他指标同工业导火索一样。

3. 导爆索

导爆索是以猛炸药（如黑索金或泰安）为索芯，以棉、麻或人造纤维等为被覆材料，能够传递爆轰波的一种索状起爆器材。它经雷管起爆后可以引爆其他炸药或另一根导爆索。

1）导爆索的种类

根据使用条件不同，导爆索有普通导爆索、震源导爆索、煤矿许用导爆索、油井导爆索、金属导爆索、切割索和低能导爆索等多种类型。常用的是普通导爆索和煤矿许用导爆索（又称安全导爆索）。普通导爆索是目前生产和使用量最多的一种导爆索。它有一定的抗水性能，能直接起爆常用的炸药，工程上所用的导爆索均属此类。许多煤矿用导爆索爆轰时产生的火焰较小，温度较低，专供有矿尘危险的煤矿爆破使用。

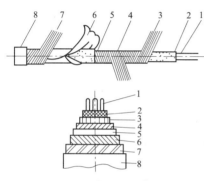

图 2 - 29　普通导爆索的结构
1—药线；2—药芯；3—内层线；4—中层线；
5—防潮层；6—纸条；7—外层线；8—涂料层

普通导爆索的结构如图 2 - 29 所示。它与普通导火索相似，其不同之处在于采用高猛炸药黑索金或泰安作索芯。在索芯中间有三根芯线，在药芯外有三层棉纱、纸条缠绕，并有两层防潮层，在最外除潮层上涂有红色或红黄相间的颜料，作为与导火索相区别的标志。

2）导爆索的质量标准

以黑索金为药芯的普通导爆索的质量规格（技术要求）如下。

（1）外观：为线绕或塑料管加工成红色或白色、红绿白线间绕。线绕应无严重折伤、油脂和污垢，外层线不得同时断两根及两根以上，断一根的长度不得超过 7m，每盘索卷不多于三段，最短一根长度不得小于 2m，索头要套有金属或塑料防潮帽或浸涂防潮剂。

（2）药量：12 ~ 14g/m。

（3）外径：5.8 ~ 6.2mm，每卷长（50 ± 0.5）m。

（4）爆速：6000m/s 以上。

（5）起爆性能：用 2m 长的导爆索能完全起爆一个 200g 的 TNT 药块。

（6）传爆性能：按规定方法联结后，用 8 号雷管起爆，应爆轰完全。

（7）抗水性能：棉线导爆索在 0.5m 深，水温 10℃ ~ 25℃ 的静水中浸泡 24h 后，传爆性能不变；塑料导爆索在水压为 50kPa，水温为 10℃ ~ 25℃ 的静水中浸 5h 后，传爆性能不变。

（8）耐热性能：在（50 ± 2）℃ 的条件下保温 6h，外观及传爆性能不变。

（9）耐寒性能：在 -（40 ± 2）℃ 的条件下冻 2h，取出后仍能联结成水手结，按规定联结法用 8 号雷管起爆，爆轰完全。

（10）耐折性能：按耐热、耐低温性能试验的条件保温后做弯曲试验，药芯不撒出，内层线不露出，然后按规定的方法连接，爆轰完全。

（11）耐喷燃试验：导爆索断面药芯被导火索喷燃时不爆轰。

（12）耐拉强度：导爆索承受 500N 拉力后，仍能保持爆轰性能。

（13）导爆索储存有效期为两年。

3）导爆索的特点及适用范围

（1）使用导爆索起爆法的主要优点。

① 爆破网络设计简单，操作方便。

② 与电力起爆法相比，准备工作量少，不需对爆破网络进行计算。

③ 能提高炸药的爆速和传爆稳定性，可消除深炮眼的间隙效应。

④ 起爆准确可靠，能同时起爆多个药包。同时便于可靠地起爆长、大药包，间隔药包以及用雷管不易起爆的炸药。

⑤ 可使间隔一定距离的药室或炮眼同时起爆。

⑥ 不需在药包中连接雷管，安全性高，出现瞎炮（拒爆炮眼）较易处理。

⑦ 不受杂散电流和雷电以及其他各种电感应的影响（除非雷电直接击中导爆索）。

⑧ 防水品种的抗水性能好，两端密封后浸入 0.5m 深的静水中 24h 后，仍能可靠传爆。

（2）导爆索起爆的缺点。

① 价格较贵；所需炮眼直径较大（药包一侧间隙在 6.5mm 以上）爆破网络不能使用仪器仪表检测。

② 爆声大，且使爆眼内炸药的威力有所降低；无法对已经堵塞的炮眼或导硐中的导爆索的状态进行准确判断。

（3）导爆索的适用范围。

① 普通导爆索（非安全导爆索）：有一定的抗水性和耐高低温的性能，能直接起爆一般常用工业炸药。主要用于无瓦斯、煤尘爆炸危险的露天药室爆破和深孔分段爆破，或与继爆管配合，作为无电毫秒爆破的起爆材料。但在煤矿井下严禁使用。

② 煤矿许用导爆索可用于煤矿井下，也可用于有瓦斯、煤尘爆炸危险的采掘工作面起爆药卷，在炮眼深度大于 2.5m 时，应用较为普遍。

③ 高抗水导爆索适用于深水爆破作业。它从两方面增强其抗水能力：一方面是用抗水性好的材料包覆外层，如塑料外皮导爆索；另一方面是用高抗水炸药，如将药芯做成塑性的高威力炸药。

④ 震源导爆索用于起爆钝感炸药或作为地震勘探的震源，每米药量 40g 以上，有些特殊用途的导爆索，每米炸药量可达 100g。

（4）使用导爆索的注意事项。

① 导爆索的药芯与雷管的副起爆药（主装药）都是黑索金或泰安，可以把导爆索看作是一个"细长而连续的小号雷管"。

② 机械冲击和导火索喷出的火焰不能可靠地将导爆索引爆，必须使用雷管或起爆药柱、炸药等大于雷管起爆能力的火工品将其引爆。

③ 导爆索可以直接引爆具有雷管感度的炸药，不需再插入炸药的一端连接雷管。

④ 导爆索在使用中严禁冲击和挤压，当需剪断时，只准用利刀剪切，不论其长度大小严禁点燃，以防发生意外爆炸。

⑤ 被水或油浸渍过久的导爆索，会失去接受传导爆轰波的能力。所以在铵油炸药的药包中，使用导爆索时，必须用塑料布包裹，使其与油源隔开，避免被炸药中的柴油侵蚀而失去爆炸能力。

（5）继爆管。

导爆索爆速在6000m/s以上，因此单纯的导爆索起爆网络中，各药包几乎是齐发爆破。继爆管配合导爆索使用可以达到毫秒延期起爆。

继爆管实质上是由不带电点火装置的毫秒延期雷管和消爆管、导爆索等组成。继爆管种类很多，常用的国内产品有YMB-1型双向继爆管和单向继爆管。

双向继爆管由两端的导爆索分别连接的毫秒延期雷管及中间的消爆元件组成，主动端和被动端可互换。单向继爆管主动端和被动端不可互换。

4. 导爆管

塑料导爆管是内壁涂覆有极薄层炸药粉末的空心塑料软管。不同型号的导爆管所用的塑料品种不完全相同，颜色也不一样。涂覆在内壁上的混合粉末中常用的炸药有奥克托金、黑索金、泰安、梯恩梯、二硝基乙脲、特屈儿，单一品种或以上两种及两种以上的混合物。

1）导爆管的构造

普通型号（H-2型）塑料导爆管是外径（3+0.1）mm或（3-0.2）mm，内径（1.4±0.10）mm高压聚乙烯透明塑料管，呈乳白色，涂敷在内壁上的炸药量为14～18mg/m（91%为奥克托金或黑索金，9%为铅粉）。塑料管每米最大重量为5.5g。另外，还有一些用非高压聚乙烯（如尼龙、聚丙烯、低压聚乙烯等）为管材的塑料导爆管，以适应特殊条件的爆破需要。

2）导爆管的工作原理

根据管道效应原理，导爆管可以传播空气冲击波。因此，导爆管受到一定强度的激发冲量作用后，管内出现一个向前传递的爆轰波。维持导爆管内爆轰波传递的能源是管壁内表面加强药粉的爆炸反应放热。只要管内混合炸药的密度是一致的，该爆轰波在导爆管中传播后转变为稳定爆轰波，此后爆轰波传播速度将保持恒定，从而形成导爆管的稳定传爆。导爆管中激发的冲击波以1600～2000m/s的速度传播（传播速度快慢与管壁内表面加强药粉的质量有关，质量越大，传爆速度越快）。冲击波传播到管口时，出现以导爆管出口轴心为球心的球面波。这种球面波不能直接引爆工业炸药，但能激发雷管内敏感度较强的副起爆药而使雷管起爆。这种球面波使得冲击波呈扇形扩散，在此范围内若置有导爆管，则导爆管将传爆。这种球面波遇到阻挡会反射回来，若紧挨着出口阻挡物置有导爆管，此导爆管能被传爆。

导爆管被引爆后，可以看到管内闪着一道白光，前面有一个特别亮的光点伴有不太大的声响向前快速移动。冲击波传播后整根导爆管除个别地方被爆轰波击穿个小洞外，塑料管不会遭到损坏。

导爆管既可以轴向引爆，也可从侧向引爆。轴向引爆就是把引爆源对准导爆管管口，侧向引爆是把引爆源置于导爆管管壁外方。轴向起爆的传爆原理如上所述。侧向起爆时，外界激发冲量作用到管壁，管壁发生变形处于受压状态，管腔中空气介质形成绝热压缩，产生一系列压缩波，这些压缩波叠加发生压力突跃升高的冲击波，冲击波引发炸药粉末发生化学反应，形成稳定传爆。

3）导爆管的技术性能

以高压聚乙烯为管材的普通塑料导爆管，应具有以下技术性能。

（1）起爆性能：导爆管可用火帽、雷管、导爆索、引火头等一切能产生冲击波的起爆器材引爆。用雷管和导爆索还可以从侧向引爆。一个 8 号工业雷管可击发数十根导爆管。

（2）传爆性能。

① 爆速为（1650 ±50）m/s 和（1950 ±50）m/s 两种。

② 冲击波在管内传播时，导爆管断药长为 5～10cm 仍能传播下去。

③ 连续传 2000m 之后，爆速有明显下降。

④ 导爆管两极相距 10cm 外加 30kV 静电，电容为 330pF，1min 内导爆管不被击穿。

⑤ 抗拉性能：常温下承受 68.6N 的静拉力仅伸长而不被破坏。

⑥ 耐水性能：导爆管两头密封浸水深度为 20m，经 16h 性能不变。

⑦ 耐温性能：将导爆管置于 +50℃～ –20℃ 环境中，历时 16h 性能不变。

⑧ 抗冲击性能：导爆管受一般的机械冲击不击发。使用卡斯特落锤仪的 10kg 落锤从 155cm 的高处自由落下，侧向冲击导爆管，导爆管不会击发。

⑨ 抗水性能：用火焰点燃单根或成捆的导爆管时，它只和塑料一样缓慢燃烧。

⑩ 抗自爆性能：导爆管不能直接起爆炸药。用 20～30m 长的导爆管在外径为 17mm、内径为 7mm、高 19mm 的钝化泰安炸药卷（7g）上爆管正常传爆，泰安炸药卷不起爆。

⑪ 枪击试验：一卷 700mm 长的导爆管，用自动步枪，在距离 35m、25m、15m 处射击，不爆炸、不传爆。

⑫ 破坏性能：导爆管传爆时，管壁完整无损，对周围环境没有破坏作用，用手拿着导爆管击发只感到轻微脉动，声响也很小。塑料导爆管在储存期中，只需将端头用火柴热熔封口，使之不受潮气、水分或尘粒侵入，便能长期保存。由于用枪击、冲砸和燃烧均不能引起爆炸，因此在运输过程中可以不做危险的爆破器材处理。

⑬ 起爆感度：在 –40℃～ +50℃ 温度范围内，一发 8 号雷管能同时起爆 20 根导爆管。

正是导爆管具有上述一系列特点，以其为主组成的非电起爆系统，成为近代爆破技术中一项新技术，受到国内外的广泛重视。

（3）导爆管的使用条件。

导爆管在下列使用条件下均能正常传爆。

① 传爆长度从零点几米至几千米，中间不需要雷管接力。

② 导爆管内断药长度不超过 15cm。

③ 在 –40℃～ +50℃ 温度范围内使用。

④ 导爆管局部打结、扭曲、拉细，或将导爆管 180° 对折（但未将管腔堵死）。

⑤ 在深达 180m 的水中，两端密封的导爆管，不影响性能。

⑥ 用胶布、套管或其他方法对接导爆管。

导爆管在下列情况下将发生拒爆现象。

① 导爆管内有大于 20cm 的断药。

② 导爆管内有炸药结节，即混合药粉涂层在管内堆积成节，传爆时有可能将导爆管炸断或炸裂。

③ 导爆管裂口大于 1cm。

④ 导爆管腔由于种种原因被堵塞，例如有水、砂粒、木屑等异物，或者过分对折。

⑤ 水下使用时管壁出现破洞。导爆管不能用于有瓦斯和煤尘爆炸危险的处所。

（4）导爆管连通器具。导爆管线路的接续应使用专用连接元件或用雷管分级起爆的方法实施。连通器具的功能是实现导爆管到导爆管之间的冲击波传播，起到连续传爆或分流传爆的作用。

爆破工程中常用的连通器具有连通管、连接块和多路分路器，使一根导爆管可以激发几根到几十根被发导爆管（如图 2-30~图 2-33 所示）。

导爆管与炸药的联结，用 8 号雷管或毫秒延期雷管通过卡口塞连接后插入炸药中。

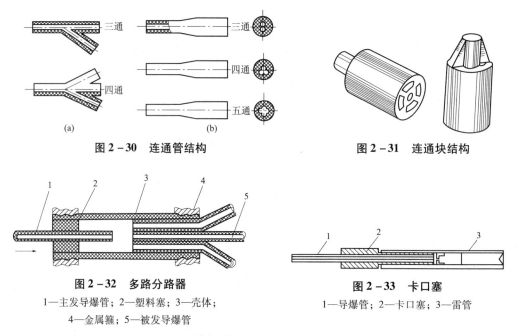

图 2-30　连通管结构　　　　　　　图 2-31　连通块结构

图 2-32　多路分路器
1—主发导爆管；2—塑料塞；3—壳体；
4—金属箍；5—被发导爆管

图 2-33　卡口塞
1—导爆管；2—卡口塞；3—雷管

第二部分　起爆网络

一次起爆、分段爆破，准确、可靠是起爆网络设计的基本原则。一次起爆，实现所有雷管点火是降低起爆危险的重要手段，除火雷管外，电雷管、导爆索、导爆管起爆网络皆可实现一次起爆、分段爆破。分段爆破具有以下明显优势。

（1）创造自由面，充分利用自由面，降低炸药单耗，提高炮孔利用率。

（2）降低爆破震动危害。

（3）二次碰撞，破碎块度均匀。

（4）利用延时雷管、继爆管可以实现分段爆破。

现在常用的起爆方法和器材如下。

火雷管起爆法：火焰点燃导火索→导火索引爆火雷管→火雷管引爆炸药。

电力起爆法：电能引爆电雷管→电雷管引爆炸药。

导爆索起爆法：雷管引爆导爆索→导爆索引爆炸药。

导爆管起爆法：电火花引爆导爆管→导爆管引爆雷管→雷管引爆炸药。

由于固有的安全隐患，法律已经在大多数情况下禁止火雷管起爆法的使用。

起爆方法通常是根据所采用的起爆器材和工艺特点来命名的，选用起爆方法时，要根据炸药的品种、工程规模、工艺特点、爆破效果和现场条件等因素来决定。

在爆破作业中，起爆方法直接关系到装药爆破的可靠性、起爆效果、爆破质量、作业安全和经济效益等方面的问题。

1. 电力起爆法

利用电雷管通电后起爆产生的爆炸能引爆炸药的方法，称为电力起爆法。电力起爆法使用的主要器材是电雷管。

1）电爆网络的组成

电力起爆法是由电雷管、导线和电源三部分组成的起爆网络来实施的。

（1）电雷管的选择。

由于电雷管电热性能的差异，有时会引起串联电雷管组的拒爆。因此，在一条网络中，特别是大爆破时，应尽量选用同厂、同型号和同批生产的产品，并在使用前用专用爆破电桥进行雷管电阻的检查。目前大多数工程爆破在选配雷管时，康铜桥丝电雷管间的电阻值差不大于 0.3Ω，镍铬桥丝电雷管电阻值差不大于 0.8Ω。也有个别矿山，在加大起爆电流的条件下，对电雷管电阻值的要求并不严格。进行微差爆破时，还要根据起爆顺序和特定的爆破目的，选用不同段别的毫秒延时电雷管，做到延时合理、一致和顺序准确。

（2）导线的选择。

在电爆网络中，应采用绝缘良好、导电性能好的铜芯线或铝芯线作导线。铝芯线抗折断能力不如铜芯线，但价格便宜，故应用较多。铝芯线的线头包皮剥开后极易氧化，所以接线时必须用砂纸擦去氧化物，露出金属光泽，方能连接，不然电阻会增大，造成接触不良。大量爆破时，网络导线用量较大，有时还分区域（或支路）。为了便于计算和敷设，通常将导线按其在网络中的不同位置划分为脚线、端线、连接线、区域线（支线）和主线。

脚线：雷管出厂就带有长为 2m、直径为（0.4±0.5）mm 的铜芯或铁芯塑料包皮绝缘地线。

端线：是指用来接长或替换原雷管脚线，使之能引出炮孔口的导线，或用来连接同一串组中相邻炮孔内雷管脚线引出孔外的部分；其长度根据炮孔深度与孔间距来定，截面一般为 0.2～0.4mm，常用多股铜芯塑料皮软线。

连接线：指连接各串组或各并联组的导线，常用截面积为 2.5～16mm² 的铜芯或铝芯塑料线。

区域线：是连接线至主线之间的连接导线，常用截面 6～33mm² 铜芯或铝芯塑料线。

主线（又称母线）：指连接电源与区域线的导线，因它不在爆破范围内使用，一般用动力电缆或专设的爆破用电缆包皮线，可多次重复使用。爆破规模较小时，也可选用 16～150mm² 的铜芯或铝芯塑料线或橡皮包皮线。主线电阻对网络总电阻影响很大，应选用合适的断面规格。

实际工作中，应尽量简化导线规格，脚线与端线、连接线和区域线可选用同一规格导线。

（3）电源的选择。

电力起爆网络可采用交流供电，也可采用直流供电。常用的起爆电源有照明电源、动力电源和起爆器。

交流电源：照明和动力线路均属于交流电源，其输出电压一般为 380V 和 220V，具有足够容量，是电力起爆中常用的可靠电源，尤其在起爆线路长、雷管多、药量大、网络复杂、准爆电流要求高的地下中深孔大量爆破中，是比较理想的电源。

直流电源：电容起爆器是一种很好的直流电源。我国生产的电容起爆器品种较多，可根据爆破现场、规模和一次爆破雷管数量等合理选用不同容量的起爆器。电容式起爆器体积小，重量轻，便于携带，瞬间起爆电流大，适用于中、小规模工程爆破串联网络起爆。

2）电爆网络计算

电爆网络按雷管连接方式的不同可分为串联、并联和混合联三种，网络的计算按一般电路的串联、并联和混联电路进行计算。

（1）串联。

串联是将电雷管一个接一个互相成串地连接起来，再与电源连接的方法，如图 2-34 所示。其优点是连线简单，操作容易，所需总电流小，导线消耗少，缺点是网络中若有一个雷管断路，会使整条网络断路而拒爆。计算公式如下。

电爆网络总电阻 R：

$$R = R_x + nr$$

式中　R_x——导线电阻，单位 Ω；

n——串联电雷管个数；

r——单个电雷管电阻，单位 Ω。

网络总电流 I：

$$I = U / (R_x + nr)$$

式中　U——电源电压，单位 V。

（2）并联。

并联是将所有电雷管的脚线分别连在两条导线上，然后把这两条导线与电源连接起来的方法，如图 2-35 所示。其优点是不会因为其中一个雷管断路而引起其他雷管的拒爆，网络的总电阻小。缺点是网络的总电流大，连接线消耗量多，若有少数雷管漏接时，检查不易发现。

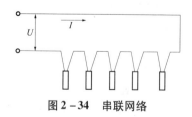

图 2-34　串联网络

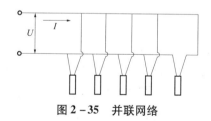

图 2-35　并联网络

电爆网络总电阻 R：

$$R = R_x + \frac{r}{m}$$

式中　m——并联电雷管个数。

其他符号意义同前。

网络总电流 I：

$$I = \frac{U}{R} = \frac{U}{R_X + \dfrac{r}{m}}$$

每个电雷管所获得的电流 i：

$$i = \frac{I}{m} = \frac{U}{mR_X + r}$$

（3）混合联。

混合联是在一个电爆网络中由串联和并联进行组合连接的混合连接方法，可进一步分为串并联和并串联，如图 2 – 36 和图 2 – 37 所示。串并联是将若干个电雷管串联成组，然后将若干个串联组又并联在两根导线上，再与电源连接。并串联是将若干组并联的电雷管组串联在一起，再与电源线连接的方法。

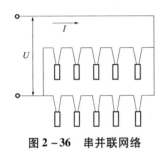

图 2 – 36 串并联网络 图 2 – 37 并串联网络

电爆网络总电阻 R：

$$R = R_X + \frac{nr}{m}$$

式中 　m——串并联时，为并联组的组数；并串联时，为一组内并联的雷管个数；

　　　N——串并联时，为一组内串联的雷管个数；并串联时，为串联组的组数。

其他符号意义同前。

网络总电流 I：

$$I = \frac{U}{R_X + \dfrac{nr}{m}}$$

式中 　U——电源电压，单位 V。

每个电雷管所获得的电流 i：

$$i = \frac{I}{m} = \frac{U}{mR_X + nr}$$

在电爆网络中电雷管的总数是已知的，而电雷管总数 $N = rnm$，即 $n = N/m$，将 n 值代入上式可得

$$i = \frac{I}{m} = \frac{mU}{m^2 R_X + Nr}$$

为能在电爆网络中满足每个电雷管均获得最大电流的要求，必须对混联网络中串联或并联进行合理分组。从上式可知，当 U、N、r 和 R_X 固定不变时，则通过各组或每个电雷管

的电流为 m 的函数。为求得合理的分组组数 m 值，可将上式对 m 进行微分，令其值等于零，即可求得 m 的最优值，此时电爆网络中，每个电雷管可获得最大电流值。

$$m = \sqrt{\frac{Nr}{R_X}}$$

计算后 m 值应取整数。

混合联网络的优点是同时具有串联和并联的优点，可同时起爆大量的电雷管。在大规模爆破网络中，混联网络还可以采用多种变形方案，如串并并联、并串并联等方案。这两种连接方案的网络如图 2-38 所示。

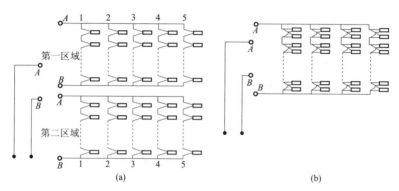

图 2-38　混合联网络的变形方案
(a) 串并并连接方案；(b) 并串并连接方案

电爆网络设计是否合格，一是看起爆电源容量是否合格；二是看通过每一发雷管的电流是否符合要求。成组电雷管的最低准爆电流比单发电雷管要大，规程规定起爆成组电雷管时，对一般爆破，通过每一发雷管的电流直流电不小于 2A，交流电不小于 2.5A；对大爆破，通过每一发雷管的电流直流电不小于 2.5A，交流电不小于 4A。

3）电力起爆法评价

（1）电力起爆法的优点。

从准备到整个施工过程中的各个工序，如挑选雷管、连接起爆网络等，都能用仪表进行检查，并能根据设计计算数据及时发现施工和网络连接中的质量和错误，从而保证了爆破的可靠性和准确性；能在安全隐蔽的地点远距离起爆药包群，使爆破工作能在安全条件下顺利进行；准确地控制起爆时间和药包群之间的爆炸顺序，因而可保证良好的爆破效果；可同时起爆大量雷管等。因此，电力起爆法使用范围十分广泛，无论是露天或井下、小规模或大规模爆破，均可使用。

（2）电力起爆法的缺点。

普通电雷管不具有抗杂散电流和抗静电的能力。所以，在有杂散电流的地点或露天爆破遇有雷电时，危险性较大，此时应避免使用普通电雷管；电力起爆准备工作量大，操作复杂，作业时间较长；电爆网络的设计计算、敷设、连接的技术要求较高，操作人员必须要有一定的技术水平；需要可靠的电源和必要的仪表设备等。

4）电力起爆法的设计要求

（1）电源可靠，电压稳定，容量足够。

（2）网络简单、可靠，便于计算、连线和导通。

（3）要求每个雷管都能获得足够的准爆电流，尽量使网络中各雷管电流强度比较均匀；雷管串联使用时，必须满足串组雷管准爆电流的要求。

5）电力起爆法施工要求

有了质量合格的电雷管和设计合理的爆破网络后，为了可靠、安全、准确地起爆，在操作过程中，还应该注意下述几方面。

（1）雷管检查合格后，应使其脚线短路，最好用工业胶布包好短路线头。按电雷管段数分别挂上标记牌，放入专用箱，按设计要求运送到爆破现场，再根据现场布置分发到各炮孔的位置。装药时应严防捣断雷管脚线，脚线应沿孔壁顺直。

（2）连接网络时，操作人员必须按设计接线。连线人员不得使用带电的照明，无关人员应退出工作面。整个网络的连接必须从工作面向爆破站方向顺序进行。连好一个单元后便检测一个单元，这样能及时发现和纠正问题。在连接过程中，网络的不同部位采用不同的接头形式，如图 2 - 39 所示。如图 2 - 39（a）、图 2 - 39（b）所示是常用于雷管脚线之间的接头形式；如图 2 - 39（c）所示是多用于端线和连接线间的接头形式；如图 2 - 39（d）所示是细导线与粗导线间连接接头形式；如图 2 - 39（e）所示为连接线与区域线间，或区域线之间连接形式；如图 2 - 39（f）所示多用于区域线与主线连接，或多芯导线连接的接头形式。

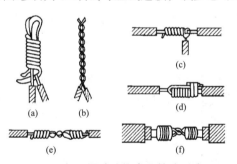

图 2 - 39　爆破网络常用接头形式

（a）、（b）脚线接头；（c）端线和连接线接头；（d）细导线与粗导线的接头；

（e）连接线与区域线接头；（f）区域线与主线接头

实践证明，接头不良，会造成整条网络的电阻变化不定，因而难以判断网络电阻产生误差的原因和位置。为了保证有良好接线质量，应注意下述几点。

①接线人员开始接线应先擦净手上的泥污，刮净线头的氧化物、绝缘物，露出金属光泽，以保证线头接触良好；作业人员不准穿化纤衣服。

②接头牢固扭紧，线头应有较大接触面积。

③各个裸露接头彼此应相距足够距离，更不允许相互接触，形成短路；避免线头接触岩、矿或落入水中，故应用绝缘胶布缠裹。

④敷线时，应留有 10% ~ 15% 的富余长度，以防过紧拉断网络。

⑤建立安全信号及警戒制度，认真检查后才能合闸起爆。

⑥整条网络连好后，应有专人按设计进行复核。

（3）电爆网络的电阻检查与故障排除。安全规程规定："爆破主线与起爆电源或起爆器连接之前，必须检测全电阻。总电阻值应与实际计算值符合（允许误差 ±5%）。若不符合，禁止连接。"

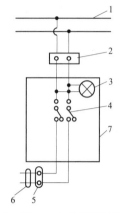

图2-40　电力起爆开关装置

1—电力线路；2—保险栓；
3—指示灯；4—开关；5—插座；
6—插销；7—带锁木箱

检查网络电阻时，应始终采用同一爆破电桥或内阻校对过的同类电桥，避免出现误差。在正常情况下，由于接头多的影响，实测电阻常会大于计算电阻。若差值超过±5%时，应分析和检查发生故障的原因和地点。一般用1/2淘汰法寻找，即把整条网路一分为二，分别测这两部分的电阻，并与设计计算的电阻比较，符合计算的为正常区，反之为故障区。再将故障区一分为二，进行检测。这样不断缩小范围，直至找到故障点并加以排除为止。

（4）起爆站的选择。采用起爆器起爆时，起爆站可比较机动灵活地选择在安全地点，网络主线可在起爆前随时敷设和检查。

采用交流电源起爆时，专用电源位置是固定的，必须预先设置专用的起爆箱（双刀双置开关），如图2-40所示。电源在起爆时不作其他用途。

无论采用何种方式起爆，闭锁起爆电源是必须严格执行的，而且闭锁木箱的钥匙应由负责爆破的专人随身携带，不得转交他人。起爆时，必须有明确规定的指令和操作步骤以及安全信号。

2. 火雷管起爆法

火雷管起爆法又称为导火索起爆法，所使用的主要器材是导火索、火雷管和点火材料。此方法的起爆原理是：用点火材料点燃导火索，利用导火索燃烧产生的火焰引爆火雷管，再由火雷管的爆炸能引起炸药爆炸。

1）制作起爆雷管

首先在导火索和火雷管质量检查合格的基础上，根据现场实际需要将导火索切割成一定长度的段。切割导火索所用刀具要锋利干净，不能有油污或锈蚀，避免弄脏芯药；切口不能斜，应当垂直轴线；切取长度应等于从炮孔内起爆药包处到孔口的长度加上孔外的一段附加长度，并要保证每段导火索的长度相等，不允许导火索的长度不足或长度不等。然后，将切好的导火索缓慢地插入火雷管内，直到紧密地接触加强帽为止，不允许转动。金属管壳火雷管，在距管口5mm以内用管钳将管口夹紧；纸壳火雷管则用胶布固定，使导火索不能在雷管内转动或脱离。

起爆雷管的组装加工，应在远离炸药的专门工房内进行，加工台应铺有毡子或胶垫。

2）制作起爆药包

起爆药包只允许在爆破地点进行制作，并且在钻眼工作完成后进行。

制作时先把药卷一端的包装纸打开，揉松后，用直径大于雷管外径的竹、木签在药卷中心扎一小孔，深度应大于雷管长度；或者直接在药卷一头或腰部扎一小孔，随即将起爆雷管插入小孔内，用线或胶布捆紧，使起爆雷管不会脱出。制作好的起爆药包如图2-41所示。

3）装填炮眼

在炮眼中装药之前，应先用捞勺清除眼内泥浆方能装填炸药。在眼内装药前先用木质炮棍捅一下炮眼，检查眼内是否还有岩碴或渗水，再用木炮棍一卷卷地送进药卷。当起爆药卷送进炮眼时，再不能用力捣固，防止用力过大导致起爆药包爆炸。

起爆药卷在眼内的位置如图 2 - 42 所示，可在眼口（见图 2 - 42（a））、眼底（见图 2 - 42（b））或眼中部（见图 2 - 42（c））。实践证明，眼底和中部效果较佳。

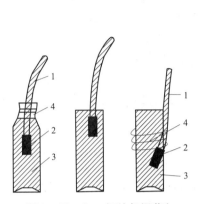

图 2 - 41　加工好的起爆药包

1—导火索；2—火雷管；3—药包；4—捆绳

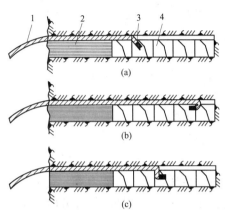

图 2 - 42　起爆药包在炮孔内的位置

1—导火索；2—炮泥；3—起爆药包；4—药卷

在装填过程中，不允许提拉起爆药包，也不允许将导火索缠绕在起爆药包上。导火索应顺着炮孔引出，不允许将导火索卷成圈或结成扣绊，只能紧贴一侧孔壁。此时，应注意导火索的点燃端，不能让其触及泥浆或水，避免芯药受潮。根据设计的装药量将炸药装完后填塞炮泥，炮泥必须捣固严实，长度不短于 15cm。装药结束后，设备、人员应撤离工作面。

4）导火索点火

爆破安全规程规定，导火索起爆时，应采用一次点火法。单个点火时，一人连续点火的根数（或分组一次点的组数），地下爆破不得超过 5 根（组），露天爆破不得超过 10 根（组）。导火索的长度应保证点完导火索后，人员能撤至安全地点，但不得短于 1.2m。同一工作面由一人以上同时点火时，应指定其中一人为组长，负责协调点火工作，掌握信号管或计时导火索的燃烧情况，及时发出撤至安全地点的命令。连续点燃多根导火索时，露天爆破必须先点燃信号管，井下爆破必须先点燃计时导火索。信号管响后或计时导火索燃烧完毕，无论导火索点完与否，人员必须立即撤离。信号管和计时导火索的长度不得超过该次被点导火索中最短导火索长度的 1/3。

点火前应特别注意下列几点。

（1）点火人员必须是经过培训并获得爆破员作业证的专门人员。

（2）确认已站好岗哨，并通知邻近工作面。

（3）导火索的点燃是指芯药燃烧，其标志是喷出一股烟火。

（4）点火器材多用点火筒。点火筒可一次点燃 3～30 根导火索。

（5）炮响时，放炮人员应心算炮响的个数，是否与所点的个数相符合，若有瞎炮要及时处理。

（6）炮响完后，必须通风一定时间后方能进入工作面。如掘进时，要求每次爆破后的通风时间为 15～20min。

特别提醒：2008 年国家对起爆方法做了重新规定，取消了火雷管起爆方法。

3．导爆索起爆法

导爆索起爆法，是一种利用导爆索爆炸时产生的能量去引爆炸药的起爆方法。由于该法在爆破作业中，从装药、堵塞到连线等施工程序上都没有雷管，而是在一切准备就绪，实施爆破之前才接上引爆导爆索的雷管，因此，施工的安全性要比其他方法好。

此外，导爆索起爆法还有操作简单，容易掌握，节省雷管，不怕雷电、杂电影响，可在炮孔内实施分段装药爆破等优点，因而在爆破工程中广泛采用。

导爆索被水或油浸渍过久后，会失去或减弱传递爆轰的能力。所以在铵油炸药的药卷中使用导爆索时，必须用塑料布包裹，使其与油源隔离开，避免被炸药中的柴油侵蚀而降低或失去爆轰性能。

1）导爆索的连接方法

导爆索传递爆轰波的能力有一定的方向性，顺传播方向最强，也最可靠。因此在连接网络时，必须使每一支路的传爆方向与主导爆索的传爆方向的夹角小于 90°。导爆索与导爆索之间的连接，应采用如图 2-43 所示的搭接、水手结、T 形结等方法。

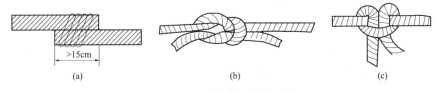

图 2-43　导爆索间连接形式

（a）搭接；（b）水手结；（c）T 形结

因搭接的方法最简单，所以被广泛使用。搭接长度一般为 15～20cm，不得小于 15cm。搭接部分用胶布捆扎。有时为了防止线头芯药散失或受潮引起拒爆，可在搭接处增加一根短导爆索。在复杂网络中，导爆索连接头较多的情况下，为了防止弄错传爆方向，可以采用如图 2-44 所示的三角形连接法。这种方法不论主导爆索的传爆方向如何，都能保证可靠地传爆。

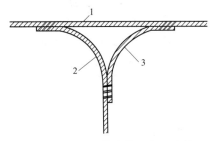

图 2-44　导爆索的三角形连接

1—主导爆索；2—支导爆索；
3—附加支导爆索

导爆索与雷管的连接方法比较简单，可直接将雷管捆绑在导爆索的起爆端，不过要注意使雷管的聚能穴端与导爆索的传爆方向一致。导爆索与药包的连接则可采用如图 2-45 所示的方式，将导爆索的端部折叠起来，防止装药时将导爆索扯出。

药室爆破时，在起爆体中为了增加导爆索的起爆能量，可制作导爆索起爆结，即取一根长 4m 左右的导爆索，将其一端折叠约 0.7m 长的一段双线，然后平均折叠三次，外围用单根导爆索紧密缠绕成如图 2-46 所示的导爆索结。然后把这一索结装入起爆箱中做成起爆体。

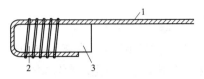

图2－45　导爆索与药包连接

1—导爆索；2—药包；3—胶布

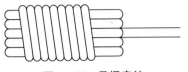

图2－46　导爆索结

2）导爆索起爆网络的形式

导爆索起爆网络的形式比较简单，无须计算，只要合理安排起爆顺序即可。但在敷设网络时必须注意，凡传爆方向相反的两条导爆索平行敷设或交叉通过时，两根导爆索的间距必须大于40cm。

通常采用的导爆索网络形式有如下几种。

串联网络：如图2－47所示，将导爆索依次从各个炮孔引出串联成一网络。串联网络操作十分简单，但如果有一个炮孔中导爆索发生故障，就会造成后面的炮孔产生拒爆。所以，除非小规模爆破，并要求各炮孔顺序起爆，一般很少使用这种串联网络。

并簇联网络：如图2－48所示，把从各炮孔引出的导爆索集中在一起，捆扎成簇，再与主导爆索连接。

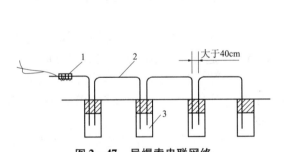

图2－47　导爆索串联网络

1—雷管；2—导爆索；3—药包

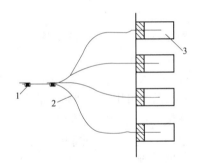

图2－48　导爆索并簇联网络

1—雷管；2—导爆索；3—药包

分段并联网络：如图2－49所示，将各炮孔中的导爆索引出，分别与事先敷设在地面上的主导爆索连接。主导爆索起爆后，可将爆炸能量分别传递给各个炮孔，引爆孔内的炸药。为了确保导爆索网络中的各炮孔内炸药可靠起爆，可使用双向分段并联网络（如图2－50所示）。这是一种在大量爆破中常用的网络，分段起爆是利用继爆管的延时实现的。

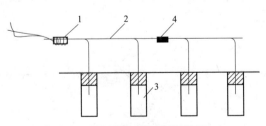

图2－49　导爆索分段并联网络

1—雷管；2—导爆索；3—药包；4—继爆管

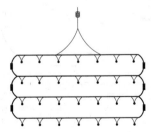

图2－50　导爆索双向分段并联网络

3）导爆索网络微差起爆设计

导爆索的爆速一般为 6500～7000m/s。因此，在导爆索网络中，所有炮孔内的装药几乎是同时爆炸。若在网络中接上继爆管，可实现微差爆破，从而提高导爆索网络的应用范围。

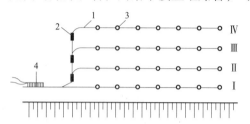

图 2-51　导爆索双向分段并联网络

1—雷管；2—导爆索；3—药包；4—继爆管

继爆管的作用是，当主动导爆索爆炸时，爆轰波由消爆管一端传入，经消爆管将爆轰波减弱成火焰，再经长内管减速和降低一定的压力，引燃延时药。经延时后，火焰穿过加强帽小孔引爆火雷管，将爆炸作用传递给另一端从动导爆索。所以，单向继爆管具有方向性，它只能由消爆管端传向延时雷管端，其作用方向是不可逆的。为了防止生产中由于连接错误而出现拒爆现象，人们发明了双向继爆管，克服了单向继爆管的不足。导爆索继爆管微差起爆网络如图 2-51 所示。

4. 导爆管起爆法

导爆管起爆法的主体是塑料导爆管。起爆网络由击发元件、传爆元件、连接元件和起爆元件所组成。

1）导爆管起爆网络

网络的组成：网路中的击发元件是用来击发导爆管的，有击发枪、电容击发器、普通雷管和导爆索等。现场爆破多用后两种。

传爆元件由导爆管与非电雷管装配而成。在网络中，传爆元件爆炸后可再击发更多的支导爆管，传入炮孔实现成组起爆，如图 2-52 所示。起爆元件多用 8 号雷管与导爆管组装而成。根据需要可用瞬发或延发非电雷管，它装入药卷置于炮孔中，起爆炮孔内的所有装药。

连接元件有塑料连接块，用来连接传爆元件与起爆元件。在爆破现场塑料连接块很少用，多用工业胶布，既方便经济，又简单可靠。

起爆原理：主导管被击发产生冲击波，引爆传爆雷管，再击发支导爆管产生冲击波，最后引爆起爆雷管，起爆炮孔内的装药。

2）导爆管网络的形式

导爆管网络常用的连接形式有如下几种。

（1）簇联法。

簇联法是指传爆元件的一端连接击发元件，另一端的传爆雷管（即传爆元件）外表周围簇联各支导爆管，如图 2-53 所示。簇联支导爆管与传爆雷管多用工业胶布缠裹。

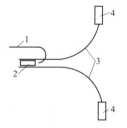

图 2-52　传爆元件

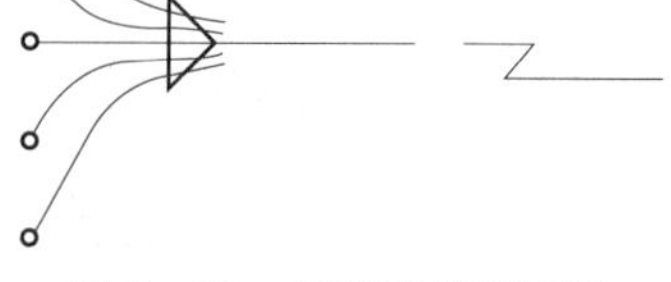

图 2-53　导爆管簇联网络

1—主导爆管；2—非电传爆雷管；3—支导爆管；4—非电起爆雷管

（2）串联法。

导爆管的串联网络如图 2-54 所示，即把各起爆元件依次串联在传爆元件的传爆雷管上，每个传爆雷管的爆炸就可以击发与其连接的分支导爆管。

（3）并联法。

导爆管并联起爆网络的连接如图 2-55 所示。

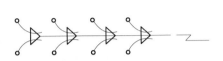 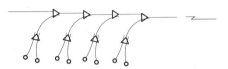

图 2-54　导爆管串联网络　　　　图 2-55　导爆管并联网络

3）导爆管复式起爆网络的设计

在一些重要的爆破场合，为保证起爆的可靠性，可采用导爆管复式起爆网络，其可靠性比前述的各种导爆管单式起爆网络要高。导爆管复式起爆网络如图 2-56 所示，其中复式交叉起爆网络可靠性最高，如图 2-57 所示。

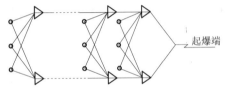 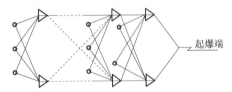

图 2-56　导爆管复式起爆网络　　　　图 2-57　导爆管复式交叉起爆网络

4）导爆管起爆网络的延时设计

导爆管网络必须通过使用非电延时雷管才能实现微差爆破。我国也生产与电雷管段别相对应的非电毫秒雷管，其毫秒延时时间及精度均与电雷管相同。

导爆管起爆的延时网络，一般分为孔内延时网络和孔外延时网络。

（1）孔内延时网络。

在这种网络中传爆雷管（传爆元件）全用瞬发非电雷管，而装入孔内的起爆雷管（起爆元件）需根据实际需要使用不同段别的延时非电雷管。干线导爆管被击发后，干线上各传爆瞬发非电雷管顺序爆炸，相继引爆各炮孔中的起爆元件，通过孔内各起爆雷管的延时作用过程来实现微差爆破。

（2）孔外延时网络。

在这种网络中炮孔内的起爆非电雷管用瞬发非电雷管，而网络中的传爆雷管按实际需要用延时非电雷管。孔外延时网络生产上一般不用。

但必须指出，使用导爆管延时网络时，不论是孔内延时还是孔外延时，在配各延时非电雷管和决定网络长度时，都必须按照下述原则：在起爆网络中，在第一响产生的冲击波到达最后一响的位置之前，最后一响的起爆元件必须被击发，并传入孔内，否则，第一响所产生的冲击波有可能赶上并超前网络的传播，破坏网络，造成后续起爆元件拒爆。这是由于冲击波的传播速度大于导爆管的传爆速度所造成的。

5）导爆管与导爆索联合起爆网络设计

导爆管与导爆索联合起爆网络，由于具有网络可靠，可有效实现多段微差起爆，连接简单，且安全性好等优点，在工程爆破中应用普遍，它广泛应用于大规模爆破，如地下大规模的爆破落矿和露天台阶深孔爆破等。

（1）网络的组成。

导爆管与导爆索起爆网络由击发元件（火雷管）、传爆元件（导爆索）、连接元件（工业胶布等）和起爆元件（导爆管和非电延时雷管装配）四部分组成。

传爆元件用导爆索，由于其传爆速度快，是导爆管传爆速度的三倍多，所有起爆元件可看成是同时被击发的，这给炮孔内的延时雷管实现延时起爆创造了良好条件。第一响炮孔群爆破所产生的冲击波对后继各响没有任何影响，因为所有后继炮孔群也同时被击发。联合起爆网络如图2-58所示。

（2）网络起爆原理。

由雷管的爆炸引爆导爆索，导爆索爆炸击发导爆管，进而引爆孔内起爆雷管，再由起爆雷管爆炸引爆炸药。

在中深孔爆破中，每排炮孔的导爆管采用簇联。为了保证同一排内炮孔起爆的可靠性，并消除药卷装药时的径向间隙效应，排内所有炮孔可采用导爆管和导爆索复式网络连接，如图2-59所示。只要排内炮孔中有一发雷管爆炸，复式网络中所有炮孔的装药都能同时爆炸。

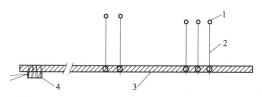

图2-58　导爆索与导爆管联合起爆网络
1—炮孔；2—导爆管起爆雷管（起爆元件）；
3—传爆元件（导爆索）；4—击发元件（雷管）

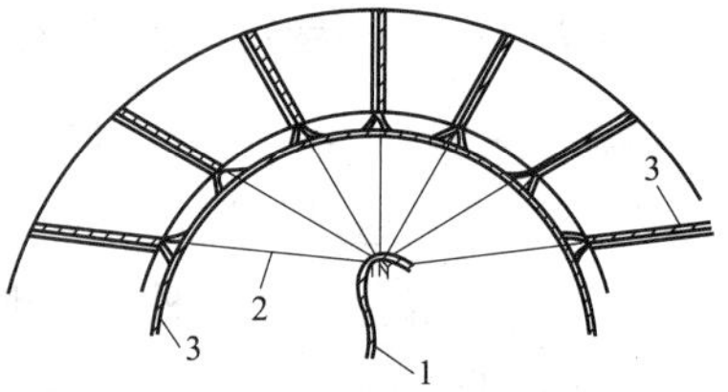

图2-59　排内导爆索与导爆管复式网络连接
1—主导爆索；2—导爆管网络；3—导爆索辅助网络

任务8　设计警戒区域

（一）完成任务所需知识储备

（1）药量与爆破作用范围的关系。

（2）与爆破掌子面相关联的巷道情况。

（3）警戒器具。

（4）人员撤离现场。

（5）通知临近工作面人员做好避炮准备。

（6）在相关位置布置人员或设置明显标志。

（二）学习效果要求

（1）绘制警戒区域图，标注警戒方法。

（2）各小组随机选择代表上台陈述理由。

（三）参考资料汇编

第一部分　爆破危害

1. 爆破危害概述

爆破危害主要是指爆破地震波、噪声、冲击波、飞石、有毒有害气体等。这些危害都随与爆源距离的增加而有规律地减弱，但由于各种危害所对应炸药爆炸能量的比重不同，能量的衰减规律也不相同。同时，不同的危害对保护对象的破坏作用不同，所以在规定安全距离时，应根据各种危害分别核定最小安全距离，然后取它们的最大值作为爆破的警戒范围。

1）爆破地震波危害

（1）爆破地震波危害。

当炸药包在岩石中爆炸时，邻近药包周围的岩石遭受到冲击波和爆炸生成的高压气体的猛烈冲击而产生压碎圈和破坏圈的非弹性变化过程。当应力波通过破碎圈后，由于应力波的强度迅速衰减，它再也不能引起岩石破裂，而只能引起岩石质点产生扰动，这种扰动以地震波的形式往外传播，形成地震波。

爆破产生的震动作用有可能引起土岩和建筑（构）物的破坏。为了衡量爆破震动的强度，目前国内外用震速作为判别标准。当被保护对象受到爆破震动作用而不产生任何破坏（抹灰掉落开裂等）的峰值震动速度称为安全震动速度。

（2）降低爆破地震波危害。

减少爆破地震波对爆区周围建筑物的影响，可以采取下列措施。

① 采用分段起爆，严格限制最大一段的装药量。总药量相同时，分段越多，则爆破震动强度越小。

② 合理选取微差间隔时间和爆破参数，减少爆破夹制作用。

③ 选用低爆速的炸药和不耦合装药。

④ 采取预裂爆破技术，预裂缝有显著的降震作用。露天深孔爆破时，防止超深过大。

⑤ 在被保护对象与爆源之间开挖防震沟是有效的隔震措施。单排或多排的密集空孔、其降震率可达 20%~50%。

2）爆破冲击波危害

无约束的药包在无限的空气介质中爆炸时，在有限的空气中会迅速释放大量的能量，导致爆炸气体产生的压力和温度局部上升。高压气体在向四周迅速膨胀的同时，急剧压缩和冲击药包周围的空气，使被压缩的空气的压力急增，形成以超音速传播的空气冲击波。装填在药室、深孔和浅孔中的药包爆炸产生的高压气体通过岩石裂缝或孔口泄漏到大气中，也会产生冲击波。空气冲击波具有比自由空气更高的压力（超压），会造成爆区附近建构建筑物的破坏和人类器官的损伤或心理反应。

在井下爆破时，除了空气冲击波以外，在它后面的气流也会造成人员的损伤。如当超压为 $0.03~0.04\times10^5$Pa，气流速度达到 $60~80$m/s 时，则更加加重了对人体的损伤。

在露天的台阶爆破中，空气冲击波容易衰减，由于波强较弱，它对建筑物的破坏主要表现在门窗上，对人的影响表现在听觉上。

空气冲击波的危害范围受地形因素的影响，遇有不同地形条件可适当增减。如在狭谷地形进行爆破，沿沟的纵深或沟的出口方向，应增大50%~100%；在山坡一侧进行爆破对山后影响较小，在有利的地形条件下，可减少30%~70%。为了预防空气冲击波的破坏作用，可采取以下措施。

（1）保证合理的填塞长度、填塞质量和采取反向起爆。

（2）大力推广导爆管，用导爆管起爆来取代导爆索起爆。

（3）合理确定爆破参数，合理选择微差起爆方案和微差间隔时间，以消除冲天炮，减少大块率，进而减少因采用裸露药包破碎大块时，产生冲击波破坏作用。

（4）在井下进行大规模爆破时，为了削弱空气冲击波的强度，在它流经的巷道中，应使用各种材料（如砂袋或充水等）堆砌成阻波墙或阻波堤。

3）噪声危害

空气冲击波随着距离的增加波强逐渐下降而变成噪声和亚声，噪声和亚声是空气冲击波的继续。超压低于 7×10^3 Pa 为噪声和亚声。

爆破产生的噪声不同于一般噪声（连续噪声），它持续时间短，属于脉冲噪声。这种噪声对人体健康和建筑物都有影响，当达到120dB时，人就感到痛苦，达到150dB时，一些窗户会破裂。

4）爆破飞石危害

爆破飞石产生的原因是炸药爆炸的能量一部分用于破碎介质（岩石等），多余的能量以气体膨胀的形式强烈地喷入大气并推动前方的碎块岩石运动，从而产生飞石。

在爆破中，飞石发生在抵抗线或填塞长度太小的地方。由于钻孔时，定位不准确和钻杆倾角不当等都会使实际爆破参数比计算参数或大或小，若抵抗线偏小，则会产生飞石。

如果炮孔未按预定的顺序起爆或炮孔装药量过大，也会产生飞石。

此外地形、地质条件（山坡、节埋、裂缝、软夹层、断层等）和气候条件等也与飞石的产生有关。

矿山爆破中，可采取下列措施来控制个别飞石。

（1）设计药包位置时，必须避开软夹层、裂缝或混凝土结合面等，以免从这些方面冲出飞石。

（2）装药前必须认真校核各药包的最小抵抗线，严禁超装药量。

（3）确保炮孔的填塞质量，必要时，采取覆盖措施。

（4）采取低爆速炸药、不耦合装药、挤压爆破和毫秒微差起爆等。

5）有毒有害气体的危害

炮烟是指炸药爆炸后产生的有毒气体生成物。工业炸药爆炸后产生的毒气主要是一氧化碳和氧化氮，还有少量的硫化氢和一氧化硫。

一氧化碳（CO）是无色、无味、无嗅的气体，比空气轻。它对人体内血色素的亲和力比对氧的亲和力大250~300倍，所以当吸入一氧化碳后，将使人体组织和细胞因严重缺氧而中毒，直到窒息死亡。

氧化氮主要是指一氧化氮（NO）和二氧化氮（NO_2），它对人的眼、鼻、呼吸道和肺部都有强烈的刺激作用，其毒性比一氧化碳大得多，中毒严重者可能会因肺水肿和神经麻木而死亡。

为了防止炮烟中毒，可采取下列措施。

（1）采用零氧平衡的炸药，使爆后不产生有毒气体；加强炸药的保管和检验工作，禁用过期变质的炸药。

（2）保证填塞质量和填塞长度，以免炸药发生不完全爆炸。

（3）爆破后，必须加强通风，按规定，井下爆破需等15min以上，露天爆破需等5min以上，炮烟浓度符合安全要求时，才允许人员进入工作面。

（4）露天爆破的起爆站及观测站不许设在下风方向，在爆区附近有井巷、涵洞和采空区时，爆破后炮烟浓度有可能窜入其中，积聚不散，故未经检查不准入内。

（5）井下装药工作面附近，不准使用电石灯、明火照明，井下炸药库内不准用电灯泡烤干炸药。

（6）要设有完备的急救措施，如井下设有反风装置等。

2. 爆破事故与预防

1）火雷管起爆的早爆、迟爆、拒爆及预防

（1）火雷管起爆的早爆与预防。

火雷管起爆的早爆主要是导火索产生速燃和爆燃引起的。导火索的燃烧速度是100～125s/m，当导火索的燃烧速度超过这个规定值时，就容易产生火雷管早爆事故。

① 火雷管早爆的原因。

a. 导火索的芯线的成分配比不当。例如，硝酸钾为65%、硫黄为15%、木炭为25%的药芯，就变成爆炸性的药芯，生产和应用时均会发生速燃和爆燃，从而发生早爆事故。

b. 导火索药芯有杂质。含有碎石、沥青或其他硬物的导火索燃烧后，这些硬物或凝固的沥青把排气道堵塞，使导火索燃烧时的内压增加，导致速燃而发生早爆。

c. 药芯的水分增加。导火索药芯的水分，规定不大于1%，如水分增加太多时，导火索就不燃而瞎火，若水分大于1%但未达到瞎火的含水量时，药芯燃烧会产生大量蒸汽，使导火索内压增高而发生速燃或爆燃。

d. 药芯密度不均匀。黑火药密度大于$1.8g/cm^3$时，有规则地按平行层燃烧，当密度小于$1.65g/cm^3$时，燃烧就不规则。如果密度再减小时，便会发生快速燃烧。

e. 操作时不慎（如脚踩、过度弯曲或用大块压紧导火索等）可能使导火索药芯燃烧区压力增大而引起速燃和爆燃。导火索燃烧时生成的气体压力叫作内压，外界环境的大气压称为外压。在一定内压的作用下，导火索燃烧时生成的气体由排气孔排出，燃烧速度稳定在100～125s/m。由于操作不慎等诸因素使内压、外压发生变化就会影响导火索的燃烧速度。

如果在操作中发生排气孔阻塞现象，导火索的内压就会增高，当内压达到一定值时出现速燃或爆燃。

② 火雷管早爆的预防。

a. 加强制造、储存、运输的管理工作，提高导火索质量，可以大大减少速燃或爆燃现象。

b. 不要采用单个点火，必须采用一次点火法点火。

c. 须经批准才能使用单个点火，在进行点火时，必须使用定时报警器及定时引线。

（2）火雷管起爆的迟爆与预防。

导火索从点火至爆炸的时间大于导火索长度与燃速的乘积，称为延迟爆炸，反之称为早爆。导火索延迟爆炸事故时有发生，危害很大。

① 延迟爆炸的原因。

a. 导火索存在断、细药（指药芯过细）。导火索的均匀燃烧是在药芯密度、直径、水分和燃烧区的压力一定的情况下进行的，如果药芯中断药较长，导火索便不传火而产生拒爆。但药芯中断不太长时，粘有黑火药的三根芯线还能继续缓慢地阻燃，当燃到断药处又重新引燃药芯并以正常速度燃烧下去时，就有可能在人们回头检查，或进行下道工序时突然爆炸，发生延迟爆炸事故。细药能使导火索的燃速减慢，药芯细到似断非断时，导火索的燃速减慢很多，这样也就会发生爆炸时间大大延时的情况。

b. 先爆的爆破物损伤后爆的导火索，使之产生似断非断现象，构成了延迟爆炸的条件。

② 导火索延迟爆炸的预防。

a. 加强导火索、火雷管的选购、管理和检验，建立健全入库和使用前的检验制度，不使用断药、细药的导火索。

b. 操作中避免导火索过度弯曲或折断。

c. 用数炮器数炮或专人听炮响声进行数炮，发现或怀疑有哑炮时，要加倍延长进入炮区的时间。

（3）火雷管起爆的拒爆与预防。

① 导火索火雷管拒爆的原因。

a. 导火索或雷管质量不好，如起爆药压死，加强帽小孔堵塞，导火索断药等。

b. 导火索和火雷管在储存、运输、使用操作中受潮变质。当雷管受潮变质时，导火索便不能将它引爆，导火索受潮，则药芯的水分增加，使导火索缓燃，如果药芯的水分超过6%，就可能出现断火现象。

c. 起爆管加工质量不好，如导火索与火雷管脱离，或两者之间被其他杂物隔断。

d. 装药、充填不慎，使导火索过度弯曲，或在有水工作面使用时没有采取防水措施。

e. 一次点火时漏点，单个点火时漏点，或炮眼参数不合理而带炮等。

② 预防导火索火雷管拒爆的方法。

a. 加强导火索、火雷管的选购和检验（进厂和使用前），不合格的产品严禁发往发放站。

b. 改善储存条件，防止导火索火雷管受潮变质，过期的应加强检验，确认合格后方可使用。

c. 提高爆破员的专业知识水平，改进操作技术，使导火索与火雷管与炸药接触良好，导火索不受损。

3）电力起爆的早爆、迟爆、拒爆及预防

（1）电力起爆的早爆及预防。

① 高压电引起的早爆及预防。

高压电在其输电线路、变压器和电器开关的附近，存在着一定强度的电磁场，如果在高压线路附近实施电爆，就可能在起爆网络中产生感应电流，当感应电流超过一定数值后，就可引起电雷管爆炸，造成早爆事故。

预防高压电感应早爆的方法如下。

a. 尽量采用非电起爆系统。

b. 当电爆网络平行于输电线路时，两者的距离应尽可能加大。

c. 两条母线、连接线等，应尽量靠近，以减小线路圈定的面积。

d. 人员撤离爆区前不要闭合网络及电雷管。

② 静电引起的早爆及预防。

炮孔中爆破线上、炸药上以及施工人员穿的化纤衣服上都能积累静电，特别是使用装药器装药时，静电可达 20～30kV。静电的积累还受喷药速度、空气相对湿度、岩石的导电性、装药器对地电阻、输药管材质等因素的影响。当静电积累到一定程度时，就可能引爆电雷管，造成早爆事故。

减少静电产生的方法如下。

a. 用装药器装药时，在压气装药系统中要采用半导体输药管，并对装药工艺系统采用良好的接地装置。

b. 易产生静电的机械、设备等应与大地相接通，以疏导静电。

c. 在炮孔中采用导电套管或导线，通过孔壁将静电导入大地，然后再装入雷管。

d. 采用抗静电雷管。

e. 施工人员穿不产生静电的工作服。

③ 射频电引起的早爆及预防。

由广播电台、电视台、中继台、无线电通信台、转播台、雷达等发射的强大射频能，可在电爆网络中产生感应电流。当感应电流超过某一数值时，会引起早爆事故。在城市控制爆破中，采用电爆网络起爆时更应加以重视。《拆除爆破安全规程》对爆区距射频发射天线的最小安全距离做了具体规定。

为了防止由于射频电引起早爆，可采取以下方法。

a. 要调查爆区附近有无广播、电视、微波中继站等电磁发射源，有无高压线路或射频电源。必要时，在爆区用电引火头代替电雷管，做实爆网络模拟试验，检测射频电对电爆网络的影响。在危险范围内，应采用非电爆破。

b. 爆破现场进行联络的无线电话机，宜选用超高频的发射频率。因频率越高，在爆破回路中的衰减也越大。应禁止流动射频源进入作业现场。已进入且不能撤离的射频源，装药开始前应暂停工作。

④ 杂散电流引起的早爆及预防。

所谓杂散电流，是指由于泄漏或感应等原因流散在绝缘的导体系统外的电流。杂散电流一般是由于输电线路、电器设备绝缘不好或接地不良而在大地及地面的一些管网中形成的。

在杂散电流中，由直流电力车牵引网络引起的直流杂散电流较大，在机车起动瞬间可达数十安培，风水管与钢轨间的杂散电流也可达到几安培。因此，在上述场合施工时，应对杂散电流进行检测。当杂散电流大于 30mA 时，应查明引起杂散电流的原因，采用相应的技术措施，否则不允许施爆。

对杂散电流的预防可采取以下方法。

a. 减少杂散电流的来源，如对动力线加强绝缘，防止漏电，一切机电设备和金属管道应接地良好，采用绝缘道渣、焊接钢轨、疏干积水及增设回馈线等。

b. 采用抗杂散电雷管，或采用非电起爆系统等。

c. 采用防杂散电流的电爆网络，杂散电流引起早爆一般发生在接成网络后爆破线接触杂散电流源，在电雷管与爆破线连接的地方，接入氖灯、电容、二极管、互感器、继电器、非线性电阻等隔离元件。

d. 撤出爆区的风、水管和铁轨等金属物体，采取局部停电的方法进行爆破。

⑤ 雷电引起的早爆及预防。

由于雷电具有极高的能量，而且在闪电的一瞬间产生极强的电磁场，如果电爆网络受到的直接雷击或雷电的高强磁场的强烈感应，就极有可能发生早爆事故。雷电引起的早爆事故有直接雷击、电磁场感应和静电感应三种形式。

预防雷电引起的早爆方法如下。

a. 及时收听天气预报，禁止在雷雨天进行电气爆破。

b. 采用非电起爆。

c. 采用电爆时，在爆区设置避雷系统或防雷消散塔。

d. 装药、连线过程中遇有雷电来临征兆或预报时，应立即拆开电爆网络的主线与支线，裸露芯线用胶布捆扎，并对地绝缘，爆区内一切人员迅速撤离危险区。

（2）电力起爆的迟爆及预防。

① 电力起爆延迟爆炸的主要原因。

a. 雷管起爆力不够，不能激发炸药爆轰，而只能引燃炸药。炸药燃烧后，才把拒爆的雷管烧爆，结果烧爆的拒爆雷管又反过来引爆剩余的炸药，由于这个过程需要一定的时间，从而发生了延迟爆炸。

b. 炸药钝感，雷管起爆以后，没有引爆炸药，而只是引燃了炸药。当炸药烧到拒爆或助爆的雷管时，被烧爆的雷管又起爆了未燃炸药（这部分炸药不太钝感），结果发生了延迟爆炸事故。

② 预防电力起爆延迟爆炸的方法。

a. 必须加强爆破器材的检验，不合格的器材不准用于爆破工程，特别是起爆药包和起爆雷管，应经过检验后方可使用。

b. 在起爆雷管的近处增设助爆雷管，对延迟爆炸有害无益，应禁止使用。

c. 消除或减少拒爆，也是避免迟爆事故发生的重要措施。

（3）电力起爆的拒爆及预防。

① 电力起爆的拒爆原因及预防。

a. 雷管质量原因。雷管质量不好是造成拒爆的主要原因。

● 桥丝焊接（压接）质量不好，个别雷管的桥丝与脚线连接不牢固，有"杂散"电阻（电阻不稳定）的雷管未被挑出，通电时使这个雷管或全部串接的雷管拒爆。

● 雷管的正起爆药压药密度过大，呈"压死"现象，或由于受潮变质，引火头不能引爆而产生拒爆。

●毫秒（或半秒）延期药密度过大或受潮变质（特别是纸壳雷管）而引起的拒爆。

●引火药质量不好或与桥丝脱接引起拒爆。

●用导火索做延期件的秒差雷管，因导火索的质量、连接、封口、排气孔等原因而引起拒爆。

b. 预防因雷管制造造成拒爆的方法。

应该加强电雷管的检测验收，尽量把不合格的产品排除在使用之前。

② 网络设计原因。

a. 网络设计引起拒爆的原因。

●计算错误或考虑不周，致使起爆电源能量不足，有的未考虑电源内阻、供电线电阻，使较钝感的雷管拒爆。

●使用不同厂、不同批生产的雷管同时起爆，使雷管性能差异较大，在某种电流条件下，较敏感的雷管首先满足点燃条件而发火爆炸，切断电源，致使其余尚未点燃的雷管拒爆。

●网络设计不合理，各组电阻不匹配，使各支路电流差异很大，导致部分雷管拒爆。

b. 预防设计方面引起拒爆的方法。

●加强基本知识的训练；

●网络设计时最好有电气方面的技术人员参加；

●加强设计的复核和审查，使在网络设计方面尽量不出差错。

③ 施工操作。

a. 施工操作引起拒爆的原因。

●导线接头的绝缘不好，使电流旁路而减少了通过雷管的电流，引起部分雷管拒爆。

●采用孔外微差时（包括微差起爆器起爆），由于间隔时间选择不合理，使先爆炮孔的地震波、冲击波、飞石把后爆炮孔的线路打断，从而使得不到电流的雷管发生拒爆。

●施工组织不严密，操作过程混乱，造成线路连接上的差错（如漏接、短接），又没有逐级进行导通检查，就盲目合闸起爆，结果使部分药包拒爆。

●技术不熟练，操作中不谨慎，装填中把脚线弄断又没有及时检测，使这部分药包拒爆。

●在水下爆破时，药包和雷管的防潮措施不好而发生拒爆，特别是在深水中爆破，显得更为突出。

b. 预防操作引起拒爆的方法。

●加强管理，加强教育，严格执行操作规程，对操作人员一定要经过培训、考核，方可作业。

●一些技术性比较强的工序，应在技术人员指导下进行施工。

3）导爆管引起的拒爆原因及预防

（1）产品质量不好造成的拒爆。

① 产品质量不好造成拒爆的原因。

a. 导爆管生产中由于药中有杂质或下药机出问题未及时发现，使断药长度达 15cm 以上，这种导爆管使用时，不能继续传爆而造成拒爆。

b. 导爆管与传爆管或毫秒雷管连接处卡口不严，异物（如水、泥砂、岩屑）进入导爆管。管壁破损，管径拉细；导爆管过分打结、对折。

c. 采用雷管或导爆索起爆导爆管时捆扎不牢，四通连接件内有水，防护覆盖的网络被破坏，或雷管聚能穴朝着导爆管的传爆方向，以及导爆管横跨传爆管等。

d. 延期起爆时首段爆破产生的震动飞石使延期传爆的部分网络损坏。

② 预防产品质量不好造成拒爆的方法。

a. 加强管理和检验。购买导爆管要严格挑选，导爆管和非电雷管购回后和使用前，应该进行外观检查和性能检验，若发现有不封口和断药等，应严格进行传火和爆速试验。若在水中起爆（如露天水孔、海底爆破等），非电雷管应该在高压水中做浸水试验。若防水性能不好，只能用在无水的工作面，或采取防水措施后（如加防水套、接口涂胶等）方可使用。若发现管壁破损、管径拉细，要剪去不用。

b. 严格按操作要求作业，防止网络被损坏及确保传爆方向正确。

（2）因对起爆器材性能不了解造成的拒爆

① 用雷管或导爆索捆扎起爆时，对它的有效范围了解不够，一次起爆的根数过多造成拒爆。一个雷管虽然一次能起爆 100 根左右，但一般不宜超过 50 根，否则容易拒爆。

② 当爆区范围较长时，始发段雷管选择不当会引起拒爆。导爆管的固有延时为 0.5 ~ 0.6m/s，而地震波的传播速度高达 5000m/s，这个速度比导爆管的传爆速度高两倍多，当爆区较长时，首段爆炸产生的地震波比导爆管的爆轰波传播快，超前到达未起爆的区域，由于地震波的拉伸和压缩作用，使未爆的网络拉断或拉脱而造成拒爆。

（3）因起爆网络造成的拒爆。

① 因起爆网络连接不好引起拒爆的主要原因。

a. 用雷管或导爆索起爆时，导爆管捆扎不牢，约束力不够，雷管或导爆索爆炸时把外层抛开而引起拒爆。

b. 分支导爆管因弯曲等原因与连接块接触时，分支导爆管会被连接块中的传爆雷管或导爆索打断而造成相应的非电毫秒雷管拒爆。

c. 导爆管与导爆索或雷管集中穴的射流线的夹角偏小，因导爆索或雷管射流的速度比导爆管传爆快，如果角度偏小，导爆索会把与它接近的尚未传爆的导爆管炸断而造成拒爆。

d. 导爆索双环结起爆时，双环结打得松和结扎错了都将引起拒爆。

e. 导爆索斜绕木芯棒起爆时，导爆索与木芯棒轴线的斜交角小于 45°或未拉紧而引起拒爆。

f. 导爆管捆扎时过于偏离一边而引起拒爆。

② 防止因操作不当而引起拒爆的方法。

a. 加强基本知识和基本功训练。

b. 网络连好后要严格进行检查。

c. 雷管起爆时，雷管集中穴要朝向导爆管传爆的相反方向。

d. 导爆管与导爆索的夹角应大于 25°。

e. 把导爆管捆扎在雷管或导爆索上时，应绕 3 ~ 5 层以上的胶布，外层最好再绕一层细铁丝，以增加反作用而防止拒爆。

3. 盲炮的原因、预防及处理

盲炮又称瞎炮、哑炮，系指炮孔装炸药、起爆材料回填后，进行起爆，全部产生不爆现象。若雷管与部分炸药爆炸，但在孔底还残留未爆的药包，则称为残炮。

爆破中发生盲炮（残炮）不仅影响爆破效果，而且在处理时危险性更大。如未能及时发现或处理不当，将会造成伤亡事故。因此，必须掌握发生盲炮的原因及规律，以便采取有效的防止措施和安全的处理方法。

1）盲炮产生的原因

造成盲炮的原因很多，可归纳为下列几种。

（1）炸药原因。

① 炸药存放时间过长，受潮变质。

② 回填时由于工作不慎，石粉或岩块落入孔中，将炸药与起爆药包或者炸药与炸药隔开，不能传爆。

③ 在水中或水汽过浓的地方，防水层密闭不严或操作不慎擦伤防水层，炸药吸水产生拒爆。

④ 由于炸药钝感，起爆能力不足而拒爆。

（2）导火索原因。

① 导火索药芯过细或断药。

② 导火索在运输、储存或使用中受潮变质。

③ 导火索与雷管连接不良，造成雷管瞎火。

④ 回填时工作不慎，岩石砸断导火索。

⑤ 导火索未被点燃，或质量不良，中途断燃。

（3）雷管原因。

① 雷管钝感、加强帽堵塞或失效。

② 火雷管受潮或有杂物落入管内，不能引爆。

③ 电雷管的桥丝与脚线焊接不好，引火头与桥丝脱离，延期导火索未引燃起爆等。

④ 电雷管不导电或电阻值大。

⑤ 雷管受潮或同一网络中使用不同厂家、不同批号和不同结构性能的电雷管，由于雷管电阻差太大，致使电流不平衡，从而每个雷管获得的电能有较大的差别，获得足够起爆电能的雷管首先起爆而炸断电路，造成其他雷管不能起爆。

（4）电爆网络原因。

① 电爆网络中电雷管脚线、端线、区域线、主线连接不良或漏接，造成断路。

② 电爆网络与轨道或管道、电气设备等接触，造成短路。

③ 导线型号不符合要求，造成网络电阻过大或者电压过低。

④ 起爆方法错误，或起爆器、起爆电源、起爆能力不足，通过雷管的电流小于准爆电流。

⑤ 在水孔中，特别是溶有铵锑类炸药的水中，线路接头绝缘不良造成电流分流或短路。

（5）导爆索原因。

① 导爆索质量不符合标准或受潮变质，起爆能力不足。

② 导爆索连接时搭接长度不够，传爆方向接反，连接或敷设中使导爆索受损；延期起爆时，先爆的药包炸断起爆网络，角度不符合技术要求，交叉甩线。

③ 接头与雷管或继爆管缠绕不坚固。

④ 导爆索药芯渗入油类物质。

⑤ 在水中起爆时，由于连接方式错误使导爆索弯曲部分渗水。

2）盲炮预防措施

预防盲炮最根本的措施是对爆破器材要妥善保管，在爆破设计、施工和操作中严格遵守有关规定，牢固树立安全第一的思想，严格按照下列要求进行操作。

（1）爆破器材要严格检验和使用前试验，禁止使用技术性能不符合要求的爆破器材。

（2）同一串联支路上使用的电雷管，其电阻差不应大于 0.8Ω，重要工程不超过 0.3Ω。

（3）不同燃速的导火索应分批使用。

（4）提高爆破设计质量。设计内容包括炮孔布置、起爆方式、延期时间、网络敷设、起爆电流、网络检测等。对于重要的爆破，必要时须进行网络模拟试验。

（5）制作火线雷管时，一定要使导火线接触雷管的加强帽，并用特制的钳子夹紧，制作起爆药包时，雷管要放在药卷的中心位置上，并用细绳扎紧，以防松动脱落。

（6）在填装炸药和回填堵塞物时，要保护好导火线、导爆索电雷管的脚线和端线，必要时加以保护。使用防水药包时，防潮处理要严密可靠，以确保准爆。

（7）有水的炮孔，装药前要将水吸干，清涂灰泥，如继续漏水，应装填防水药包。

（8）采用电力起爆时，要防止起爆网络漏接、错接和折断脚线。网络上各条电线的绝缘要可靠，导电性能良好，型号符合设计要求，网络接头处用电工胶布缠紧。爆破前还应对整个网络的导电性能及电阻进行测试，网络接地电阻不得小于 100Ω，确认符合要求方能起爆。

（9）采用导爆索和继爆管进行引爆时，对所用器材要进行测试和检查，保证性能良好。

（10）连接的方向应按设计文件和爆破施工图进行。微差爆破时各段母线的位置和间隔时间等，不能随意更改。

3）盲炮处理方法

发现盲炮应及时处理，方法要确保安全，力求简单有效。

（1）盲炮处理程序。

① 发生盲炮，应首先保护好现场，盲炮附近设置明显标志，并报告爆破指挥人员，无关人员不得进入爆破危险区。

② 电力起爆发生盲炮时，须立即切断电源，及时将爆破网络短路。

③ 组织有关人员进行现场检查，审查作业记录，进行全面分析，查明造成盲炮的原因，采取相应的技术措施进行处理。

④ 难处理的盲炮，应立即请示爆破工作领导人，派有经验的爆破员处理。大爆破的盲炮处理方法和工作组织，应由单位总工程师或爆破负责人批准。

⑤ 盲炮处理后应仔细检查爆堆，将残余的爆破器材收集起来，未判明爆堆有无残留的爆破器材前，应采取预防措施。

⑥ 盲炮处理完毕后，应由处理者填写登记卡片。

（2）盲炮处理方法。

因爆破方法的不同，处理盲炮的方法也有所区别。

① 裸露爆破盲炮处理。

处理裸露爆破的盲炮，允许用手小心地去掉部分封泥，在原有的起爆药包上重新安置新的起爆药包，加上封泥起爆。

② 浅眼爆破盲炮处理。

a. 重新连线起爆。经检查确认炮孔的起爆线路（导火索、导爆索及电雷管脚线）完好时，可重新连线起爆。这种方法只适用于因连线错误和外部起爆线破坏造成的盲炮。应该注意的是，如果是局部盲炮的炮孔已将盲炮孔壁抵抗线破坏时，若采用二次起爆应注意产生飞炮的危险。

b. 另打平行眼装药起爆。当炮孔完全失去了二次起爆的可能性，而雷管炸药幸免未失去效能，可另打平行眼装药起爆。平行眼距盲炮孔口不得小于 0.4m，对于浅眼药壶法，平行眼距盲炮药壶边缘不得小于 0.5m，为确保平行炮眼的方向允许从盲炮孔口起取出长度不超过 20cm 的填塞物。当采用另打平行眼方法处理局部盲炮时，应由测量人将盲炮的孔位、炮眼方向标示出来，防止新凿炮孔与原来炮孔的位置重合或过近，以免触及药包造成重大事故。因另打平行眼的方法较为可靠和安全，故在实际中应用比较广泛。应注意的是：在另凿新孔时，不允许电铲继续作业（即使是采装已爆炮孔处的石料也是不允许的），因为这时可能造成误爆。这种方法多用于深孔爆破。当采用浅孔爆破时，成片的盲炮也可以采用这种方法处理。

c. 掏出堵塞物另装起爆药包起爆。这种方法是用木、竹制或其他不发生火星的材料制成的工具，轻轻将炮眼内大部分填塞物掏出，另装起爆药包起爆，或者采用聚能穴药包诱爆，严禁掏出或拉出起爆药包。

d. 采用风吹或水冲法处理盲炮。其方法是在安全距离外用远距离操纵的风水喷管吹出盲炮填塞物及炸药，但必须采取措施，回收雷管。

③ 深孔爆破盲炮处理。

a. 重新连线起爆。爆破网络未受破坏，且最小抵抗线无变化者，可重新连线起爆；最小抵抗线有变化者，应验算安全距离，并加大警戒范围后再连线起爆。

b. 另打平行孔装药起爆。在距盲炮孔口不小于 10 倍炮孔直径处另打平行孔装药起爆。爆破参数由爆破工程技术人员或领导人确定。

c. 往炮孔中灌水后爆药失效。如是所用炸药为非抗水硝铵类炸药，且孔壁完好者，可取出部分填塞物，向孔内灌水使之失效，然后进行进一步处理。这种方法比较多的是用在电雷管或导爆索确认已爆而孔内炸药未被引爆的盲炮处理。

d. 用高压直流电再次强力起爆。对电雷管电阻不平衡造成的盲炮可采用这种处理方法。当炮孔中的连线损坏或电雷管桥丝已不导通时，可考虑采用这种方法处理。

e. 取出盲炮中的炸药。采用导爆索起爆硝铵类炸药时，允许用机械清理附近岩石，取出盲炮中的炸药。

④ 硐室爆破盲炮处理。

a. 重新连线起爆。如能找出起爆网络的电线、导爆索或导爆管，经检查正常仍能起爆者，可重新测量最小抵抗线，重新划警戒范围，连线起爆。

b. 取出炸药和起爆体。沿竖井或平硐清除堵塞物后，取出炸药和起爆药包。

无论什么爆破方法出现的盲炮，凡能连线起爆者，均应注意最小抵抗线的变化情况，如变化较大时，在加大警戒范围，不危及附近建筑物时，仍可连线起爆。

在通常情况下，盲炮应在当班处理。如果不能在当班处理或未处理完毕，应将盲炮数目、炮眼方向、装药数量、起爆药包位置、处理方法和处理意见在现场交代清楚，由下一班继续处理。

表2－32列出了常见盲炮现象、产生原因、处理方法、预防措施。

表 2－32　盲炮处理方法

现象	产生原因	处理方法	预防措施
孔底剩药	（1）炸药变潮变质，感度低 （2）有岩粉相隔，影响传爆 （3）管道效应影响，传爆中断，或起爆药被邻炮带走	（1）用水冲洗 （2）取出残药卷	（1）采取防水措施 （2）装药前吹净炮眼 （3）改进爆破参数，防带炮
只爆雷管炸药未爆	（1）炸药变潮变质 （2）雷管起爆力不足或半爆 （3）雷管与药卷脱离	（1）掏出炮泥，重新装起爆药包起爆 （2）用水冲洗炸药	（1）严格检验炸药质量 （2）采取防水措施 （3）雷管与起爆药包绑紧
雷管与炸药全部未爆	对导爆管雷管起爆： （1）导爆管雷管不合格 （2）先爆孔飞石、震动破坏网络 （3）网络连接不好 （4）人为损坏网络 对电雷管起爆： （1）电雷管不合格 （2）网络电流不符合准爆要求 （3）网络连接错误或接触不良等 对火雷管起爆： （1）导火索、火雷管不合格 （2）导火索切口不垂直 （3）雷管与导火索脱离 （4）导火索切口污损 （5）点火遗漏或打断导火索	（1）掏出炮泥，重新装起爆药包起爆 （2）掏出炮泥，装聚能药包殉爆起爆 （3）查出错连炮孔，重新连线起爆 （4）距盲炮大于0.3m远，钻平行孔装药起爆 （5）水洗炮孔 （6）风水吹管处理	（1）严格检验，使用合格起爆器材 （2）保证施工质量，导火索靠向孔壁，严禁用炮棍冲击，严禁提拉起爆药包 （3）保证电爆网络连接正确，设计符合要求 （4）点火及爆序不乱，不漏点 （5）保护导爆管、电爆网络 （6）导爆管网络要计算首段延时

任务9　设计施工进度

（一）完成任务具备知识的要求储备

（1）岩石碎胀性的概念。

（2）凿岩机的台班功效。

（3）装岩机的台班功效。

（4）通风的知识。

（5）铺轨接线的知识。

（二）学习成果要求

（1）确定炮孔参数，画出炮孔参数表。

（2）绘制炮孔排列图。

（3）各小组随机选择代表上台流畅陈述理由。

（三）参考资料汇编

1. 某矿井巷掘进作业原始条件

掘进基本情况：掘进一断面为 2.5m×2m 的平巷，共布置 20 个炮孔，孔深 2.2m，炮孔利用率 90%，岩石碎胀系数 1.25，装岩效率为每小时 5m³，画出掘进作业循环表。

2. 某矿井巷掘进作业循环表示例

某矿井巷掘进作业循环表见表 2-33。

表 2-33 某矿井巷掘进作业循环图表

工序名称	工作量	效率	所需时间/h	进度/h 0.5 1.0 1.5 2.0 2.5 3.0 3.5 4.0 4.5 5.0 5.5 6.0 6.5 7.0 7.5
准备工作			0.5	
凿岩/m	44m	22m/h	2	
装药爆破			0.5	
通风/h			0.5	
出碴/m³	12.5m³	5m³/h	2.5	
铺轨接线	2m		1.5	

3. 训练：井巷掘进作业循环表训练

掘进基本情况：掘进一断面为 3m×2m 的平巷作业循环表，共布置 26 个炮孔，孔深 2m，炮孔利用率 90%，岩石碎胀系数 1.25，坚固性系数为 6，凿岩机效率为 26m/h，装运效率 6.75m³/h，准备工作 0.5h，装药爆破 0.5h，通风 0.5h，铺轨接线 1h，画出掘进作业循环表，见表 2-34。

表 2-34 井巷掘进作业循环表

工序名称	工作量	效率	所需时间/h	进度/h 0.5 1.0 1.5 2.0 2.5 3.0 3.5 4.0 4.5 5.0 5.5 6.0 6.5 7.0 7.5
准备工作				
凿岩/m				
装药爆破				

工序 名称	工作量	效率	所需时间 /h	进度/h
				0.5 1.0 1.5 2.0 2.5 3.0 3.5 4.0 4.5 5.0 5.5 6.0 6.5 7.0 7.5
通风/h				
出碴/m³				
铺轨接线				

任务 10　预期爆破效果

（一）完成任务所需知识储备

（1）炮眼利用率。

（2）每循环进尺。

（3）每循环爆破崩落实体岩石量。

（4）炮眼总长度。

（5）单位炮眼消耗量。

（6）炸药单耗。

（7）每循环炸药消耗量。

（8）单位雷管消耗量。

（9）巷道轮廓（超挖、欠挖、规整性）。

（10）块度（均匀、大块率高、过于破碎）。

（二）学习效果要求

（1）确定爆破预期技术经济指标。

（2）画出预期技术经济指标汇总表。

（3）各小组随机选择代表上台流畅陈述理由。

（三）参考资料汇编

某矿掘进预期技术经济指标示例。

1. 某矿掘进预期技术经济指标示例

某矿掘进预期技术经济指标汇总如表 2－35 所示。

表 2－35　某矿掘进预期技术经济指标汇总表

炮眼 利用率 /%	每循环 进尺 /m	每循环爆 破崩落实 体岩石量 /m³	炮眼 总长度 /m	单位炮眼 消耗量 /m·m⁻³	炸药单耗 /kg·m⁻³	每循环炸药 消耗量 /kg	单位雷管 消耗量 /个·m⁻³	巷道轮廓 （超挖、欠 挖、规整性）	块度（均匀、 大块率高、 过于破碎）
90	1.8	10.8	61	5.65	2.8	31.2	2.41	规整	块度合适， 符合铲装要求

2. 按设计原始条件给出预期技术经济指标

仿表 2 – 35。

任务 11　设计施工程序

（一）完成任务所需知识储备
（1）平巷掘进爆破施工规范。

（2）参考书目：略。

（二）学习效果要求
（1）写出施工程序报告。

（2）各小组随机选择代表上台流畅陈述理由。

（三）学习资料汇编

第一部分　爆破安全技术

1. 作业前安全检查

进入现场作业人员必须按规定穿戴劳保用品，进入现场，必须首先敲帮问顶，检查现场安全状况，确认安全后方可作业。

2. 作业中安全检查

作业过程中，必须随时观察顶底板的变化状况，如发现险情，要及时排除。

3. 通风安全

要保证通风畅通（通风方式：抽出式、压入式、抽出压入联合式），以保证工作面空气新鲜，通风筒、轴扇等要随掘进随时跟进。

4. 停止施工情况

爆破作业时必须严格按爆破说明书进行，按《爆破安全规程》规定施工操作。爆破作业地点有下列情形之一时，禁止进行爆破工作。

（1）有冒顶、片帮危险。

（2）支护规格与支护说明书的规定有较大出入或工作面支护损坏。

（3）通道不安全或通道阻塞。

（4）爆破参数或施工质量不符合设计要求。

（5）沼气或瓦斯气体含量超标，或有突涌征兆。

（6）工作面有漏水、涌水危险或炮孔温度异常。

（7）危及设备或建筑物安全，无有效防护措施。

（8）危险区边界未设警戒。

（9）光线不足或无照明。

（10）未严格按设计以及安全规程要求做好准备工作。

5. 盲炮处理

（1）发现盲炮或怀疑有盲炮，应立即报告及时处理。若不能及时处理，应在附近设明显标志，采取相应的安全措施。

（2）处理盲炮时，无关人员不准在场，应在危险区边界设置警戒，危险区内禁止进行其他作业。

（3）禁止拉出或掏出起爆药包。

（4）处理方法

① 重新起爆。经检查确认炮孔的起爆线路完好时，可重新起爆。

② 打平行眼装药爆破。平行眼距盲炮孔口不得小于 0.3m。为确定平行炮眼的方向允许从盲炮孔口取出长度不超过 20cm 的填塞物。

③ 聚能药包诱爆。用木制、竹制或其他摩擦不易发生火星的材料制成的工具，轻轻将跑眼内大部分填塞物掏出，用聚能药包诱爆。

④ 风吹水洗。在安全距离外，用远距离操纵的风水喷管吹出盲炮填塞物及炸药，必须采取措施回收雷管。

⑤ 盲炮处理后，应仔细检查爆堆，将残余的爆破器材收集起来，未判明爆堆有无残留爆破器材前，应采取预防措施。

⑥ 盲炮应当班处理，当班不能处理或未处理完毕，应将盲炮情况（盲炮数目、炮眼方向、装药数量和起爆药包位置，处理方法和处理意见）在现场交接清楚，由下一班继续处理。

6. 警戒

（1）人员撤离现场。

（2）通知临近工作面人员做好避炮准备。

（3）在相关位置布置人员或设置明显标志。

第二部分　爆破工作从业资质与岗位要求

1. 爆破工作人员职业资格要求

爆破作业人员，是指从事爆破工作的工程技术人员、爆破员、安全员、保管员和押运员。爆破作业人员应参加培训经考核并取得有关部门颁发的相应类别和作业范围、级别的爆破安全作业证，持证上岗。

爆破员应参加发证机关认可的、开办时间不少于一个月的爆破员培训班、爆破器材保管员、安全员和押运员，应参加发证机关认可的、开办时间不少于半个月培训班。爆破员、保管员、安全员和押运员的考核由爆破安全技术考核小组领导进行。该小组由所在县（市）公安机关负责人和有经验的爆破工程技术人员组成。

1）国家对于从事爆破工作的人员的规定

（1）年满 18 周岁，身体健康，无妨碍从事爆破作业的生理缺陷和疾病。

（2）工作认真负责，无不良嗜好和劣迹。

（3）具有初中以上文化程度。

（4）持有相应的安全作业证书。

国家《爆破安全规程》（GB 6722—2003）规定，爆破工作领导人应由从事过三年以上爆破工作，无重大责任事故，熟悉爆破事故预防、分析和处理并持有安全作业证的爆破工程技术人员担任，爆破班长应由爆破工程技术人员或有三年以上爆破工作经验的爆破员担任。

2）国家对爆破作业人员安全作业证管理的规定

（1）爆破员、爆破器材保管员、安全员和押运员的安全技术复审每两年进行一次。

（2）复审不合格者，应停止作业，吊销其安全作业证。

（3）爆破作业人员工作变动，需进行原证规定范围以外的爆破作业时，必须重新考核登记。

（4）爆破作业人员调动到或需到原发证机关管辖以外的地区，仍进行安全作业证中允许进行的爆破作业范围时，应到所在地区的发证机关进行登记。

（5）爆破作业人员三次违规或发生严重爆破事故时，应由原发证机关吊销其安全作业证。

3）爆破员必须熟练掌握下列规定和安全作业技术

（1）爆破安全规程中所从事作业有关的条款和安全操作细则。

（2）起爆药包的加工和起爆方法。

（3）装药、填塞、网络敷设、警戒、信号、起爆等爆破工艺和操作技术。

（4）爆破器材的领取、搬运、外观检查、现场保管与退库的规定。

（5）常用爆破器材的性能、使用条件和安全要求。

（6）爆破事故的预防和抢救。

（7）爆破后的安全检查和盲炮处理。

4）爆破器材保管员和押运员必须熟练掌握下列主要规定和相关知识

（1）爆破器材库的通信、照明、温度、湿度、通风、防火、防电和防雷要求。

（2）爆破器材的外观检查、储存、保管、统计和发放。

（3）爆破器材的报废与销毁方法。

（4）意外爆炸事故的抢救技术。

2. 爆破工作人员岗位职责

1）爆破员的职责

（1）保管所领取的爆破器材，不得遗失或转交他人，不准擅自销毁和挪作他用。

（2）按照爆破指令单和爆破设计规定进行爆破作业。

（3）严格遵守爆破安全规程和安全操作细则。

（4）爆破后检查工作面，发现盲炮和其他不安全因素应及时上报或处理。

（5）爆破结束后，将剩余的爆破器材如数及时交回爆破器材库。

2）安全员的职责

（1）负责本单位爆破器材购买、运输、储存和使用过程中的安全管理。

（2）督促爆破员、保管员、押运员及其他作业人员按照本规程和安全操作细则的要求进行作业，制止违章指挥和违章作业，纠正错误的操作方法。

（3）经常检查爆破工作面，发现隐患应及时上报或处理，工作面瓦斯超限时有权制止爆破作业。

（4）经常检查本单位爆破器材仓库安全设施的完好情况及爆破器材安全使用、搬运制度的实施情况。

（5）有权制止无爆破员安全作业证的人员进行爆破工作。

（6）检查爆破器材的现场使用情况和剩余爆破器材的及时退库情况。

3）爆破器材保管员的职责

（1）负责验收、发放、保管和统计爆破器材，并保持完备的记录。

（2）对无爆破员安全作业证和领取手续不完备的人员，不得发放爆破器材。

（3）及时统计、报告质量有问题及过期变质失效的爆破器材。

（4）参加过期、失效、变质爆破器材的销毁工作。

4）爆破器材押运员的职责

（1）负责核对所押运的爆破器材的品种和数量。

（2）监督运输工具按照规定的时间、路线、速度行驶。

（3）确认运输工具及其所装运爆破器材符合标准和环境要求，包括：几何尺寸、质量、温度、防震等。

（4）负责看管爆破器材，防止爆破器材途中丢失、被盗或发生其他事故。

5）爆破工作领导人的职责

（1）主持制订爆破工程的全面工作计划，并负责实施。

（2）组织爆破业务、爆破安全的培训工作和审查爆破作业人员的资质。

（3）监督爆破作业人员执行安全规章制度，组织领导安全检查，确保工程质量和安全。

（4）组织领导爆破工作的设计、施工和工作总结。

（5）主持制定重大或特殊爆破工程的安全操作细则及相应的管理规章制度。

（6）参加爆破事故的调查和处理。

6）爆破工程技术人员的职责

爆破工程技术人员应持有安全作业证，其职责如下。

（1）负责爆破工程的设计和总结，指导施工、检查质量。

（2）制定爆破安全技术措施，检查实施情况。

（3）负责制定盲炮处理的技术措施，并指导实施。

（4）参加爆破事故的调查和处理。

7）爆破班长的职责

（1）领导爆破员进行爆破工作。

（2）监督爆破员切实遵守爆破安全规程和爆破器材的保管、使用、搬运制度。

（3）制止无安全作业证的人员进行爆破作业。

（4）检查爆破器材的现场使用情况和剩余爆破器材的及时退库情况。

8）爆破器材库（炸药库）主任的职责

（1）负责制定仓库管理条例并报上级批准。

（2）检查督促爆破器材保管员（发放员）履行工作职责。

（3）及时按期清库核账并及时上报质量可疑及过期的爆破器材。

（4）参加爆破器材的销毁工作。

（5）督促检查库区安全状况、消防设施和防雷装置，发现问题，及时处理。

第三部分　工程分级与施工资质

1. 爆破工程分级

2004 年国家有关部门公布的《爆破安全规程》中规定，硐室爆破工程、大型深孔爆破工程、拆除爆破工程以及复杂环境岩土爆破工程，应实行分级管理。不同爆破工程的分级列于表 2 – 36，不同级别的爆破要按相应规定进行设计、施工和审批。

表 2 – 36 爆破工程分级

级别	硐室爆破	露天深孔爆破	地下深孔爆破	水下深孔爆破	复杂环境深孔爆破	拆除爆破	城镇浅孔爆破
	药量/t						环境
A	$1000 \leqslant Q \leqslant 3000$			$Q \geqslant 50$	$Q \geqslant 50$	$Q \geqslant 50$	
B	$300 \leqslant Q < 1000$	$Q \geqslant 200$	$Q \geqslant 100$	$20 \leqslant Q < 50$	$15 \leqslant Q < 50$	$0.2 \leqslant Q < 0.5$	环境十分复杂
C	$50 \leqslant Q < 300$	$100 \leqslant Q < 200$	$50 \leqslant Q < 100$	$5 \leqslant Q < 20$	$5 \leqslant Q < 15$	$Q < 0.2$	环境复杂
D	$0.2 \leqslant Q < 50$	$50 \leqslant Q < 100$	$20 \leqslant Q < 50$	$0.5 \leqslant Q < 5$	$1 \leqslant Q < 5$		环境不复杂

特别说明：根据《爆破安全规程》规定，将爆破作业环境分为下列三种情况。

（1）环境十分复杂是指爆破可能危及国家一、二级文物、极重要设施、极精密贵重仪器及重要建（构）筑物等保护对象的安全。

（2）环境复杂是指爆破可能危及国家三级文物、省级文物、居民楼、办公楼、厂房等保护对象的安全。

（3）环境不复杂爆破只可能危及个别房屋、设施等保护对象的安全。

硐室爆破一般根据一次炸药量确定等级，一次用药量大于 3000t 的硐室爆破，应由业务主管部门组织专家论证其必要性和可行性，其等级按 A 级管理。装药量小于 200kg 的小硐室爆破归入蛇穴爆破，应遵守相应的规定。

拆除爆破工程及复杂环境深孔爆破工程，除按规定的药量进行分级外，还应按下列环境条件和拆除对象进行级别调整。

有下列几种情况之一者，属于 A 级。

（1）环境十分复杂。

（2）拆除的楼房超过 10 层，厂房高度超过 30m，烟囱高度超过 80m，塔高度超过 50m；一级、二级水利水电枢纽的主体建筑、围堰、堤坝和挡水岩坎。

有下列几种情况之一者，属于 B 级。

（1）环境复杂。

（2）拆除的楼房 5 ~ 10 层，厂房高度 15 ~ 30m，烟囱高度 50 ~ 80m，塔高度 30 ~ 50m。

（3）三级水利水电枢纽的主体建筑、围堰、堤坝和挡水岩坎。

有下列几种情况之一者，属于 C 级。

（1）环境不复杂。

（2）拆除楼房低于 5 层，厂房高度低于 15m，烟囱高度低于 50m，塔的高度低于 30m。

（3）四级、五级水利水电枢纽工程的主体建筑、围堰、堤坝和挡水岩坎。

对爆区周围 500m 无建筑物和其他保护对象，并且一次爆破用药量不超过 200kg 的拆除爆破，以及不属于 A 级、B 级、C 级、D 级的爆破工程，不实行分级管理。

根据爆破工程的复杂程度和爆破作业环境的特殊要求，应由设计、安全评估和审批单位商定，适当提高相应爆破工程的管理级别。

2. 爆破设计单位资质要求

欲从事爆破设计的单位应当经国家授权的机构对其人员和资质进行审查合格后，才可办理企业法人营业执照，从事相关业务。爆破设计企业应按允许的范围、等级从事经营活动，同时从事设计和施工的企业，应取得双重资质。未经批准，任何个人不得承接爆破工程的设计、安全评估、施工和监理工作。

爆破安全规程规定，承担爆破设计的单位应符合下述四项条件。

（1）持有有关部门核发的爆破设计证书。

（2）经工商部门注册的企业（事业）法人单位，其经营范围包括爆破设计。

（3）有符合规定数量、级别、作业范围的持有安全作业证的技术人员。

（4）有固定的设计场所。

爆破设计证书应当标明允许的设计范围及在各范围内承担设计项目的等级（一般岩土爆破，硐室爆破×级，深孔爆破×级，拆除爆破×级，特种爆破等）；同时只限在本单位使用，不允许转借、转让、挂靠、伪造，不允许超越证书许可范围承担业务。

承担不同等级爆破设计的单位，应符合表 2 - 37 中相应的条件；承担不属于分级管理的爆破工程设计的单位，应符合表 2 - 37 中 D 级所列条件；承担特种爆破设计的单位，应有两项以上同类设计的成功业绩。

表 2 - 37　承担不同等级爆破工程设计单位的条件

工程等级	设计单位条件	
	人员	业绩
A	高级爆破技术人员不少于 2 人，持相应 A 级证者不少于 1 人	相应一项 A 级或两项 B 级成功设计
B	高级爆破技术人员不少于 1 人，持相应 B 级证者不少于 1 人	相应一项 B 级或两项 C 级成功设计
C	中级爆破技术人员不少于 2 人，持相应 C 级证者不少于 1 人	相应一项 C 级或两项 D 级成功设计
D	中级爆破技术人员不少于 1 人，持相应 D 级证者不少于 1 人	相应一项 D 级或两项一般成功设计

3. 爆破施工单位资质要求

《爆破安全规程》中规定，爆破施工企业应取得爆破施工企业资质证书或在其施工资质证书中标有爆破施工内容。该证书应标明允许承接爆破工程的范围和等级。资质未标明者只能从事一般岩土爆破。

建设部颁布的《建筑业企业资质管理规定》（建设部令第 87 号），对爆破与拆除工程专业承包企业资质分为一级、二级、三级；对企业资质标准，除规定了企业近五年来相应的施工业绩要求，具备有关部门核发的相应的设计证书和爆炸物品使用许可证外，还对企业管理和专业技术人员、注册资本金、净资产、近三年最高年工程结算收入及应具备的施工及检测设备要求做了规定。

从事爆破施工的企业，应设有爆破工作领导人、爆破工程技术人员、爆破段（班）长、安全员、爆破员；应持有由县级以上（含县级，下同）公安机关颁发的《爆炸物品使用许可证》；设立爆破器材库的，还应设有爆破器材库主任、保管员、押运员，并持有县级以上公安机关签发的《爆炸物品储存许可证》。

承担 A 级、B 级、C 级、D 级爆破工程的施工企业，应符合表 2－37 表中相应条件；承担特种爆破施工的企业，应有两项以上同类爆破作业的经验。表 2－38 给出了承担 A 级、B 级、C 级、D 级爆破工程施工企业的条件。

表 2－38　爆破施工企业条件

工程等级	爆破施工企业条件	
	人员	业绩
A	高级爆破技术人员不少于 1 人，持相应 A 级证者不少于 1 人	有 B 级以上（含 B 级）相应类别工程施工经验
B	高级爆破技术人员不少于 1 人，持相应 B 级证者不少于 1 人	有 C 级以上（含 C 级）相应类别工程施工经验
C	中级爆破技术人员不少于 1 人，持相应 C 级证者不少于 1 人	有 D 级以上（含 D 级）相应类别工程施工经验
D	中级爆破技术人员不少于 1 人，持相应 D 级证者不少于 1 人	有一般爆破施工经验

A 级、B 级、C 级、D 级爆破工程，应有持同类证书的爆破工程技术人员负责现场工作；一般岩土爆破工程及特种爆破工程也应有爆破工程技术人员在现场指导施工。

按照《爆破安全规程》的规定，施工企业的安全职责有以下五点。

（1）管理本企业的爆破作业人员，发现不适合继续从事爆破作业者和因工作调动不再从事爆破作业者，均应收回其安全作业证，交回原发证部门。异地施工应办理有关证件的登记及签证手续。

（2）负责本单位爆破器材购买、运输、储存、使用，并承担安全责任。

（3）编制施工组织设计，制定预防事故的安全措施并组织实施。

（4）处理本企业爆破事故。

（5）爆破施工单位与爆破设计单位联合承担爆破工程时，双方应签订合同，明确责任，并得到业主的认可；其资质条件可以按两个单位的人员、业绩呈报。

4. 爆破工程申报与审批

按照《爆破安全规程》的规定，对 A 级、B 级、C 级、D 级爆破工程设计，应经有关部门审批，未经审批不准开工。设计文件应在设计人员、审核人员和设计单位主管领导签字后，才能上报主管部门；设计审查部门（或审批人）应在规定时限内完成审批，并将审批意见以书面形式通知报批单位。爆破拆除建（构）筑物，一般需经产权单位的上级部门同意，必要时还应报请政府主管部门批准。

行政和政府主管部门审定时，应考虑的主要问题如下。

（1）拆除物有无继续使用和保留的价值。

（2）拆除物与城市建设规划的关系。

（3）采用爆破方法拆除对相邻建筑物、城市交通和市政设施相关联的安全问题。

矿山常规爆破审批不按等级管理，一般岩土爆破和矿山爆破设计书或爆破说明书由单位领导人批准。

按照《爆破安全规程》的规定，对 A 级、B 级、C 级和对安全影响较大的 D 级爆破工程，都应进行安全评估。未经安全评估的爆破设计，任何单位不准审批或实施。

合格的爆破设计方案应符合以下三项条件。

（1）设计单位的资质符合规定。

（2）承担设计和安全评估的主要爆破工程技术人员的资质及数量符合规定。

（3）设计方案通过安全评估或设计审查认为爆破设计在技术上可行、安全上可靠。

使用爆破器材的单位，必须经上级主管部门审查同意，并应持有说明使用爆破器材的地点、品名、数量、用途、四邻距离的文件和安全操作规程，向所在地县、市公安部门申请领取《爆炸物品使用许可证》，才准使用。

在进行大型爆破作业或在城镇与其他居民聚居的地方、风景名胜区和重要工程设施附近进行控制爆破作业时，施工单位必须事先将爆破作业方案报县、市以上主管部门批准，并征得所在地县、市公安部门同意，才准进行爆破作业。

5. 爆破工程安全监理

爆破安全监理工作经过科技人员多年的理论探索与工程实践，首次被纳入新的《爆破安全规程》中，这是将爆破工程项目管理与建设工程项目管理模式接轨的标志。这对保障爆破安全、保证爆破工程质量和提升爆破工程管理水平有着重要的意义。

《爆破安全规程》规定：各类 A 级爆破、B 级硐室爆破以及有关部门认定的重要或重点爆破工程应由工程监理单位实施爆破安全监理，承担爆破安全监理的人员应持有相应安全作业证。

爆破工程安全监理，应编制爆破工程安全监理方案，并按爆破工程进度和实施要求编制爆破工程安全监理细则，按照细则进行爆破工程安全监理；在爆破工程的各主要阶段竣工完成后，签署爆破工程安全监理意见。

爆破安全监理的内容应包括以下四点。

（1）检查施工单位申报爆破作业的程序，对不符合批准程序的爆破工程，有权停止其爆破作业，并向业主和有关部门报告。

（2）监督施工企业按设计施工，审验从事爆破作业人员的资格，制止无证人员从事爆破作业，发现不适合继续从事爆破作业的，督促施工单位收回其安全作业证。

（3）监督施工单位不得使用过期、变质或未经批准在工程中应用的爆破器材；监督检查爆破器材的使用、领取和清退制度。

（4）监督、检查施工单位执行本规程的情况，发现违章指挥和违章作业，有权停止其爆破作业，并向业主和有关部门报告。

任务 12 管理爆炸危险品

（一）完成任务所需知识储备

《爆破安全规程》相关内容。

（二）学习效果要求

（1）写出某矿平巷掘进爆炸危险品管理制度。

（2）讨论各项措施的必要性。

（三）参考资料汇编

1. 爆破器材储存

1）一般规定

《爆破安全规程》对爆破器材储存的一般规定如下。

（1）爆破器材应储存在专用的爆破器材库里。特殊情况下，应经主管部门审核并报当地公安机关批准，才准在库外存放。

（2）爆破器材库的储存量，应遵守下列规定。

① 地面单一库房的最大允许存药量，不应超过表 2-39 的规定。

表 2-39　地面单一库房的最大允许存药量

序号	爆破器材名称	单一库房最大允许存药量/t	序号	爆破器材名称	单一库房最大允许存药量/t
1	硝化甘油炸药	20	8	爆破筒	15
2	黑索金	50	9	导爆索	30
3	泰安	50	10	黑火药、无烟炸药	10
4	TNT	150	11	导火索、点火索、点火筒	40
5	黑梯药柱 起爆药柱	50	12	雷管、继爆管、导爆管起爆系统	10
6	硝铵类炸药	200			
7	射孔弹	3	13	硝酸铵、硝酸钠	500

② 地面总库的总容量：炸药不应超过本单位半年生产用量，起爆器材不应超过 1 年生产用量。地面分库的总容量：炸药不应超过 3 个月生产用量，起爆器材不应超过半年生产用量。

③ 硐室库的最大容量不应超过 100t；井下只准建分库，库容量不应超过：炸药三昼夜的生产用量；起爆器材十昼夜的生产用量；乡、镇所属以及个体经营的矿场、采石场及岩土工程等使用单位，其集中管理的小型爆破器材库的最大储存应不超过 1 个月的用量，并应不大于表 2-40 的规定。

表 2-40　小型爆破器材库的最大储存量

爆破器材名称	最大储存量	爆破器材名称	最大储存量
硝铵类炸药	3000kg	导火索	30000m
硝化甘油炸药	500kg	导爆索	30000m
雷管	20000 发	导爆管	60000m

（3）爆破器材库宜单一品种专库存放。若受条件限制，同库存放不同的爆破器材则应符合表2-41的规定。

表2-41　爆破器材同库存放的规定

爆破器材名称	雷管类	黑火药	导火索	硝铵类炸药	属A1级单质炸药	属A2级单质炸药	射孔弹	导爆索类
雷管类	o	×	×	×	×	×	×	×
黑火药	×	o	×	×	×	×	×	×
导火索	×	×	o	o	o	o	o	o
硝铵类炸药	×	×	o	o	o	o	o	o
属A1级单质炸药	×	×	o	o	o	o	o	o
属A2级单质炸药	×	×	o	o	o	o	o	o
射孔弹	×	×	o	o	o	o	o	o
导爆索类	×	×	o	o	o	o	o	o

注：1. "o"表示可同库存放，"×"表示不应同库存放。

2. 雷管类包括火雷管、电雷管、导爆管雷管。

3. 属A1级单质炸药为黑索金、泰安、奥克托金和以上述单质炸药为主要成分的混合炸药或炸药柱（块）。

4. 属A2级单质炸药为梯恩梯和苦味酸以及以TNT和苦味酸为主要成分的混合炸药柱或炸药柱（块）。

5. 导爆索类包括各种导爆索和以导爆索为主要成分的产品，包括继爆管和爆裂管。

6. 硝铵类炸药，包括以硝酸铵为主要成分的各种民用炸药。

（4）当不同品种的爆破器材同库存放时，单库允许的最大存药量仍应符合表2-39的规定；当危险级别相同的爆破器材同库存放时，同库存放的总药量不应超过其中一个品种的单库最大允许存药量；当危险级别不同的爆破器材同库存放时，同库存放的总药量不应超过危险级别最高的品种的单库最大允许存药量。

2）爆破器材储存、收发与库房管理

爆破器材的储存、收发与库房管理应遵循以下四点。

（1）每间库房储存爆破器材的数量，不应超过库房设计的允许储存药量。

（2）爆破器材的储存时，爆破器材应码放整齐，不得倾斜，码放高度不宜超过1.6m；包装箱下应垫有大于0.1m的垫木，宜有宽于0.6m的安全通道。包装箱与墙距离宜大于0.4m；存放硝化甘油类炸药、各种雷管和继爆管的箱子，应放置在木制货架上，货架高度不宜超过1.6m。

（3）对新购进的爆破器材，应逐个检查包装情况，并按规定做性能检测；应建立爆破器材收发账、领取和清退制度，定期核对账目，做到账物相符；变质的、过期的和性能不详的爆破器材，不应发放使用；爆破器材应按出厂时间和有效期的先后顺序发放使用；总库区内不准许拆箱发放爆破器材，只准许整箱发放；爆破器材的发放应在单独的发放间里进行。

（4）爆破器材库房的管理：应建立健全严格的责任制度、治安保卫制度、防火制度、保密制度等，宜分区、分库、分品种储存，分类管理。

库房的照明应安装防爆电灯，宜自然采光或在库外安设探照灯进行投射采光。电源开关和保险器，应设在库外面，并装在配电箱中。采用移动式照明时，应使用安全手电筒，不应使用电网供电的移动手提灯。应经常测定库房的温度和湿度，库房内保持整洁、防潮和通风良好，杜绝鼠害。

每间库房储存爆破器材的数量，不应超过库房设计的安全储存药量。

除上述四点外，还应注意以下几点。

（1）库区应昼夜设警卫，加强巡逻，无关人员不得进入库区。进入库区不得带烟火及其他引火物；进入库区不得穿戴钉鞋和易产生静电的衣服。不得使用能产生火花的工具开启炸药雷管箱；库区不得存放与管理无关的工具和杂物。

（2）库区的消防设备、通信设备、警报装置和防雷装置，应定期检查。进入库区不准带烟火及其他引火物。进入库区不应穿带钉子的鞋和易产生静电的化纤衣服，不应使用能产生火花的工具开启炸药雷管箱。库区的消防设备、通信设备、警报装置和防雷装置，应定期检查。从库区变电站到各库房的外部线路，应采用铠装电缆埋地敷设或挂设，外部电气线路不应通过危险库房的上空。

在通信方面，库区内不宜设置电话总机，只设与本单位保卫和消防部门联系的直拨电话，电话机应符合防爆要求；库区值班室与各岗楼之间，应有光、音响或电话联系。

在消防设施方面，应根据库容量，在库区修建高位消防水池，库容量小于100t者，贮水池容量为50m³；库容量为100~500t者，贮水池容量为100m³；库容量超过500t者，设消防水管。消防水池距库房不应大于100m，消防管路距库房不应大于50m。草原和森林地区的库区周围，应修筑防火沟渠，沟渠边缘距库区围墙不应小于10m，沟宽1~3m，深1m。在安全警戒方面，库区应昼夜设警卫，加强巡逻，无关人员不准进入库区。库区不应存放与管理无关的工具和杂物。

（3）库房应整洁、防潮和通风良好，杜绝鼠害。经常测定库房的温度和湿度，发现硝化甘油类炸药渗油、冻结和硝铵类炸药吸潮结块，应及时处理。

3）临时性爆破器材库和临时性存放爆破器材

临时性爆破器材库和临时性存放爆破器材时，应遵循以下六点要求。

（1）临时性爆破器材库，应设置在不受山洪、滑坡和危石等威胁的地方。允许利用结构坚固但不住人的各种房屋、土窑和车棚等作为临时性爆破器材库。

（2）临时性爆破器材库房宜为单层结构，库房地面应平整无缝；墙、地板、屋顶和门为木结构者，应涂防火漆；窗、门应为有一层外包铁皮的板窗、门；宜设简易围墙或铁刺网，其高度不小于2m。库内应有足够的消防器材；库内应设置独立的发放间，面积不小于9m²；应设独立的雷管库房。临时性爆破器材库的最大储存量为：炸药10t，雷管20000发，导爆索10000m。

（3）不超过6个月的野外流动性爆破作业，用安装有特制车厢的汽车存放爆破器材时，爆破器材存放量不应超过车辆额定载重的2/3；在经过核准的专用车同时装有炸药与雷管时，雷管不得超过2000发和相应的导火索与导爆索；不应将特制车厢做成挂车形式。

特制车厢应是外包铝板或铁皮的木车厢，车辆前壁和侧壁应开有0.3m×0.3m的铁栅通风孔，后部应开设有外包铝板或铁皮的木门，门应上锁，整个车厢外表应涂防火漆，并设有危险标志；宜在车厢内的右前角设置一个能固定的专门存放雷管的木箱，木箱里面应衬软垫，箱应上锁。

车辆停放位置，应确保爆破作业点、有人建筑物、重要构筑物和主要设备的安全；白天、夜晚均应有人警卫；加工起爆管和检测电雷管电阻，应在离危险车辆50m以外的地方进行。

（4）用船存放爆破器材时，船上严禁烟火，并应备有足够的消防器材。存放爆破器材的船只，应停泊在航线以外的安全地点，距码头、建筑物、其他船只和爆破作业地点不应小于250m；船靠岸时，岸上50m以内不准无关人员进入；海上不应使用非机动船存放爆破器材。

存放爆破器材的船舱，应用移动式蓄电池提灯或安全手电筒照明；爆破器材的存放量不应超过2t，存放爆破器材的框架应设凸缘，装爆破器材的箱（袋）应固定牢固。船上应设有单独的炸药舱和雷管舱，各舱应有单独的出入口并与机舱和热源隔离。

（5）作业地点只应存放当班或本次爆破工程作业所需的爆破器材，应有专人看管；拆除爆破和地震勘探及油气井爆破时，不应将爆破器材散堆在地，雷管应放在外包铁皮的木箱里，箱应加锁。

（6）经单位安全保卫部门和当地公安机关批准，爆破器材可临时露天存放，但应选择在安全地方，悬挂醒目标志，昼夜有人巡逻警卫；炸药与雷管其间距离不小于25m；爆破器材应堆放在垫木上，不应直接堆放在地；在爆破器材堆上，应覆盖帆布或搭简易帐篷；存放场周边50m范围内严禁烟火。

2. 爆破器材运输

1）一般规定

下面的规定涉及爆破器材生产企业外部运输爆破器材的相关规定。

（1）爆破器材运输车（船）应符合国家有关运输安全的技术要求；结构可靠，机械电器性能良好；具有防盗、防火、防热、防雨、防潮和防静电等安全性能。

（2）装卸爆破器材时，应认真检查运输工具的完好状况，清除运输工具内的一切杂物；装卸爆破器材的地点，应远离人口稠密区，并设明显的标志，白天应悬挂红旗和警标，夜晚应有足够的照明并悬挂红灯；有专人在场监督，设置警卫，无关人员不允许在场。

爆破器材和其他货物不应混装，雷管等起爆器材不应与炸药同时同地进行装卸；装卸搬运应轻拿轻放，装好，码平，卡牢，捆紧，不得摩擦、撞击、抛掷、翻滚、侧置及倒置爆破器材。装卸爆破器材时应做到不超高、不超宽、不超载；用起重机装卸爆破器材时，一次起吊重量不应超过设备能力的50%；分层装载爆破器材时，不应站在下层箱（袋）上装载另一层，雷管或硝化甘油类炸药分层装载时不应超过两层。

遇暴风雨或雷雨时，应停止装卸。

（3）爆破器材从生产厂运出或从总库向分库运送时，包装箱（袋）及铅封应保持完整无损；同车（船）运输两种以上爆破器材时，应遵守表2-41的规定；在特殊情况下，经爆破工作领导人批准，起爆器材与炸药可以同车（船）装运，但数量不应超过：炸药1000kg，雷管1000发，导爆索2000m，导火索2000m。雷管应装在专用的保险箱里，箱子内壁应衬有软垫，箱子应紧固于运输工具的前部。炸药箱（袋）不应放在装雷管的保险箱上。

待运雷管箱未装满雷管时，其空隙部分应用不产生静电的柔软材料塞满。

装卸和运输爆破器材时，不应携带烟火和发火物品。

（4）车（船）运输爆破器材时，应用帆布覆盖，按指定路线行驶，并设明显的标志；押运人员应熟悉所运爆破器材性能，非押运人员不应乘坐。

气温低于10℃时运输易冻的硝化甘油炸药和气温低于－15℃时运输难冻的硝化甘油炸药时，应采取防冻措施；运输硝化甘油类炸药或雷管等感度高的爆破器材时，车厢和船舱底部应铺软垫。

中途停留时，应有专人看管，不准吸烟、用火，开车（船）前应检查码放和捆绑有无异常；不准在人员聚集的地点、交叉路口、桥梁上（下）及火源附近停留。

车（船）完成运输后应打扫干净，清出的药粉、药渣应运至指定地点，定期进行销毁。

2）火车运输

使用火车运输爆破器材时，装有爆破器材的车厢不应溜放，应与其他线路隔开，专线停放，通往该线路的转辙器应锁住，车辆应楔牢，其前后50m处应设危险标志；装有爆破器材的车厢与机车之间，炸药车厢与起爆器材车厢之间，应用1节以上未装有爆破器材的车厢隔开；机车体停放位置与最近的爆破器材库房的距离，不应小于50m。

车辆运行的速度，在矿区内不应超过30km/h、厂区内不超过15km/h、库区内不超过10km/h。

3）水路运输

采用水路运输爆破器材时，不应用筏类工具运输；船上应有足够的消防器材；船头和船尾设危险标志，夜间及雾天设红色安全灯；遇浓雾及大风浪应停航；停泊地点距岸上建筑物不小于250m。

运输爆破器材的机动船，装爆破器材的船舱不应有电源；底板和舱壁应无缝隙，舱口应关严；与机舱相邻的船舱隔墙，应采取隔热措施；对邻近的蒸汽管路进行可靠的隔热。

4）汽车运输

用汽车运输爆破器材时，应由熟悉爆破器材性能、具有安全驾驶经验的司机驾驶；车厢的黑色金属部分应用木板或胶皮衬垫，能见度良好时车速应符合所行驶道路规定的车速下限，天气不好时速度酌减；在平坦道路上行驶时，前后两部汽车距离不应小于50m，上山或下山时不小于300m。车上应配备各种灭火器材，并按规定配挂明显的危险标志；在高速公路上运输爆破器材，应按国家的有关规定执行。

公路运输爆破器材途中避免停留住宿，禁止在居民点、行人稠密的闹市区、名胜古迹、风景游览区、重要建筑设施等附近停留。确需停留住宿必须报告住宿地公安机关。

5）飞机运输

用飞机运输爆破器材时，应严格遵守国际民航组织理事会批准和发布的《航空运输危险品安全运输的技术指令》及国家有关航空运输危险品的规定。

6）爆破器材装卸

装卸爆破器材的地点要有明显的危险标志（信号），白天悬挂红旗和警戒标志，夜晚有足够的照明并悬挂红灯。根据装卸时间的长短，爆破器材的种类、数量和装卸地点的情况，确定警戒的位置和专门警卫人员的数量。禁止无关人员进入装卸场地，禁止携带发火物品进入装卸场地和严禁烟火。

爆破器材装入运输工具之前，要认真检查运输工具的完好状况，确认拟用的工具是否适合运输爆破器材，清扫运输工具内的杂物，清洗运输工具内的酸、碱和油脂痕迹。

装卸爆破器材时，要有专人在场监督装卸人员按规定装卸，轻拿轻放，严禁摩擦、撞击、抛掷爆破器材。不准站在下一层箱（袋）子上去装上一层，不得与其他货物混装。运输工具的装载量、装载高度、起重机的一次吊运量都必须按有关规定进行。

装卸爆破器材应尽可能在白天进行，雷雨或暴风雨（雪）天气，禁止装卸爆破器材。

7）在爆破作业地点运输爆破器材

在往爆破作业地点运输爆破器材时，运输人员应注意以下四点。

（1）在竖井、斜井运输爆破器材时，应事先通知卷扬车司机和信号工；在上下班或人员集中的时间内，不应运输爆破器材；除爆破人员和信号工外，其他人员不应与爆破器材同罐乘坐；用罐笼运输硝铵类炸药，装载高度不应超过车厢边缘；运输硝化甘油类炸药或雷管时，不应超过两层，层间应铺软垫；用罐笼运输硝化甘油类炸药或雷管时，升降速度不应超过 2m/s；用吊桶或斜坡卷扬车运输爆破器材时，速度不应超过 1m/s；运输电雷管时应采用绝缘措施；爆破器材不应在井口房或井底车场停留。

（2）用矿用机车运输爆破器材时，列车前后设"危险"标志；采用封闭型的专用车厢，车内应铺软垫，运行速度不超过 2m/s；在装爆破器材的车厢与机车之间，以及装炸药的车厢与装起爆器材的车厢之间，应用空车厢隔开；运输电雷管时，应采取可靠的绝缘措施；用架线式电力机车运输，在装卸爆破器材时，机车应断电。

（3）在斜坡道上用汽车运输爆破器材时，汽车行驶速度不得超过 10km/h；不应在上下班或人员集中时运输；车头、车尾应分别安装特制的蓄电池红灯作为危险的标志；应在道路中间行驶，会车让车时应靠边停车。

（4）不应一人同时携带雷管和炸药；雷管和炸药应分别放在专用背包（木箱）内，不应放在衣袋内；领到爆破器材后，应直接送到爆破地点，不应乱丢乱放；不应提前班次领取爆破器材，不应携带爆破器材在人群聚集的地方停留。一人一次运送的爆破器材数量不超过：雷管 5000 发；拆箱（袋）搬运炸药 20kg；背运原包装炸药 1 箱（袋）；拟运原包装炸药两箱（袋）。

用手推车运输爆破器材时，载重量不应超过 300kg，运输过程中应采取防滑、防摩擦和防止产生火花等安全措施。

3. 爆破器材检验与销毁

1）检验的主要内容与方法

按照《爆破安全规程》的规定，在实施爆破作业前，现场负责人员应对所使用的爆破器材进行外观检查，对电雷管进行电阻值测定，对使用的仪表、电线、电源进行必要的性能检测。对 A 级、B 级岩土爆破工程和 A 级拆除爆破工程中爆破器材检测的项目有：炸药的爆速、爆破漏斗试验和殉爆距离测定；延时电雷管的延时时间；导爆索的爆速和起爆能力；导爆管传爆速度，延时导爆管雷管的延时时间等。

各类爆破器材的检验项目，应参见产品的技术条件和性能标准；检验方法应严格按照相应的国家标准或部颁标准进行。

爆破器材的爆炸性能的检测，应在安全的地方进行。

（1）炸药的抽样检验。

炸药爆炸性能的抽样检验主要包括炸药的爆速、猛度、殉爆距离或爆轰感度及做功能力的检验。

炸药物理化学安定性的检验。

① 不含水硝铵炸药的水含量的测定。

a. 烘箱干燥法：这种方法适用于不含挥发性油类的硝铵炸药水含量的测定。

b. 水分测定器法：这种方法适用于含有挥发性油类的硝铵炸药的水分测定。

以上方法均做两次，取平均值，测定误差不得超过 0.01%。一般爆破作业中不含水硝铵炸药的最高允许含水率为：井下使用炸药，0.5%；露天使用炸药，1.5%。

② 中包浸入试验：每班至少从包装箱中取出五个中包做浸入试验。室温下浸入水下 5cm，时间为 10min，取出擦干外面水珠，打开中包检查，最里面的中包层不漏水，合格率达 80% 以上。

③ 药卷外观检验：用规定的上、下限样圈检查 10 个药卷，直径的误差为 ±1mm。

④ 药卷密度测定：测出药卷的直径和长度（从药卷一端凹陷处到另一端凹陷处）及药卷药量，即可计算出药卷的装药密度。

⑤ 硝化甘油炸药的渗油检验：若炸药箱和药包内外都无液体油迹时，即认为无渗油现象。若打开包装纸，在药包纸内部接触处的油线宽度大于 6mm 或在药包纸内外发现有液体油斑时，即证明有渗油现象。此时可用玻璃棒取一滴油珠放入有水试管中，若油珠下沉则说明渗油严重，该批炸药应按规程及时处理。

⑥ 硝化甘油炸药的化学安定性检验：硝化甘油热分解时，放出二氧化氮。用碘化钾试纸检验时，如果有二氧化氮析出，则碘化钾与二氧化氮反应，产生碘，在试纸上有染色反应。

（2）起爆器材的抽样检验。

① 导火索的检验。

a. 外观检查：导火索表面应均匀，断线不应超过两根。无折伤、变形、霉斑、油污，切断处无散头。

b. 燃速和燃烧时间检验：在每盘导火索两端距索头 5cm 以外取 1m 长导火索 10 根，分别点燃其一端，用秒表计时，准确到 0.1s，并观察其燃烧情况。普通型每根燃烧时间为 100～125s，缓燃型每根燃烧时间为 180～215s。在燃烧过程中不得有断火、透火、外壳燃烧及爆声。

c. 喷火强度检验：切取 100mm 长的导火索 20 段，内径为 6.0～7.0mm、长为 150～200mm 内壁干净的玻璃管若干根，把两段导火索从玻璃管两头插入，间隔 40mm，点燃其中 1 根，当它燃烧终了时，能将另一根点燃合格为止，共试验 10 次。

d. 耐水试验：将导火索试样两端用防潮剂浸封 50mm，盘成小盘浸入 1m 深常温（20℃±5℃）静水中 4h，然后取出擦干表面水分，剪去两头防潮部分，其余按规定长度做燃速试验，达到标准者为合格。

② 导爆索的检验。

a. 外观检查：外观应无严重折伤，外层线不得同时折断两根，断线长度不超过 7m，无油渍、污垢，索头有防潮帽。

b. 起爆性能试验：具体方法是将 200g TNT 压成 100mm×50mm×25mm 的药块，端面有小孔，将 2m 受试导爆索一头插入药块小孔内，再在药块上绕 3 圈，用线绳扎紧，使索与药面平贴。用雷管起爆导爆管另一端，整个药块全爆轰为合格，如图 2-60 所示。

c. 传爆性能的检验：具体方法是取 8m 长的导爆索，切 1m 长 5 段，3m 长 1 段，按图 2-61 所示的方法连接。用 8 号雷管起爆后，各段导爆索完全爆轰为合格，平行做两次。导爆索爆速的测定方法可参照炸药爆速的测定方法，如图 2-61 所示。

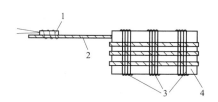 

图 2-60　导爆索起爆性能检验
1—雷管；2—导爆索；3—绑线；4—TNT 炸药（200g）

图 2-61　导爆索传爆性能检验
1—8 号雷管；2—1m 长导爆索；3—3m 长导爆索

d. 耐水性检验。具体方法：棉线导爆索取 5.5m 长导爆索，将索头密封，卷成小捆放入水深 1m，10℃～25℃静水中，浸泡 4h。取出后擦去表面水迹并切去索头，然后切成 1m 长 5 段，按图 2-60 所示方法连接，8 号雷管起爆，完全爆轰为合格。

塑料导爆索取 5.5m 长导爆索，将索头密封后放入 10℃～25℃静水中，加压至 50kPa，浸泡 5h。取出后擦去表面水迹并切去索头，然后切成 1m 长 5 段，按图 2-62 所示方法连接，8 号雷管起爆，完全爆轰为合格。

③ 雷管的检验。

a. 外观检验：管壳是否有裂隙、变形、锈斑、污垢、浮药、砂眼，脚线是否折断等。

b. 铅板穿孔试验：试验装置如图 2-63 所示，试验用铅板直径不小于 45mm（或正方形边长不小于 45mm），厚度为 5mm（对 8 号雷管）或 4mm（对 6 号雷管）。试验时将雷管垂直立在铅板中心，铅板放在直径不小于 40mm，高度不小于 50mm 的钢圈上并固定好，雷管起爆后，铅板被炸穿的孔径大于雷管外径，雷管的起爆能力判为合格。

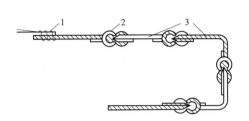

图 2 – 62　导爆索耐水性能检验的连接方法

1—8 号雷管；2—水手结；3—导爆索

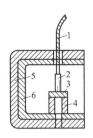

图 2 – 63　雷管铅板穿孔试验

1—导火索；2—雷管；3—铅板；4—钢圈；

5—防爆箱；6—铅衬

c. 电阻值检验：外表检验合格后，抽样使用专用电桥逐个测雷管的电阻值，符合产品说明书规定的误差范围内的值视为合格。

d. 最大安全电流：恒定直流电为 0.20A，普通电雷管为 5min 不爆炸。

e. 单发发火电流：对普通电雷管通以恒定直流电，其发火电流的上限不应大于 0.45A。

f. 串联起爆电流：20 发普通电雷管串联，通 1.2A 恒定直流电应全爆。

g. 延期时间：用 DT – 1 型时间间隔测量仪、DT – 1 型电雷管特性测量仪、BQ – 1 型综合参数测试仪、爆速仪、毫秒雷管计时仪等抽样检验延迟时间，符合说明书提供的误差范围者视为合格。

2）爆破器材销毁

爆破器材由于管理不当、储存条件不好或储存时间过长等原因而导致爆破器材性能经检验不合格或失效变质时（见表 2 – 42），必须及时予以销毁。在处理盲炮后，也应将残余的爆破器材收集起来，及时销毁。爆破器材的销毁工作是与生产和使用密切相关的一个重要环节。为使销毁工作安全顺利进行，必须妥善选择场地，选择正确的销毁方法，严格遵守爆破器材销毁的安全技术规程。

表 2 – 42　常用爆破器材常见变质现象及储存原因

名称	变质失效现象	储存方面的原因
火雷管	出现穿孔小，半爆、拒爆，加强帽松动	严重受潮，管体膨胀
电雷管	出现穿孔小 全电阻普遍增大，串联不串爆 出现大量拒爆，雷管不导通 封口塞脱落 延期秒量普遍不准	严重受潮 桥丝和脚线锈蚀 受潮、储存期过长、桥丝锈断 管体受潮膨胀 雷管受潮
导火索	外观有严重折损、变形、发霉、油污 不易着火、燃速不准	保管不善 严重受潮或受潮后自行干燥
导爆索	外观有严重折损、变形、发霉、油污 爆轰中断、爆速降低	保管不善 严重受潮或曾在高温下存放过

名称	变质失效现象	储存方面的原因
导爆管	管壁折损、破洞 爆速或起爆感度降低	保管不善 严重受潮或超过储存期
非含水硝铵 炸药	严重硬化 药卷变软滴水	吸潮、库房温度变化大 严重吸潮
硝化甘油 炸药	渗油 严重老化	储存温度高、时间长 储存时间长
水胶炸药	凝胶变成糊状或出水	保管不善或超过储存期
乳化炸药	有硬块或成分分离、破乳发生	通风不良或超过储存期等

（1）一般规定。

销毁爆破器材有以下五点规定。

① 经过检验，确认失效及不符合技术条件要求或国家标准的爆破器材，都应销毁或再加工。

乡镇管辖的小型采矿场、采石场或小型爆破企业，对不合格的爆破器材，不应自行销毁或自行加工利用，应退回原发放单位按相关规定进行销毁或再加工。

② 不能继续使用的剩余包装材料（箱、袋、盒和纸张），经过仔细检查，确认没有雷管和残药时，可用焚烧法销毁；包装过硝化甘油类炸药有渗油痕迹的药箱（袋、盒），应予以销毁。

③ 销毁爆破器材时，必须登记造册并编写书面报告；报告中应说明被销毁的爆破器材的名称、数量、销毁原因、销毁方法、销毁时间和地点，报上级主管部门批准。爆破器材的销毁工作应根据单位总工程师或爆破工作领导人的书面批示进行。

④ 销毁爆破器材，不应在夜间、雨天、雾天和 3 级风以上的天气里进行；销毁工作不应单人进行，操作人员应是专职人员并经过专门技术培训；不应在阳光下暴晒爆破器材。

⑤ 销毁爆破器材后应有两名以上销毁人员签名，并建立台账及档案；应对销毁现场进行仔细检查，如果发现有残存爆破器材，应收集起来，进行销毁。爆破器材的销毁场地应选在安全偏僻地带，距周围建筑物不应小于 200m，距铁路、公路不应小于 50m。

（2）销毁方法。

销毁爆破器材，可采用爆炸法、焚烧法、溶解法和化学分解法。

① 爆炸法。

a. 用爆炸法或焚烧法销毁爆破器材，必须清除销毁场所周围半径 50m 范围内的易燃物、杂草和碎石；应有坚固的掩蔽体。掩蔽体至爆破器材销毁场所的距离，由设计确定。在没有人工或自然掩蔽体的情况下，起爆前或点燃后，参加爆破器材销毁的人员应远离危险区，此距离由设计确定；如果把拟全部销毁的爆破器材一次运到销毁地点，而又分批进行销毁，则应将待销毁的爆破器材放置在销毁场所上风向的掩蔽体后面；引爆或点火前应发出声响警告信号；在野外销毁时还应在销毁场地四周安排警戒人员，控制所有可能进入的通道，不准非操作人员和车辆进入。

b. 用爆炸法销毁爆破器材时应按销毁设计书进行，设计书由单位主要负责人批准并报当地公安机关备案；只有确认雷管、导爆索、继爆管、起爆药柱、射孔弹、爆破筒和炸药能完全爆炸时，才能允许用爆炸法进行销毁。用爆炸法销毁爆破器材应分段爆破，单响销毁量不得超过20kg，并应避免彼此间发生殉爆；应采用电雷管、导爆索或导爆管起爆，在特殊情况下，可以用火雷管起爆。

c. 导火索必须有足够的长度，以确保全部从事销毁工作的人员能撤到安全地点，并将其拉直，覆盖砂土，以避免卷曲。雷管和继爆管应包装好后埋入土中销毁；销毁爆破筒、射孔弹、起爆药柱和爆炸危险的废弹壳，只准在2m深以上的坑或废巷道内进行并应在其上覆盖一层松土；销毁爆破器材的起爆药包应用合格的爆破器材制作；销毁传爆性能不好的炸药，可以增加起爆能的方法起爆。

② 焚烧法。

a. 燃烧不会引起爆炸的爆破器材，可用焚烧法进行销毁。焚烧前，必须仔细检查，严防其中混有雷管和其他起爆材料。不同品种的爆破器材不应一起焚烧；应将待焚烧的爆破器材放在燃料堆上，每个燃料堆允许销毁的爆破器材不应超过10kg；药卷在燃料堆上应排列成行，互不接触。

b. 不应使用焚烧法销毁雷管、继爆管、起爆药柱、射孔弹和爆破筒。待焚烧的有烟或无烟火药，不应成箱成堆进行焚烧，应散放成长条状，其厚度不得小于10cm，条间距离不得小于5m，各条宽度不得大于30cm，同时点燃的条数不得多于3条。焚烧火药，应严防静电、电击引起火药燃烧。不应将爆破器材装在容器里燃烧。

c. 点火前，应从下风向敷设点火索和引爆物，只有在一切准备工作做完和全体工作人员撤至安全区后，才能点火。燃料堆应具有足够的燃料，在焚烧过程中不准添加燃料。

d. 只有确认燃料堆已完全熄灭，才准走进焚烧场进行检查；发现未完全燃烧的爆破器材，应从中取出，另行焚烧。焚烧场地完全冷却后，才准开始焚烧下一批爆破器材。焚烧场地可用水冷却或用土掩埋，在确认不能再燃烧时，才允许撤离场地。

③ 溶解法。

不抗水的硝铵类炸药和黑火药可用溶解法销毁。在容器中溶解销毁爆破器材时，对不溶解的残渣应收集在一起，再用焚烧法或爆炸法销毁。不应直接将爆破器材丢入河塘江湖及下水道中溶解销毁，以防造成污染。

④ 化学分解法。

化学分解法适于处理数量较少，并能为化学药品所分解，并能消除爆破器材（起爆药和炸药）的爆炸性能。该方法的特点是费时少，操作比较安全。

但是注意必须根据所销毁炸药的性质，选择适合的销毁液。如雷汞禁用硫酸，与硫酸作用会发生爆炸；叠氮化铅禁用浓硝酸和浓硫酸处理。必须控制反应速度。销毁浓度愈大，分解反应速度愈快，放热效应则愈大，就容易转化为爆炸反应。必须少量地向销毁液中投入废药或含药废液，并且一面投入一面搅拌，以防反应过热。

任务 13　设计爆破施工组织机构

（一）完成任务所需知识储备

参考书目：《爆破安全规程》。

（二）学习成果要求

（1）设计某矿平巷掘进爆破施工组织机构。

（2）讨论各项各机构的职责。

（三）参考资料汇编

爆破工程施工组织机构示例：根据具体爆破工程定，有繁有简，如图 2-64 所示。

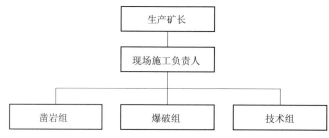

图 2-64　爆破工程施工组织机构

任务 14　编制某地下矿山平巷掘进爆破说明书

（一）完成任务所需知识储备

（略。）

（二）学习效果要求

（1）编制某地下矿山平巷掘进爆破说明书。

（2）各组随机选人讲解设计内容并讨论。

（三）参考资料汇编

（略。）

项目二　编制某地下矿山采场落矿深孔爆破说明书

一、项目任务分解

任务分解表见表 2-43。

表 2-43　任务分解表

项目名称	任务序号	任务名称	成果（展示）
编制某地下矿山采场落矿爆破说明书	1	选择凿岩设备	凿岩设备型号、数量表（附原因）
	2	选择炸药品种	炸药选择分析报告

续表

项目名称	任务序号	任务名称	成果（展示）
编制某地下矿山采场落矿爆破说明书	3	确定炮孔参数	孔的参数表
	4	绘制炮孔排列图	炮孔排列图
	5	确定爆破参数	爆破参数表
	6	设计起爆网络	起爆网络图
	7	设计装药结构	装药结构图
	8	设计警戒区域	警戒区域图
	9	设计施工进度	施工进程表
	10	预期爆破效果	爆破效果预期技术经济指标表
	11	设计施工程序	施工程序报告
	12	规范爆炸危险管理办法	规章制度
	13	设计爆破施工组织机构	组织机构图及职责说明
	14	任务合成	完整的某矿采场落矿爆破说明书

二、项目原始条件

爆破原始条件见表2－44。

表2－44　爆破原始条件表

任务	矿山采场爆破作业的原始条件	完成人
矿1	人生愿景山地下铁矿，矿体厚度16m，矿房长度38m，凿岩巷道3m×3m。深孔密集系数取1.1，$f=16$，孔径$d=60mm$，矿石密度为4.1g/cm³。1.确定爆破参数；2.试绘制"对角线对角式"水平扇形炮孔设计图（主视图），在图上标注应标的数据；3.填写炮孔设计卡片；4.绘制爆破网络图；5.计算安全半径；6.编制爆破效果表。请编制简要爆破设计说明书	1组
矿2	人生行动山地下钼矿，矿体厚度12m，矿房长度30m，凿岩巷道3m×3m。深孔密集系数取1.1，$f=16$，孔径$d=60mm$，矿石密度为4.1g/cm³。1.确定爆破参数；2.试绘制"中线对角式"水平扇形炮孔设计图（主视图），在图上标注应标的数据；3.填写炮孔设计卡片；4.绘制爆破网络图；5.计算安全半径；6.编制爆破效果表。请编制简要爆破设计说明书	2组
矿3	大学生勤奋山地下镍矿，矿体厚度14m，矿房长度36m，凿岩巷道3m×3m。深孔密集系数取1.1，$f=16$，孔径$d=60mm$，矿石密度为4.1g/cm³。1.确定爆破参数；2.试绘制"下盘式"水平扇形炮孔设计图（主视图），在图上标注应标的数据；3.填写炮孔设计卡片；4.绘制爆破网络图；5.计算安全半径；6.编制爆破效果表。请编制简要爆破设计说明书	3组

任务	矿山采场爆破作业的原始条件	完成人
矿4	大学生自律山地下铜矿，矿体厚度16m，矿房长度40m，凿岩巷道3m×3m。深孔密集系数取1.1，$f=16$，孔径$d=60$mm，矿石密度为4.1g/cm³。1. 确定爆破参数；2. 试绘制"一角式"水平扇形炮孔设计图（主视图），在图上标注应标的数据；3. 填写炮孔设计卡片；4. 绘制爆破网络图；5. 计算安全半径；6. 绘制爆破效果表。请编简要爆破设计说明书	4组
矿5	大学生素质山地下铁矿矿，矿体厚度18m，矿房长度38m，凿岩巷道3m×3m。深孔密集系数取1.1，$f=16$，孔径$d=60$mm，矿石密度为4.1g/cm³。1. 确定爆破参数；2. 试绘制"中央式"水平扇形炮孔设计图（主视图），在图上标注应标的数据；3. 填写炮孔设计卡片；4. 绘制爆破网络图；5. 计算安全半径；6. 绘制爆破效果表。请编简要爆破设计说明书	5组
矿6	大学生技术山地下铁矿，矿体厚度16m，矿房长度42m，凿岩巷道3m×3m。深孔密集系数取1.1，$f=16$，孔径$d=60$mm，矿石密度为4.1g/cm³。1. 确定爆破参数；2. 试绘制"中央两侧式"水平扇形炮孔设计图（主视图），在图上标注应标的数据；3. 填写炮孔设计卡片；4. 绘制爆破网络图；5. 计算安全半径；6. 绘制爆破效果表。请编简要爆破设计说明书	6组

三、项目实施导学与要求

任务1 为某矿采场落矿爆破选择凿岩设备

（一）完成任务所需知识储备

（1）各种气腿式凿岩机的优缺点比较、潜孔钻机。

（2）凿岩机台班功效。

（3）凿岩机能耗。

（4）钻进成本。

（5）安全、维护。

（6）购买价格。

（7）岩石比重、密度、孔隙率、含水性等物理性质与爆破相关性。

（8）岩石的弹性、塑性、硬度、波阻抗等力学性质与凿岩、爆破难易相关性。

（9）岩石在抗压、抗拉以及抗剪等方面表现出的特性。

（10）岩石坚固性系数的含义，熟悉岩石普氏分级表，每一级的代表性岩石。

（二）学习效果要求

（1）至少选择两种不同型号钻机进行比较，择优选用。

（2）完成钻机选择说明（附凿岩设备型号、数量表）。

（3）各小组随机选择代表上台流畅陈述选择理由。

（三）学习资料汇编

见后。

任务2 为某矿采场落矿爆破选择炸药品种

（一）完成任务所需知识储备

（1）常见地下矿山炸药种类。

（2）炸药性能指标含义。

（3）炸药价格。

（4）安全、环保指标。

（二）学习效果要求

（1）至少选择两种不同型号或种类炸药进行比较，择优选用。

（2）完成炸药选择说明。

（3）各小组随机选择代表上台陈述选择理由。

（三）学习资料汇编

（略。）

任务3 确定炮孔参数

（略。）

任务4 绘制炮孔排列图

（略。）

任务5 确定爆破参数

略。

任务6 设计装药结构

（一）完成任务所需知识储备

（1）平行孔、扇形孔、水平孔、垂直孔、深孔、浅孔的概念与优劣。

（2）孔距、孔深、孔数、排距、抵抗线、深孔密集系数的确定方法与影响因素。

（3）岩石爆破破岩机理。

（二）学习效果要求

（1）确定炮孔参数，画出炮孔参数表。

（2）绘制炮孔排列图。

（3）绘制装药结构图。

（4）各小组随机选择代表上台流畅陈述理由。

（三）学习资料汇编

见后。

任务7　设计起爆网络

（一）完成任务所需知识储备

（1）雷管、导爆索、导爆管性能与作用。

（2）雷管号数、段数的概念。

（3）分段爆破的优势。

（4）不同器材的起爆网络的适用范围与优缺点。

（二）学习效果要求

（1）选择起爆方式。

（2）绘制起爆网络图。

（3）各小组随机选择代表上台流畅陈述理由。

（三）学习资料汇编

（略。）

任务8　设计警戒区域

（一）完成任务所需知识储备

（1）药量与爆破作用范围的关系。

（2）与爆破掌子面相关联的巷道情况。

（3）警戒器具。

（4）人员撤离现场。

（5）通知临近工作面人员做好避炮准备。

（6）在相关位置布置人员或设置明显标志。

（二）学习效果要求

（1）绘制警戒区域图，掌握标注警戒方法。

（2）各小组随机选择代表上台流畅陈述理由。

（三）学习资料汇编

（略。）

任务9　设计施工进度

（一）完成任务所需知识储备

（1）凿岩机的台班功效。

（2）通风的知识。

（二）学习效果要求

（1）施工进度图表。

（2）各小组随机选择代表上台流畅陈述理由。

（三）学习资料汇编

（略。）

任务 10 预期爆破效果

（一）完成任务所需知识储备

（1）每循环爆破崩落实体岩石量。

（2）炮眼总长度。

（3）单位炮眼消耗量。

（4）炸药单耗。

（5）每循环炸药消耗量。

（6）单位雷管消耗量。

（7）爆后工作面状况（超挖、欠挖）。

（8）块度（均匀、大块率高、过于破碎）。

（二）学习效果要求

（1）确定爆破预期技术经济指标。

（2）画出预期技术经济指标汇总表。

（3）各小组随机选择代表上台流畅陈述理由。

（三）学习资料汇编

（略。）

任务 11 设计施工程序

（一）完成任务所需知识储备

（1）采矿方法。

（2）掌握《爆破安全规程》。

（二）学习效果要求

（1）写出施工程序报告。

（2）各小组随机选择代表上台流畅陈述理由。

（三）学习资料汇编

（略。）

任务 12 管理爆炸危险品

（一）完成任务所需知识储备

（1）掌握《爆破安全规程》。

（2）采矿方法。

（二）学习效果要求

（1）写出某矿采场落矿爆破爆炸危险品管理制度。

（2）讨论各项措施的必要性。

（三）学习资料汇编

（略。）

任务 13 设计爆破施工组织机构

（一）完成任务所需知识储备

（1）采矿方法。

（2）掌握《爆破安全规程》。

（二）学习效果要求

（1）设计某矿采场落矿爆破施工组织机构。

（2）讨论各机构的职责。

（三）学习资料汇编

（略。）

任务 14 编制某地下矿山采场落矿深孔爆破说明书

（一）完成任务所需知识储备

（略。）

（二）学习效果要求

（1）某地下矿山采场落矿爆破说明书。

（2）各组随机选人讲解设计内容并讨论。

（三）参考资料汇编

第一部分 地下采场深孔爆破设计

地下采场深孔爆破可分为两种，即中深孔爆破和深孔爆破。国内矿山通常把钎头直径为 51~75mm 的接杆凿岩炮孔称为中深孔，而把钎头直径为 95~110mm 的潜孔钻机钻凿的炮孔称为深孔。实际上，随着凿岩设备、凿岩工具的改进，二者的界限有时并不显著。所以，孔径为 75~120mm，孔深大于 5m 的一般称为深孔，深孔崩落矿石的特点是效率高、速度快、作业条件安全，广泛应用于厚矿床的崩矿回采。

随着大量崩矿采矿方法的应用，深孔大爆破在黑色和有色金属矿山得到了广泛应用。爆破规模日趋增大，爆破方法也逐步完善。

深孔爆破相对于浅眼爆破具有以下优点。

（1）一次爆破量大，可大量采掘矿石或快速成井。

（2）炸药单耗低，爆破次数少，劳动生产率高。

（3）爆破工作集中，便于管理，安全性好。

（4）工程速度快，有利于缩短工期；对于矿山而言，有利于地压管理和提高回采强度。

同时，深孔爆破也有一些缺点。

（1）需要专门的钻孔设备，并对钻孔工作面有一定的要求。

（2）对钻孔技术要求较高，容易超挖和欠挖。

（3）由于炸药相对集中，块度不均匀，大块率较高，二次破碎工作量大。

1. 地下采场深孔爆破炮孔布置

1）炮孔分类

深孔炮孔布置方式有平行布孔和扇形布孔及束状孔。平行布孔是在同一排面内，深孔互相平行，深孔间距在孔的全长上均相等，如图 2 – 65（a）所示。扇形布孔是在同一排面内，深孔排列成放射状，深孔间距自孔口到孔底逐渐增大，如图 2 – 65（b）所示。束状孔是以某点为圆心向外发散，应用较少。

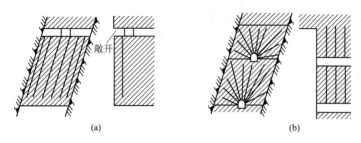

图 2 – 65 深孔布置

（a）平行布孔；（b）扇形布孔

根据炮孔的方向不同，又可分为上向孔（如图 2 – 66 所示）、下向孔（如图 2 – 67 所示）和水平孔（如图 2 – 68 所示）、倾斜孔（如图 2 – 69 所示）四种。

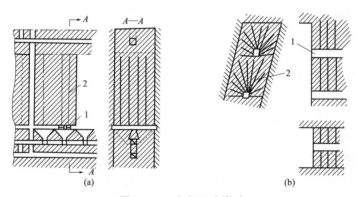

图 2 – 66 上向深孔崩矿

（a）上向平行深孔；（b）上向扇形深孔

1—凿岩巷道；2—深孔

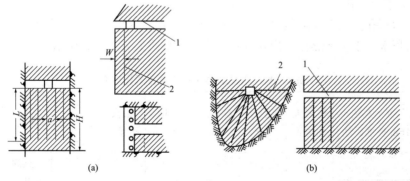

图 2 – 67 下向深孔崩矿

（a）下向平行深孔；（b）下向扇形深孔

1—凿岩巷道；2—深孔

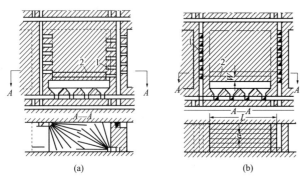

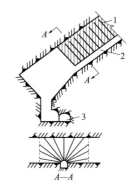

图 2 - 68　水平深孔崩矿

（a）水平扇形深孔；（b）水平平行深孔
1—凿岩巷道；2—深孔

图 2 - 69　倾斜扇形炮孔

1—深孔；2—凿岩天井；3—电耙道

扇形排列与平行排列相比较具有以下特点。

（1）优点：

① 每凿完一排炮孔才移动一次凿岩设备，辅助时间相对较少，可提高凿岩效率。

② 对不规则矿体布置深孔十分灵活。

③ 所需凿岩巷道少，准备时间短。

④ 装药和爆破作业集中，节省时间，在巷道中作业条件好，也较安全。

（2）缺点：

① 炸药在矿体内分布不均匀，孔口密，孔底稀，爆落的矿石块度不均匀。

② 每米炮孔崩矿量少。

平行排列的优缺点与扇形排列相反。从比较中可以看出，扇形排列的优点突出，特别是凿岩的井巷工作量少，凿岩辅助时间少，因而广泛应用于生产实际中。平行排列只是在开采坚硬规则的厚大矿体时才采用，一般很少使用。

根据我国地下冶金矿山的实际，下面仅就扇形深孔中的水平扇形、垂直扇形和倾斜扇形排列分别进行介绍。

2）水平扇形深孔

水平扇形深孔排列多为近似水平，一般应向上呈 3°～5° 倾角，以利于排除凿岩产生的岩浆或孔内积水。水平扇形孔的排列方式较多，其形式如表 2 - 45 所示。

表 2 - 45　水平扇形深孔布置方式比较表

编号	炮孔布置示意图 （40m×16m 标准矿块）	凿岩天井位置	炮孔数/个	总孔深/m	平均孔深/m	最大孔深/m	每米炮孔崩矿量/m³	优缺点和应用条件
1		下盘中央	18	345	19.2	24.5	15.5	总炮孔深小（凿岩天井或凿岩硐室），掘进工程量小。可用接杆式凿岩或潜孔凿岩进行施工

编号	炮孔布置示意图（40m×16m 标准矿块）	凿岩天井位置	炮孔数/个	总孔深/m	平均孔深/m	最大孔深/m	每米炮孔崩矿量/m³	优缺点和应用条件
2		对角	20	362	18.1	22.5	14.9	控制边界整齐，不易丢矿，总炮孔深小。在深孔崩矿中应用较广
3		对角	18	342	19.0	38.0	15.7	控制边界尚好，但单孔太长，交错处邻孔易炸透。适用于潜孔凿岩崩矿爆破
4		一角	13	348	26.8	41.5	15.5	掘进工程量小，凿岩设备移动次数少，但大块率较高，单孔长度过大。用于潜孔凿岩深孔爆破崩矿
5		矿块中央	24	453	18.9	21.5	11.9	总炮孔深大，难控制边界，易丢矿。分次崩矿对天井维护困难。多用于矿体稳固时的接杆凿岩深孔爆破崩矿
6		中央两侧	44	396	9.0	12.0	13.6	大块率低，凿岩工作面多，施工灵活性大，但难以控制边界。用于矿体稳固时的拉杆凿岩深孔爆破崩矿

　　具体的选择应用需结合矿体的赋存条件、采矿方法、采场结构、矿岩的稳固性和凿岩设备等具体情况来确定。水平扇形炮孔的作业地点可设在凿岩天井或凿岩硐室中。前者掘进工作量少，但作业条件相对较差，每次爆破后维护工作量大；后者则相反。接杆凿岩所需空间小，多用于凿岩天井；而潜孔凿岩所需的空间大，常用于凿岩硐室。在硐室凿岩时，上下硐室要尽量错开布置，避免硐室之间由于垂直距离小而影响硐室稳定性，引发意外事故。

　　3）垂直扇形排列

　　垂直扇形排列的排面为垂直或近似垂直。按深孔的方向不同，又分为上向扇形和下向扇形。垂直上向扇形与下向扇形相比较，其优点如下。

（1）适用于各种机械进行凿岩，而垂直下向扇形只能用潜孔钻或地质钻机凿岩。

（2）岩浆容易从孔口排出。

（3）凿岩效率高。

其缺点如下。

（1）钻具磨损大。

（2）在排岩浆的过程中，水和岩浆易灌入电动机（对潜孔而言），工人作业环境差。

（3）当炮孔钻凿到一定深度时，随孔深的增加，钻具的重量也随之加大，凿岩效率有所下降。

垂直下向扇形炮孔排列的优缺点正好相反。由于垂直下向扇形深孔钻凿时存在排岩浆比较困难等问题，它仅用于局部矿体和矿柱的回采。生产上广泛应用的是垂直上向深孔，垂直上向扇形深孔的作业地点是在凿岩巷道中。当矿体较小时，一般将凿岩巷道掘在矿体与下盘围岩交界处；当矿体厚度较大时，一般将凿岩巷道布置于矿体中间。

4）倾斜扇形排列

倾斜扇形深孔排列，多用于无底柱崩落采矿法的崩矿爆破中，如图 2－70（a）所示。用倾斜扇形深孔崩矿的目的是为了放矿时椭球体发育良好，避免覆盖岩石过早混入，从而减少贫化和损失。

有的矿山矿体倾角 40°~45°，这种倾角矿体崩下的矿石容易发生滚动，不宜使用机械运搬，否则作业不安全。此时可使用倾斜的扇形深孔进行爆破，利用炸药爆炸的一部分能量，将矿石直接抛入受矿漏斗，如图 2－70（b）所示，实现爆力运搬。

一些矿山，采用侧向倾斜扇形深孔进行崩矿（见图 2－70（c）），可增大自由面，是垂直扇形深孔爆破自由面的 1.5~2.5 倍，爆破效果好，大块率可减少到 3%~7%，特别是对边界复杂的矿体，可降低矿石的损失和贫化，被认为是扇形深孔排列中比较理想的排列方式。

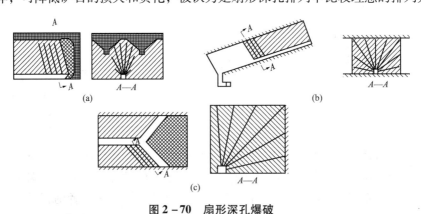

图 2－70　扇形深孔爆破

（a）无底柱分段崩落法倾斜扇形炮孔；（b）爆力运搬扇形炮孔；（c）侧向倾斜扇形深孔

2. 确定地下采场深孔爆破参数

1）深孔直径

深孔直径的大小对凿岩劳动生产率和爆破效果影响很大。影响孔径的主要因素是使用的凿岩设备和工具、炸药的威力、岩石特征。

采用接杆凿岩时，主要决定于连接套直径和必需的装药体积，孔径一般为 50~75mm，以 55 ~ 65mm 较多。采用潜孔凿岩时，因受冲击器的制约，孔径较大，为 90 ~ 120mm，以 95 ~ 105mm 较多。在矿石节理裂隙发育、炮孔容易变形的情况下，采用大直径深孔则是比较合理的。

2）炮孔深度

孔深对凿岩速度、采准工作量影响很大，随着孔深的增加，凿岩速度下降，深孔偏斜增大，施工质量变差。但是，孔深的增加，使凿岩巷道之间的距离加大，因而采准工作量降低。选择孔深主要取决于凿岩机类型、矿体赋存条件、矿岩性质、采矿方法和装药方式等因素。目前，使用 YT23、7655 凿岩机时，孔深一般不大于 5m。使用 YG – 80 和 BBC – 120F 凿岩机时，孔深一般为 10 ~ 15m，最大不超过 18m；使用 BA – 100 和 YQ – 100 潜孔凿岩机时，一般为 10 ~ 20m，最大不超过 25 ~ 30m。

3）最小抵抗线、孔间距和密集系数

最小抵抗线就是排距，即爆破每个分层的厚度。

孔间距是排内深孔之间的距离。对于扇形深孔来说，孔间距常用孔底距和孔口装药处的垂直距离表示。如图 2 – 71 所示，孔底距 $b_大$ 是指较浅的深孔孔底至相邻深孔的垂直距离。孔口装药处的垂直距离 $B_小$ 是指堵塞较深的深孔装药处至相邻深孔的垂直距离。前者用于布置深孔时控制孔网密度，后者用于装药时控制装药量。

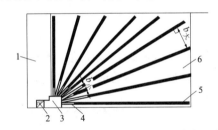

图 2 – 71　扇形孔装药处的孔口及孔底距离
1—间柱；2—采区天井；3—凿岩硐室；4—炮孔未装药部分；5—炮孔装药部分；6—矿房

密集系数是孔间距与最小抵抗线的比值，即：

$$m = \frac{a}{W}$$

式中　m——密集系数；

　　　a——孔间距，单位 m；

　　　W——最小抵抗线，单位 m。

对于扇形深孔来说，常用孔底密集系数和孔口密集系数表示。孔底密集系数是孔底距与最小抵抗线的比值；孔口密集系数是孔口装药处垂直距离与最小抵抗线的比值。

以上三个参数直接决定着深孔的孔网密度，其中，最小抵抗线反映了排与排之间的孔网密度；孔间距反映了排内深孔的孔网密度；而密集系数则反映了它们之间的相互关系。它们的确定正确与否，直接关系到矿石的破碎质量，影响着每米崩矿量、凿岩和出矿劳动生产率、爆破器材消耗、矿石的损失和贫化，以及其他一些技术经济指标。

以下分别叙述上述三个参数的确定方法。

（1）密集系数。密集系数的选取是根据经验来确定的。通常，平行孔的密集系数为

0.8～1.1较多；扇形孔时，孔底密集系数为0.9～1.5较多；孔口密集系数为0.4～0.7较多。选取密集系数时，矿石越坚固，要求的块度越小，应取小值；否则，应取较大值。

（2）最小抵抗线。确定最小抵抗线，主要有以下三种方法。

平行布孔时，仍可按巴隆公式计算：

$$W = d \sqrt{\frac{7.82\rho\tau}{qm}}$$

式中　d——炮孔直径，单位 dm；

　　　ρ——装药密度，单位 kg/dm³；

　　　τ——装药系数，$\tau = 0.7 \sim 0.85$；

　　　q——单位炸药消耗量，单位 kg/m³。

式中 W 是平行布孔的最小抵抗线，如果是扇形布孔的最小抵抗线也可利用上式，但应将式中的密集系数和装药系数改为平均值，平均密集系数一股为 $1 \sim 1.25$；平均装药系数可根据实际资料选取。

也可根据最小抵抗线和孔径的比值选取。从上式可知，当单位炸药消耗量和密集系数一定时，最小抵抗线和孔径成正比。实际资料表明，最小抵抗线和孔径的比值一般在下列范围。

坚硬的矿石：$W/d = 23 \sim 30$

中等坚硬矿石：$W/d = 30 \sim 35$

较软矿石：$W/d = 35 \sim 40$

当装药密度越高、炸药的威力越大时，则该比值越大；相反，该比值越小。

或者根据矿山实际资料选取，矿山常用的最小抵抗线数值见表2-46。

表2-46　最小抵抗线与炮孔直径

d/mm	W/m	d/mm	W/m
50～60	1.2～1.6	70～80	1.8～2.5
60～70	1.5～2.0	90～120	2.5～4.0

（3）孔间距。根据最小抵抗线和密集系数计算。

4）单位炸药消耗量

单位炸药消耗量的大小直接影响岩石的爆破效果，其值大小与岩石的可爆性、炸药性能和最小抵抗线有关。通常，参考表2-47进行选取，也可根据爆破漏斗试验确定。

表2-47　地下深孔单位炸药消耗量

岩石坚固性系数	3～5	5～8	8～12	12～16	>16
一次爆破单位炸药消耗量/kg·m⁻³	0.2～0.35	0.35～0.5	0.5～0.8	0.8～1.1	1.1～1.5
二次爆破单位炸药消耗量所占比例/%	10～15	15～25	25～35	35～45	>45

平行深孔每孔装药量（Q）为

$$Q = qaWL = qmW^2L$$

式中　L——深孔长度，单位 m。

扇形深孔每孔装药量因其孔深、孔距均不相同，通常先求出每排孔的装药量，然后按每排的总长度和总堵塞长度，求出每 1m 孔的装药量，最后分别确定每孔装药量。每排孔装药量为

$$Q_排 = qWS$$

式中　$Q_排$——排深孔的总装药量，单位 kg；

　　　S——排深孔的负担面积，单位 m^2。

表 2-48 列出了我国部分地下矿山深孔爆破参数。

表 2-48　部分地下矿山深孔爆破参数

矿山名称	矿石坚固性系数	深孔排列方式	深孔直径/mm	最小抵抗线/m	孔底距/m	孔深/m	一次单耗/kg·t⁻¹	二次单耗/kg·t⁻¹	每米孔深崩矿/t·m⁻¹
胡家裕铜矿	8~10	上向垂直扇形	65~72	1.8~2.0	1.8~2.2	12~15	0.35~0.40	0.15~0.25	5~6
笸子沟铜矿	8~12	上向垂直扇形	65~72	1.8~2.0	1.8~2.0	<15	0.442	0.183	5
铜官山铜矿	3~5	水平或上向垂直扇形	55~60	1.2~1.5	1.2~1.8	3~5	0.25	0.16	6~8
云锡松树脚锡矿	10~12	上向垂直扇形	50~54	1.3	1.3~1.5	5~8	0.245	0.267	6.33
红透山铜矿	8~12	水平扇形	90~110	3.5	3.8~4.5	10~25	0.21	0.6	15~20
狮子山铜矿	12	水平扇形	90~110	2.0	2.5	15~20	0.45~0.50	0.1~0.2	11~12
易门铜矿凤山坑	4~8	水平扇或束状	105~110	2.5~3.0	2.5~4.0	<30	0.45	0.0213	10~15
易门铜矿狮山坑	4~6	水平扇或束状	105	3.2~3.5	3.3~4.0	5~20	0.25	0.074	16~26
狮子山铜矿	12~14	垂直扇形	90~110	2.0~2.2	2.5	10~15	0.40~0.45	0.10~0.2	11~12
东川因民铜矿	8~10	垂直扇形	90~110	1.6~2.0	2.0~2.5	<15	0.445	0.0643	7.9
红透山铜矿	8~10	水平扇形	50~60	1.4~1.6	1.6~2.2	6~8	0.18~0.20	0.40	4~5
青城子铅矿	8~10	倾斜扇形	65~70	1.5	1.5~1.8	4~12	0.25	0.15	5~7
金岭铁矿	8~12	上向垂直扇形	60	1.5	2.0	8~10	0.16	0.246	6

矿山名称	矿石坚固性系数	深孔排列方式	深孔直径/mm	最小抵抗线/m	孔底距/m	孔深/m	一次单耗/kg·t⁻¹	二次单耗/kg·t⁻¹	每米孔深崩矿/t·m⁻¹
程潮铁矿	2~6	上向垂直扇形	56	2.5	1.2~1.5		0.218	0.01	8
核工业公司794矿	8~10	垂直扇形中深孔	65	1.2	1.8	4~12	0.75		3
核工业公司719矿	8~12	垂直扇形	70 75	1.2	0.8~1 1.8~2.2	1.8~1.5 35~40	0.45 1.08~0.9	0.01	
兰家金矿（长春）	11~12	水平、下向炮孔	38~42	0.85	0.85（孔间距）	2~3 2~4	0.5		2.14

3. 地下采场深孔爆破设计要求、内容与程序

深孔爆破设计是回采工艺中的重要环节，它直接影响崩矿质量、作业安全、回采成本、损失贫化和材料消耗等。

1）深孔设计的注意事项

（1）炮孔能有效地控制矿体边界，尽可能使回采过程中的矿石损失率、贫化率低。

（2）炮孔布置均匀，有合理的密度和深度，使爆下矿石的大块率低。

（3）炮孔的效率要高。

（4）材料消耗少。

（5）施工方便，作业安全。

2）布孔设计所需的资料与内容

（1）布孔设计需要的基础资料。

① 采场实测图。图中应标有凿岩巷道或硐室的相对位置、规格尺寸、补偿空间的大小和位置，原拟定的爆破顺序和相邻采场的情况。

② 矿岩凿岩爆破性质，矿体边界线，简单的地质说明。

③ 矿山现有的凿岩机具、型号及性能等。

（2）布孔设计的基本内容。

① 凿岩参数的选择。

② 根据所选定的凿岩参数，在采矿方法设计图上确定炮孔的排位和排数，并按炮孔的排位作出剖视图。

③ 在凿岩巷道或硐室的剖视图中，确定支机点和机高，并在平面图上推算出支机点的坐标。

④ 所确定的孔间距，在剖视图上做出各排炮孔（扇形排列炮孔时，机高点是一排炮孔的放射点），然后将各深孔编号，量出各孔的深度和倾角，并标在图纸上或填入表中。

上述各项内容，从生产实践角度出发，往往集中用作图软件或图纸来表示，必要时可在设计图纸用简短的文字加以说明。

3）布孔设计方法与步骤

设计方法与步骤通过下述实例来说明。

如图 2-72 所示，有底柱分段凿岩阶段矿房采矿法采场，切割槽布置于采场中央；用 YG-80 型凿岩机钻凿上向垂直扇形炮孔；分段巷道断面 $2m \times 2m$。爆破顺序是由中央切割槽向两侧顺序起爆。矿石坚硬稳固，可爆性差，$f=12$。完成采场炮孔布孔设计。

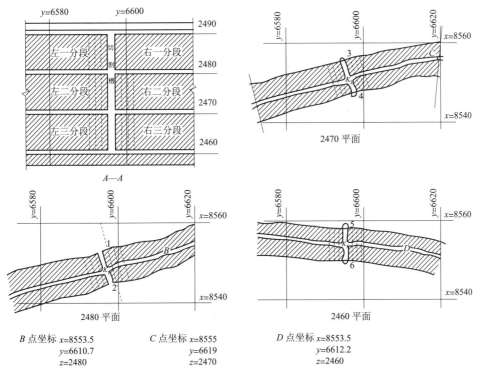

B 点坐标 $x=8553.5$
$y=6610.7$
$z=2480$

C 点坐标 $x=8555$
$y=6619$
$z=2470$

D 点坐标 $x=8553.5$
$y=6612.2$
$z=2460$

图 2-72 采场实测图

（1）参数选择。

① 炮孔直径：$D=65mm$。

② 最小抵抗线：$W=（23\sim30）d=1.5\sim2.0m$，因矿石坚硬稳固，取 $W=1.5m$。

③ 孔底距：在本采场采用上向垂直扇形炮孔，用孔底距表示炮孔的密集程度。因为炮孔的直径是 $65mm$，在排面上将炮孔布置稀一些，但考虑到降低大块的产生，将前后排炮孔错开布置。取邻近系数 $m=1.35$，所以，孔底距 $a=mV=1.35\times1.5m=2m$。

④ 最小抵抗线：取 $W=1.5m$，在分段巷道 2480、2470 和 2460 中，决定炮孔的排数和排位，并标在图上。

（2）按所定的排位，做出各排的剖视图。做出切割槽右侧的第一排位的剖视图，并标出有关分段凿岩巷道的相对位置，如图 2-73 所示。

（3）在剖视图上有关巷道中，确定支机点。为便于操作机高取 $1.2m$，支机点一般设在巷道的中心线上。

（4）根据巷道中的测点，例如 B、C、D 点的坐标，推算出各分段巷道中的支机点 K_1、K_2、K_3 的坐标，具体做法如图 2-74 所示。

① 连接 BK_1 线段。

② 过 B 点作直角坐标，用量角器量得 BK_1 的象限角 $\alpha = 12°$，$BK_1 = 13\text{m}$。

③ 推算得 K_1 点的坐标为

$$x_{k_1} = x_B - \Delta x = x_B - 13\sin12° = 8553.5 - 2.7 = 8550.8$$

$$y_{k_1} = y_B - \Delta y = y_B - 13\cos12° = 6610.7 - 12.7 = 6598$$

$$z_{k_1} = 2480 + 1.2 = 2481.2$$

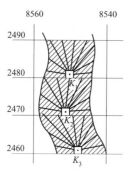

图 2-73 右侧第一排位剖视图的炮孔布置

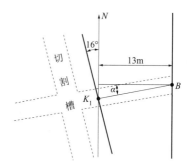

图 2-74 支机点坐标推算示意图

同理，可求得所有支机点的坐标。为便于测量人员复核，计算结果列出坐标换算表，其格式见表 2-49。

表 2-49 坐标换算表

点号	已知测点坐标			坐标增量			K 点坐标		
	x	y	z	Δ_x	Δ_y	Δ_z	x	y	z
$B - K_1$	8553.5	6610.7	2480	-2.73	-12.74	1.2	8550.8	6598	2481.2
$C - K_2$	8555.0	6618.5	2470						
$D - K_3$	8553.5	6612.2	2460						

（5）计算扇形孔排面方位。由图炮孔排面线与正北方向的交角偏西 16°，得扇形孔方向是 N16°W，方位角是 344°。

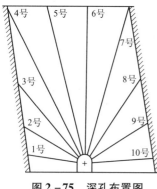

图 2-75 深孔布置图

（6）绘制炮孔布置图。在剖视图上，以支机点为放射点，取 $c = 2\text{m}$ 为孔底距，自左至右或自右至左画出排面上所有炮孔，如图 2-75 所示。

布置炮孔时，先布置控制爆破规模和轮廓的炮孔，如 1 号、7 号、4 号、10 号孔，然后根据孔底距，适当布置其余炮孔。上盘炮孔或较深的炮孔，孔底距可稍大些；下盘炮孔或较浅的炮孔，孔底距应小些；若炮孔底部有采空区、巷道或硐室，不能凿穿，应留 0.8～1.2m 的距离。在可爆性差或围岩有矿化的矿体中，孔底应超出矿体轮廓线外 0.4～0.6m，以减少矿石的损失；为使凿岩过程中排粉通畅，边孔不能水平，应有一定的仰角。一般孔深在 8m 以下时，仰角取 $3° \sim 5°$；孔深在 8m 以上时，仰角取 $5° \sim 7°$。

全排炮孔绘制完后，再根据其稀密程度和死角，对炮孔之间的距离加以调整，并适当增减孔数。最后，按顺序将炮孔编号，量出各孔的倾角和深度。

（7）编制炮孔设计卡片。内容包括分段（层）名称、排号、孔号、机高、方向角、方位角、倾角和孔深等，如表 2－50 所示为第一分段第一分层右侧每一排炮孔的设计卡片。

表 2－50　炮孔设计卡片

分段	排号	孔号	机高	方向角	方位角	倾角	孔深/m	说明
第一分段	右侧第一排	1	2480＋1.2	N16°W	344°	8°	6.0	
		2	2480＋1.2	N16°W	344°	25°	6.5	
		3	2480＋1.2	N16°W	344°	46°	7.9	
		4	2480＋1.2	N16°W	344°	79°	11.5	
		5	2480＋1.2	N16°W	344°	85°	10.7	
		6	2480＋1.2	N16°W	344°	104°	10.5	
		7	2480＋1.2	N16°W	344°	126°	10.9	
		8	2480＋1.2	N16°W	344°	138°	9.4	
		9	2480＋1.2	N16°W	344°	150°	8.3	
		10	2480＋1.2	N16°W	344°	175°	6.2	

4）炮孔施工与验收

炮孔设计完成后开施工单，交测量人员现场标设。施工人员根据施工单进行炮孔施工。要求边施工，边验收，这样才能及时发现差错并及时纠正，以免造成不必要的麻烦。

验收的内容包括炮孔的方向、倾角、孔位和孔深。方向和倾角用深孔测角仪或罗盘测量，孔深用节长为 1m 的木制或金属制成的折尺测量。测量时对炮孔的误差各个矿山不同，如某矿对垂直扇形深孔的施工允许误差为 $±1°$（排面）、倾角 $±1°$、孔深 $±0.5m$。验收的结果要填入验收单，对于孔内出现的异常现象（如偏离、堵孔、透孔、深度不足等），均要标注清楚。根据这些标准和实测结果要计算炮孔合格率（指合格炮孔占总炮孔的百分比）和成孔率（指实际钻凿炮孔数占设计炮孔总数的百分比），一般要求两者均应合格。

验收完毕后，要根据结果绘成实测图，填写表格，作为爆破设计、计算采出矿量和损失贫化等指标的依据和重要资料。

5）爆破方案选择

选择爆破方案要依据爆破基础资料，它包括采场设计图、地质说明书、采场实测图、炮孔验收实测图，邻近采场及需要进行特殊保护的巷道、设施等相对位置图、矿山现用爆破器材型号、规格、品种、性能等资料。

上述资料由采矿、地质和测量人员提供。爆破设计人员除认真熟悉这些资料外，还需对现场进行调查研究，根据情况变化进行重新审核和修改。另外，爆破器材性能需进行实测试验。

爆破方案主要决定于采矿方法中的采场结构、炮孔布置、采场位置及地质构造等。方案主要内容包括爆破规模、起爆方法（含网络）、爆破顺序和雷管段别的安排等。

（1）爆破规模。

爆破规模与爆破范围是密切相关的。一次爆破范围是一个采场，还是几个采场，或者是一个采场分几次爆破，这些直接影响着爆破规模的大小。但这部分内容在采场单体设计时都已初步确定，爆破工作者的任务则是根据变化了的情况进行修改和做详细的施工设计。

爆破规模对于每个矿山都有满足产量的合适范围，一般情况下不会随便改变。只有在增加产量、地质构造变化或控制地压的需要等，才扩大爆破规模或缩小爆破范围。在正常情况下，一般爆破范围以一个采场为一次爆破的较多。

（2）起爆方法。

起爆方法的选择可根据本矿的条件及技术水平、工人的熟练程度具体确定。

在深孔爆破中，使用最广泛的是非电力起爆法（一般采用导爆管起爆与导爆索辅爆的复式起爆法）。20 世纪 80 年代初，冶金矿山均用电力起爆法。但导爆管非电起爆法的推广使用，逐渐取代了电力起爆法，因为非电起爆系统克服了电力起爆法怕杂散电流、静电、感应电的致命缺点。这种导爆管与导爆索的复式起爆法的起爆网络安全可靠，连接简便，但导爆索用量大，起爆前网络不能检测。

（3）起爆顺序和雷管段别的安排。

为了改善爆破效果，必须合理地选取起爆顺序。

① 回采工艺的影响。为了简化回采工艺和解决矿岩稳固性较差和暴露面过大等问题，许多矿山将切割爆破（扩切割槽与漏斗）与崩矿爆破同时进行。对于水平分层回采而言，可由下而上地按扩漏、拉底、开掘切割槽（水平或垂直的）和回采矿房的先后顺序进行爆破；也有些矿山采用先崩矿后扩漏斗的爆破顺序，以保护底柱，提高扩漏质量和避免矿石涌出，以及防止堵塞电耙道。

② 自由面条件。由于爆破方向总是指向自由面，故自由面的位置和数目对起爆顺序有很大的影响。当采用垂直深孔崩矿，补偿空间为切割立槽或已爆碎的矿石时，起爆顺序应自切割立槽往后依次逐排爆破。当采用水平深孔崩矿补偿空间为水平拉底层时，起爆顺序应自下而上逐层爆破。

③ 布孔形式的影响。水平、垂直或倾斜布置的深孔，应取单排或数排为同段雷管，逐段爆破。束状深孔或交叉布置的深孔，则宜采取同段雷管起爆。

为了减少爆破冲击波的破坏作用，应适当增加起爆雷管的段数，降低每段的装药量，并力求分段的装药量均匀。

雷管段别的安排是由起爆顺序来决定的，先爆的深孔安排低段雷管，后爆的深孔安排高段雷管。为了起爆顺序的准确可靠，在生产中不用一段管，从二段管开始。例如，起爆顺序是 1、2、3，安排雷管的段别是 2 段、3 段、4 段等。为保证不因雷管质量原因产生跳段，一般采用 1 段、3 段、5 段等形式。

（4）爆破网络的设计和计算。

不论选用何种起爆法，其正确与否都对起爆的可靠性起决定性作用。必须进行精心设计和计算。值得一提的是，对于规模较大的爆破，一般要预先将网络在地面做模拟试验，符合设计要求才能用。

（5）装药和材料消耗。

深孔装药都属柱状连续装药，装药系数一般为 65% ~ 85%。扇形深孔为避免孔口部分装药过密，相邻深孔的装药长度应当不相等。通常根据深孔的位置不同，用不同的装药系数来控制。起爆药包的个数及位置，不同矿山不尽相同，有些矿山一个深孔中装两个起爆药包，一个置于孔底，一个置于靠近堵塞物。而大多数矿山每个深孔只装一个起爆药包，置于孔底，或者置于深孔装药的中部，并且再装一条导爆索。

装药可采用人工装药和机械装药两种方式。

① 人工装药。人工装药是用组合炮棍往深孔内装填药卷，装药结构属柱状连续不耦合装药。扇形深孔的装药量取决于深孔邻近系数、炮孔的位置和炮孔深度，然后根据每个深孔的装药系数，计算出该孔装药长度，再根据药卷长度决定每个深孔的装药卷个数（取整数），知道每个药卷的重量，就可计算出每个深孔内所装药卷总重量，进而求出全排扇形深孔的装药量。人工装药比较困难，特别是上向垂直扇形深孔装药。

② 机械装药。在井下和露天的中深孔和深孔爆破中，装药量较大，人工装药效率较低，可采用机器装药。该方法操作人员少，效率高，装药密度大，连续装药，可靠性好。这种方法主要用于地下的掘进和采矿的大规模爆破。

材料消耗包括总装药量、雷管数、导爆索或导线总米数，最后求出单位材料消耗量，应用表格统计并计算出来。

（6）深孔爆破的通风和安全工作。

深孔爆破后产生的炮烟（有毒有害气体），相当部分随空气冲击波的传播扩散到邻近各井巷和采场中，造成井下局部地段的空气污染而无法工作。故应从地表将大量的新鲜空气输送入爆区，把有毒有害的炮烟按一定的线路和方向排出地面，这就是井下深孔爆破的通风。一般通风时间需要连续几个作业班。通风后能否恢复作业，必须先由专业人员戴好防毒面具进行现场测定，空气中的有毒有害气体含量达到规定的标准后才能恢复工作。所需风量的计算等问题可参考《矿井通风与除尘》等书籍。

由于一次爆炸的炸药量很大，地下深孔爆破会产生强烈的空气冲击波和地震波，空气冲击波和地震震动会引起地下坑道、线路、管道、支护和设备的破坏或损伤，甚至危及地面建筑物和构筑物。因此，在深孔爆破设计时，必须估算其危害的范围。

深孔大爆破必须做好组织工作。在井下进行深孔大爆破时，由于时间要求短，工序多，任务重，每道工序的具体工作都要求严格、准确、可靠，但爆破工作面狭窄，同时从事作业的人员多，因此，必须有严密的组织，使工作有条不紊地进行，在规定的时间内保质保量地完成。

4. 球形药包爆破法简介（VCR 采矿法）

1）炮孔布置

在 VCR 法中，一般炮孔直径 165mm，通常钻孔偏斜不超过 1% ~ 2%；孔距 3m，排距 1.2m；每层爆高 3m，药包高度 0.6 ~ 1m；最后距上水平 9m 时，可将三层的药包同时爆破。

2）装药起爆

爆破采用 CLH 型或 HD 型高能乳化炸药。CLH 型乳化炸药是高密度（1.35 ~ 1.55g/cm³）、高爆速（4500 ~ 5500m/s）、高体积威力（以 2 号岩石铵锑炸药为 100 时，其相对体积威力为 150 ~ 200）。

装药程序如下。

（1）清孔并用测量绳测量孔深。

（2）用绳将孔塞放入孔内，按爆破设计的位置固定好。

（3）孔塞上面堵塞一定高度的岩屑。

（4）装入下半部炸药。

（5）装入起爆药包。

（6）装入上半部炸药。

（7）用砂或水袋堵塞至设计规定的位置。

（8）连接起爆网络，通常采用电力起爆法、电力起爆和导爆索起爆法、导爆索和非电导爆管起爆法。

每个深孔只装一层药包进行爆破的称为单层爆破，药包的最佳埋置深度因矿石性质和炸药特性不同而异，各矿山应根据小型爆破漏斗试验的结果，按几何相似的原理进行立方根关系换算，求得最佳埋置深度，并在实践中不断调整，以取得最好爆破效果。一般中硬矿石为 1.8~2.5m，每次崩下矿石层厚度为 3m 左右。同层药包可采用同时起爆，但为降低地震和空气冲击波的影响，可采用毫秒爆破，毫秒延期间隔时间为 25~50ms，起爆顺序从深孔中部向边角方向进行。为了减少分层爆破次数，每孔一次可装 2~3 层，按一定顺序起爆称为多层起爆。无论单层或多层爆破，必须有足够的爆破补偿空间（见图 2 -76）。

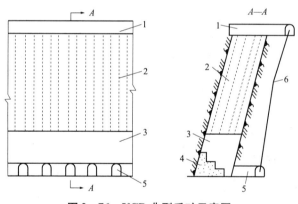

图 2 -76　VCR 典型采矿示意图

1—凿岩巷道；2—大孔径深孔；3—拉底空间；4—充填台阶；5—装矿巷道；6—运输巷道

3）VCR 法爆破方法的优点

（1）工人不必进入敞开的回采空间，安全性好。

（2）破碎块度比较均匀，所需炸药消耗量较少。

（3）采准工作量小。

5. 地下深孔挤压爆破法简介

在中厚和厚矿体的崩矿中，常使用多排孔微差挤压爆破。此时除正确选用爆破参数和工艺外，还须注意以下几点，以期得到良好的爆破效果。

（1）每次爆破的第一排孔的最小抵抗线要比正常排距大些，对于较坚固的矿石要增大 20% 左右，对于不坚固的矿石要增大 40% 左右，以避开前次爆破后裂的影响。由于第一排孔最小抵抗线增大，其所用装药量也要相应增大（25%~30%），可用增大孔径或孔数、提高装药密度或采用高威力炸药来达到此目的。

（2）在一定范围内增大一次爆破层厚度可改善爆破效果。但是爆破层太厚，随着爆破排数的增加，破碎的矿石块越来越被挤实，最后起爆的几排炮孔完全没有补偿空间可供破碎膨胀，结果将使最后几排深孔受到破坏。矿石过度挤压，可能造成放矿困难，甚至放不出来。一次爆破层厚度可根据矿床赋存条件、矿石性质、爆破参数、挤压条件等因素来确定。一般中厚矿体的挤压爆破可用 10~20m 爆破层厚度；厚矿体的挤压爆破可用 15~30m。我国几个矿山的地下挤压爆破参数列于表 2-51 中。

（3）多排孔微差挤压爆破的炸药单位消耗量比普通的微差爆破高一些，一般为 0.4~0.5kg/t。装药不可过量，否则将造成过度挤压。扇形炮孔的装药不可过长，否则不利于爆炸能的利用，故孔口装药端的相互间距不应小于 0.8 倍最小抵抗线，而孔口不装药的长度应不小于最小抵抗线的 1.2 倍。

（4）多排孔微差挤压爆破排间间隔时间应比普通微差爆破长 30%~60%，以便使前排孔爆破的岩石产生位移形成良好的空隙槽，为后排创造补偿空间，发挥挤压作用。一般崩落矿石产生位移移动时间为 15~20ms，挤压爆破的排间间隔时间必须大于此值。通常对坚硬的脆性矿石可取小的微差间隔时间，对松软的塑性矿石则可取长些的间隔时间。

（5）爆破后松散矿石压实后，密度较高。为使下一次爆破得到足够的补偿空间和提高炸药爆炸的能量利用率，必须在下一次爆破前进行松动放矿，放矿量为前次崩落矿量的 20%~30%。

（6）补偿系数。补偿空间的容积 V_B 与崩落矿石原体积 V 之比，称为补偿系数 K_B，即：

$$K_B = \frac{V_B}{V} \times 100\%$$

挤压爆破的补偿系数一般为 10%~30%。

部分矿山地下深孔挤压爆破参数见表 2-51。

表 2-51　部分矿山地下深孔挤压爆破参数

矿山名称	矿体厚度/m	矿石坚固性系数 f	崩矿参数					挤压条件	一次崩矿厚度/m
			深孔排列方式	炸药单耗/kg·t^{-1}	孔径/mm	孔深/m	最小抵抗线/m		
篦子沟矿	30~50	8~2	垂直扇形深孔	0.446	65~74	10~15	1.8	向相邻松散矿石挤压	15~18
易门铜矿狮子坑	20~30	4~6	垂直及水平扇形深孔		105~110	15		向相邻松散矿石挤压	20
								两侧有松散矿石，向两侧挤压	30
胡家裕矿	15	8~10	垂直扇形深孔	0.479	65~72	12~15	1.8	向相邻松散矿石挤压	6~13

第二部分　地下采场深孔爆破凿岩爆破安全事项

1. 凿岩工作安全注意事项

1）凿岩前安全注意事项

（1）开动风扇通风，清洗掌头或采场作业面岩帮，保持工作面空气良好。

（2）工作面安装良好照明。

（3）工作以前，必须做好安全确认，处理一切不安全因素，达到无隐患再作业。检查有无炮烟和浮石，做好通风，撬好顶帮浮石，防止炮烟中毒和浮石落下伤人。保证作业环境安全稳固。对现场作业环境的各种电气设施要首先进行安全确认，防止漏电伤人。

（4）在有立柱的采场作业时，要检查工作面的立柱、棚子、梯子和作业平台是否牢固，如有问题应先处理好。

（5）检查工作面有无盲炮残药，发现有盲炮残药必须及时进行处理。处理方法如下。

① 用水冲洗。

② 装起爆药包点火起爆。

③ 距盲炮眼 0.3m 以上打平行眼起爆，严禁打盲炮眼、残药炮眼或掏出、拉出起爆药包。

（6）检查凿岩机具、风绳、水绳等是否完好。

2）在凿岩过程中安全注意事项

（1）经常注意工作面的变化情况，发现问题及时处理；遇有冒水或异常现象，立即退出现场并发出警戒信号。

（2）坚持湿式凿岩，严禁干式凿岩。不是风水联动的凿岩机，开机时应严格执行先给水后给风，停机时先停风后停水。

（3）为确保凿岩机良好运转，开机时要遵守"三把风"的操作程序，风门开启由小到大渐次进行，严禁一次开启到最大风门，以免凿岩机遭到损坏。

（4）凿岩时应做到"三勤"，耳勤听、眼勤看、手勤动。随时注意检查凿岩机运转、钻具和工作面情况，若发现异常应及时处理后再作业。要防止顶帮掉浮石、钎杆折断、风水绳脱机等伤人事故的发生。

（5）发生卡钎或凿岩机处于超负荷运转时，应立即减少气腿子推力和减小风量，严禁用手扳、铁锤类工具猛敲钎杆。

（6）凿岩时操作工人应站在凿岩机侧面，不准全身压在或两腿跨驾在气腿子上面。在倾角大于45°以上的采场作业，操作工不准站在凿岩机的正面；打下向眼时，不准全身压在凿岩机上，防止断钎伤人。

正在运转的凿岩机下面，禁止来往过人、站人和做其他工作。

（7）打上向炮眼退钎子时，要降低凿岩机运转速度，慢慢拔出钎子。如发现钎子将要脱离开凿岩机时，要立即手扶钎子以防其自然滑落伤人。

（8）严禁在同一工作面边凿岩边装药的混合作业法。

（9）上风水绳前要用风水吹一下再上，必须上牢，防止松扣伤人。

（10）开机前先开水后开风，停机时先闭风后闭水，开机时机前面禁止站人，禁止打干眼和打残眼。

（11）浅孔凿岩时应慢开眼，先开半风，然后慢慢增大，不得突然全开防断杆伤人。打水平眼两脚前后叉开，集中精力，随时注意观察机器和顶帮岩石的变化。天井打眼前，应检查工作台板是否牢固，如不符合安全要求时停机处理，安全后再作业。

3）中深孔凿岩安全注意事项

（1）检查机器、架件、导轨等的螺钉是否坚固可靠。

（2）凿岩时禁止用手握丝杆等旋转部位、冲击部位及夹钎器。

（3）接杆、卸杆时，要注意把身体躲开落钎方向的位置，防止钎杆落下伤人等。

（4）进入作业现场，首先详细检查照明通风是否良好，帮顶是否有浮石，各类支护、安全防护设施是否齐全完好，处理好不良隐患，确认安全后方可作业。

（5）开机前检查设备顶柱是否牢靠，各风水管连接是否处于良好状态，各部件等是否牢固可靠，确认无误时，方可开机工作。

（6）开门时距机器2m内严禁站人，先小风开进，机器上方必须设有坚固完好的防护板，并保证先开水后开风，严禁干式开门。

（7）安装、拆卸钻杆时，一定两人操作，互相配合，上下杆时必须使用专用工具卡钳子，不得用其他任何非标准工具代替，上卸杆时，对位置后，必须停止一切操作，待卸杆人员将卡钳子卡住时，通知操作人员并退后2m时，操作人员方可开风转动卸杆。

（8）钻杆扭断处理时，作业人员必须避开孔下部，不得拆除防护板，并做好防护措施，严防杆坠落伤人。

（9）开、关风水时，严禁面对风水头，注油紧固螺钉及处理、清扫机器时，一定关闭风源。

（10）作业完毕一定要用小风流将冲击器电动机中的杂物吹出，关好风水，清扫污物，回收用过的磨具，有安全防护设施的一定要挂好，安牢，不得留下任何隐患。

（11）操作台必须处在安全朝上风头方向的位置，操作台距钻机不少于2m，开门时操作人员不得正视钻头。

（12）钻机周围不许有杂物影响操作，各种物品的摆放必须符合标准规范。

（13）台架在安装时一定要多人配合，垫板坚实，地面、顶板平整无浮石，立柱摆直一定要紧牢，大臂螺钉一定紧固牢靠。

（14）钻孔完成后，拆卸钻机时，一定要先拆风管，然后按照先小、后大的方法，最后放倒支柱。

（15）钻机挪运安装之前，将作业现场及所行走的通道清理平整，符合安全要求，挪运安装必须多人合作，抬放时口令一致。

（16）捆绑设备的绳索一定要结实可靠，抬运用的木杠一定要坚固抗压，并绑牢、捆好。

4）凿岩台车安全注意事项

（1）操作凿岩台车人员，必须经过培训合格后，方可操作。

（2）操作前必须处理好浮石，检查台车上电气、机械、油泵等是否完整好使。

（3）凿岩前必须将台车固定牢固，防止移动伤人。

（4）检查好各输油管、风绳、水绳等及其连接处是否跑冒滴漏，如有问题须处理后开车。

（5）凿岩前应先空运转检查油压表、风压表及按钮是否灵活好使。

（6）凿岩台车必须配有足够的低压照明。

（7）大臂升降和左右移动，必须缓慢，在其下面和侧旁不准站人。

（8）打眼时要固定好开眼器。

（9）在作业过程中需要检查电气、机械、风动等部件时，必须停电、停风。

（10）凿岩结束后，收拾好工具，切断电源，把台车送到安全地点。

（11）台车在行走时，要注意巷道两旁，要缓慢行驶，以防触碰设备、人员等。

（12）禁止打残眼和带盲炮作业。

（13）禁止在换向器的齿轮尚未停止转动时强行挂挡。

（14）禁止非工作人员到台车周围活动和触摸操纵台车。

5）其他注意事项

（1）采用新型凿岩机作业时，要遵守新的凿岩机的操作规程。

（2）在高空或有坠落危险的地方作业时，必须系好安全带。

（3）打完眼后，应用吹风管吹干净每个炮眼，吹眼时要背过面部，防止水砂伤人。

（4）完成凿岩任务时，卸下水绳，开风吹净凿岩机内残水，以防机件生锈，然后卸下风绳。

（5）清理好所有的凿岩机具，搬到指定的安全地点，风水绳要各自盘把好，严禁凿岩机、风水绳与供风（水）管线连接在一起。

2. 爆破工作安全注意事项

1）爆破工作的一般规定

（1）爆破工必须经过专门培训、考试取得爆破证者，方准从事爆破作业。背运爆破材料时，禁止炸药、雷管混合装、背、运。

（2）凿岩工作尚未结束，机具和无关人员尚未撤出危险地点，未放好爆破警戒标志前，禁止进行爆破作业。

（3）有冒顶危险或危及设备时，若无有效防护措施，禁止进行爆破作业。

（4）需要支护而没有支护或工作面支护损坏，通道不安全或阻塞时，禁止进行爆破作业。

（5）爆破材料不准乱放。爆破作业结束后须将剩余的爆破材料交回炸药库，并做好交接班工作。

（6）一个工作面禁止使用不同燃速的导火线，响炮时应数清响炮数，从最后一炮算起，至少经15分钟（经过通风吹散炮烟后），才准许爆破人员进入爆破作业地点，严禁看回头炮。

（7）导爆管起爆时，连线起爆应由一人进行。

（8）爆破作业应有可靠照明。

（9）打大块时先检查有无残药，打大锤时应注意周围人身的安全和自身安全。

（10）危险地点作业时，须采用临时支护或其他安全措施后再作业，特别危险地点作业时，须经有关人员检查，采取有效安全措施后方可作业。

（11）采场放炮，必须事先通知相邻采场、工作面作业人员，并加强警戒。

（12）爆破作业必须两人以上，禁止单人作业。

（13）矿山要有统一放炮时间。

（14）二次爆破处理悬顶时，严禁进入悬拱和立槽下进行处理。

2）爆破材料领退的规定

（1）应根据当班的爆破作业量，填写好爆破材料领料单，领取当班的爆破材料。

（2）当班剩余的爆破材料应当班退回库房，严禁自行销毁或私人保管。

（3）领退爆破材料的数量必须当面点清，若有遗失或被窃，应立即追查和报告有关领导。

3）爆破材料运输的规定

（1）领取爆破材料后，必须直接送到工作面或专有的临时保管库房（必须有锁），严禁他人代运代管，不得在人群聚集的地方停留。炸药和雷管必须分别放在各自专用的袋内。

（2）一人一次运搬爆破材料的数量。

① 同时运搬炸药和起爆材料不得超过 30kg。

② 背运原包装炸药不得超过一箱。

③ 挑运原包装炸药不得超过两箱。

（3）爆破材料必须用专车运送，严禁炸药、雷管同车运送。除爆破人员外，其他人员不准同车乘坐。

（4）汽车运输不得超过中速行驶，寒冬地区冬季运输，必须采取防滑措施。遇有雷雨停车时，车辆应停在距建筑物不小于 200m 的空旷地方。

（5）竖井、斜井运送爆破材料时，爆破工必须遵守下列规定。

① 事先通知卷扬司机和信号工；

② 在上下班人员集中的时间内，禁止运爆破材料；

③ 严禁爆破材料在井口或井底车场停放。

（6）用电机车运送爆破材料时，必须遵守下列规定。

① 列车前后应设有"危险"标志。

② 电机车运行速度不超过 2m/s。

③ 如雷管、炸药和导爆索同一列车运送时，其各车厢之间应用空车隔开。

④ 驾线电机车运送时，装有爆破材料的车厢与机车之间必须用空车隔开；运送电雷管时，必须采取可靠的绝缘措施。

4）爆破准备及信号规定

（1）在爆破作业前，应对爆破区进行安全检查，有下列情况之一者，禁止爆破作业。

① 有冒顶塌帮危险。

② 通道不安全或通道阻塞 2/3，或无人行梯子，有可能造成爆破工不能安全撤退。

③ 爆破矿岩有危及设备、管线、电缆线、支护、建筑物、设施等的安全，而无有效防护措施。

④ 爆破地点光线不足或无照明。

⑤ 危险边界或通路上未设岗哨和标志或人员未撤除。

⑥ 两次爆破互有影响时，只准一方爆破。贯通爆破时，两工作面距离达 15m 时，不得同时爆破；达 7m 时，须停止一方作业，爆破时，双方均应警戒。

⑦ 爆破点距离炸药库存 50m 以内时。

（2）加工起爆药包应遵守下列规定。

① 起爆药包的加工，只准在爆破现场的安全地方进行，每次加工量不超过该次爆破需要量；雷管插入药包前，必须用铜、铝或木制的锥子在药卷端中心扎孔。

② 加工起爆药包地点附近，严禁吸烟、烧火，严禁用电或火烤雷管。

（3）设立警戒和信号规定。

井下爆破时，应在危险区的通路上设立警戒红旗，区域为直线巷道 50m，转弯巷道 30m。严禁以人代替警戒红旗。全部炮响后，须经 15min 方能撤除警戒；若响炮数与点火数不符，须经 20min 后方能撤除警戒。严禁挂永久红旗。

5）装药与点火爆破的规定

（1）装药前应对炮眼进行清理和检查。

（2）装起爆药包和硝化甘油炸药时，禁止抛掷或冲击。

（3）药壶扩底爆破的重新装药时间，硝铵炸药至少经过 15min；硝化甘油炸药至少经过 30min。

（4）深孔装药炮孔出现堵塞时，在未装入雷管、黑梯药柱等敏感爆炸材料前，可用铜或非金属长杆处理。

（5）使用导爆管起爆时，其网络中不得有死结，炮孔内的导爆管不得有接头。禁止将导爆管对折 180° 和损坏管壁，异物入管，将导爆管拉细等影响导爆管爆轰波传播的操作。

（6）用雷管起爆导爆管时，导爆管应均匀敷设在雷管周围。

（7）装药时禁止烟火、明火照明；装电雷管起爆体开始后，只准用绝缘电筒或蓄电池灯照明。

（8）禁止单人装药放炮（补炮、糊大块除外），爆破工点完炮后必须开动局部风扇或打开风门（喷雾器）。

（9）装药时不许强冲击，禁止用铁器装药，要用木棍装。

（10）严止无爆破权的人进行装药爆破工作。

（11）电气爆破送电未爆进行检查时，必须先将开关拉下，锁好开关箱，线路短路 15min 后方可进入现场检查处理。

（12）炸卡漏斗大块矿石时，禁止人员钻入漏斗内装药爆破。

（13）炮孔堵塞处理工作必须遵守下列规定。

① 装药后必须保证堵塞质量。

② 堵塞时，要防止起爆药包引出的导线、导火线、导爆索被破坏。

③ 深孔堵塞不准在起爆药包后直接填入木楔。

（14）明火起爆时应遵守下列规定。

① 必须采用一次点火，成组点火时，一人不超过五组。

② 二次爆破单个点火时，必须先点燃信号管或计时导火线，其长度不超过该次点燃最短导火线的 1/3，但最长不超过 0.8m。

③ 导火线的长度须保证人员撤到安全地点，但最短不小于 1m。

④ 竖井、斜井和吊罐天井工作面爆破时，禁止采用明火爆破。

⑤ 点燃导火线前，切头长度不小于 5cm，一根导火线只准切一次，禁止边装边点或边切边点。

⑥ 从第一个炮响算起，井下 15min 内不得进入工作面，烟未排出，禁止进入。

（15）电力起爆必须符合下列规定。

① 只准用绝缘良好的专用导线做爆破主线、区域线或支线。露天爆破时，主线允许用架设在瓷瓶上的裸线，爆破线路不准同铁轨、铁管、钢丝绳和非爆破线路直接接触。禁止利用水、大地或其他导体做电力爆破网络中的一根导线。

② 装药前要检查爆破线路、插销和开关是否处于良好状态，一个地点只准设一个开关和插座。主线段应设两道带箱的中间开关，箱要上锁，钥匙由连线人携带。脚线、支线、区域线和主线在未连接前，均须处于短路状态。只准从爆破地点向电源方向连接网络。

③ 有雷雨时，禁止用电力起爆；突然遇雷时，应立即将支线短路，人员迅速撤离危险区。

（16）导爆索起爆时应遵守下列规定。

① 导爆索只准用快刀切割。

② 支线应顺主线传爆方向连接，搭接长度不小于 15cm；支线与主线传爆方向的夹角要小于 90°。

③ 起爆导爆索时，雷管的聚能穴应朝向导爆索传爆方向。

④ 与散装铵油炸药接触的导爆索须采取防渗油措施。

⑤ 导爆索与导爆管同时使用时不应用导爆索起爆导爆管，因导爆索爆速大于导爆管，易引起导爆索爆炸时击坏导爆管。

6）盲炮处理规定

（1）发现盲炮必须及时处理，否则应在其附近设明标志，并采取相应的安全措施。

（2）处理盲炮时，在危险区域内禁止做其他工作。处理盲炮后，要检查清除残余的爆破材料，并确认安全时方准作业。

（3）电爆破有盲炮时，需立即拆除电源，其线路须及时短路。

（4）炮孔内的盲炮，可采用再装起爆药包或打平行眼装药（距盲炮孔不小于 0.3m）爆破处理，禁止掏出或拉出起爆药包。

（5）硐室盲炮可清除小井、平硐内填塞物后，取出炸药和起爆体。

（6）内外部爆破网络破坏造成的盲炮，其最小抵抗线变化不大，可重新连线起爆。

7）高硫、高温矿爆破安全注意事项

（1）高硫矿爆破时，炮孔内粉尘要吹净，禁止将硝铵类炸药的药粉与硫化矿直接接触，并禁止用高硫矿粉做填塞物。严防装药时碰坏药包。

（2）高温矿爆破时，孔底温度超过50℃，必须采取防止自爆的措施。

项目三　编制某矿露天台阶深孔爆破说明书

一、项目任务分解

任务分解见表2-52。

表2-52　任务分解表

项目名称	任务序号	任务名称	成果（展示）
编制某矿露天台阶爆破说明书	1	选择凿岩设备	凿岩设备型号、数量表（附原因）
	2	选择炸药品种	炸药选择分析报告
	3	确定炮孔参数	孔的参数表
	4	绘制炮孔排列图	炮孔排列图
	5	确定爆破参数	爆破参数表
	6	设计装药结构	装药结构图
	7	设计起爆网络	起爆网络图
	8	设计警戒区域	警戒区域图
	9	设计施工进度	施工进程表
	10	预期爆破效果	爆破效果预期技术经济指标表
	11	设计施工程序	施工程序报告
	12	规范爆炸危险管理办法	规章制度
	13	设计爆破施工组织机构	组织机构图及职责说明
	14	任务合成	完整的某矿露天台阶爆破说明书

二、项目原始条件

爆破原始条件见表2-53。

表2-53　爆破原始条件表

任务	矿山露天台阶深孔爆破作业原始条件	完成人
矿1	某露天铁矿为块状磁铁矿，矿岩坚固性系数$f=12$，平均密度为3.3g/cm³，波速为5200m/s，台阶高度为12m，台阶坡面角70°，矿岩含水丰富，夏季钻孔后两小时炮孔内水深超过4m，雨天会满孔，冬季最低温度可达零下30℃。爆区长100m，宽30m，距爆点2500m有村庄。请编制爆破说明书	1组

续表

任务	矿山露天台阶深孔爆破作业原始条件	完成人
矿2	某露天铁矿，矿岩坚固性系数 $f=8$，台阶高度12m，矿岩密度为4.1g/m³，波速为5000m/s，台阶坡面角75°，爆区长75m，宽30m，矿岩含水丰富，夏季钻孔后两小时炮孔内水深超过4m，雨天会满孔，冬季最低温度可达零下30℃。距爆点2500m有村庄。请编制爆破说明书	2组
矿3	某露天铁矿，矿岩坚固性系数 $f=14$，矿岩密度为4.5g/m³，波速为5100m/s，台阶高度12m，台阶坡面角75°，爆区长120m，宽35m，矿岩含水丰富，夏季钻孔后两小时炮孔内水深超过4m，雨天会满孔，冬季最低温度可达零下30℃。距爆点2500m有村庄。请编制爆破说明书	3组
矿4	某露天铁矿，矿岩坚固性系数 $f=10$，矿岩密度为4g/m³，波速为5100m/s，台阶高度12m，台阶坡面角70°，爆区长90m，宽30m，矿岩含水丰富，夏季钻孔后两小时炮孔内水深超过4m，雨天会满孔，冬季最低温度可达零下30℃。距爆点2500m有村庄。请编制爆破说明书	4组
矿5	某露天铁矿，矿岩坚固性系数 $f=8$，矿岩密度为4.2g/m³，波速为5200m/s，台阶高度12m，台阶坡面角70°，爆区长80m，宽30m，矿岩含水丰富，夏季钻孔后两小时炮孔内水深超过4m，雨天会满孔，冬季最低温度可达零下30℃。距爆点2500m有村庄。请编制爆破说明书	5组
矿6	某露天铁矿，矿岩坚固性系数 $f=16$，矿岩密度为3.9g/m³，波速为4800m/s，台阶高度12m，台阶坡面角70°，爆区长60m，宽30m，矿岩含水丰富，夏季钻孔后两小时炮孔内水深超过4m，雨天会满孔，冬季最低温度可达零下30℃。距爆点2500m有村庄。请编制爆破说明书	6组

三、项目实施导学与要求

任务1 为某露天矿台阶深孔爆破选择凿岩设备

（一）完成任务所需知识储备

（1）牙轮钻机、潜孔钻机比较。

（2）钻机台班功效。

（3）钻机能耗。

（4）钻进成本。

（5）安全、维护。

（6）购买价格。

（7）岩石比重、密度、孔隙率、含水性等物理性质与爆破相关性。

（8）岩石的弹性、塑性、硬度、波阻抗等力学性质与凿岩、爆破难易相关性。

（9）岩石在抗压、抗拉以及抗剪等方面表现出的特性。

（10）岩石坚固性系数的含义，熟悉岩石普氏分级表，每一级的代表性岩石。

（二）学习效果要求

（1）至少选择两种不同型号的钻机进行比较，择优选用。

（2）完成钻机选择说明（附凿岩设备型号、数量表）。

（3）各小组随机选择代表上台流畅陈述选择理由。

（三）学习资料汇编

（略。）

任务2　为某露天矿台阶深孔爆破选择炸药品种

（一）完成任务所需知识储备

（1）常见露天矿山炸药种类。

（2）炸药性能指标含义。

（3）炸药价格。

（4）安全、环保指标。

（二）学习效果要求

（1）至少选择两种不同型号或种类炸药进行比较，择优选用。

（2）完成炸药选择说明。

（3）各小组随机选择代表上台流畅陈述选择理由。

（三）学习资料汇编

（略。）

任务3　确定炮孔参数

（略。）

任务4　绘制炮孔排列图

（略。）

任务5　确定爆破参数

（略。）

任务6　设计装药结构

（一）完成任务所需知识储备

（1）水平孔、垂直孔、倾斜孔的概念与优劣。

（2）孔距、孔深、孔数、超深、排距、抵抗线、深孔密集系数、安全距离的确定方法与影响因素。

（3）岩石爆破破岩机理。

（二）学习效果要求

（1）确定炮孔参数，画出炮孔参数表。

（2）绘制炮孔排列图。

（3）绘制装药结构图。

（4）确定炮孔参数，画出爆破参数表。

（5）各小组随机选择代表上台陈述理由。

（三）学习资料汇编

（略。）

任务7　设计起爆网络

（一）完成任务所需知识储备

（1）雷管、导爆索、导爆管性能与作用。

（2）雷管号数、段数的概念。

（3）分段爆破的优势。

（4）不同器材的起爆网络的适用范围与优缺点。

（5）起爆顺序。

（二）学习效果要求

（1）选择起爆方式。

（2）设计并绘制起爆网络图。

（3）确定爆序。

（4）各小组随机选择代表上台陈述理由。

（三）学习资料汇编

（略。）

任务8　设计警戒区域

（一）完成任务所需知识储备

（1）药量与爆破作用范围的关系。

（2）与爆破面相关联的地质、地形、河流、村庄、建筑物、道路等情况。

（3）警戒器具。

（4）人员撤离现场。

（5）避炮准备。

（6）在相关位置布置人员或设置明显标志，发警戒信号。

（二）学习成果要求

（1）绘制警戒区域图，标注警戒方法。

（2）各小组随机选择代表上台陈述理由。

（三）学习资料汇编

（略。）

任务9　设计施工进度

（一）完成任务所需知识储备

钻机的台班功效。

（二）学习效果要求

（1）施工进度图表。

（2）各小组随机选择代表上台陈述理由。

（三）学习资料汇编

（略。）

任务 10　预期爆破效果

（一）完成任务所需知识储备

（1）爆破崩落实体岩石量。

（2）炮眼总长度。

（3）单位炮眼消耗量。

（4）炸药单耗。

（5）炸药总消耗量。

（6）单位雷管消耗量。

（7）爆后工作面状况（后冲、大块、伞檐、根底）。

（二）学习效果要求

（1）确定爆破预期技术经济指标。

（2）画出预期技术经济指标汇总表。

（3）各小组随机选择代表上台陈述理由。

（三）学习资料汇编

（略。）

任务 11　设计施工程序

（一）完成任务所需知识储备

参见《爆破安全规程》。

（二）学习效果要求

（1）写出施工程序报告，画出工程进度图。

（2）各小组随机选择代表上台陈述理由。

（三）学习资料汇编

（略。）

任务 12　管理爆炸危险品

（一）完成任务所需知识储备

参见《爆破安全规程》。

（二）学习效果要求

（1）写出某矿露天台阶深孔爆破爆炸危险品管理制度。

（2）讨论各项措施的必要性。

（三）学习资料汇编

（略。）

任务13　设计爆破施工组织机构

（一）完成任务所需知识储备

参见《爆破安全规程》。

（二）学习效果要求

（1）设计某矿露天台阶深孔爆破施工组织机构。

（2）讨论各项各机构的职责。

（三）学习资料汇编

（略。）

任务14　编制某矿露天台阶深孔爆破说明书

（一）完成任务所需知识储备

（略。）

（二）学习效果要求

（1）某矿露天台阶深孔爆破说明书。

（2）各组随机选人讲解设计内容并讨论。

（三）学习资料汇编

参见平巷掘进爆破说明书和采场落矿深孔爆破说明书编制内容与程序。

第一部分　露天台阶爆破穿孔设备

穿孔工作是露天矿开采的第一个工序，其目的是为随后的爆破工作提供装放炸药的孔穴。在整个露天矿开采过程中，穿孔费用大约占生产总费用的10%～15%。穿孔质量的好坏，将对后续的爆破、采装等工作产生很大的影响。特别是矿岩坚硬、穿孔技术不够完善的冶金矿山，穿孔工作往往成为露天开采的薄弱环节，制约矿山的生产与发展。因此改善穿孔工作，可强化露天矿床的开采，从而具有重大的意义。

目前，露天矿开采中使用的穿孔设备主要有：潜孔钻机、牙轮钻机。

1. 潜孔钻机

1）潜孔钻机概述

潜孔钻机是一种大孔径深孔钻孔设备，和牙轮钻机相比，具有结构简单，使用方便，成本低，不受孔深限制，可以钻凿斜孔等优点，但钻孔效率没有牙轮钻机高。它主要由冲击机构、回转供风机构、推压提升机构、接卸钻杆机构、行走机构和钻架起落机构、气动系统、电气系统组成。其主要特点是，钻机置于孔外，只负担钻具的进退和回转，产生冲击动作的冲击器紧随钻头潜入孔底，故称为潜孔钻机。冲击功能量的传递损失小，穿孔速度不因孔深的增加而降低，所以钻凿的孔深和孔径都较大，适用于露天钻孔，其钻凿深度主要取决于推进力、回转力矩和排岩粉能力。

露天潜孔钻机按机体重量和可穿凿的钻孔直径的不同分为轻型、中型和重型三种。

轻型露天潜孔钻机一般本身不带空压机和行走机构，另配空压机和钻架，近几年生产的也有自带行走机构的，机体质量在10t以下，钻孔直径为100mm左右，常见的有KQ –

100 型钻机，适用于小型露天矿山。

中型露天潜孔钻机一般自带履带式行走机构，不带空压机，机体质量为 15～20t，钻孔直径为 150～170mm，常见的有 KQ – 150 型钻机、T – 170 型钻机，适用于中、小型露天矿山。

重型露天潜孔钻机自带空压机，电动履带自行，机体质量为 30～50t，钻孔直径为 200～320mm，常见的有 KQ – 200 型钻机、KQ – 250 型钻机，适用于大型露天矿山。

潜孔钻机的凿岩过程实质上是在轴向压力的作用下，冲击和回转联合作用的过程。其中，冲击是断续的，回转是连续的，并且以冲击为主，回转为辅。

露天潜孔钻机的钻具包括钻头和钻杆，钻头与浅眼和接杆式凿岩机所用的钻头相似，但不同的是钻头直接连接在冲击器上。连接方式有扁销和花键两种。按镶焊硬质合金的形状，潜孔钻机的钻头可分为刃片钻头、柱齿钻头、混合型钻头。其中刃片钻头通常制成超前刃式，而混合型钻头为中心布置柱齿，周边布置片齿的形式。钻杆有两根，即主钻杆和副钻杆，其结构尺寸完全一样，钻杆之间用方形螺纹直接联结，每根长约 9m。

与牙轮钻机一样，工作时间利用系数（η）是影响穿孔速度的另一个重要因素。目前，各露天矿山中潜孔钻机的工作时间利用系数也是不高的。非作业时间大部分消耗在检修、等待备件及待风、待电等项目上。所以在今后的生产中有必要继续从钻机、钻具、工作参数及组织管理上进行改进。

2）潜孔钻机选型

影响潜孔凿岩作业效率和成本的因素很多，除了岩石特性和节理构造之外，还有钻具的结构、冲击器的性能、钻机工作参数的匹配以及操作者的水平等。要想获得较经济的穿孔速度，必须针对不同的岩石，选择合适的钻具、冲击器，合理匹配钻机各主要工作参数。

（1）钻头的选择和使用。

不同的岩石具有不同的凿碎比功，可钻性也不一样，需要不同形式的钻头、钻杆、冲击器与之相适应，任一种钻具系只能最适合某种性质的岩石，绝没有全能的钻头和冲击器。

① 钻头的分类。

钻头的品种繁多，根据钻刃形状可分为刃片型、柱齿型和刃柱混装型三种。

刃片型钻头的主要缺陷是不能根据磨蚀载荷合理地分派硬质合金量，因而钻刃距钻头回转中心越远时，承载负荷越大，磨钝和磨损也越快。钻刃磨损 20% 以上时容易卡钻，穿孔速度明显下降。因此，这种钻头只适合小直径浅孔凿岩作业。

柱齿型钻头在钻孔过程中具有自行修磨的能力，钻进速度趋于稳定，便于根据受力状态合理地布置合金柱齿，嵌装工艺简单。因此，柱齿型钻头在中、大孔径潜孔钻进作业中得到了广泛的应用。

柱齿型钻头根据其头部形状可分为二翼型钻头、三翼型钻头与四翼型钻头，钻头每翼对应一条排粉槽，排粉槽越多，排渣效果越好。按头部形状还可分为平头型、中间凹陷型与中间凸出型，中间凹陷型和凸出型导向性较好，成孔规则，可相应地减小钻头回转扭矩，但齿的受力状态不好，易折断；按柱齿形状还可分为球齿钻头、弹齿钻头及楔齿钻头等，球齿钻头适合硬岩钻进，弹齿钻头和楔齿钻头在软岩中更能发挥凿岩效率。

刃柱混装型钻头的周边嵌焊刃片，中间嵌装柱齿，这种钻头是根据钻头中间破碎岩石体积少、周边破碎岩石体积大的特点设计的，较好地解决了钻头边齿过快磨损的问题，但制造工艺较复杂，制约了它的推广使用。

正常情况下钻头失效主要是由钻头的磨损引起的。一方面，柱齿磨钝之后，能量不能有效地传递到岩石上，而是消耗在钻头体中，引起钻头体崩块或断裂；另一方面，钻头周边严重磨损，周边柱齿的抱紧力降低，引起掉齿，同时，周边的磨损还会减小柱齿的断面尺寸，进而导致柱齿断裂。

② 钻头的选择。

在特定的岩石中凿岩，必须选择合适的钻头，才能取得较高的凿岩速度和较低的穿孔成本。

a. 坚硬岩石凿岩比功较大，每个柱齿和钻头体都承受较大的载荷，要求钻头体和柱齿具有较高的强度，因此，钻头的排粉槽个数不宜太多，一般选双翼型钻头，排粉槽的尺寸也不宜过大，以免降低钻头体的强度。同时，钻头合金齿最好选择球齿，且球齿的外露高度不宜过大。

b. 在可钻性比较好的软岩中钻进时，凿岩速度较快，相对排渣量较大，这就要求钻头具有较强的排渣能力，最好选择三翼型或四翼型钻头，排渣槽可以适当大一些，深一些，合金齿可选用弹齿或楔齿，齿高相对高一些。

c. 在节理比较发育的破碎带中钻进时，为减少偏斜，最好选用导向性比较好的中间凹陷型或中间凸出型钻头。

d. 在含黏土的岩层中凿岩时，中间排渣孔常常被堵死，最好选用侧排渣钻头。

e. 在韧性比较好的岩石中钻孔时，最好选用楔形齿钻头。

③ 钻头的使用。

只有正确使用钻头，才能延长钻头的使用寿命，节约穿孔成本。因此，必须注意以下几个方面。

a. 必须避免轻压下的重冲击，否则，钻头体内将产生过大的拉应力，容易导致柱齿脱落。

b. 必须避免重压下的钝回转，否则，将加快钻头边齿的磨损。

c. 钻机安装稳固，避免摇摆不定。

d. 弯曲的钻杆必须及时更换。

e. 钻头的柱齿必须及时修磨。根据国外的标准，当柱齿的磨蚀面直径达到柱齿直径1/2时，就必须进行修磨。

（2）钻杆的选型和使用。

钻杆外径影响凿岩效率的情况往往被使用者所忽视，根据流体动力学理论可知，只有当钻杆和孔壁所形成的环形通道内的气流速度大于岩渣的悬浮速度时，岩渣才能顺利排出孔外，该通道内的气流速度主要由通道的截面积、通道长度以及冲击器排气量决定。通道截面积越小，流速越高；通道越长；流速越低。由此可以看出，钻杆直径越大，气流速度越高，排渣效果越好。当然也不能大到岩渣难以通过，一般环形截面的环宽取 10～25mm，深孔取下限，高气压取上限。

钻杆的选择不仅要考虑排渣效果，还要考虑其抗弯抗扭强度以及重量，这主要由钻杆的壁厚决定。在保证强度和刚度的前提下，尽可能让壁厚薄一点以减轻重量，壁厚一般在

4～7mm 之间。

钻杆公母螺纹的同心度是衡量钻杆质量的一个重要因素，对于不符合精度的钻杆切记不能使用。

在使用过程中弯曲的钻杆要及时更换，否则不仅会加快钻杆的损坏，还会加速钻头及钻机的磨损。同时，钻杆在使用过程中一定要保持丝扣及内孔的清洁，勤于涂加丝扣油，不用时装上保护帽。

（3）冲击器的选型和使用。

① 冲击器的种类。

冲击器用来将压气的能量转化为破碎岩石的冲击能量，根据压力高低可分为低气压潜孔冲击器（压力在 0.7MPa 以下）、中气压潜孔冲击器（压力在 0.7～1.6MPa）和高气压潜孔冲击器（压力在 1.6MPa 以上）；根据其结构可分为有阀冲击器和无阀冲击器。在低气压下，有阀与无阀冲击器没有明显的性能上的不同。就实现冲击动作而言，有阀型更为有利并易于调试；就单次冲击能量而言，在同样重量活塞下，有阀型的冲击末速度更大，相应地冲击能量也更大。只是由于现在高气压压缩机的成功应用，高气压无阀型显示出高性能、低能耗，才使潜孔冲击器从有阀型转向无阀型。按性能参数将冲击器分为高频低能型和高能低频型，它分别适用于不同硬度的岩石。

② 冲击器的选择。

冲击器的选择必须依据工作气压、钻孔尺寸和岩石特性等参数进行。

a. 根据工作压气的压力等级合理选择相应等级的冲击器。

b. 根据钻孔直径选择相应型号冲击器。

c. 根据岩石坚固性选择相应冲击器。软岩建议使用高频低能型冲击器，硬岩建议使用高能低频型冲击器。

③ 冲击器的使用。

使用冲击器必须注意以下几点。

a. 确保压气及气水系统的清洁，避免粒尘进入冲击器。

b. 确保润滑系统正常工作，新冲击器在使用前一定要灌入润滑油。

c. 不允许将冲击器长时间停放在孔底，避免泥水倒灌到冲击器。

（4）钻机工作参数的合理匹配。

潜孔钻机的主要工作参数有钻具转速、扭矩及轴推力，这些参数的大小及相互匹配直接影响钻孔速度及穿孔成本，因此，合理选择这些参数是正确有效使用潜孔钻机的关键。

① 转速。

钻具转速的合理选择对于减少机器振动、提高钻头寿命和加快钻进速度都有很大作用。转速的大小应能保证钻头在两次相邻冲击之间的转角最优，此时钻头单次冲击破碎的岩石量最大，凿速最快。最优转角的大小主要取决于钻孔直径、钻头结构以及岩石性质。因此，选择钻具转速必须依据钻孔直径、钻头结构、冲击器频率以及岩石性质。根据国内外的生产经验，钻具转速推荐值见表 2-54。

表 2-54 仅列出了回转转速与钻孔直径的关系，从中可以看出钻孔直径越大，回转速度越慢。同时，确定回转速度还必须考虑岩石性质和冲击器频率。岩石越硬，回转速度应越低；

频率越高，转速也应该提高。因此，硬岩、低频选表 2-54 中的下限，软岩、高频则取上限。

在钻进操作中，必须正确选择钻具的回转速度，回转速度过大，单次冲击岩石的破碎量将会减小，不仅导致钻进速度降低，还会加速钻头的磨损；回转速度过小，则浪费冲击功，加大破碎功比耗，同样会降低钻进速度。

表 2-54 钻具钻速经验值

钻头直径 D/mm	回转转速 n/r·min^{-1}
100	30~40
150	15~30
200	10~20
250	8~15

② 扭矩。

在正常钻进过程中，钻具的回转扭矩主要用来克服钻头与孔底的摩擦阻力和剪切阻力以及钻具与孔壁的摩擦阻力。钻具阻力矩与钻孔直径、孔深均成正比。在整体性比较好的岩石中，正常钻进所需的扭矩并不大，孔径在 150mm 以下的钻进阻力矩一般为 1000N·m 左右。为什么钻机通常具有比它大得多的扭矩呢？主要是为了卸杆和防卡钻。扭矩越大，卸钻杆越容易，防止卡钻的能力就越强，能钻孔的深度也越深。

在节理比较发育的破碎带中钻进，一定要选择扭矩比较大的钻机；大孔径深孔凿岩作业的回转扭矩也要选择高一些。

③ 轴推力。

轴推力是潜孔凿岩的一个非常重要的参数，它选择得是否恰当，不仅对钻头寿命有影响，更重要的是直接影响钻孔速度。轴推力过大，不仅会导致回转不连续而产生回转冲击，还会导致孔底钻屑过度破碎，产生能量浪费，影响钻孔速度，同时，还会加速钻头的磨损；轴推力过小，钻具反跳加剧，钻头不能紧贴孔底，使冲击能量不能有效作用到孔底岩石上，影响凿岩效率，同时，还会加速钻机及钻具的损坏。

轴推力不等同钻机的推进力，它是推进力与钻具重量的矢量和。最优的轴推力不仅与钻孔直径有关，还与岩石性质有关。表 2-55 列出不同钻头直径下的轴推力推荐值。

从表 2-55 可看出，钻头直径越大，最优轴推力也越大。同时，岩石性质对最优轴推力也有影响，岩石越坚硬，最优轴推力也越大，在表 2-55 中取上限，反之取下限。

表 2-55 不同钻头直径下的轴推力

钻头直径 D/mm	最优轴推力 F/N
100	4000~6000
150	6000~10000
200	10000~14000
250	14000~18000

2. 牙轮钻机

牙轮钻机是露天矿开采的主要穿孔设备，同其他类型的穿孔设备相比，它具有穿孔效率高、成本低、安全可靠和使用范围广等特点，能适用于各类岩石的穿凿。

牙轮钻机主要由回转机构、供风机构、加压提升机构、行走机构、接卸钻具机构等组成。在牙轮钻机穿孔中存在两种工作制度。

（1）强制钻进。采用高轴压（30~60t）和低转速（150r/min以内）。

（2）高速钻进。采用低轴压（10~20t）和高转速（300r/min）。

显然，无论从合理利用能量还是提高钻头、钻机的使用寿命来衡量，高速钻进的工作制度有许多缺点，特别是在硬岩中更是如此。所以牙轮钻机应向强制钻进方面发展。目前普遍使用的HYI-250C型及KY-310型钻机，其轴压分别为32t和45t，而转速都控制在100r/min以内。

排渣风量：为了彻底排渣，要求压缩空气有足够的风量，使孔壁与钻杆之间的环形空间有适宜的回风速度，从而对岩渣颗粒产生一定的升力以排除出孔。若风速太小，升力不足，岩渣在孔底反复被破碎，既降低钻孔速度，又加剧钻头的磨损，甚至会造成卡钻事故；若风速过大，则浪费空压机的功率，也加剧钻杆的磨损。

影响工作时间利用系数的因素主要有两个方面：一个是组织管理缺陷所带来的外因停歇；另一个是钻机本身故障所引起的内因停歇。

总之，为了提高牙轮钻机的穿孔效率，应该从钻机、钻头、工作参数和组织管理等四个方面进行改革。部分型号的牙轮钻机主要技术参数见表2-56。

表2-56 不同型号的牙轮钻机主要技术参数

型号	KY-310	KY-250C	TZ-35	YZ-55
制造厂	洛阳矿山机械厂	江西采矿机械厂	衡阳冶金机械厂	衡阳冶金机械厂
加压方式	封闭链-齿条 滑差电机式	封闭链-齿条 滑差电动机式	封闭链-齿条 液压电动机式	封闭链-齿条 液压电动机式
孔径/mm	250~310	225~250	225~250	250~310
孔深/m	17	17	18.5	18.5
孔向/°	90	90	90	90
轴压/t	45	42	35	55
推进速度/（m/min）	0.0684~0.684	0.08~0.4	0~1.32	0~1.32
提升速度/（m/min）	0~17.9	9.8	0~36	0~36
钻具转速/（r/min）	0~100	62	0~90	0~90
主空压机风量/（m³/min）	40	35	28	37
回转电机容量/kW	54	50	50	75
外形尺寸				
工作时/m	13.67×5.705×18	11.9×4.8×17.91	11.646×5.91×26.232	

型号	KY-310	KY-250C	TZ-35	YZ-55
转输时/m	$19.25 \times 5.705 \times 7.42$	$17.1 \times 4.8 \times 4.62$	$25.413 \times 5.910 \times 6.3$	
机重/t	116	84	85	98

第二部分 露天台阶爆破基本方法

1. 露天台阶爆破概述

1）露天开采中使用的爆破方法

（1）浅眼爆破法：用于小型矿山、山头或平台的局部以及二次破碎等。

（2）深孔爆破法：是露天矿台阶正常采掘爆破最常用的方法。该方法依据起爆顺序的不同，分为齐发爆破、毫秒迟发爆破和微差爆破等，其中以微差爆破的使用最为广泛。

（3）硐室爆破法：用于基建剥离和特殊情况下。

（4）药壶爆破法：在穿孔工作困难的条件下使用，将深孔孔底用药壶法扩孔。

（5）外复爆破法：用于二次破碎及处理底根等。

（6）蛇穴爆破法：利用阶梯地形，开挖炮硐爆破。然后装药爆破。

2）露天开采对爆破要求

（1）有足够的爆破贮备量。

露天开采中，一般是以采装工作为中心组织生产。为了保证挖掘机连续作业，要求工作面每次爆破的矿岩量，至少能满足挖掘机 $5 \sim 10d$ 的采装需要。

（2）要求有合格的矿岩块度。

露天爆破后的矿岩块度，既要小于挖掘机铲斗允许的块度，又要小于粗碎机入口的允许块度。

按挖掘机要求：$a \leqslant 0.8 \sqrt[3]{V}$

按粗碎机要求：$a \leqslant 0.8A$

式中　a——允许的矿岩最大块度，单位 m；

　　　V——挖掘机斗容，单位 m^3；

　　　A——粗碎机入口最小宽度，单位 m。

（3）要有规整的爆堆和台阶。

爆破后形成的松散爆堆，其尺寸对采装工作都有很大的影响。爆堆过高，会影响挖掘机安全作业；爆堆过低，挖掘机不易装满铲斗；若爆堆前冲过大，不仅增加挖掘机事先清理的工作量，而且运输线路也受到妨碍；前冲过小，说明矿岩碎胀不佳、破碎效果不好。因此，爆堆的宽度和高度都应适宜。

爆破后的台阶工作面也要规整，不允许出现根底、伞檐等凹凸不平现象。此外，在新形成的台阶上部，往往由于爆破后冲作用而出现龟裂，它对下一循环的穿孔、爆破工作影响极大，也应尽可能避免。

（4）要求安全经济。

爆破是一种瞬间发生的巨大能量释放现象，安全工作非常重要。在露天开采过程中，除了要注意爆破技术操作的安全外，还要尽可能减轻爆破震动、空气冲击波及个别飞石对周围的危害。对于爆破工作的经济合理性，既要从爆破本身来衡量，如提高延米爆破量，降低单位矿岩成本等，又要从采装、破碎等总的经济效果来评价。

总之，为了满足上述要求，当前露天爆破工作，明显的向两个方向发展：一是不断扩大爆破规模及改进破碎质量，以适应露天矿产量增长的需要；二是控制爆破的破坏作用，以解决开采深度增加后的边坡稳定问题。

2. 多排孔微差爆破

随着挖掘机斗容和生产能力的增大，要求每次的爆破量也越来越大。为此，在露天开采中广泛使用多排孔微差爆破、多排孔微差挤压爆破和高台阶爆破等大规模的爆破方法。

多排孔微差爆破，是排数一般在 4~7 排或更多的微差爆破。这种爆破方法一次爆破量大，矿岩破碎效果好，是露天开采中普遍使用的一种方法，其特点是：①通过药包不同时间起爆，使爆炸应力波相互叠加，加强破碎效果；②创造新的动态自由面，减少岩石夹制作用，提高矿岩的破碎程度和均匀性，减少了炮孔的前冲和后冲作用；③爆后矿岩碎块之间的相互碰撞，产生补充破碎，提高爆堆的集中程度；④由于相应炮孔先后以毫秒间隔起爆，爆破产生的地震波的能量在时间与空间上分散，地震波强度大大降低。

目前，关于多排孔微差爆破参数的确定，主要还是依据经验，尚无成熟的理论指导。爆破参数确定一般原则参考如下所述。

1）孔网设计参数

（1）底盘抵抗线（W_d）：在露天深孔爆破中抵抗线有两种表示方式法，即最小抵抗线（W）和底盘抵抗线（W_d）。前者是指由装药中心到台阶坡面的最小距离；后者是指第一排炮孔中心线至台阶坡底线的水平距离。为了计算方便和有利于减少根底，在生产中通常不用最小抵抗线（W），而用底盘抵抗线（W_d）为爆破参数。底盘抵抗线（W_d）是一个很重要的爆破参数，它对爆破质量和经济效果影响很大。若底盘抵抗线（W_d）过大，将残留底根，后冲现象也会严重；若底盘抵抗线（W_d）过小，不仅增加穿孔工作量，也浪费炸药，使爆堆分散，并且穿孔设备距台阶坡顶线过近作业时不够安全。

底盘抵抗线可按下面几种方法来确定。

按穿孔设备的安全作业条件确定，即：

$$W_d = C + H\tan\alpha$$

式中 C——前排炮孔中心至台阶坡顶线的安全距离，一般为 2.5~3.0（m）。

按装药条件确定：

$$W_d = d\sqrt{\frac{7.85\Delta\eta}{mq}}$$

式中 W_d——最小抵抗线，单位 m；

　　d——孔径，单位 dm；

　　Δ——炸药密度，单位 kg/dm³ 或 g/cm³；

　　η——装药系数；

　　m——密集系数；

　　q——单位炸药消耗量，单位 kg/m³。

按台阶高度（H）确定：

$$W_\mathrm{d} = (0.6 \sim 0.9) \ H$$

可参考的经验公式：

$$W_\mathrm{d} = 0.024d + 0.85$$

$$W_\mathrm{d} = (0.24HK + 3.6) \ \frac{d}{150}$$

式中 d——钻孔直径，单位 mm；

     K——与岩石坚固性有关的系数。

表 2 – 57 所示为与岩石坚固性有关的系数 K，表中 f 为岩石坚固性系数。

表 2 – 57   与岩石坚固性有关的系数 K

f	6	8	10	12	14	16	18	20
K	1.17	0.87	0.70	0.58	0.50	0.44	0.39	0.35

（2）钻孔间距（a）和排距（b）：它们是根据底盘抵抗线和邻近系数来计算，即：

$$a = mW_\mathrm{d}$$

$$b = (0.9 \sim 0.95) \ W_\mathrm{d}$$

式中 a——钻孔间距，单位 m；

     b——钻孔排距，单位 m；

     m——邻近系数；

     W_d——底盘抵抗线，单位 m。

有关邻近系数 m，一般取值为 1.0 ~ 1.4。此外，在国内外一些矿山采用大孔距爆破技术。据称这样能改善矿岩的破碎效果。这种技术是在保持每个钻孔担负面积 $a \times b$ 不变的前提下，减小 b 而增大 a，使 m 值可达 2 ~ 8。

（3）超深（h_c）：超深的作用是降低装药位置，是为了克服因底盘抵抗线过大而影响爆破效果。超深的长度应适当，若超深过小将产生根底或抬高底部平盘的标高，而影响装运工作；若超深过大，不紧增加了钻孔工作量，也浪费了炸药，而且也破坏了下一台阶完整性，给下次钻孔带来了困难。

根据经验、超深值通常按下式确定：

$$h_\mathrm{c} = (0.15 \sim 0.35) \ W_\mathrm{d}$$

$$h_\mathrm{c} = (10 \sim 15) \ d$$

式中 h_c——超深，单位 m；

     W_d——底盘抵抗线，单位 m；

     d——钻孔直径，单位 m。

当矿岩松软时取小值，矿岩坚硬时取大值。如果采用组合装药，底部使用高威力炸药时可适当降低超深。在我国露天矿山的超深值波动一般在 0.5 ~ 3.6m 之间。但在某些情况下，如底盘有天然分离面或底盘需要保护，则可不留超深或留下一定厚度的保护层。

2）爆破设计参数

（1）填塞长度。

装药后孔口部分的长度通常全部用充填料堵塞，故叫作填塞长度。填塞长度确定的合理并保证填塞质量，对改善爆破效果和提高炸药能量利用率是非常重要的。

合理的填塞长度能降低爆炸气体能量损失和尽可能增加钻孔装药量。填塞长度过长将会降低延米爆破量，增加钻孔成本，并造成台阶顶部矿岩破碎不好；填塞长度过短，则炸药能量损失大，将产生较强的空气冲击波、噪声和个别飞石的危害，也影响钻孔下部的破碎效果。一般在台阶深孔爆破时，填塞长度不小于底盘抵抗线的 0.75 倍，或者取 20～40 倍的钻孔直径。因此爆破安全规程中规定禁止无填塞爆破。

填塞物料一般多为就地取材，以钻孔排出的岩粉或选矿厂的尾砂作为填塞物料。

（2）单位炸药消耗量（q）和每孔装药量（Q）。

影响单位炸药消耗量的因素很多，主要有矿岩的可爆性，炸药种类，自由面条件，起爆方式和块度要求等。因此，选取合理的单位炸药消耗量 q 值需要通过试验或生产实践来验证。单纯的增加单耗对爆破质量不一定有很大的改善，只能消耗在矿岩的过粉碎和增加爆破有害效应上。实际上对于每一种矿岩，在一定的炸药与爆破参数和起爆方式下，都有一个合理的单耗。所以单位炸药消耗量的确定应根据生产实验，按不同矿岩爆破性分类确定或采用工程实践总结的经验公式进行计算。在爆破设计时可以参照类似矿岩条件下的实际单耗，也可以按表 2-58 选取单位炸药消耗量。该表数据是以 2 号岩石硝铵炸药为标准。

表 2-58　单位炸药消耗量 q 值

岩坚固性系数 f	0.8～2	3～4	5	6	8	10	12	14	16	20
q 值/kg·m^{-3}	0.4	0.43	0.46	0.5	0.53	0.56	0.6	0.64	0.67	0.7

关于每个钻孔的装药量，目前露天矿山普遍采用体积法计算药量，即：

$$Q = q W_d a H$$

式中　Q——单排孔或多排孔爆破的第一排的每孔装药量，kg；

　　　q——单位炸药消耗量，单位 kg/m^3；

　　　W_d——底盘抵抗线，单位 m；

　　　a——钻孔间距，单位 m；

　　　H——台阶高度，单位 m。

多排孔爆破时，从第二排起，以后各排孔的装药量，可按下式计算：

$$Q = K q a b H$$

式中　K——矿岩阻力夹制系数，一般取 1.1～1.2；

　　　b——钻孔排距，单位 m。

其余符号同前。

至于钻孔的装药结构，在露天台阶深孔爆破工程中普遍采用连续柱状装药形式。

（3）微差间隔时间。

确定合理的微差爆破间隔时间，对改善爆破效果与降低地震效应具有重要作用。在确定间隔时间时主要应考虑岩石性质、布孔参数、岩体破碎和运动的特征等因素。微差间隔时间过长则可能会造成先爆孔破坏后爆孔的起爆网络，过短则后爆孔可能因先爆孔未形成新自由面而影响爆破质量。关于微差间隔时间的计算公式很多，其中可供参考的公式如下：

$$\Delta t = K\,W_d$$

式中　Δt——微差间隔时间，单位 ms；

K——与岩石性质有关的系数，单位 ms/m，当岩石 f 值大时，取 $K=3$；当 f 值小时，取 $K=6$；

W_d——底盘抵抗线，单位 m。

$$\Delta t = K\,W_d$$

式中　Δt——微差间隔时间，单位 ms；

K——岩石裂隙系数。对于裂隙少的矿岩，$K=0.5$；对于中等裂隙的矿岩，$K=0.75$；对于裂隙发育的矿岩，$K=0.9$；

W_d——底盘抵抗线，单位 m；

f——岩石坚固性系数。

目前，多排孔微差爆破微差间隔时间一般为 $25\sim50$ms。

（4）布孔形式和起爆顺序。

露天台阶深孔的布孔形式有三种：三角形、正方形和矩形。布孔时应考虑钻孔方便，爆破质量良好，适应爆破顺序的要求。

多排孔微差爆破的起爆顺序是多种多样的，可根据工程所需的爆破效果及工程技术条件选用。较常见的起爆顺序有：排间顺序起爆、孔间顺序起爆、波浪式起爆、"V"形起爆、梯形起爆、中间掏槽横向起爆、对角线（或斜线）起爆等。如图 2-77 所示。

排间顺序起爆法［见图 2-77（a）］，它的网络连接简单，也有利于克服根底，是正常采掘爆破时常用的一种形式，但在使用此法时也要注意，每排钻孔数不宜过多，装药量也不宜过大。

孔间顺序起爆法［见图 2-77（b）］，这种方法每个钻孔的自由面较多，有利于矿岩充分碰击破碎。

波浪式起爆［见图 2-77（c）］，"V"形起爆［见图 2-77（d）］和梯形起爆［见图 2-77（e）］，这三种方法均有利于新自由面的扩展，并可缩短最小抵抗线和改变爆破作用方向，增加矿岩互相碰撞的机会，爆堆集中，但网络连接较复杂。

对角起爆法［见图 2-77（f）］，因工作线长，炮孔多，装药量大而不宜使用排间起爆时，可用这种爆序安排。

中间掏槽起爆法［见图 2-77（g）］，是首先用中间那排掏槽孔形成槽沟状自由面，然后再依次起爆两侧各排钻孔。使用此法时要注意掏槽孔的孔距一般要缩小 20%，超深也需增加，装药量也需增大 $20\%\sim25\%$。掏槽孔的排列方向，宜顺着结构面走向。这种形式常用于堑沟掘进或挤压爆破。表 2-59 列举几个露天矿多排孔微差爆破的参数，供使用时参考。

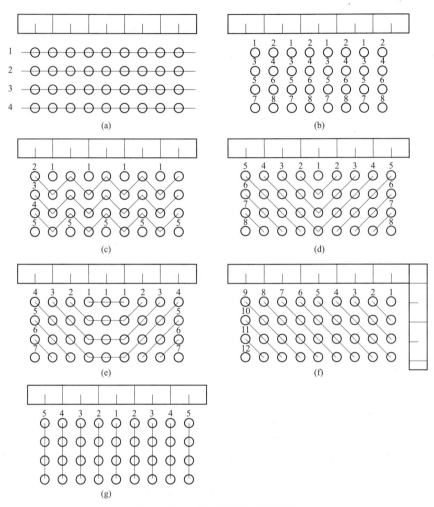

图 2-77 多排孔微差起爆顺序

（a）排间顺序起爆；（b）孔间顺序起爆；（c）波浪式起爆；（d）"V"形起爆；（e）梯形起爆；

（f）对角线起爆；（g）中间掏槽横向起爆，1，2，3，…，爆序

表 2-59 露天矿多排孔微差爆破参数示例

参数名称	吉林珲春 金铜矿	福建紫金山 金铜矿	新疆金宝 铁矿	大孤山 铁矿	眼前山 铁矿
岩石硬度系数（f）	10~12	6~8	10~14	12~16	8~12
台阶高度/m	12	12	12	12	12
钻孔深度/m	14~15	14~15	14~15	14.5~15.5	14~14.5
钻孔直径/mm	150	150	150	250	250
底盘抵抗线/m	5~6	7~8	6~7	8~9	7~9
钻孔间距/m	4.5~5	6~7	5~6	6~7	7.5~8
钻孔排距/m	4~4.5	5~6	4~5	5.5~6.5	5.5~6

续表

参数名称	吉林珲春金铜矿	福建紫金山金铜矿	新疆金宝铁矿	大孤山铁矿	眼前山铁矿
单位炸药消耗量/kg·m⁻³	0.53~0.56	0.28~0.32	0.56~0.58	0.56~0.76	0.45~0.55
微差间隔时间/ms	25~50	25~65	25~50	25~50	50~75

3）多排孔微差优点

（1）一次爆破量大、减少爆破次数和避炮时间，提高采场设备的利用率。

（2）改善矿岩破碎质量，其大块率比单排孔爆破少40%~50%。

（3）增加穿孔设备的工作时间利用系数和减少穿孔设备在爆破后冲区作业次数，可大大提高穿孔设备的效率。

（4）也可提高采装、运输设备的效率10%~15%。

4）多排孔微差缺点

（1）多排孔微差爆破要求及时穿凿出足够数量的钻孔，因此必须采用高效率的穿孔设备，如牙轮钻机。

（2）这种爆破也要求工作平台宽度较大，以便能容纳相应的爆堆。

（3）多排孔微差爆破工作较集中，为了能及时施爆，最好使装、填工作机械化。如成立专门的爆破组，配备成套的制药、装药和填塞设备，来承担矿山的爆破工作。或采用预先预装药的形式，当每个钻孔穿凿完毕随即装药填塞，最后再集中连线起爆。

3．多排孔微差挤压爆破

多排孔微差挤压爆破，是工作面残留有爆渣的情况下的多排孔微差爆破。渣堆的存在，是为挤压创造的必要条件，一方面能延长爆破的有效作用时间，改善炸药能的利用率和破碎效果，另一方面，能控制爆堆宽度，避免矿岩飞散。

1）多排孔微差挤压爆破参数

根据我国一些矿山使用多排孔微差挤压爆破的经验，相关参数如下。

（1）渣堆厚度及松散系数。

首先，渣堆厚度决定了挤压爆破时刚性支撑的强弱，从最大限度的利用爆炸能出发，可按下式求得：

$$B = K_c W_d \left(\frac{\sqrt{2\varepsilon q E E_0}}{\sigma} - 1 \right)$$

式中　B——渣堆厚度，单位 m；

K_c——矿岩松散系数；

W_d——底盘抵抗线，单位 m；

ε——爆炸能利用系数，一般取 0.04~0.2；

q——单位炸药消耗量，单位 kg/m³；

E——岩体弹性模量，单位 kg/m²；

E_0——炸药的热能，单位 kJ·m/kg；

σ——岩体挤压强度，单位 kg/m²。

在露天矿中对于较弱的岩体，一般 $B = 10 \sim 15\text{m}$；对于较硬的岩体，一般 $B = 20 \sim 25\text{m}$。

其次，渣堆厚度也决定了爆破后的爆堆宽度。随着渣堆厚度的增加，爆堆前冲距离减少，如表 2-60 所示是渣堆厚度对爆堆宽度的影响。为了保护台阶工作面线路，可参照表中数据选取渣堆厚度。

表 2-60　渣堆厚度对爆堆宽度的影响

岩石坚固性系数 f	单位炸药消耗量 /kg·m^{-3}	下述渣堆厚度时爆堆前移距离/m						
		10	15	20	25	30	35	40
17~20	0.70~0.95	31	27	20	15	10	5	0
13~17	0.50~0.80	27	21	13	5	0		
8~13	0.30~0.60	15	11	0				

此外，挤压爆破的应力波在岩体与渣堆界面上，部分反射成拉伸波继续破坏岩体，部分呈透过波传入渣堆而被吸收。因此，在保证渣堆挤压作用的前提下，要提高反射波的比例，以保证渣堆适当松散。根据一些矿山经验，当渣堆松散系数大于 1.15 时爆破效果良好；当小于 1.15 时，应力波透过太多，使第一排钻孔处常常出现"硬墙"。

应该指出，上述有关渣堆松散系数和厚度的要求并不是绝对的。当渣堆密实又厚时，只要增大炸药量，也能够保证挤压爆破的效果。例如，某镁矿就曾在 100m 的厚渣堆下成功地进行了爆破。

（2）单位炸药消耗量和药量分配。

多排孔微差挤压爆破的单位炸药消耗量，比清渣多排孔微差爆破要大 20%~30%。如果单耗过大则爆效难以保证。关键在第一排钻孔，由于它紧贴渣堆，会产生较大的透过波损失，而且还要推压渣堆为后续的爆破创造空间，因而需要适当增大第一排钻孔的药量或使用高威力炸药，缩小抵抗线和孔间距，增加超深值。对于最后一排钻孔的爆破，它涉及下一循环爆破的渣堆松散系数。为了使这部分渣堆松散，最后一排钻孔也要适当增大药量。为此需要：①缩小钻孔间距或排距约 10%；②增加装药量 10%~20% 或使用高威力炸药；③延长微差间隔时间 15%~20%。

（3）孔网参数。

对多排孔微差挤压爆破的孔网参数的选择，与多排孔微差爆破的选择相似。其主要差别是第一排孔和最后一排孔的参数宜小一些。

（4）微差间隔时间。

由于挤压爆破要推压前面的渣堆，因而它的起爆间隔时间要比清渣微差爆破宜长些。如果间隔时间过短，推压作用不够，则爆破受到限制；如果间隔时间过长，则推压出来的空间被破碎的矿岩充填，起不到应有的作用。实践表明，多排孔挤压爆破的微差间隔时间应较常规爆破时增大 30%~60% 为宜，当岩石坚硬且岩渣堆较密时应取上限。在我国露天矿山中，通常取 50~100ms。

（5）爆破排数和起爆顺序。

多排孔微差挤压爆破的排数，一次爆破排数较适宜为 3～7 排，不宜采用单排，但采用更多的排数也会增大药耗，爆效也难以保证。各排的起爆顺序与多排孔清渣爆破相类似。表 2-61 列举了我国几个露天矿多排孔微差挤压爆破的参数，供使用时参考。

表 2-61 露天矿多排孔微差挤压爆破参数示例

参数名称	齐大山铁矿	眼前山铁矿	大孤山铁矿	大连石灰石矿	珲春金铜矿
岩石硬度系数 (f)	10～18	16～18	12～16	6～8	8～12
台阶高度/m	12	12	12	12	12
钻孔深度/m	15	14～15	14～15	14～15	14
钻孔直径/mm	250	250	250	250	150
底盘抵抗线/m	6～9	14～10	7～8	7.5～9	6～7
钻孔间距/m	5～6	5.5	5～5.5	10～12	4.5～5
钻孔排距/m	5～5.5	5.5	5～5.5	6～7	3.5～4
单位炸药消耗量/kg·m⁻³	0.7～1.0	0.77	0.55～0.57	0.12	0.56～0.60
渣堆厚度/m	10～12	6～22	15～20	10～15	>6
微差间隔时间/ms	50	50	50	25	50

2）多排孔微差挤压爆破的优点

相对多排孔微差爆破而言，多排孔微差挤压爆破的优点如下。

（1）矿岩破碎效果更好。这主要是由于前面有渣堆阻挡，包含第一排孔在内的各排钻孔都可以增加装药量，并在渣堆的挤压下充分破碎。

（2）爆堆更集中。特别是对于采用铁路运输的露天矿，爆破前可以不用拆轨，从而提高采装、运输设备的效率。

3）多排孔微差挤压爆破的缺点

（1）炸药消耗量大。

（2）工作平台要求更宽，以便容纳渣堆。

（3）爆堆高度较大，特别是当渣堆厚度大而妨碍爆堆向前发展时，将可能影响挖掘机作业的安全。

4. 高台阶爆破

高台阶爆破，就是将约等于目前使用的 2～3 个台阶并在一起作为一个台阶进行穿爆工作，爆破后再按原有的台阶高度逐层铲装，上部台阶的装运是在已爆破的浮渣上进行的。爆破时，上一个台阶留有渣堆，连同下一台阶采用多排孔微差挤压爆破，如图 2-78 所示。高台阶爆破是一种爆破量最大的微差爆破。

1）高台阶爆破设计基本要求

（1）一次爆破的钻孔排数最少为 3～4 排，一般以 8～10 排效果较好，使爆堆能更集中。

（2）由于钻孔底部夹制现象严重，宜采用掏槽爆破。

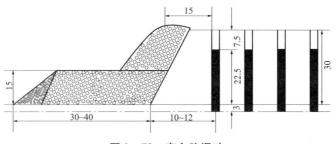

图 2-78　高台阶爆破

（3）在坚硬矿岩中，宜提高单位炸药消耗量。

（4）钻孔超深，一般可按台阶高度的 0.05～0.25 计算。

（5）由于钻孔较长，宜采用分段间隔装药结构，使炸药能均匀分布。同一孔内各段装药之间的起爆，也可按孔内微差爆破。

2）高台阶爆破优点

（1）充分实现穿爆、采装、运输工作的平行作业，有利于提高钻、装、运等设备的效率；

（2）相对减少超深和填塞长度，也相对地减少超钻、开孔的数量；

（3）由于有效装药长度相对增加，炸药能在深孔中分布均匀，故改善矿岩破碎质量，大块率降低，基本上无根底；

（4）后冲与对下部台阶的破坏作用也相对减少。

但是采用高台阶爆破也存在一些严重的弱点，要求穿孔深度大，对于一般钻机作业较困难；台阶下部夹制严重，质量不易保证。因此，目前高台阶爆破仍在探索和改进中。

第三部分　露天台阶爆破施工

在工程爆破中，特别强调施工作业的条理性、准确性、安全性和可靠性，每一次成功的爆破都离不开参加人员在工作时精心施工、认真操作。为了保障施工的安全，并取得良好的爆破效果，要求参加各种作业的人员都应事先掌握施工作业的操作要领，了解注意事项，严格遵守各项有关规定，做到安全可靠、万无一失。

1. 炮孔布置

炮孔布置应由爆破工程技术人员或者是有经验的爆破员来实施，并根据现场实际情况适当调整孔网参数。通常孔网参数调整幅度不超过 10%。

1）炮孔布置原则

（1）炮孔位置应尽量避免布置在岩石松动、节理裂隙发育或岩性变化较大的地方；

（2）特别注意底盘抵抗线过大的地段，应视情况不同，而分别采取加密炮孔、孔底扩壶、预拉底或底部采用高威力炸药等措施来避免产生根底；

（3）应特别注意前排炮孔抵抗线的变化，防止因抵抗线过小，而会出现爆破飞石事故，过大会留下根坎；

（4）应注意地形标高的变化，需适当调整钻孔深度，保证下部作业平台的标高基本一致。

2）炮孔钻凿

（1）钻孔作业。

钻机操作人员应根据炮孔位置进行钻孔。钻孔作业前应认真清理炮孔周围碎石、松石等，并了解钻孔的深度、方位、倾角。若前排炮孔因孔边距太小，换接钻杆不安全时应及时向工程技术人员提出调整孔位。对于孔口岩石破碎不稳固，或因浮碴较厚难以钻凿地段，应在钻孔过程中采用泥浆进行护壁。其目的一是避免孔口形成较大喇叭口状而影响岩粉冲击；二是在钻孔、装药过程中防止孔口碎岩块掉落孔内，造成堵孔。泥浆护壁法操作程序是：①炮孔钻凿 2 ~ 3m；②在孔口堆放一定量的含水黏黄泥；③用钻杆上下移动，将黄泥带入孔内并浸入碎岩缝内；④检查护壁是否达到要求。在终孔前钻杆上下移动，尽可能将岩粉吹出孔外，保证钻孔深度，提高钻孔利用率。

（2）炮孔验收。

炮孔验收的主要内容。

（1）检查孔网参数和炮孔深度。

（2）复核前排各炮孔的抵抗线。

（3）查看孔中含水情况。

炮孔深度的检查是用测绳（或软尺）前端系上重锤来测量炮孔深度，测量时要做好编录。根据经验，炮孔深度不能达到设计要求的主要原因有：①孔壁破碎岩石掉落，使孔内造成堵塞；②炮孔钻凿过程中岩粉吹得不干净；③孔口封盖不严造成雨水冲垮孔口。

为了防止堵孔，应该做到：①每个炮孔钻完后应立即将孔口用编织袋塞堵好，防止其他杂物或雨水等进入孔内；②孔口周围的碎石块应清理干净，防止掉落孔内；③一个爆区钻孔完毕后应尽快组织实施爆破。

在炮孔验收过程中发现堵孔、孔深不够，应及时进行补钻或透孔。在补孔、补钻或透孔过程中，应注意别破坏周边炮孔。在装药前应保证所有炮孔都符合设计要求。

检查孔内是否有水，通常是丢进孔中一块小石头，听是否有水声。如果有水，应用皮尺测量水深度，检查后仍需将孔口堵塞好，并在炮孔堵塞物上做标记（如在上面压放一块较大的石块），以便装药前进行排水或采取其他防水措施。

2. 装药作业

1）装药前准备工作

（1）在爆破技术人员根据炮孔验收情况编写施爆设计后，按装药卡分配各孔装药的品种和数量。

（2）根据爆破设计准备所需要的爆破器材及其段别和数量。

（3）清理炮孔附近的浮渣、碎石及孔口覆盖物。

（4）检查炮杆上的刻度标记是否准确、明显。

（5）炮孔中有水时可采取措施将孔内水排出，常用的排水方法有以下四种。

① 采用高压风管将孔内的水吹出。

② 用炸药将炮孔内的水泄出。

③ 当水量不太大时可直接装入防水炸药（如筒状乳化炸药）。

④ 用水泵将孔内水排出。

2）制作起爆药包

目前多选用筒状 2 号岩石炸药或乳化炸药作为起爆药包，其起爆药包制作程序如下。

（1）根据爆破设计在每个炮孔孔口附近放置相应段别的雷管。

（2）将雷管插入筒状乳化炸药或 2 号岩石炸药内，并用胶布（或绑绳）将雷管脚线（或导爆管）与炸药绑扎结实，防止脱落。

（3）根据炮孔深度加长雷管连接线，其长度应保证起爆网路的敷设。

3）装药施工

（1）起爆药包的位置，通常有四种形式。

① 正向起爆，起爆药包放在孔内药柱上部。

② 反向起爆，起爆药包放在孔底。

③ 中间起爆，起爆药包放在炮孔内药柱的中部。

④ 起爆药包放置在距装药底部 1/4 处。

工程实践中经常采用第四种形式。

（2）装药操作程序。

① 主装药为散状铵油炸药。

a. 爆破员分组，两人为一组。

b. 一名爆破员手持木质炮棍放入炮孔内，另一名爆破员手提铵油炸药包进行装药。

c. 散状铵油炸药顺着炮棍慢慢倒入炮孔内，同时将炮棍上下移动。

d. 根据倒入孔内炸药量估算装药位置，达到设计要求放置起爆药包的位置时停止装药。

e. 取出炮棍，采用吊绳等方法将起爆药包轻轻放入孔内。

f. 再放入炮棍，继续慢慢将铵油炸药倒入孔内。

g. 根据炮棍上刻度确定装药位置，确保填塞长度满足设计要求。

② 主装药为筒状乳化炸药。

a. 直接（或用吊绳）将筒状乳化炸药一节一节慢慢放入孔内。

b. 根据放入孔内炸药量估算装药位置，设计要求放置起爆药包的位置时停止装药。

c. 用吊绳等方法将起爆药包轻轻放入孔内。

d. 继续慢慢将筒状乳化炸药一节一节放入孔内。

e. 接近装药量时，先用炮棍（或皮尺）上的刻度确定装药位置，然后逐节放入炸药，保证填塞长度满足设计要求。

③ 孔内部分有水，主装药为散状铵油炸药。

a. 爆破员分组，两人为一组。

b. 直接（或用吊绳）将筒状乳化炸药一节一节慢慢放入孔内，保证筒状乳化炸药沉入孔底，并且节与节之间要挨接上。

c. 根据放入孔内炸药量估算装药位置，达到起爆药包的设计位置时停止装药。

d. 用吊绳等方法将起爆药包轻轻放入孔内，孔内水深时，起爆药包可放置在乳化炸药装药段。

e. 孔内存水范围内需全部装乳化炸药，高出水面约 1m 以上，可开始装散状铵油炸药。

散状铵油炸药的装药程序见前述。

④ 装药过程注意事项。

a. 结块的铵油炸药应敲碎后放入孔内，防止堵塞炮孔，破碎药块时只能用木锤不能用铁器。

b. 乳化炸药在装入炮孔前一定要整理顺直，不得有压扁等现象，防止堵塞炮孔。

c. 根据装入炮孔内炸药量估算装药位置，发现装药位置偏差较大时，应立即停止装药，并报告爆破技术人员处理。出现该现象的原因：一是炮孔堵塞炸药无法装入；二是炮孔内部出现裂缝、裂隙等，造成炸药漏掉的现象出现。

d. 装药速度不宜过快，特别是水孔装药速度一定要慢，要保证乳化炸药沉入孔底和互相接触。

e. 放置起爆药包时，雷管脚线要顺直，轻轻拉紧并贴在孔壁一侧，可避免脚线产生死弯而造成芯线折断、导爆管折断等，同时，可减少炮棍捣坏的机会。

f. 要采取措施，防止起爆线（或导爆管）掉入孔内。

（3）装药超量时采取的处理方法。

① 装药为铵油炸药时往孔内倒入适量水溶解炸药，降低装药高度，保证填塞长度符合设计要求。

② 装药为筒状乳化炸药时采用炮棍等将炸药一节一节提出孔外，满足炮孔填塞长度。处理时，一定要注意导爆管或雷管脚线不得受到损伤，否则应通报爆破技术人员处理。

（4）装药过程中发生堵孔时采取的措施。根据以往爆破工程的经验，发生堵孔原因如下。

① 在水孔中由于炸药在水中下降慢，装药速度过快而造成堵孔。

② 炸药块度过大，在孔内下不去。

③ 装药时将孔口浮石带入孔内或将孔内松石碰到孔中间，而造成堵孔；水孔内水面因装药而上升，将孔内松石冲出而造成堵孔。

④ 起爆药包卡在孔内某一位置，未装到接触炸药处，而继续装药就造成堵孔。

所以，首先了解发生堵孔的原因，以便在装药操作过程中予以注意。起爆药包未装入炮孔之前，可采用木制炮棍捅透装药，疏通炮孔；在起爆药包装入炮孔以后，严禁用力直接捅压起爆药包，可请现场爆破技术人员提出处理办法。

4）填塞作业

（1）填塞前准备工作。

① 利用皮尺或带有刻度的炮棍校核填塞长度是否满足设计要求。若填塞长度偏大可补装炸药达到设计要求；若填塞长度不足，应采取上述方法将多余炸药取出或降低装药高度。

② 填塞材料一般为岩粉、黏土、粗砂，并将其堆放在炮孔周围。若是水平孔填塞应用报纸、塑料袋等将填塞材料按炮孔直径要求制作成炮泥卷，放至炮孔周围。

（2）填塞作业。

① 将填塞材料慢慢放入孔内，并用炮棍轻轻压实、堵严。

② 填塞段有水时，最好是用粗砂等填塞，每填入 30~50cm 后，用炮棍检查是否沉到底部，并且要压实。防止填塞材料悬空，炮孔填塞不密实。

③ 对水平孔、缓倾斜孔填塞时，应采用炮泥卷填塞。炮泥卷每放入一节后，应用炮棍将炮泥卷捣烂压实，防止炮孔填塞不密实。

（3）填塞注意事项。

① 填塞材料中不得含有碎石块和易燃材料。

② 填塞过程中应防止导线、导爆管被砸断、砸破。

3. 施工现场注意事项

（1）施工现场严禁烟火。

（2）采用电力起爆法时，在加工起爆药包、装药、填塞、网络敷设等爆破作业现场，均不得使用手机、对讲机等无线电通信设备。

岗位操作要求如下。

1）穿孔司机安全操作规程

（1）穿孔机在开车前，应检查各机械电气部位零件是否完好，并佩戴好劳动防护用品，方准开车。

（2）穿孔机稳车时，千斤顶距阶段坡线的最小距离为 2.5m，穿第一排孔进，穿孔机的水平纵轴线与顶线的最小夹角为 45°，禁止在千斤顶下面垫石块。

（3）穿孔机顺阶段坡线行走时，应检查行走线路是否安全，其外侧突出部分距分阶段坡顶线距离为 3m。

（4）起落穿孔机架时，禁止非操作人员在钻机上危险范围停留。

（5）挖掘每个阶段的爆堆的最后一个采掘带时，上阶段正对挖掘作业范围内第一排孔位上，不得有穿孔机作业或停留。

（6）运转时，设备的转动部分禁止人员检修、注油和清扫。

（7）设备作业时，禁止人员上、下；在危及人身安全的范围内，任何人不得停留或通过。

（8）终止作业时，必须切断动力电源，关闭水、气阀门。

（9）检修设备应在关闭启动装置、切断动力电源和安全停止运转后，在安全地点进行，并应对紧靠设备的运动部件和带电器件设置护栏。

（10）设备的走台、梯子、地板以及人员通行的操作的场所，应保证通行安全，保持清洁。不准在设备的顶棚存放杂物，要及时清除上面的石块。

（11）供电电缆，必须保持绝缘良好；不得与金属管（线）和导电材料接触；横过公路、铁路时，必须采取防护措施。

（12）钻机车内，必须备有完好的绝缘手套、绝缘靴、绝缘工具和器材等。停、送电和移动电缆时，必须使用绝缘防护用品和工具。

2）牙轮钻司机岗位安全操作规程

（1）钻机起动前，发出信号，做到呼唤应答，否则不准起动。

（2）起落钻架吊装钻杆，吊勾下面禁止站人，牵引钻杆时，应用麻绳远距离拉线。

（3）如遇突然停电，应及时与有关人员联系，拉下所有电源开关，否则不准做其他工作。

（4）夜间作业，禁止起落钻架，更换销杆。没有充足的照明不准上钻架。严禁连接加压链条。

（5）工作中发现不安全因素，应立即停机、停电处理。

（6）人员站在小车上为齿条刷油时，不准用力提升。

（7）上钻架处理故障时，要戴好安全带，将安全带大绳拴在作业点上方，六级以上大风或雷雨天禁止上钻架。

（8）一切安全防护装置不准随意拆卸和移动。

（9）检查和移动电缆时，要用电缆钩子。处理电气故障时，要拉下电源开关。

（10）禁止在高压线及电缆附近停留或休息。

（11）配电盘及控制柜里禁止放任何物品。

（12）用易燃物擦车时，要注意防火。

（13）岗位必须常备灭火器和一切安全防护用品。

（14）钻机结束作业或无人值班时，必须切断所有电源开关，门上锁。

（15）钻机稳车时，千斤顶到阶段边缘线的最小距离为 2.5m。禁止千斤顶下垫石头。

3）露天爆破工岗位操作要求

（1）爆破工必须进行专门培训，经过系统的安全知识学习，熟练掌握爆破器材性能，经有关业务部门考试取得爆破证者，方准进行爆破作业。

（2）运输爆破材料时，禁止炸药、雷管混装运输。

（3）严格遵守爆破材料的领取、保管、消耗和运输等项制度。

（4）爆破前必须设置岗哨，加强警戒，点燃后立即退到安全地带。

（5）加工导爆索时，必须用刀切割，禁止用钳子和其他物品切割。

（6）采区放大炮时，其填塞物必须为砂土，不许用碎石充填。

（7）无论放大炮、小炮，必须在炮响 5min 方准进入爆破现场，如有盲炮时，要及时采取安全措施处理。

（8）剩余的爆破材料，必须做退库处理，不准私存乱放。

（9）所有爆破材料库不得超量储存，不得发放、使用变质失效或外部破损的爆破材料。

（10）不得私藏爆破材料，不得在规定以外的地点存放爆破材料。

（11）丢失爆破材料，必须严格追查处理。进行爆破作业，必须明确规定警戒区范围和岗哨位置以及其他安全事项。

（12）爆破后留下的盲炮（瞎炮），应当由现场作业指挥人和爆破工组织处理。未处理妥当前，不许进行其他作业。

（13）领用爆破器材，要持有效证件、爆破器材领用单及规定的运输工具，要仔细核对品种、数量、规格。

（14）装卸爆破器材要轻拿轻放，严禁抛掷、摩擦、撞击。

（15）作业前要仔细核对所用爆破器材是否正确，数量是否与设计相符，核对无误后方可作业。

（16）装卸、运输爆破器材及作业在危险区内时，严禁吸烟、动火。

（17）操作过程中，严禁使用铁器。

（18）爆破危险区禁止无关人员、机动车辆进入。

（19）多处爆破作业时，要设专人统一指挥，每个作业点必须二人以上方可作业。

（20）严禁私自缩短或延长导火索的长度。

（21）炸药和雷管不得一起装运，不能放在同一地点。

（21）爆破前，应确认点炮人员的撤离路线及躲炮地点。采场内通风不畅时，禁止留人。

4. 露天台阶爆破效果评价、不良爆效原因及预防

1）露天台阶爆破效果评价

露天深孔爆破效果，应当从以下几个方面来加以评价。

（1）矿岩破碎后的块度应当适合于采装运机械设备工作的要求，要求大块率应低于5%，以保证提高采装效率。

（2）爆下岩堆的高度和爆堆宽度应当适应采装机械的回转性能，使传爆工作与采装工作协调，防止产生铲装死角和降低效率。

（3）台阶规整，不留根底和伞檐，铁路运输时不埋道，爆破后冲击小。

（4）人员、设备和建筑物的安全不受威胁。

（5）节省炸药及其他材料，爆破成本低，延米炮孔崩岩量高。

2）露天台阶爆破中不良爆效的原因及预防

为了达到良好的爆破效果，就应正确选择爆破参数，选用合适的炸药和装药结构；正确确定起爆方法和起爆顺序，并加强施工管理。但在实际生产中，由于矿岩性质和赋存条件不同，以及受设备条件的限制和爆破设计与施工不周全等因素影响，仍有可能出现爆破后冲、根底、大块、伞檐以及爆堆形状不合要求等现象。下面分别讨论这些不良爆破现象产生的原因及处理方法。

（1）爆破后冲现象。

爆破后冲现象是指爆破后矿岩在向工作面后方的冲力作用下，产生矿岩向最小抵抗线相反的后方翻起并使后方未爆岩体产生裂隙的现象，如图2-79所示。在爆破施工中，后冲是常常遇到的现象，尤其在多排孔齐发爆破时更为多见。后翻的矿岩堆积在台阶上和由于后冲在未爆台阶上造成的裂隙，都会给下一次穿孔工作带来很大的困难。

产生爆破后冲的主要原因是：多排孔爆破时，前排孔底盘抵抗线过大，装药时充填高度过小或充填质量差，炸药单耗过大；一次爆破的排数过多等。

采取下列措施基本上可避免后冲的产生。

① 加强爆破前的清底（又叫拉底）工作，减少第一排孔的根部阻力，使底盘抵抗线不超过台阶高度。

② 合理布孔，控制装药结构和后排孔装药高度，保证足够的填塞高度和良好的填塞质量。

③ 采用微差爆破时，针对不同岩石，选择最优排间微差间隔时间。

④ 采用倾斜深孔爆破。

（2）爆破根底现象。

图 2－80 所示，根底的产生，不仅使工作面凸凹不平，而且处理根底时会增大炸药消耗量，增加工人的劳动强度。产生根底的主要原因是：底盘抵抗线过大，超深不足，台阶坡面角太小（如为 50°～60°或以下），工作线沿岩层倾斜方向推进等。

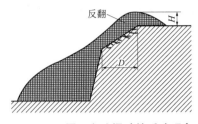

图 2－79　露天台阶爆破的后冲现象

H—后冲高度；D—后冲宽度

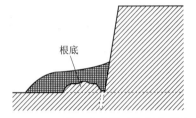

图 2－80　露天台阶爆破的根底现象

为了克服爆后留根底的不良现象，主要采取以下措施。

① 适当增加钻孔的超深值或深孔底部装入威力较高的炸药。

② 控制台阶坡面角，使其保持 60°～75°。若边坡角小于 50°～55°时，台阶底部可用浅眼法或药壶法进行拉根底处理，以加大坡面角，减小前排孔底盘抵抗线。

（3）爆破大块及伞檐。

大块的增加，使大块率比例增大，二次破碎的用药量增大；也增大了二次破碎的工作量，降低了装运效率。

产生大块的主要原因：由于炸药在岩体内分布不均匀，炸药集中在台阶底部，爆破后往往使台阶上部矿岩破碎不良，块度较大。尤其是当炮孔穿过不同岩层而上部岩层较坚硬时，更易出现大块或伞檐现象，如图 2－81 所示。

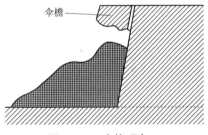

图 2－81　伞檐现象

为了减少大块和防止伞檐，通常采用分段装药的方法，使炸药在炮孔内分布较均匀，充分利用每一分段炸药的能量。这种分段装药的方法，施工、操作都比较复杂，需要分段计算炸药量和充填量。根据台阶高度和岩层赋存情况的不同，通常分为两段或三段装药，每分段的装药中心应位于该分段最小抵抗线水平上。最上部分段的装药不能距孔口太近，以保证有足够的堵塞长度。各分段之间可用砂、碎石等充填，或采用空气间隔装药。各分段均应装有起爆药包，并尽量采用微差间隔起爆。

（4）爆堆形状。

爆堆形状是很重要的一个爆破效果指标。在露天深孔爆破时，爆堆高度和宽度对于人员、设备和建筑的安全有重要影响。而且，良好的爆堆形状还能有效提高采装运设备的效率。

爆堆尺寸和形状主要取决于爆破参数、台阶高度、矿岩性质以及起爆方法等因素。

单排孔齐发爆破的正常爆堆高度一般为台阶高度的 0.5～0.55 倍，爆堆宽度为台阶高度的 1.5～1.8 倍。

值得注意的是，当采用多排孔齐发爆破时，由于第二排孔爆破时受第一排孔爆破底板处的阻力，常常出现根底。第二排孔爆破时，因受剧烈的夹制作用，有一部分爆力向上作用而形成爆破漏斗，底板处可能出现"硬墙"。

还应注意，某些较脆或节理很发育的岩石，虽然普氏坚固性系数较大，选取了较大的炸药单耗，即孔内装入炸药较多，但因爆破较易，使爆堆过于分散，甚至会发生埋道或砸坏设备等事故。遇到这类情况时应当认真考虑并选择适当的参数。

第三编　专题案例汇编

项目一　掘进爆破案例

一、白云岩巷道楔形掏槽爆破

（一）工程概况

某矿顶板白云岩硬度大，岩层稳定，凿爆性能差，循环进尺不理想，掘进成本居高不下。白云岩属分水层，含水性极不均匀，硬度大，岩性稳定，不易冒落，岩石坚固性系数 $f=5.6 \sim 18.3$，普通吸水率为 0.5% 左右，饱和吸水率为 0.7% 左右，比重为 2.83kg/m³，爆破性能差。

（二）实验方案

实验方案一：单楔形掏槽布置。布孔图与爆破参数见图 3-1 和表 3-1。

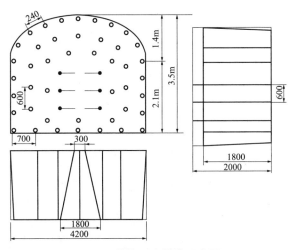

图 3-1　单楔形掏槽炮眼布置图

表 3-1　单楔形掏槽装药量及起爆顺序

眼名	眼数	眼深/m	装药量				起爆顺序	装药结构
			单孔		小计			
			卷数/个	重量/kg	卷数/个	重量/kg		
掏槽眼	6	2.0	8	1.2	32	4.8	I	小直径药巷连续反向装药
一圈辅助	10	1.8	7	1.05	70	10.5	II	
二圈辅助	15	1.8	5	0.75	75	11.25	III	

眼名	眼数	眼深/m	装药量				起爆顺序	装药结构
			单孔		小计			
			卷数/个	重量/kg	卷数/个	重量/kg		
帮眼	6	1.8	3	0.45	18	2.7	Ⅳ	小直径药巷连续反向装药
顶部眼	11	1.8	3	0.45	33	1.95	Ⅳ	
底眼	7	1.8	7	1.05	49	7.35	Ⅳ	
合计	55					41.5		

实验方案二：双楔形掏槽布置。布孔图与爆破参数见图 3 - 2 和表 3 - 2。

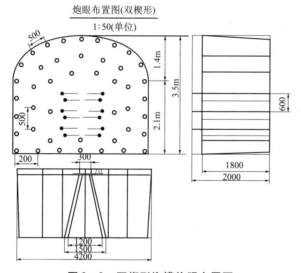

炮眼布置图(双楔形)
1:50(单位)

图 3 - 2　双楔形掏槽炮眼布置图

表 3 - 2　双楔形掏槽装药量及起爆顺序

眼名	眼数	眼深/m	装药量				起爆顺序	装药结构
			单孔		小计			
			卷数/个	重量/kg	卷数/个	重量/kg		
一圈掏槽	6	1.3	5	0.75	30	4.5	Ⅰ	小直径药巷连续反向装药
二圈掏槽	6	2.0	7	1.2	42	6.3	Ⅱ	
一圈辅助	10	1.8	6	1.05	60	9	Ⅲ	
二圈辅助	16	1.8	5	0.75	80	12	Ⅳ	
帮眼	6	1.8	3	0.45	18	2.7	Ⅴ	
顶部眼	9	1.8	3	0.45	27	4.05	Ⅴ	
底眼	7	1.8	6	0.9	42	6.3	Ⅴ	

（三）试验结果

表 3-3 为对单楔形掏槽布置和双楔形掏槽布置的技术经济指标，经过对比分析，采用单楔形掏槽布置，循环进尺低，炮眼利用率低，火工产品消耗大，而采用双楔形掏槽布置，循环进尺有所提高，炮眼利用率增大，火工产品消耗降低。这说明采用双楔形掏槽布置在白云岩中掘进是可行的，是值得推广使用的。

表 3-3　单楔形与双楔形爆破效果对比

名称	单位	单楔形	双楔形
眼深	m	1.8	1.8
每循环进尺	m	1.4	1.6
炮眼利用率	%	78	88.9
眼数	个	55	60
装药量	kg	41.5	44.85
每循环消耗非电管	发	55	60
每米消耗炸药量	kg/m	29.7	28.03
每米消耗非电管量	发/m	39.7	37.5

（四）结论

合理的凿爆参数可以提高循环进尺、降低成本消耗和劳动强度，最终达到提高经济效益的目的，双楔形掏槽可明显降低巷道的施工成本，但是还有待于进一步提高和优化凿爆参数，使得在技术经济上更加可行，进一步提高循环进尺，降低成本，提高经济效益。

二、非均质硬岩巷道掘进爆破

（一）工程概况

某矿巷道受正断层影响，断层产状为 $150° \sim 60°$，高度 $H = 0 \sim 20m$，掘进断面地质条件复杂，断面岩性强度不均，岩石主要为坚硬灰岩，普氏系数 $f = 10 \sim 12$，局部地段大于 12，整个断面岩性呈现明显的非均匀性，基本为下部坚硬上部软弱，部分区段上部存在薄煤层。巷道采取短进尺、多循环的施工方法，每个工作日两掘一喷，单次爆破循环进尺约为 1.1m，平均月进尺为 50m，施工进度缓慢。为提高生产效率决定加大炮孔深度以增加循环进尺，计划循环进尺达到 2m 左右。

（二）爆破方案设计

结合施工段地质与水文条件、施工环境以及技术装备，为减少辅助工作程序满足施工进度要求，缩短单次循环工作时间，采用全断面一次光爆成型施工法，考虑到岩性差异，在参数设计时作了修正。

1. 掏槽方式与起爆

硬岩巷道掘进爆破掏槽孔采用反向起爆。在反向起爆时，爆轰波由炮孔底部传至自由面，爆轰产物在炮孔底部存留的时间较长，而且当岩石纵波波速大于炸药爆速时，炮孔底部产生的应力波传播速度将快于爆轰波，能够加强炮孔内部应力波的作用。因此，反向起爆不仅能提高炮孔利用率，而且能加强岩石的破碎效果。岩巷中瓦斯浓度较煤层巷道中要小，填塞情况良好，反向起爆的安全性是可以保证的。根据《煤矿安全规程》中的规定，岩巷中可采用反向起爆方式，但必须制定相应安全技术措施，采用反向起爆的方式可以增加掏槽效果，能有效地形成槽腔和掏槽深度，为辅助孔创造更大的临空面，有利于整体爆破进深的形成。

掏槽部位岩体被爆破抛出后，形成的槽腔为辅助孔和周边孔提供了新的自由面，其围岩的高应力已重新分布，应力大大降低，因此不必增加装药量，可采用正向起爆，以减小爆破冲击扰动，提高施工安全性。

掏槽爆破是岩巷掘进爆破技术的关键，决定了掘进速度和整体爆破效果。提高掏槽孔的利用率是加快岩巷掘进速度和提高工作效率的主要手段。因此，根据岩性条件和工程实际情况选择合理的掏槽方式十分重要。

根据经验结合各种掏槽方式的优缺点，决定采用分阶楔形加中心孔的掏槽方式。设计中心孔有利于在底部为掏槽孔创造薄弱面，增大底部装药密度，使底部岩石破碎后掏槽部分岩石更容易被抛出。

2. 装药量

为提高爆破效率，采用不耦合装药结构。在坚固岩石中，需要提高掏槽孔的装药量，并且要通过降低周边孔装药量的方式来实现光面爆破。装药量可按体积计算法或按装药系数确定。

（1）按体积计算法确定单个掏槽孔的装药量：

$$Q = qV/n \tag{3-1}$$

式中　q——硬岩炸药单耗，一般取 2.5kg/m^3；

　　　n——斜孔掏槽个数，取 18。

掏槽部分体积 $V = 2.484\text{m}^3$，计算可得 $Q = 0.345\text{kg}$。

（2）按装药系数确定单个掏槽孔的装药量：

$$Q = \eta L q_1 \tag{3-2}$$

式中　L——炮孔深度；

　　　η——炮孔装药系数，当 $f > 10$ 时，掏槽孔的装药系数取 0.7；

　　　q_1——线装药密度，取 0.78kg/m。

一阶掏槽孔设计深度 1.5m，则单孔药量 $Q = 0.82\text{kg}$；二阶掏槽孔设计深度 2.5m，则单孔药量 $Q = 1.365\text{kg}$。

比较两种方法，按装药系数不但能确定不同掏槽孔的具体装药量，而且比较符合硬岩爆破的用药量。

掏槽爆破后，由于槽腔的存在，辅助孔爆破时具有两个自由面，其最小抵抗线可按经验公式计算：

$$W = \rho_0 g d_c / (2\sqrt{3} f_k)，\text{且 } W \leqslant 3L/5 \tag{3-3}$$

式中　ρ_0——装药密度，坚硬岩辅助孔取 0.9kg/m^3；

　　　g——炸药相对做功能力，根据该矿所用的炸药性能取 $g = 110$；

　　　d_c——装药直径，取 0.032m；

　　f_k——岩石抗爆系数，与普氏系数关系为$f_k = 1 + f/15 = 1.8$；

　　L——辅助孔设计深度，取2.3m。

计算可得：$W = 0.508 < 1.38$。

辅助孔的间距为：$a_r = (0.8 \sim 1.3)W$，即$a_r = 0.406 \sim 0.660$m，对于坚硬岩石取较小值0.5m。计算装药量为：$Q = qa_rWL = 1.46$kg。

在周边孔设计中，主要考虑周边孔最小抵抗线的确定和装药量的选择。本巷道基本呈现上部岩石强度低于下部岩石，因此采用在腰线以上的周边孔装药量比腰线以下的少装1个药卷的方法，充分利用上部围岩的自重作用。采用炸药为煤矿许用乳化炸药，单卷长度为220mm，直径为32mm，质量为200g。为保证爆破效果，炮孔填塞长度应至少达到500mm且不小于1/3炮孔长，综合理论计算，各类炮孔装药量如表3-4所示。

3. 孔网参数

爆破效果与炮孔密度密切相关。在掏槽方式合理的情况下，炮孔密度为$3 \sim 5$个/m²时，炮孔利用率约为60%；当炮孔密度为6个/m²时，炮孔利用率可达85%以上。综合考虑掘进断面、炮孔深度、岩石坚固性等因素，炮孔密度选择为6个/m²。在具体布置辅助孔时，应考虑非均质岩性断面对孔网参数的影响，辅助孔按梅花形布置，在坚硬岩石区域排距约为500mm，软弱岩石区可适当增大炮孔间距，为$600 \sim 700$mm。有煤层出露的区段应避开煤层打孔，并注意辅助孔分布的均匀性。为增加炮孔利用率和减小爆破震动采用毫秒延时爆破方法，受本矿条件限制选用MS1、MS2、MS4、MS4段雷管。钻孔设备采用风动气腿式凿岩机和直径为42mm的"一字形"钻头，设计炮孔最大深度为2.5m。炮孔布置如图3-3所示，断面爆破参数见表3-4。

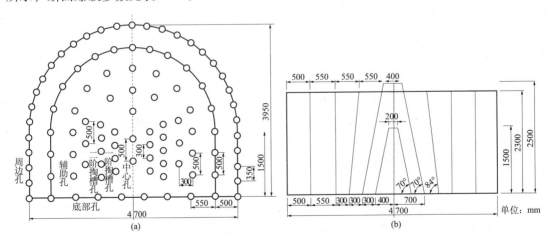

图3-3　炮孔布置图

（a）正视图；（b）俯视图

表3-4　断面爆破参数

炮孔名称	炮孔个数	孔深/m	单孔装药量			装药量/kg	雷管
			卷数/个	长度/m	装填率/%		
一阶掏槽孔	8	1.5	4	0.88	59	6.4	MS1

炮孔名称	炮孔个数	孔深/m	单孔装药量			装药量/kg	雷管
			卷数/个	长度/m	装填率/%		
二阶掏槽孔	10	2.5	7	1.54	62	14	MS2
中心孔	2	2.5	5	1.10	44	2	MS2
辅助孔	40	2.3	5	1.10	48	40	MS4
周边孔	29	2.3	3	0.66	29	17.4	MS5
底孔	10	2.3	6	1.32	57	12	MS6
合计	99	223.7				91.8	

（三）爆破效果

为提高掏槽效果改变原有的直孔掏槽作业方式，采用复合楔形掏槽，试验初期掏槽孔角度不能很好地控制，掏槽孔位置偏差大，方位不平行、孔底间距偏差很大。采取的解决措施是：①在设计的掏槽孔部位用喷漆标好每一个孔位；②拉好断面中线后根据掏槽孔的深度并利用角度控制每部钻的钻身与中线的偏移距离。通过规范操作，打孔质量明显提升。采用楔形掏槽后，二阶掏槽孔与相邻辅助孔的孔底间距过大，会产生辅助孔炮孔利用率低，采取的解决办法是改变临近辅助孔的倾斜角度，以减小孔底间距。按上述方案进行爆破施工，经统计计算，单次循环进深大于2m，炮孔利用率为85%以上。两天进行三次掘进循环和一次锚喷支护，每月进尺可达90m。相对原有的短进尺、多循环的方法，月平均进尺增加了40m，有了较大的提升。

（四）结论

根据现场岩石性质和施工条件，经反复多次的试验，提出了较为合理有效的适用于非均质硬岩巷道掘进爆破施工的基本技术方案和措施，从而较大地提高了掘进速度，同时保证了施工安全并提高了经济效益。通过对方案的研究和现场实践的总结，得出以下认识。

（1）对煤矿坚硬岩巷道，分阶楔形掏槽，更容易形成良好的掏槽效果，可为辅助孔和周边孔提供更多的自由面。

（2）掏槽孔中心部位增加中心孔，有利于掏槽部位岩石的抛出，同时可提高掏槽孔利用率。

（3）对于非均质断面岩石，当上、下部分的岩性差异较大时，应随之调整孔网参数，当仅有少数节理和构造面时可不做调整。

三、破碎矿体巷道光面掘进爆破

（一）工程概况

在某矿急倾斜破碎矿体开采中，需在矿体内掘进脉内分段凿岩巷道，在脉内巷进行侧向崩矿作业。由于矿体破碎，传统巷道掘进方式对矿体震动影响大，造成矿体垮落，因此需采用光面爆破技术进行巷道掘进施工，以保证脉内凿岩巷掘进施工顺利完成。

某矿主体为缓倾斜矿体，但在两翼存在占矿山15%左右的急倾斜矿体，平均倾角为

70°左右，该部分急倾斜矿体大都极其破碎，平均厚度为5m。矿层底板为灰绿色细砂岩，质粒坚硬，产状为中厚状，结构致密，普氏系数 $f=7\sim16$。磷矿层主要为胶磷矿，其次为细晶或微晶磷灰石，结构为细 – 粗粒结构。矿体内部节理发育，其中夹杂有泥质物，容易产生冒落，不稳固，$f=6\sim8$。矿层直接顶为灰绿色含水云母泥页岩，直接顶破碎，易冒落，厚 $0\sim3m$，$f=7\sim10$。

（二）光面爆破设计

根据某矿岩性质及现场实际条件，设计爆破参数需要考虑岩体性质（如普氏系数等）以及爆破钻孔设备、炸药类型等，巷道掘进施工条件见表3 – 5，该凿岩巷道设计断面如图3 – 4所示。

表3 – 5　脉内凿岩巷道施工条件

巷道断面规格	岩体性质	钻孔设备	炸药性质	爆破器材
宽4.5m 高3.5m 面积13m²	$f=6\sim10$ 整体呈破碎性质	SANDVIKDD310 凿岩 台车：钎杆2m	φ32 乳化炸药	非电毫秒雷管 导爆管

1. 炮眼深度的确定

采用SANDVIKDD310型凿岩台车凿岩，钎头直径为41mm，所钻凿炮孔直径为42mm。在井巷掘进施工中，为保证正规循环作业，按循环进尺来确定炮眼深度：

$$L = L_0 / \eta$$

式中　L——炮孔深度，单位 m；

　　　L_0——循环进尺，单位 m；

　　　η——炮眼利用率。

经计算，掏槽眼深度 $L_s=3.2m$；其他眼深度 $L=3.0m$。

2. 爆破参数设计

在光面爆破设计中，最关键的是确定周边眼的光爆参数，周边眼装药爆破直接决定光爆设计的优劣，因此重点设计周边眼的爆破参数，其中各参数，如最小抵抗线、炮眼间距和不耦合系数等参数是相互影响的，需系统考虑设计，之后再根据周边眼与掏槽布置形式来确定整个巷道断面炮孔的布置形式。

（1）最小抵抗线。周边眼最小抵抗线是指周边眼与最外层主爆眼之间岩石层厚度，按 $W=（10\sim15）D$ 计算公式选取，取 $W=600mm$，Ⅰ圈眼抵抗线也同样为600mm，总体上各圈眼抵抗线还需根据巷道断面大小与形状来确定。

（2）炮眼间距。最小抵抗线确定后，其眼间距按密集系数 m 来确定，$m=E/W$。密集系数 m 的值为0.7~1.3，硬岩中取大值，软岩中取小值。取 $m=0.8$，则 $E\approx480mm$。Ⅰ圈眼间距为 $650\sim680mm$，Ⅱ圈眼间距为700mm，掏槽眼间距为200mm。具体炮眼布置与眼距大小如图3 – 5所示。

（3）炮眼堵塞。在装药连线完成后，需用炮泥对炮孔进行堵塞，以充分利用炸药爆轰的能量，在较小炸药单耗下获得更好的爆破效果。炮孔堵塞长度 $L_D=（0.63\sim0.88）W=$

0.3~0.4m。

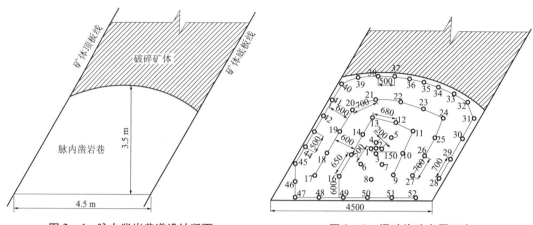

图 3 - 4　脉内凿岩巷道设计断面　　　　图 3 - 5　爆破炮孔布置示意

（4）不耦合系数及线装药密度。参考相关设计，在破碎岩体内，合理光爆设计的径向不耦合系数 $K_1 = 1.5 \sim 2.5$，另再根据单孔装药量来确定轴向不耦合系数 K_2，其计算如下：

$$K_2 = n \times a / L$$

式中　n——每个炮孔药卷数量；

　　　　a——药卷长度，实际所用药卷 a 为 30cm；

　　　　L——炮眼长度。

为防止上部破碎矿体垮落并对顶板进行良好控制，拱顶上部周边眼应少装药。在破碎岩体内，进行光面爆破掘进时周边眼线装药密度应设计为 0.1~0.2kg/m，通过以上计算，设计得出爆破参数见表 3 - 6。

表 3 - 6　周边眼爆破参数

炮孔方位	密集系数 /m	不耦合系数	最小抵抗线 /W·mm^{-1}	炮眼距离 /mm	线装药密度 /kg·m^{-1}
巷道拱顶	0.73~0.82	1.58	550~600	500	0.148
巷道上帮	0.75~0.78	1.72	600~650	500~550	0.186
巷道下帮	0.8	1.66	600~650	600~700	0.186
巷道底板	0.83	1.29	650~700	650~750	0.273

3. 炮眼装药量设计

光爆施工中，需根据炮孔所在不同位置来设计不同类别炮孔的装药量。通过表 3 - 6 中周边眼线装药密度可以计算得到周边眼装药量。掏槽眼装药量应按弱抛掷爆破来进行计算，其他各圈眼及辅助眼装药量可按照松动爆破来计算确定，因该类炮眼爆破效应类似于崩落爆破，其装药量计算公式如下：

$$Q_n = qVf_{(nb)}/N_c$$

其中 $f_{(nb)} = 0.4 + 0.6nb$

式中 Q_n——炮眼的乳化炸药单孔装药量；

q——炸药单耗，取 $q = 1.35\text{kg/m}^3$；

V——爆破矿岩体积；

n_b——爆破作用指数；

N_c——炮眼个数。

计算得：掏槽眼装药量为 0.5kg/孔，Ⅰ圈眼和底眼装药量为 0.45kg/孔，Ⅱ圈眼装药量为 0.4kg/孔，周边眼为 0.3kg/孔。

4. 爆破顺序

使用非电毫秒雷管加导爆管连接导爆索并联网络一次起爆，同类炮孔使用相同段数雷管，即掏槽眼、辅助眼、Ⅰ圈眼、Ⅱ圈眼、周边眼所用雷管段别分别为 5 段、7 段、9 段、11 段、13 段；起爆顺序：掏槽眼（1~4）→辅助眼（5~8）→Ⅰ圈眼（9~16）→Ⅱ圈眼（17~27）→周边眼（8~52）。

（三）爆破效果

光面爆破试验在某采场脉内巷道进行，共掘进脉内凿岩巷道 30m，平均每次爆破进尺 2m，爆破后成理想断面形状，上部矿体无垮塌，顶板控制较好。表 3-7 为光爆试验材料消耗指标，比较传统巷道掘进施工，所耗材料有少量增加，效果却要好很多，技术经济指标合理。

表 3-7 技术经济指标比较

	爆破断面 /m²	掘进长度 /m	炮眼总长 /m	炸药单耗 /kg·m⁻³	雷管用量 /个	导爆管用量/根
光爆施工	13	3	80	0.91	35	35
传统施工	13	3	72	0.85	32	32

（四）结论

（1）在破碎矿体巷道施工中，分析研究出周边眼间距取 500mm，径向装药不耦合系数为 1.55~1.75 时，光面爆破效果最佳。并通过控制圈眼布置方式，得到理想的巷道断面。

（2）通过光面爆破技术的使用，减少了爆破震动对上部破碎矿体的影响，并及时进行锚网加喷浆支护，脉内凿岩巷道在矿体回采至充填结束，整个回采循环中能够正常使用，为安全回采创造了良好的环境条件。

（3）光面爆破在用砂坝矿凿岩巷道中成功试验与应用，技术经济指标合理，为矿山取得了较好的经济效益，可在类似矿山进行推广应用。

四、大断面硬岩巷道掘进爆破效率研究

（一）工程概况

某矿区巷道掘进采用传统"三小"爆破工艺，一般炮眼深度为 1.8~2.3m，单循环平均进尺为 1.3~1.7m，炮眼利用率约为 70%。岩巷掘进施工所遇岩石硬度均较大。在掘进避难硐室时，岩性为中、细砂岩及砂质泥岩，掘进过程中所遇岩石的岩性主要为：细砂岩，厚约 5.5m；中砂岩，厚约 5.0m；砂质泥岩，厚约 5.0m。避难硐室工程参数如下：断面规

格 4400mm×3900mm，断面为直墙半圆拱形，掘进断面为 21.0m²，净断面为 15.1m²，采用锚网索喷注支护方式，巷道坡度采用平巷施工。

避难硐室掘进期间，该含水层富水性不均一、局部富水性较强，属静储量型，易疏干。预计正常涌水量为 0~1m³/h，最大涌水量为 3m³/h。

施工现场取多块岩石，对岩石物理力学性能进行测试，其密度为 2.4~2.6g/cm³，弹性模量为（1.5~3.0）×104MPa，泊松比为 0.25，抗压强度为 75~125MPa，抗拉强度为 6~9MPa，纵波波速为 4.0~4.3km/s，横波波速为 3.5~3.8km/s，波阻抗为 8.4~11.2（g·km）/（cm³·s）。

（二）设备配置

根据巷道快速掘进施工要求，需 8h 内完成一个正规掘进循环，选用 7655 型气腿式凿岩机，工作面最少同时使用 4 台，另外备用 1 台。配用长度为 2.5m、直径为 22mm 中空六角钢钎，主要设备配置情况为：YT-7655 风钻 5 台，1 台备用；ZYP-17 耙装机 1 台；转-5 喷浆机 2 台，1 台备用；28kW 局部通风机 1 台；MFB-150 发爆器 3 台，每班 1 台。

（三）爆破参数设计

1. 炮眼直径与装药直径

原方案所有炮眼直径为 32mm，装药直径为 27mm。现方案确定采用 7655 型风动凿岩机打眼，掏槽炮眼直径为 42mm，装药直径为 35mm，其他炮眼直径为 32mm，装药直径为 27mm。

2. 炮眼深度

炮眼深度影响着一个循环中总工作量、时间、材料消耗量及爆破进尺。炮眼深度与岩石的层理和节理发育情况以及岩石的坚硬程度有关，岩石太软或者层理裂隙较为发育时不适合打眼较深，眼太深容易塌孔，岩石硬时可以适当加深炮眼长度。综合作业方式以及钻眼机具的实际情况，设计中深孔爆破掏槽眼深度为 2.2m，两个中心孔深度为 2.4m，崩落眼及周边眼深度为 2.0m。确定炮眼数目的原则是在保证爆破效果的前提下，尽可能少地布置炮眼。炮眼数目过少，易出现大块，同时会造成周边轮廓成型差；炮眼数目过多，会导致打眼时间延长和施工成本的增加。合理的炮眼数目应当既可以保证较高的爆破效率，又可以保证较好的巷道成型。

3. 炮眼数目

$$N = 3.3 \sqrt[3]{fS^2}$$

式中　N——炮孔个数；

　　　f——岩石普氏系数；

　　　S——断面面积，单位 m²。

在实际的工程施工中，以理论计算为依据，结合施工工艺以及施工机具等条件的影响，最终确定炮孔数目应该在 60~90 个。

4. 单位炸药消耗量

单位炸药消耗量即爆破一个立方岩石所需消耗的炸药量。单位炸药消耗量的选取要考虑炸药的类型及炸药的性质、地质条件、岩石的性质、炮孔深度以及装药直径等。一般用修正的普氏公式计算单位炸药消耗量：

$$q = 1.1k_0 \sqrt{f/S}$$

式中 k_0 ——炸药爆力校正系数，$k_0 = 525/p$；

p ——选用炸药的爆力，单位 mL。

根据理论计算和对比改进前爆破单位炸药消耗量的值，确定单位炸药消耗量为 $1.5 \sim 2.0 \text{kg/m}^3$，根据每循环爆破岩石的体积，可计算出每循环所使用的炸药总量：

$$Q = qSL$$

式中 L ——炮眼深度，单位 m。

5. 掏槽方式及炮眼布置

小断面巷道中进行中深孔爆破时，楔形掏槽的应用受到了断面宽度的限制，因此多采用直眼掏槽。目前较为有效的岩巷中深孔爆破直眼掏槽方式是阶段直眼掏槽和孔内分段直眼掏槽，这两种掏槽方式可增大槽腔体积，提高掏槽深度，抛掷作用小，爆堆集中，有利于装岩。当巷道断面较大时，多采用斜眼掏槽或者直眼和斜眼复合式掏槽。在普氏系数为 $7.8 \sim 12.8$ 的细砂岩中采用菱形加垂直楔形复合掏槽，平均炮眼利用率为 90.6%。双垂直楔形掏槽亦较为有效。

一般认为，斜眼掏槽适用于任何岩层，且有良好的掏槽效果。实际一般中硬岩石巷浅眼多循环掘进施工中，也多以斜眼楔形掏槽为主，它可使用较少的炮眼和炸药，获得较大的掏槽面积和体积，故此，较大断面巷道施工，楔形掏槽可获得较大的掏槽体积，应优先采用。为避免槽腔中形成岩石大块，楔形掏槽中布置 $2 \sim 3$ 个中心孔，中心孔应比掏槽眼深 0.2m，装 $1 \sim 2$ 支药卷，用炮泥封堵一定长度，起到堵塞作用即可。周边眼采用光面爆破，孔内采用不耦合装药，周边眼炮孔邻近系数的取值范围为 $0.8 \sim 1.0$，孔距等于最小抵抗线值 0.4m。断面炮眼布置如图 3 - 6 所示，爆破参数见表 3 - 8。

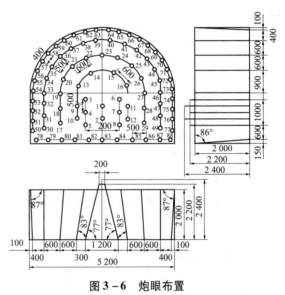

图 3 - 6 炮眼布置

表 3 - 8 爆破参数

炮孔	眼号	孔深/m	孔径/mm	孔距/mm	角度/(°)		单眼装药量/kg	起爆顺序
					垂直	水平		
中心眼	1 ~ 2	2.4	42	500	90	90	0.3	2
掏槽眼	3 ~ 8	2.2	42	500	90	77	1.5	1
辅助掏槽眼	9 ~ 12	2.2	42	500	90	83	1.5	2
一圈崩落眼	13 ~ 29	2.0	32	600	90	87	1.2	3
二圈崩落眼	30 ~ 49	2.0	32	500	90	90	1.2	4

| 炮孔 | 眼号 | 孔深/m | 孔径/mm | 孔距/mm | 角度/（°） | | 单眼装药量/kg | 起爆顺序 |
					垂直	水平		
周边眼	50 ~ 77	2.0	32	400	86	90	0.6	5
底眼	78 ~ 88	2.0	32	500	86	90	1.2	5

（四）爆破结果

爆破后断面成型及围岩的稳定性较好。现场实测的进尺数据见表3-9，平均炮眼利用率为86.63%。

表3-9 爆破现场实测数据

编号	1号	2号	3号	4号	5号	6号
炮眼平均深度/m	2.10	2.00	2.05	2.02	2.08	2.10
单循环进尺/m	1.80	1.72	1.84	1.68	1.76	1.90
炮眼利用率/%	85.7	86.0	89.8	83.2	84.6	90.5

（五）结论

（1）楔形掏槽有利于克服岩石的夹制作用，炮眼利用率由以前的70%左右提高到85%以上，效果明显提高。

（2）周边眼采用光面爆破以及不耦合装药，爆破后轮廓面平整光滑，说明采用光面爆破有利于巷道成型，保证围岩的稳定。

（3）采用大直径掏槽，小直径崩落和光面爆破相结合的施工方法与原施工方法循环用时相当。

五、岩巷掘进准直眼掏槽技术

为了提高岩巷掘进速度，克服直眼掏槽和斜眼掏槽的不足，根据岩石爆破理论，提出一种新的掏槽方法——准直眼掏槽方式。该掏槽方式突破传统掏槽设计，主掏槽眼稍微倾斜（准直眼），槽底炮孔间距较大，次掏槽眼垂直于自由面。与现有掏槽方式相比，该掏槽方式具有以下特点：准直眼孔底间距大，可杜绝穿孔现象；采用合理间隔时间进行分层分次爆破；中心辅助直眼与两侧对称的准直眼互相配合，结合直眼掏槽和斜眼掏槽各自的优点；形式简单，易操作；槽腔大，效率高，成本低。

（一）准直眼掏槽方式

准直眼掏槽方式充分结合了直眼掏槽和斜眼掏槽各自的优点，所有炮孔采用同等深度，主掏槽孔稍微倾斜（准直眼），次掏槽孔垂直于自由面，主次配合，并采用合理的时间间隔进行分层分次掏槽。准直眼掏槽的示意图见图3-7。

在图3-7（a）中，1号~6号孔为准直眼掏槽炮孔，炮孔稍微倾斜，炮孔与工作面夹角为75°~85°，它们作为主掏槽孔，集中了掏槽的大部分炸药量，使用一段雷管，先起爆；

中心 7 号、8 号孔为直眼掏槽炮孔，它们作为辅助掏槽孔，位于 6 个相邻准直眼炮孔的对角线交点位置，炮孔深度与准直眼炮孔相同，上部为空孔，下部装有少量炸药，使用两段雷管，后起爆。1 号~6 号孔先于 7 号、8 号孔起爆，1 号~6 号孔起爆时，7 号、8 号孔的上部相当于两个空孔，为 1 号~6 号孔爆破提供了一定的自由面和补偿空间。起爆后，1 号~6 号孔的装药将对其所包围的岩体进行破碎，将靠近自由面的岩石抛出，只剩下下部一部分岩石抛不出去，但这部分岩石在爆炸作用下将受到损伤，其中的节理和裂隙会得到扩展，为 7 号、8 号孔下部装药爆破提供了自由面和有利条件，1 号~6 号孔爆破后情况如图 3-7（c）所示。7 号、8 号孔爆破为双孔爆破漏斗作用，它不仅将 1 号~6 号孔爆后未破碎的岩体破碎，而且还将 1 号~6 号孔爆后已破碎但未抛出的碎渣抛出，形成所希望达到的深度与体积的槽腔，7 号、8 号孔爆后情况如图 3-7（d）所示。

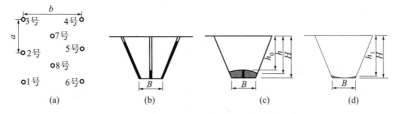

图 3-7 准直眼掏槽示意图

（a）准直眼掏槽炮孔布置图；（b）准直眼掏槽剖面；（c）1 号~6 号孔爆后；（d）7 号，8 号孔爆后

准直眼掏槽的优点如下。

（1）充分利用炮孔，在 1 号~6 号孔爆破时，充分利用 7 号、8 号孔上部未装药部分的空孔效应，增强了先期爆破效果，更有利于提高炮孔利用率。

（2）准直眼与自由面有少许倾斜，充分利用了掌子面提供的自由面，增强了爆破效果。

（3）与直眼掏槽相比，大大减少了掏槽孔数量，扩大了槽腔体积，为后续炮孔爆破提供了更大的自由面和补偿空间，不会出现后续炮孔装药被压死的现象。

（4）与斜眼掏槽相比，准直眼与自由面的夹角较大，爆破时的岩石抛掷距离小，爆堆集中，不易崩坏巷道里的设备和支护。

（5）主掏槽孔之间的间距 b、a，特别是孔底间距 B 远远大于直眼掏槽和斜眼掏槽相应的尺寸。

该技术既不同于斜眼掏槽技术也不同于直眼掏槽技术，其本质上是综合了斜眼和直眼掏槽技术特点的一种新技术。

准直眼掏槽对主掏槽孔的角度要求较高，角度控制不好就难以取得理想的爆破效果。为此，提出了以长度定角度的方法，如图 3-8 所示。

在图 3-8 中，L 为钎杆有效长度；b 为掏槽口间距；θ 为炮孔倾斜角度；S 为开孔时两钎杆尾部之间的距离，且 $S = b + 2L\cos\theta$。实际钻孔时，图 3-7 中的 1 号与 6 号孔，2 号与 5 号孔，3 号与 4 号孔，两两同时成对钻入。根据设计，钎杆有效长度

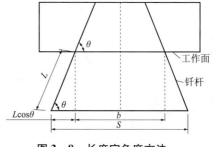

图 3-8 长度定角度方法

L、掏槽口间距 b 以及炮孔角度 θ 都为已知参量，通过控制每对钎杆钎尾之间的距离 S，就可准确控制炮孔角度 θ。

多次现场试验表明，这种掏槽方式的炮孔利用率能达到 90% 以上，且适应性很强，只要对岩性了解，适当调整掏槽参数，均能取得良好爆破效果。

准直眼与自由面夹角 θ 取值范围为 75°~85°，既科学又合理地满足槽腔形成的破坏条件。

（二）某矿运输巷准直眼掏槽实例

1. 工程概况

试验巷道是某矿北七盘区运输和通风的主要巷道，为一倾角 17° 的上山，巷道断面为直墙半圆拱形，全高为 3.5m，宽度为 3.8m，断面面积为 11.75m²。试验段巷道断面上、下部分分别为砂页岩和砂岩，岩石完整性较好，硬度较大。巷道穿过的岩层构造简单，为单斜构造，瓦斯涌出量为 1m³/min。

试验前，该矿采用过一次爆破和分次爆破方法。一次爆破效果很不理想，经常出现拉炮现象；而分次爆破又很费时，由于采用"四六制"作业方式，分次放炮很难在一个工班完成一个循环。炮孔数多达 80~90 个，孔深为 2.0m 时，平均进尺最高只有 1.6m，月进尺只有 70 多米；成型不好，大块率较高；岩渣抛掷较远，经常砸坏后面的机具；下部炮孔瞎炮多。

2. 掏槽爆破方案设计与结果

针对该矿的实际情况，设计了准直眼掏槽和直眼掏槽两种掏槽形式，视现场具体情况采用不同的方案。准直眼掏槽炮孔布置形式如图 3-7 所示，其中 $a=500$mm，$b=1000$mm，$B=350$mm，准直眼倾斜角度 $\theta=81°$，炮孔深 $L=2000$mm。其他参数为：炮孔直径为 37mm，装药长度为 1.2m，堵塞长度为 0.5m；采用乳化炸药，药卷直径为 27mm，药卷质量为 150g/支，药卷长度为 17cm/支，采用反向装药；采用煤矿许用毫秒延期雷管，1 号~6 号孔装一段雷管，7 号、8 号孔装两段雷管。

两种试验方案都取得了很好的效果，试验结果如表 3-10 所示，其中，2004 年 12 月 10 和 11 日的数据为试验前所得。

表 3-10 杜儿坪矿掏槽试验数据

日期/年－月－日	炮孔深度/m	循环进尺/m	炮孔利用率/%	槽腔实岩体积/m³	掏槽单耗/kg·m⁻³	掏槽药量/kg	掏槽方式
2004－12－10	2	1.60	80.0	1.152	5.20	6.0	楔形掏槽
2004－12－11	2	1.50	75.0	1.100	5.45	6.0	楔形掏槽
2004－12－13	2	1.80	90.0	1.233	4.38	5.4	准直眼掏槽
2004－12－14	2	1.85	92.5	1.250	4.32	5.4	准直眼掏槽

续表

日期/年－月－日	炮孔深度/m	循环进尺/m	炮孔利用率/%	槽腔实岩体积/m³	掘槽单耗/kg·m⁻³	掘槽药量/kg	掘槽方式
2004－12－15	2	1.80	90.0	1.233	4.38	5.4	直眼掘槽
2004－12－16	2	1.82	91.0	1.240	4.35	5.4	直眼掘槽

3. 试验结果分析

该巷道采用准直眼掘槽方式，取得了较好的爆破效果。试验前循环进尺为 1.5～1.6m，炮孔利用率不足 80%。采用准直眼掘槽方式后，爆破进尺大大提高，循环进尺都在 1.8m 以上，炮孔利用率提高到了 90% 以上，而且全断面一次起爆基本没有出现拉炮现象，安全系数大大增加，同时节省了大量时间和材料成本。

通过采用准直眼掘槽方式，全断面炮孔数由试验前的 80 个减少为试验时的 60 个；每个循环全断面实岩体积比试验前平均高出 3m³；试验前全断面平均炸药单耗为 3.0kg/m³，最小值为 2.87kg/m³，而试验期间全断面平均炸药单耗为 1.77kg/m³，最大值为 1.84kg/m³。可见，采用准直眼掘槽方式后，炸药消耗量大幅下降。爆破后，巷道成型很好，基本保留了眼痕，且基本未见超欠挖现象。

试验中发现，在 2m 孔深的情况下，准直眼掘槽比直眼掘槽更具有实用性。因为打眼过程中，炮孔会产生偏斜误差，在井下较差的作业环境条件下，此误差可能多达 200mm，而直眼掘槽孔底间距只有 200mm，所以，槽眼穿孔的现象经常出现，严重影响掘槽效果和爆破安全。

（三）某矿瓦斯巷准直眼掘槽试验

1. 工程概况

某煤矿瓦斯管道巷进行了全断面一次爆破试验。该巷道为上山巷道，是为下组煤层瓦斯抽放管道敷设的专用巷道，巷道倾角为 14.5°，使用风钻打眼，为了满足进度需要，试验过程中使用 2.7m 钎杆打眼，炮孔深度为 2.3～2.5m。

试验巷道以砂岩和页岩为主，岩石完整性较好。巷道顶板砂岩为弱含水层，施工中有少量淋水出现，对施工影响不大。瓦斯涌出量为 0.51m³/min。巷道为半圆拱断面，全高为 3.6m，宽为 4.2m，断面面积为 13.22m²。

2. 掘槽方案设计

根据现场条件，设计出准直眼掘槽方案，炮孔布置形式同图 3－7，其中 $a=500mm$，$b=1200mm$，$B=700mm$，准直眼倾斜角度 $\theta=84°$，炮孔深 $L=2500mm$。其他参数为：炮孔直径为 43mm，装药长度为 1.7m，堵塞长度为 0.7m；采用反向装药结构；采用煤矿许用毫秒延期雷管，1 号～6 号掘槽孔装一段雷管，7 号、8 号掘槽孔装两段雷管；采用煤矿许用二级乳化炸药，药卷直径为 35mm，药卷质量为 200g/支，药卷长度为 18cm/支。掘槽试验结果见表 3－11，其中，2005 年 9 月 6 日的数据为试验前所得。

表 3-11 西铭煤矿瓦斯巷道掏槽试验数据

日期/年-月-日	炮孔深度/m	循环进尺/m	炮孔利用率/%	槽腔实岩体积/m³	掏槽单耗/kg·m⁻³	掏槽方式
2005-09-06	2.0	1.50	75.0	1.575	4.57	楔形掏槽
2005-09-09	2.3	2.20	95.7	2.156	4.38	准直眼掏槽
2005-09-01	2.5	2.30	92.0	2.231	4.24	准直眼掏槽
2005-09-11	2.5	2.0	96.0	2.304	4.10	准直眼掏槽
2005-09-14	2.5	2.20	88.0	2.156	4.38	准直眼掏槽
2005-09-15	2.5	2.30	92.0	2.231	4.24	准直眼掏槽
2005-09-16	2.5	2.35	94.0	2.268	4.02	准直眼掏槽

3. 试验结果分析

本次试验的突破点：准直眼掏槽方式在 2.5m 孔深试验成功，这是真正意义上的中深孔爆破，与以往试验相比有本质不同，这也是在以往试验成功的基础上取得的。

在中硬以下的页岩和砂岩条件下，采用煤矿许用二级乳化炸药（药卷直径为 35mm，炸药质量为 200g/支），单孔破碎半径大于 300mm。在多对掏槽孔同时起爆情况下，由于应力波的相互叠加和爆生气体的综合作用，槽底的孔间距可定为 700~800mm。

炮孔越深，掏槽难度越大，但这次试验采用 700~800mm 的孔底间距，仍取得了较好的效果，炮孔利用率普遍在 90% 以上。

在该矿现有条件下，准直眼掏槽方式的应用，使全断面中深孔一次爆破最大限度地降低了炸药消耗，炮孔数大幅减少，大块率得到很好控制，爆堆集中，利于出矸。

（四）某矿大巷准直眼掏槽试验

1. 工程概况

某矿主要运输大巷，巷道断面为半圆拱，净高为 3.8m，净宽为 4.6m，断面面积为 15.7m²。由于在钻爆工艺优化方面不尽人意，一次爆破时炮孔利用率较低，炮孔深为 1.8m 时，平均进尺为 1.3m 左右，爆破效率平均为 72.2%，单头月进尺为 70~80m，超欠挖严重，巷道成型差。

巷道全断面为细粒白砂岩，水文地质条件简单，该矿为高瓦斯矿井，掘进时需时刻检测工作面的瓦斯及有害气体浓度。采用 YT-26 型气腿式凿岩机与侧卸式装岩机的作业线方案，配用长度为 2.2m 的 B22 中空六角钢杆。

2. 掏槽方案设计

针对该巷道岩石完整性较好和强度较高的情况，设计了准直眼掏槽爆破方案，炮孔布置形式同图 3-7，其中 $a = 500$mm，$b = 1400$mm，$B = 1000$mm，准直眼倾斜角度 $\theta = 84°$，炮孔深 $L = 2000$mm。其他掏槽参数为：炮孔直径为 43mm，装药长度为 1.0m，堵塞长度为 0.5m；使用煤矿许用二级乳化炸药，药卷直径为 35mm，药卷质量为 200g/支，药卷长度为 18cm/支；采用反向装药结构；使用煤矿许用毫秒延期雷管，1 号~6 号孔用一段雷管，7 号、8 号孔用两段雷管。掏槽试验结果见表 3-12。其中，2006 年 5 月 25 日的数据为试验前所得。

表3-12 阳泉一矿掏槽试验数据

日期/年-月-日	炮孔深度/m	循环进尺/m	炮孔利用率/%	槽腔实岩体积/m³	掏槽单耗/(kg·m⁻³)	掏槽方式
2006-05-25	2.00	1.50	75.0	1.875	4.48	楔形掏槽
2006-05-28	2.00	1.90	96.5	2.300	3.65	准直眼掏槽
2006-05-29	1.95	1.80	92.3	2.196	3.83	准直眼掏槽
2006-06-01	2.00	1.80	90.0	2.196	3.83	准直眼掏槽
2006-06-02	1.95	1.85	93.3	2.248	3.74	准直眼掏槽
2006-06-04	2.00	1.80	90.0	2.196	3.83	准直眼掏槽
2006-06-07	1.80	1.60	88.9	1.875	3.84	准直眼掏槽
2006-06-08	1.80	1.65	91.7	2.038	3.53	准直眼掏槽
2006-06-09	1.80	1.60	88.9	1.875	3.84	准直眼掏槽

3. 试验结果分析

该中深孔爆破试验相当具有代表性。主要原因是：这两个试验地点的岩石硬度较大，可爆性差，属于爆破困难的岩石类型。试验1段的岩石是完整性很好的细粒白砂岩，硬度相当大，炮孔钻凿困难。试验2段矿岩石是硬度更大、完整性好的石灰岩，而且其韧性也高，可爆性差，矿上原有方案采用的是孔深为1.5~1.6m的浅孔斜眼掏槽爆破，爆破效率只有65%~70%。

这两次试验进一步扩大了槽底孔距，仍然使用以往等量的单孔装药量，槽口距离达到1400mm，从而进一步减少全断面炮孔数，实现了在硬岩掏槽爆破中的少打眼和高效率。

两个试验段准直眼掏槽试验突破了传统的掏槽爆破设计，证明了掏槽眼孔底间距不仅可以大于200mm，而且可以大很多。

在坚硬岩石条件下，采用槽底孔距大于800mm的准直眼掏槽是完全可行的。

（五）结论

（1）准直眼掏槽充分结合了直眼掏槽和斜眼掏槽各自的优点，槽口和槽底间距大，杜绝了槽底炮孔相互贯通的现象，为后续炮孔提供的抵抗线大小比较一致。

（2）准直眼掏槽采用了外围主掏槽孔先爆、中心辅助掏槽底部装药后爆的掏槽延时顺序，槽腔岩石有50ms的裂纹扩展时间，有利于槽腔岩石的破碎和抛掷。

（3）准直眼掏槽突破了传统的掏槽爆破设计，对我国煤矿典型岩石采用准直眼掏槽，槽底的孔距可以远远大于通常的200mm，增强了准直眼掏槽的适应性。

（4）采用长度定角度的方法可以使对角度要求较高的准直眼施工变得更为容易，从而使得准直眼掏槽操作更为简单，实用性更强。准直眼掏槽技术的理论基础尚不够完善，有待进一步深入研究。

六、硬岩巷道掘进爆破方法研究

（一）工程概况

某矿运输大巷处于粉砂岩、砾岩及青灰色细砂岩层位中，岩石层中节理不发育，尤以具有硅质胶结的青灰色细砂岩硬度大，岩石致密，坚固性系数 $f = 8 \sim 10$，按照传统的爆破方式，炮眼布置多、爆破效率低（60%）、材料消耗大（炸药消耗：$4.51 \mathrm{kg/m^3}$）、循环进尺少（1.0~1.2m），严重影响和制约开拓巷道的掘进速度与生产接替。

（二）掘槽方式选择

在硬岩掘进中，由于钻眼及爆破比较困难，选择一种适宜于硬岩爆破的掘槽方式是解决问题的关键所在，在能保证获得良好爆破效果的前提下，掘槽眼越少越好，根据目前国内外现有的实例和理论分析来看，不外乎有以下几种掘槽形式：

（1）大中心空孔螺旋掘槽（90~120mm）（见图3-9）、大中心空孔双螺旋掘槽（见图3-10）。

（2）小中心空孔螺旋掘槽（见图3-11），小空心孔螺旋掘槽（见图3-12）。

（3）三角形掘槽（见图3-13）。

（4）复合掘槽，即龟裂微楔形复合掘槽（见图3-14（a））；菱形楔形复合掘槽（见图3-14（b））；复合直眼菱形掘槽（见图3-14（c））；复合直眼五星掘槽（见图3-14（d））；双空眼似菱形掘槽（见图3-14（e））。

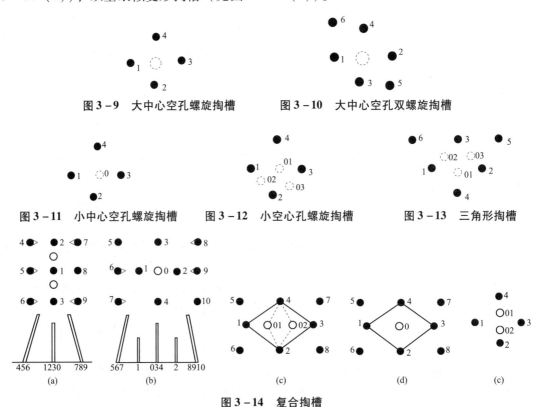

图3-9　大中心空孔螺旋掘槽　　　图3-10　大中心空孔双螺旋掘槽

图3-11　小中心空孔螺旋掘槽　　图3-12　小空心孔螺旋掘槽　　图3-13　三角形掘槽

图3-14　复合掘槽

（a）龟裂微楔形；（b）菱形楔形；（c）复合直眼菱形；（d）复合直眼五星；（e）双空眼似菱形

第一种大中心空孔螺旋掏槽，虽然获得稳定性较高的掏槽效率，但由于矿山掘进多采用小直径气腿式凿岩机，因此较少采用。第 2 种小中心空孔螺旋掏槽适宜于岩性硬度中等偏下的掏槽。第 3 种三角形掏槽，需钻很多空心孔，增加了钻眼工作量，对于坚硬岩石钻眼困难，这是很大的弊病。第 4 种复合掏槽适应于坚硬岩石大断面巷道。因此，选用复合式掏槽进行现场试验研究。

（三）硬岩巷道复合式掏槽试验

根据岩石巷道不同岩性，采取不同的复合掏槽形式，在砾岩中大多数采用复合直眼菱形掏槽（见图 3 - 14（c）），而在细砂岩中采用复合直眼五星掏槽（见图 3 - 14（d）），进行了现场试验，见表 3 - 13。在岩巷双空心孔似菱形掏槽中，见图 3 - 14（c）和图 3 - 14（e），其中 1、2、3、4 号孔为装药孔，01、02 为空心孔，空心孔较装药孔加深 300～500mm，底部装 1 节或 2 节标准长度药卷，并堵塞 100mm 长炮泥，以防药卷带出；为了获得理想槽腔，用毫秒起爆，起抛渣作用；再将掘进工作面通过楔形掏槽，使工作面形成凹形断面，然后再打其他眼，完毕后同时一次爆破。每次爆破后形成凹形断面形状，经过大量现场试验取得了良好的掏槽效果，在砾岩巷道工作面采用直眼菱形掏槽，每循环平均进尺为 1.6m，爆破效率平均达 90.6%，平均炸药消耗量为 2.16kg/m³。在细砂岩巷道工作面采用直眼五星掏槽，每循环平均进尺为 1.5m，平均爆破效率为 83.6%，平均炸药消耗量为 3.61kg/m³。

（四）周边眼布置及参数的确定

在确定较合理的掏槽方式后，为使爆破后巷道成型规则，光面爆破技术要求做到以下几点。

（1）合理选择周边眼的间距一般控制在 300mm。

（2）严格控制周边眼的装药量（2 卷/眼）。

（3）周边眼使用低猛度、低爆延炸药。

（4）起爆顺序为掏槽眼→辅助眼→周边眼。

（五）钻眼施工及质量保证措施

1. 钻眼

（1）质量技术员严格按照炮眼布置图用红漆点出炮眼位置。

（2）打眼工按照给定的眼位及角度打眼。

（3）要做到三定：即定人、定锤、定眼位。

2. 装药

打眼结束后，将眼内粉尘用压风吹干净，再按要求对炮眼装药，并再用炮泥将炮眼填堵，最后将雷管脚线悬挂扭结。

表 3 - 13 砾岩巷道掘进实验结果

序号	实验时间（月 - 日）	巷道断面 /m²	掘进工作面掏槽布置形式	循环进尺 /m	爆破效率 /%	炸药消耗 /kg·m⁻³
1	10 - 22	12.6	直眼菱形掏槽	1.5	93.8	2.4
2	01 - 23	12.6	菱形掏槽全断面爆破	1.8	100	2.4
3	01 - 24	12.6	菱形掏槽全断面爆破	1.8	100	1.96

序号	实验时间（月 - 日）	巷道断面/m²	掘进工作面掏槽布置形式	循环进尺/m	爆破效率/%	炸药消耗/kg·m⁻³
4	02 - 26	12.6	菱形掏槽全断面爆破	1.5	83.3	2.62
5	02 - 28	12.6	菱形加楔形掏槽全断面爆破	1.5	94	2.72
6	02 - 29	12.6	卧菱形加楔形掏槽全断面爆破	1.7	94	2.3
7	03 - 02	12.6	楔形加卧菱形楔形掏槽全断面爆破	1.6	89	2.65
8	03 - 03	12.6	楔形加卧菱形掏槽全断面爆破	1.7	92	2.64
9	03 - 05	12.6	直眼菱形掏槽全断面爆破	1.5	83.3	2.62
10	03 - 06	12.6	直眼菱形掏槽全断面爆破	1.7	92	2.77
11	03 - 08	12.6	直眼五星掏槽全断面爆破	1.4	82.9	3.64
12	03 - 09	12.6	菱形掏槽全断面爆破	1.55	84	2.93
13	03 - 11	12.6	直眼五星加楔形掏槽全断面爆破	1.7	94	2.47
14	03 - 13	12.6	直眼五星加楔形掏槽全断面爆破	1.6	89	2.59
15	03 - 14	12.6	双楔形加菱形掏槽全断面爆破	1.6	89	2.64
16	03 - 15	12.6	双楔形加菱形掏槽全断面爆破	1.8	90	2.45

表 3 - 14　细砂岩巷道掘进实验结果

序号	实验时间（月 - 日）	巷道断面/m²	掘进工作面掏槽布置形式	循环进尺/m	爆破效率/%	炸药消耗/kg·m⁻³
1	03 - 23	12.6	全新面爆破五星掏槽	1.5	83.3	3.34
2	03 - 25	12.6	全断面爆破菱形掏槽	1.5	83.3	3.49
3	03 - 26	12.6	全断面爆破菱形掏槽	1.45	80.5	3.89
4	03 - 27	12.6	全断面爆破五星掏槽	1.6	88.9	3.46
5	03 - 29	12.6	全断面爆破五星掏槽	1.5	83.3	4.13
6	03 - 30	12.6	全断面爆破五星掏槽	1.5	83.3	4.19
7	03 - 31	12.6	全断面爆破五星掏槽	1.5	83.3	3.34
8	04 - 01	12.6	全断面爆破五星掏槽	1.5	83.3	3.34
9	04 - 02	12.6	全断面爆破五星掏槽	1.5	83.3	3.34

七、岩巷中深孔掘进爆破技术

（一）工程概况

某矿欲掘巷道总长为 2500m，埋深 340m，巷道服务年限为 20 年。该巷道处于中细粒砂岩岩层，岩石普氏系数 $f = 3 \sim 5$，抗压强度平均为 40.0MPa。巷道断面为直墙半拱形，规格为 5.1m×4.2m，采用锚网、锚喷等支护工艺支护，锚杆排距间距均为 0.8m。

采用"一掘二喷"的施工工艺，即掘进一次后进行初喷，然后加复喷一次。其用到的设备和材料如表 3-15，表 3-16 所示。

表 3-15 主要设备一览表

设备名称	型号	数量/台
风动凿岩机	YTP-26	3
斗式装岩机	P-90B	1
锚杆机	MQT-130CM	2
锚喷机	PC5T	1
风镐	G12	2
激光导向仪	JZB-600	1
炮泥机	PN-A	1
发爆器	MFB-150	1

表 3-16 所需材料一览表

所需材料	规格
钻杆	2.4m/2.6m
钻头	一字型
二级煤矿许用水胶炸药	$\phi35 \times 250$mm
8 号雷管	毫秒延期雷管Ⅰ～Ⅲ

具体施工工艺流程如图 3-15 所示。

在传统"一掘一锚，二掘一喷"的工艺中，喷浆和掘进分开执行，每天只能有两个班在掘进，速度比较慢。改进后，每天有三个班掘进，利用装岩机前后空间的特点，喷浆与掘进同时进行，这样每天即加快 1 个班掘进。如图 3-17 所示的流程中装车用的为耙斗装岩机，该种装岩机操作简单，对工作环境的要求比较低，且装岩过程能与打孔、喷浆同时进行，因此极大限度地缩短了一个循环的掘进时间。

采用"三八"制作业方式，掘进作业每班出勤 24 人，喷浆作业每班出勤 12 人。喷浆和装车作业相互独立，交叉进行，掘进作业在装岩机前掘进，喷浆作业在装岩机后喷浆成巷。

（二）爆破方案设计

炮眼布置方案如图 3-16 所示。图 3-16 中采用准直眼强力掏槽，全断面一次爆破。选用二级煤矿许用水胶炸药，药卷规格为 $\phi35 \times 250$mm，雷管用 8 号金属外壳雷管Ⅰ～Ⅲ段。炮眼分为 6 类，分别标号为 a、b、c、d、e 和 f，主爆炮眼深度为 2.4m，其他深度为

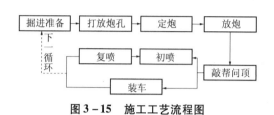

图 3-15　施工工艺流程图　　　　　　图 3-16　炮眼布置方案

2.0m，各类的参数如表 3-17 所示。

表 3-17　炮孔设计参数表

类别	个数/个	深度/m	炮眼角度/(°)		装药量 /kg·眼$^{-1}$	封泥长度/cm
			垂直	水平		
a	8	2.0	90	-3	0.8	>50
b	22	2.0	90	-3	0.8	
c	11	2.0	90	0	0.8	
d	10	2.0	90	+3	0.8	
e	7	2.0	90	0	0.8	
f	2	2.4	90	0	1	

注：-为向下倾斜，+为向上倾斜

（三）爆破效果

根据全断面一次爆破的特点，采用串联起爆网络，使用强力 XMFB-150 型电容式发爆器起爆。爆破后，周边炮孔的炮眼利用率高达 93%，爆破效率达 87%～95%，中间孔的利用率也在 90% 以上，每班循环进尺为 1.8～1.9m。

八、大断面岩巷中深孔光面爆破技术

（一）工程概况

某矿回风上山，设计全长为 1684.5m，净断面为 21.2m²，穿过的岩层主要为泥岩、砂质泥岩、砂岩，岩石普氏系数 f=4～10。巷道采用钻爆法掘进，YT-28 型气腿式凿岩机打眼，爆破材料选用煤矿许用毫秒延期电雷管和三级煤矿许用乳化炸药，正向装药，分次起爆，循环进尺为 1.2～1.6m。该工艺循环进尺少，月进度很低，不能满足生产需求。为此，在优化施工工艺和设备配备的基础上，进行了大断面岩巷中深孔一次爆破试验，以提高爆破效率，加大循环进尺，加快掘进速度。

（二）爆破参数设计

1. 炮眼深度与直径

加大炮眼深度，可提高每循环进尺。但随着炮眼深度的加大，岩石夹制作用也加大。

· 196 ·

在相同的岩石条件下，普通气腿式凿岩机采用同一根钎子钻眼，炮眼深度每增加1m，钻眼速度就会下降4%～10%；且随着钻眼深度的增大，钻眼速度下降得更快。同时，掏槽眼太深，爆破后，槽腔深部已破碎岩石很难抛出，会降低掏槽效果。综合考虑作业方式及钻眼机具的实际情况，确定掏槽眼深度为2.5m，两个中心眼深度为2.7m，崩落眼及周边眼深度为2.3m。根据凿岩机具实际情况，掏槽眼采用YT－28型气腿式凿岩机、42mm钎头施工，使用35mm三级煤矿许用乳化炸药药卷。崩落眼和周边眼炮眼直径和药卷直径与掏槽眼相同。周边眼采用空气柱装药结构，以提高巷道成型质量。

2. 掏槽方式

过去一直采用浅孔直眼掏槽方式，炮眼利用率仅为70%左右；而且一次打眼，需多次装药放炮，操作十分不安全。同时，由于深部岩石夹制力较大，反射拉伸作用不明显，抛掷作用也被减弱。本实验采用楔形掏槽方式，选用42mm钎头打掏槽眼。中心眼比掏槽眼深0.2m，装1～2个药卷，用炮泥封堵一定长度，起堵塞作用；用两段毫秒延期电雷管引爆，在掏槽眼起爆后，起抛掷作用，将掏槽眼破碎的岩石进一步抛出，有利于形成新的自由面。中心眼不仅起到了一般空眼提供自由面的作用，而且有利于克服岩石夹制作用，加大掏槽有效深度，提高爆破效率。试验中，炮眼利用率达到85%以上。

3. 光爆参数

周边眼采用空气柱缓冲装药结构，不耦合装药。根据岩石和炸药性质的不同，周边眼装药不耦合系数一般取1.5～2.5；眼距和最小抵抗线的比值，以0.8～1.0为宜。取眼距等于最小抵抗线值0.5m。试验炮眼布置见图3－17，爆破参数见表3－18。

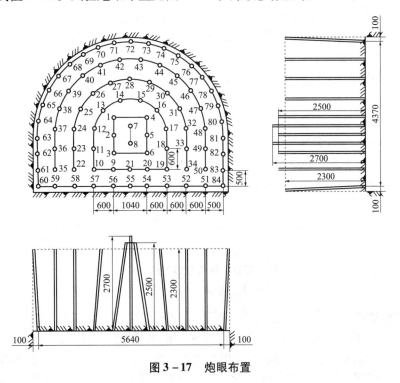

图3－17 炮眼布置

表 3 - 18　爆破参数

名称	眼号	眼深/m	眼径/mm	眼距/mm	角度/(°)		装药量		起爆顺序
					垂直	水平	每眼卷数	每圈质量/kg	
中心眼	7 ~ 8	2.7	42	600	90	90	1	0.86	Ⅱ
掏槽眼	1 ~ 6	2.5	42	600	90	78	4	10.32	Ⅰ
一圈崩落眼	9 ~ 21	2.3	42	600	90	81	3	16.77	Ⅱ
二圈崩落眼	22 ~ 34	2.3	42	600	90	90	3	16.77	Ⅲ
三圈崩落眼	35 ~ 50	2.3	42	600	90	90	3	20.64	Ⅳ
周边眼	60 ~ 84	2.3	42	500	87	90	2	32.25	Ⅴ
底眼	51 ~ 59	2.3	42	600	87	90	2	7.74	Ⅴ

4. 起爆方式

起爆方式按起爆药包位置的不同，分为正向起爆（装药）和反向起爆（装药）两种。如图 3 - 18 所示，采用正向起爆时，爆炸能量从眼口往眼底方向，是逐渐衰减的。在爆炸能量较大处，抵抗较小；而在爆炸能量较小处，抵抗却较大。这显然不能发挥炸药威力。反向起爆时，炸药的爆炸性能和岩石抵抗沿炮眼深度的变化趋势是一致的。岩石抵抗沿炮眼纵深方向逐渐增大，即炮眼越深，岩石抵抗越大，炸药能量能得到合理利用。实践表明，反向起爆可延长爆炸产物在炮眼内的作用时间，提高爆破能量利用率，降低空气爆破冲击波等有害效应。在堵塞良好的情况下，即使在高瓦斯矿井中，反向起爆同正向起爆一样，也是安全可靠的。根据实测，巷道工作面瓦斯浓度相当低，平均仅为 0.02% 左右。在瓦斯浓度这样低的工作面，可以选用反向起爆，以提高爆破效率。

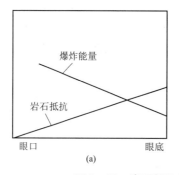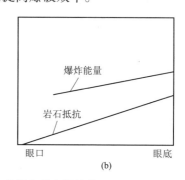

图 3 - 18　岩石抵抗与起爆方式之间的关系

（a）正向起爆；（b）反向起爆

（三）试验结果

爆破后，巷道成形规整，围岩稳定性较好。现场实测的进尺数据见表 3 - 19。由表 3 - 19 可以看出，反向起爆的平均炮眼利用率为 89.78%，明显高于正向起爆的平均炮眼利用率 81.08%，证明了反向起爆的优越性。目前存在的主要问题是：气腿式气动凿岩机打眼精度不够高，打眼偏差较大，从而会影响爆破效果。如果采用大型凿岩机或凿岩钻车打眼，爆破效果将会进一步提高。

表 3-19 大断面岩巷一次起爆现场实测的进尺数据

项目	正向起爆循环编号				反向起爆循环编号			
	1号	2号	3号	4号	5号	6号	7号	8号
炮眼平均深度/m	2.22	2.38	2.32	2.30	2.18	2.23	2.28	2.17
循环进尺/m	1.85	1.87	1.95	1.80	1.90	2.05	2.0	2.0
炮眼利用率/%	83.3	78.6	84.1	78.3	87.2	92.0	87.7	92.2
平均炮眼利用率/%	81.08				89.78			

（四）总结

采用中深孔毫秒爆破技术和楔形掏槽方式，有利于克服岩石的夹制作用，提高掏槽效果，炮眼利用率可提高到85%以上。周边眼采用空气柱缓冲装药结构的光面爆破技术，眼痕率明显提高，有利于巷道成形规整，保证围岩稳定。在无瓦斯和低瓦斯掘进工作面，可以选用反向起爆，以提高爆破效率。

九、采区斜坡道光面爆破掘进技术

（一）工程概况

某矿斜坡道设计坡度为12%，围岩以黑云变粒岩为主，普氏硬度系数为8~14。设计净断面尺寸为3800mm×3517mm，掘进断面尺寸为4000mm×3617mm，开挖断面积为13.81m²。

围岩一般为中等稳固岩石，巷道分布在下盘围岩或矿体中，矿岩物理学性质如表3-20所示。

表 3-20 矿岩物理学性质

性能	密度/t·m⁻³	湿度（%）	硬度f	松散系数/km³·m⁻³	抗压强度/MPa
矿石	3.7~3.8	3.2~3.4	8~10	1.58~1.62	66.3~85.4
矽卡岩	2.6~2.7	3.2~3.4	8~10	1.57~1.61	79.5~99.5
花岗岩	2.8~2.9	3.3~3.5	10~15	1.57~1.61	114.6~120.1
大理岩	2.6~2.7	3.2~3.4	6~10	1.57~1.61	50.7~96.2
闪长岩	2.8~2.9	3.3~3.5	8~12	1.57~1.61	90.3~108.5

（二）爆破设计

1. 炮孔深度

按巷道断面宽确定炮孔深：

$$L = (0.6 \sim 0.8)B = (0.6 \sim 0.8)4000 = 2400 \sim 3200 \text{mm}$$

式中 B——掘进巷道宽4m。

掘进设备为YT-28型凿岩机。现场掏槽孔、辅助孔、周边孔的深度均为2.5m。

2. 炮孔直径

现场炮孔直径为50mm。掏槽孔、周边孔、辅助孔和底孔均采用直径为32mm的2号岩石炸药,以形成不耦合装药。不耦合系数:

$$k = d_t / d_i$$

式中 d_t——炮孔直径,单位 mm;

d_i——炸药直径,单位 mm。

$k = 50/32 = 1.56$,可以满足周边孔的不耦合装药结构要求。

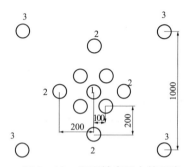

图3-19 坚固性岩石中的垂直五梅花式掏槽方式

1、1、2——为起爆顺序

3. 掏槽孔

采用垂直五梅花式,该掏槽法有4个空孔,呈正方形布置,间距为200mm,掏槽孔布置在巷道中部,中心掏槽孔位于巷道中心线上距底板$1.80 \sim 1.85$m处,共有9个掏槽孔,掏槽面积为1000mm$\times 1000$mm,如图3-19所示。

4. 周边孔

光面爆破周边孔间距:

$$e = 54.2976 k_p \times d_i$$

式中 k_p——岩石抗破坏屈服系数,取0.48;

d_i——炮孔直径,单位 mm。

$e = 1303$,边孔间距的允许最大值。

为了取得光面爆破的良好效果,现场根据经验可以确定光爆层厚度及最小抵抗线 W 的大小。由经验可知,一般厚为$500 \sim 700$mm 时效果较好,井下一般取 $W = 500 \sim 600$mm。

周边孔距与最小抵抗线的比值为炮孔密集系数 m,$m = E/W$。岩石较破碎时 $m = 0.15$,难爆岩石 m 取大于或等于1。由经验可取 $m = 0.6 \sim 1$,故 $E = 320 \sim 720$mm。

周边孔的个数计算:巷道光爆层断面与顶孔的长 $= 2h + 1.33B_0 = 10\,653$mm,帮孔与顶孔之间的距离为:$E = 10653 / (320 \sim 720)$ mm;现场采用帮孔、顶孔间距484mm;光爆层上的周边孔数为 19 个。底板孔数为:$[(3900/650) + 1]$ 个 $= 7$ 个。

5. 辅助孔

辅助孔均匀地分布在掏槽孔与预留光爆层之间,炮孔间距 $E = 500 \sim 750$mm,最小抵抗线 $W = 450 \sim 700$mm。辅助孔个数的确定方法同周边孔,辅助孔为 26 个,按两圈布置。外圈帮孔和顶孔个数为11,间距为615mm,底板孔个数为6,间距为600mm,共17个;同理,内圈布置9个。

坚固岩石掘进时全断面炮孔布置图如图3-20所示。

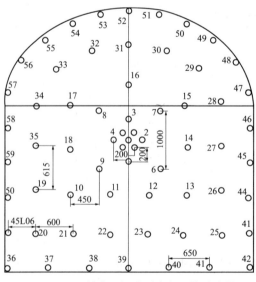

图3-20 坚固性岩石掘进时全断面炮孔布置图

6. 装药量计算

根据实践得知，在 $f = 10 \sim 15$，$S = 12 \sim 15\text{m}^2$ 的平巷掘进，单位炸药消耗量 $q = 2.2 \sim 2.4\text{kg/m}^3$。

每一循环的炸药消耗量：

$$Q = qSL\eta = 2.4 \times 13.81 \times 2.5 \times 0.95 = 78.72$$

式中　S——开挖巷道断面积，单位 m^2；

　　　L——孔深，单位 m；

　　　η——炮孔利用率。

每孔平均装药量为 $qP = 78.72/61\text{kg/孔} = 1.29\text{kg/孔}$，各炮孔装药量分别如下。

掏槽孔、底板孔装药量：$qt = 1.2qP = 1.2 \times 1.29\text{kg} = 1.55\text{kg}$；装药卷数 $nt = 1.55/0.15 = 10.32$，取 11 卷；装药总量 $= (9 + 7) \times 0.15 \times 11\text{kg} = 26.4\text{kg}$。

辅助孔装药量 $qf = qp = 1.29\text{kg}$；装药卷数 $nf = 1.29/0.15 = 8.6$，取 9 卷；装药总量 $= (17 + 9) \times 9 \times 0.15\text{kg} = 35.1\text{kg}$。

帮孔和顶孔装药量 $qb = (78.72 - 26.4 - 35.1)/19\text{kg} = 0.91\text{kg}$；装药卷数 $= 0.91/0.15 = 6$ 卷；装药总量 $= 6 \times 19 \times 0.15\text{kg} = 17.1\text{kg}$；合计实际装药量 $Q = (26.4 + 35.1 + 17.1)\text{kg} = 78.6\text{kg}$。

采用的炸药为 2 号岩石炸药，掏槽孔、辅助孔、底孔药和周边孔药卷直径均为 32mm，0.15kg/只，长为 200mm。

7. 起爆方法与顺序及装药结构

掘进起爆采用 6 个段发半秒延期导爆管，采用起爆系统为：起爆器—引爆导爆管—引爆半秒延期雷管—引爆 2 号岩石炸药，选用孔底起爆，起爆药包放置孔底的倒数第二个药包处，全断面一次起爆成型巷道。掏槽孔、辅助孔、周边孔的起爆顺序见表 3 – 21。

表 3 – 21　坚固性岩石斜坡道掘进凿岩爆破参数

炮孔名称及孔号孔数	孔数	炮孔深/mm	爆破顺序	每孔装药量		总装药量	
				/kg	/卷数	/卷数	/kg
空孔	4	2500					
掏槽孔 1	1	2500	Ⅰ	1.65	11	11	1.65
掏槽孔 2 ~ 5	4	2500	Ⅱ	1.65	11	44	6.6
掏槽孔 6 ~ 9	4	2500	Ⅲ	1.65	11	44	6.6
辅助孔 10 ~ 18	9	2500	Ⅳ	1.35	9	81	12.15
辅助孔 19 ~ 35	17	2500	Ⅴ	1.35	9	153	22.95
周边孔 42 ~ 61	19	2500	Ⅵ	0.9	6	114	17.1
底板孔 39 ~ 42	7	2500	Ⅵ	1.65	11	77	11.55
合计	65					524	78.6

掘槽孔、辅助孔、周边孔的装药结构如下。

（1）掘槽孔和底板孔：连续装药，孔口用炮泥堵塞。

（2）辅助孔连续装药，孔口用炮泥堵塞。

（3）帮孔与顶孔即光爆孔：采用轴向空气间隔不耦合装药，孔口用炮泥堵塞。

8. 钻孔要求

采用光面爆破对钻孔的要求极为严格，为保证钻孔质量，制定了严格的验收标准和必要的技术措施。

（1）每循环钻孔前应准确地给出掘进工作面的中线、腰线，确定起拱线。

（2）掘槽孔、辅助孔严格按爆破图表布置。

（3）光爆层上的周边孔布置在巷道的轮廓线上，应做到准、直、平、齐。并向外偏斜3°~5°，严格控制孔位、光爆层厚度、装药量和炮孔深度。

（4）炮孔打好后，装药前必须用高压风吹扫干净，并对炮孔进行检查，发现不合格的应重新打孔。

（三）爆破效果

掘进光面爆破一次成型法试验的效果。

（1）巷道轮廓整齐，大幅减少了巷道的超挖与欠挖量，降低了掘进费用，节省了人力。

（2）巷道拱基线以上部分，半孔率可达到85%以上，从外观上看拱顶各半孔均在同一线上，平直整齐。

（3）围岩原有裂隙大体上没有了扩展，也没有产生新的爆破裂隙，无明显浮石，围岩完整稳固，减少了二次支护，降低了支护成本。

（4）爆堆集中块度适中，大块率低，能满足装岩要求，基本无须二次爆破。

十、影响中深孔掘进爆破效果因素分析

岩巷中深孔掘进爆破技术可减少辅助作业时间，提高单循环进尺，因而被认为是加快掘进速度最为有效的技术手段之一，特别是大型钻眼台车配备重型凿岩机具的使用，中深孔乃至深孔爆破更是显现出其不可替代的优越性。由于岩巷掘进爆破的特点（巷道宽度小，可供利用的自由面少，岩石所受夹制作用强等）及施工不规范（少打眼、乱打眼、多装药等现象），实际生产中中深孔爆破技术应用仍是不太理想，炮眼利用率低、岩石碎块抛掷远、爆堆不集中、周边超挖量大、成型质量差、围岩松动破坏严重等。不仅影响了巷道掘进的速度，增加了出矸量和支护材料消耗，也降低了巷道的稳定性和安全性。

（一）炮眼深度

对于普通的气腿式凿岩机（如常用的7655型和YT-24型），在相同的凿岩条件下，采用同一根钎子钻眼，每增加1.0m炮眼，其钻眼速度就下降4%~10%，且随着钻眼深度的增加，钻眼速度下降加快。特别当炮眼深度超过3.0m时，由于钎子重量增加，使克服钎子弹性变形的冲击功增大，排粉难度也增大；其次钎杆与眼壁间摩擦阻力增大，能量消耗增加；再者人工拔钎也相当困难。因此，使用普通气腿式凿岩机，炮眼深度宜控制在2.5m以内。如若采用凿岩台车配备重型导轨式凿岩机，因其有较大的轴推力和较强的扭矩，故能克服气腿式凿岩机的上述缺点，可不换钎子一次推进行程3.5~4.0m，对巷道掘进中深孔

爆破非常有利。

坚持正规循环率是保证巷道快速掘进的最有效手段之一。应在施工力量、技术水平和装备条件许可的情况下，在保证正规循环作业的前提下，尽可能地加大炮眼深度。切不可执意为中深孔爆破而加深炮眼，由此增加了钻眼时间，不能保证正规循环作业，反而会降低掘进速度。

在确定炮眼深度时，还需考虑巷道断面的大小、岩石的坚硬程度、所用炸药的爆炸威力等。巷道断面小、岩石坚固性高、炮眼底部岩石夹制作用强，掏槽难度大；装药直径大、爆炸威力高，而能获得较高的掏槽效果。

（二）炮眼直径和装药直径

炮眼直径大小直接影响到钻眼速度、全断面炮眼数目、炸药单耗、岩石破碎块度及巷道掘进爆破效率等。炮眼直径较大时，可采用较大直径的药卷，炸药的爆速快，爆轰稳定性较高，爆炸能量相对集中，利于岩石的爆破破碎，特别对于坚硬岩石，较大的装药直径能增强岩石的爆破破碎作用，提高爆破效率，同时增大炮眼直径，还可以减少工作面炮眼数目。但较大的炮眼直径增加了打眼的难度，与小直径炮眼相比，其钻眼速度明显降低。

（三）掏槽爆破

目前巷道掘进中深孔爆破时，最常用的掏槽形式是垂直楔形掏槽，它可以充分利用工作面这一唯一的自由面，使用较少的炮眼消耗和炸药消耗，却能够获得较大的掏槽面积和槽腔体积。直眼掏槽也较多采用，较为常见的有菱形掏槽、各种角柱掏槽等。各种掏槽形式的共同特点是利用数量不等的平行空眼作为首爆装药眼的辅助自由面和破碎岩石的膨胀补偿空间。据已有研究结果表明，在众多的角柱形直眼掏槽形式中，菱形掏槽、三角柱掏槽最为实用，炮眼少，布置简单，易掌握，且占用雷管段数少，较复杂一点的单空眼四角柱挤压抛渣掏槽（中空眼超深200mm，适量装药，滞后2段起爆）能获得较高的掏槽效率。

另有一些较为有效的中深孔乃至深孔（炮眼深度大于2.5m）爆破直眼掏槽方式是阶段直眼掏槽和孔内分段直眼掏槽。前者是将掏槽眼深度分成若干段（多为两段），不同掏槽眼的眼底位于不同的平面上，按由浅入深的顺序分阶段进行掏槽。后者则是在掏槽装药炮眼内实施上下两分段，分段装药间以一定长度的炮泥相隔，由外向内顺序起爆。两种直眼掏槽方式的掏槽机理是一样的，前分段掏槽（或上分段装药）爆破后，在应力波和爆轰气体的综合作用下，槽腔内岩石被破碎并向工作面方向推移，形成漏斗形槽腔，为后分段掏槽（或下分段装药）创造了一个新自由面，并由此改变了深部岩石所受的夹制作用，使其强度降低，有利于岩石的爆破破碎和运动。同时还造成下分段岩石中的残余应力和大量的爆生裂隙以增强岩石的破碎。分段间装药微差起爆，也改善了炸药爆炸能量与岩石破碎的匹配关系，使更多的能量用于岩石破裂破碎和更少的能量用于碎块的抛掷。研究结果表明这两种掏槽方式可增大槽腔体积，提高掏槽深度，抛掷作用小，爆堆集中，利于装岩。

某矿大巷掘进过程中遇到了非常坚硬的受火成岩侵蚀的岩石，整体性好、致密坚固、无层理、韧性高、极其坚硬难爆，岩石坚固性 f > 10，刚揭露时，采用单一的垂直楔形掏槽，爆破后炮眼利用率一般在60%以下，个别时候仅有30%左右，而且大块较多，严重影响了掘进速度。通过研究和技术论证改用直眼和斜眼楔形混合的掏槽方式，一阶中心直眼，二阶主掏槽斜眼，两个中心直眼一方面起到增强槽腔内岩石的爆破破坏作用；另一方面还能改善掏槽爆破岩石的破碎块度，减少大块。直眼和斜眼的深度（垂直深度）均为2.4m（其他炮眼深度2.2m），每组对称两眼口间距1300mm，眼底间距控制在300mm，上下眼距400mm。同时为进一步提高掏槽爆破作用，掏槽眼采用准40mm的钎头钻眼，配准35mm的药卷（其他炮眼采用准32mm的钎头钻眼，配准27mm的药卷），直眼和斜眼内都采用较大的装药系数，并同用一段雷管起爆。取得了较好的爆破效果，平均炮眼利用率88%，基本上接近90%，部分达到90%以上，这在如此坚硬的岩巷掘进中深孔爆破中有所突破。

（四）光面爆破

巷道周边光面爆破最重要的爆破参数是炮眼间距。合理的炮眼间距应保证炮眼间贯通裂隙完全形成，为此，应采用较小的炮眼间距。对于较为坚硬的岩石巷道，周边眼间距可放大到400mm甚至更大（不宜超过500mm），而对于较为松散软弱的泥岩类巷道，周边眼间距则应严格控制在300mm左右。周边眼光面爆破炮眼密集系数多取值为$m = 0.7 \sim 1.0$，即$300 \sim 400$mm的周边眼间距，其最小抵抗线（即光爆层厚度）可选取为$450 \sim 500$mm。煤矿井下最优的周边眼装药结构为轴向水垫层不耦合装药。先装填炸药药卷至眼底，再装填$3 \sim 4$卷水炮泥，水垫层装药结构既可减缓爆炸冲击压力对孔壁周边围岩的破坏，又能实现均匀爆破作用，避免眼底超挖和眼口欠挖，更为重要的是能避免炮眼内瓦斯积聚，炸药爆炸后形成水雾降低爆破时的温度，防止引燃瓦斯。

结合国内软岩巷道已取得的较为成功的光面爆破经验，提出了较为合理的软岩巷道光面爆破装药集中度为$100 \sim 150$g/m。通常中硬岩$f = 6 \sim 8$和坚硬岩石$f > 8 \sim 10$，装药集中度可取为$150 \sim 250$g/m、$250 \sim 350$g/m。周边眼采用直径为27mm的小直径药卷对光面爆破是有利的。

（五）崩落爆破

合理地布置工作面炮眼，坚持先布置掏槽眼，次布置周边眼，然后布置崩落眼的原则，注重掏槽和周边，兼顾岩石破碎与崩落。崩落眼是巷道断面内、特别是大断面巷道破碎岩石的主要炮眼。崩落眼应以掏槽眼为中心，在掏槽眼和周边眼之间均匀布置，根据巷道断面大小、岩石性质、采用的炮眼直径和药卷直径等合理选取崩落眼炮眼间距和最小抵抗线，通常可取$450 \sim 700$mm，炮眼密集系数$m = 0.8 \sim 1.2$。以保障有较高的爆破效率、均匀的爆破块度，有利于提高耙矸机的装岩生产率。

（六）装药结构和炮眼填堵

煤矿安全规程要求采用正向起爆，建议在无沼气的岩石巷道掘进中深孔爆破施工时，在加强检测监控、保证安全的前提下，采用连续装药、反向起爆，特别是坚硬岩石巷道中掏槽眼宜采用反向起爆，以延长爆生气体在炮眼中的存在时间和岩石中爆炸应力场的存在时间，增强岩石的破坏作用，提高掏槽爆破效率。但底眼应采用正向装药起爆并加彩带，以便有拒爆现象时容易发现和处理。应加强炮眼的堵塞，施工中应在装药和水炮泥后，炮眼全封堵，要求炮泥有较高的硬度和强度，与孔壁有较大的摩擦力。

十一、凡口铅锌矿光面爆破技术

光面爆破技术在凡口铅锌矿得到了广泛应用。

（1）某矿采场1矿体缓倾斜，两帮废石滑板明显，岩性脆，岩石坚固性系数$f = 13 \sim 14$。

采场宽度为6~7m，光面眼8个，辅助眼7个，光面孔距600mm，光面层厚度为700mm。炮孔具体布置与装药参数见表3-22、图3-21，装药结构如图3-22所示。光面眼装4条药，采用空气间隔装药，采场压顶开门可适当增加药量，装6条药。爆破效果如图3-23所示。

表3-22 布眼装药参数

孔深/m	a/m	b/m	c/m	$q/\text{g} \cdot \text{m}^{-1}$			V/%
				光面眼	辅助眼	底板眼	
25	0.8	0.9	0.8	400	720	800	85
25	0.8	0.9	0.8	320	720	800	85
25	0.7	0.8	0.8	400	720	800	90
25	0.7	0.8	0.8	400	800	800	85
25	0.7	0.8	0.8	320	800	800	90
25	0.7	0.8	0.8	400	800	800	85
25	0.7	0.8	0.8	320	720	800	90

注：a—光面炮眼间距；b—辅助炮眼间距；c—光面层厚度；q—线装药密度；V—半边孔率

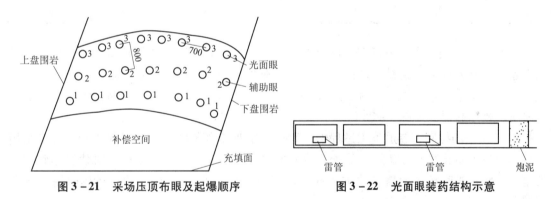

图3-21 采场压顶布眼及起爆顺序　　　　图3-22 光面眼装药结构示意

（2）某矿该采场2位于狮岭大破碎带，受断层控制，采场大都节理发育，顶板稳固性差，回采难度大。采场为缓倾斜采场，矿体倾角为35°~40°，顶板为片层状，极易冒落。上盘围岩局部泥化，回采时根据现场情况采用"人"字形控顶，加强对围岩的保护（见图3-24）。

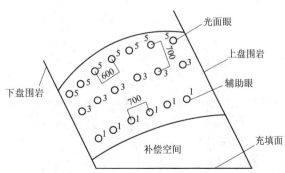

图3-23 采场压顶后泡面爆破效果　　　　图3-24 采场压顶布眼及起爆顺序

根据不同采场的回采条件进行布眼装药（见表3-23）。结合采场实际，采场压顶时，间柱及一级顶板采场光面眼装4~5条药，光面眼距为600mm，压顶开门可适当增加药量，多段半秒延时雷管跳段顺序起爆，施工过程中控制好炮眼质量，可取得比较理想的效果。矿房二级及以上顶板采场光面眼装4~5条药，光面眼距为700mm，多段半秒延时雷管顺序起爆。

表3-23　布眼装药参数

a/m	b/m	c/m	$q/g \cdot m^{-1}$			V/%
			光面眼	辅助眼	底板眼	
0.7	0.8	0.8	400	720	800	85
0.6	0.7	0.8	320	800	800	85
0.6	0.7	0.8	320	720	800	90
0.6	0.7	0.8	320	720	800	90
0.6	0.7	0.8	320	720	800	90
0.6	0.7	0.8	320	720	800	90
0.6	0.7	0.8	320	720	800	90

（3）光面爆破技术在采场切采过程中的应用，可以有效防止采场片帮，改善采场回采安全条件。某采场为缓倾斜矿体采场，每分层充填后空间控制在1m左右，进场后沿矿拉底，再找边切采，布眼时距离两帮围岩700~800mm，光面眼装4~5条药，多段半秒延时雷管跳段顺序起爆（见图3-25）。

（4）在采场拉底、巷道施工过程中，为改善作业安全条件，确保工程质量，要求采用光面爆破技术布孔装药。某间柱采场，受大断层控制，节理发育，顶板片层状岩体破碎易冒落。拉底掘进时按光面爆破要求布孔装药（见图3-26），采用分段半秒延时雷管顺序起爆。

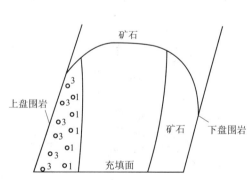

图3-25　210中采场找边炮眼布置及起爆顺序

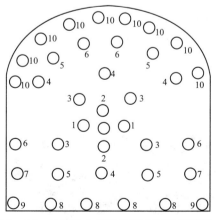

图3-26　采场拉底掘进炮眼布置及起爆顺序

十二、井巷掘进深孔光面爆破技术

（一）工程概况

某矿掘进巷道断面净宽5.3m，净高4.05m；巷道总长度为639.1m，巷道的岩层主要有：细砂岩、砂质泥岩、泥岩、粉砂岩和中砂岩等，岩石坚固性系数最大为 $f = 9.2$。打眼机具为煤矿用全液压掘进钻车，钻杆直径为42mm，炮孔的垂直深度为2.8~3.0m。采用二级煤矿许用炸药，药卷规格为：$\phi 35 \times 330mm$，药卷重量为355g/卷。

（二）掏槽形式

目前，国内外较坚硬岩石巷道掘进爆破最常用的掏槽形式是垂直楔形掏槽，它可以充分地利用工作面这一自由面，用较小的炮眼消耗和炸药单耗，获得较大的掏槽面积和掏槽体积。采用楔形斜眼掏槽，掏槽眼垂直深度为3.0m。

（三）周边眼间距和光爆层厚度

光面爆破周边眼间距 E 和最小抵抗线 W 选择的合理与否直接影响到爆破效果和成巷质量。

（1）合适的炮眼间距应该使炮眼间形成贯穿裂缝，根据工程实践经验，炮眼间距一般为炮眼直径的10~20倍。本实验取 $E = 400 \sim 420mm \approx 10D$。

（2）光爆层的厚度是指周边眼至临近崩落眼的垂直距离，也可视为最小抵抗线，一般用 W 表示。光面爆破层厚度还应根据巷道的岩石性质和岩层构造加以调整。光爆层的厚度与周边眼间距有如下的关系：$k = E/W = 0.6 \sim 1.0$，k 为炮眼密集系数，本实验取光爆层厚度 W 为500mm。

（四）炮孔数目及炮孔布置

炮孔数目过少会影响爆破效果，过多会增加钻孔工作量，影响掘进速度。掘进断面炮孔布置包括掏槽眼、辅助眼和周边光爆眼，装药炮孔总数 N 可由下式计算得到：

$$N = KSL\eta / \alpha q$$

式中　K——炸药单耗，取2.5kg/m^3；

S——巷道断面积，取19.573m^2；

L——药卷长度，取0.33m；

η——炮孔利用率，取0.85~0.95；

α——装药系数，取0.45~0.55；

Q——药卷重量，取0.35kg。

计算得 $N = 72 \sim 98$，试验中取 $N = 92$，炮孔布置如图3-27所示。

（五）装药量

根据每个掘进循环需要爆破的岩石的体积，计算每循环的总装药量，计算公式如式：

$$Q_{总} = KV = KSL\eta$$

式中　$Q_{总}$——每循环的总装药量，单位 kg；

V——每循环爆破的原岩体积，单位 m^2；

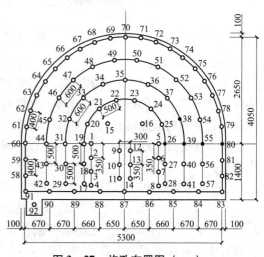

图3-27　炮孔布置图（mm）

L——工作面炮孔平均深度，$L = 2.9\text{m}$。

计算得：$Q_{总} = 120.62 \sim 134.81\text{kg}$，实际的装药量为124.6kg。掏槽眼最为重要，并且最难爆破，应该分配较多的药量，扩槽眼、崩落眼依次减少，顶眼负担的岩石在自重作用下有利于爆落，可以适当地减少药量，底眼通常最后起爆，除了爆破本身负担的岩石外，还需克服其他炮孔爆落岩渣的负荷，应增加装药量。爆破参数表见表3 - 24。

表 3 - 24　爆破参数表

炮眼名称		眼号	眼深 /m	眼距 /mm	角度/（°）		装药量		起爆 顺序	连线 方式
					水平	垂直	卷×眼	重量/kg		
掏槽眼		1 ~ 8	3	350	75	90	5.8 × 8	14	Ⅰ	串 并 联
掏腔中眼		9 ~ 14	3	350	90	90	5.0 × 6	10.5	Ⅰ	
辅助眼		15 ~ 28	2.8	500	90	90	4.0 × 14	19.6	Ⅱ	
崩落眼①		29 ~ 41	2.8	500/600	90	90	4.0 × 13	18.2	Ⅲ	
崩落眼②		42 ~ 57	2.8	500/600	90	90	4.0 × 16	22.4	Ⅳ	
周边眼	帮眼	58 ~ 60、80 ~ 82	2.8	400	90	90	4.0 × 6	8.4	Ⅴ	
	顶眼	61 ~ 79	2.8	400	90	82	2.0 × 19	13.3	Ⅴ	
	底眼	83 ~ 91	2.8	650	90	82	4.0 × 9	12.6	Ⅴ	
	水沟眼	92	2.8		90	82	4.0 × 4	5.6	Ⅴ	
合计		92	344	124.6						

（六）装药结构

根据煤矿安全许可规定，采用正向连续单段水泡泥装药结构如图3 - 28所示，这种装药结构可以减缓爆破冲击力对周边围岩的破坏，又能实现均匀爆破，避免超挖和欠挖，还可大幅降低爆破震动效应，在安全方面还能阻止炮眼内瓦斯积累，保证爆破作业的安全。

图 3 - 28　装药结构图

（七）起爆时差

为了减少一次起爆的炸药量以及降低爆破震动，采用毫秒延时起爆网络，模型实验和实际爆破表明：在实行光面爆破时，起爆间隙时间越短，壁面平整效果越好，因此应尽量减少周边眼间的起爆时差。本实验严格按照设计的雷管段别和起爆顺序作业，采用毫秒延时五段雷管起爆，起爆顺序为：掏槽眼—辅助眼—崩落眼—周边眼（顶眼、帮眼、底眼和水沟眼）。

（八）爆破效果

在长达一个多月的跟班试验中，循环进尺均在2.2m以上，最大达2.6m，平均为2.4m，月进尺超过120m。超挖量控制在150mm以内，无欠挖，开挖边界平整、光滑，符合设计要求；周边眼痕率在55% ~ 70%。

十三、硬岩巷道掘进爆破参数设计优化

（一）工程概况

巷道总工程量为 393.5m，岩性以粉砂岩为主。粉砂岩颜色为灰色，呈中厚层状。根据三维地震资料，未发现附近有落差 3m 以上断层构造；巷道水文条件较简单，砂岩层施工时预计有 1~1.2m³/h 的裂隙水。巷道断面形状为直墙半圆拱形，采用全断面爆破。断面尺寸（净宽×净高）为 4.0m×3.6m，净断面面积为 12.68m²，混凝土喷厚为 70mm。

（二）岩石物理力学性能测定

岩样 φ50×100mm 和 φ50×25mm 的标准圆柱体试件，分别用于压缩试验和劈裂拉伸试验。

岩石试件的基本物理力学参数见表 3-25、表 3-26。

表 3-25 岩石试件基本物理参数与单轴试验结果

密度/g·cm⁻³	比重	弹性模量/GPa	变形模量/GPa	泊松比	单轴抗压强度/MPa	抗拉强度/MPa
2.74	2.76	23.96	15.75	0.19	136.51	3.72

表 3-26 不同围压等级岩石试件三轴压缩试验结果

围压等级/MPa	抗压强度/MPa	弹性模量/GPa	变形模量/GPa	峰值应变/‰	剪切参数 黏聚力/MPa	内摩擦角/(°)
5	136.27	23.17	15.42	9.22	19.85	49.4
10	181.40	25.45	21.68	9.62		
15	209.52	25.98	23.83	10.43		

从表 3-26 可以看出，岩石试件抗压强度随围压增加而提高，且抗压强度与围压之间近似为线性关系。但随围压增加，抗压强度增速减缓，当围压由 5MPa 增至 10MPa 时，试件抗压强度由 136.27MPa 提高至 181.40MPa，增幅 33.1%；而围压由 10MPa 增至 15MPa 时，抗压强度则提高至 209.52MPa，增幅达 15.5%。

采用不同围压等级条件下岩石试件的应力-应变曲线，如图 3-29 所示。从图 3-29 可以看出，不同围压条件下的岩石试件应力-应变曲线形状较为相似，曲线斜率随围压增大而逐渐变陡，而岩石试件的峰值应变随围压增加而增大。这也正是说明了岩石试件的弹性模量随围压增大而增加。

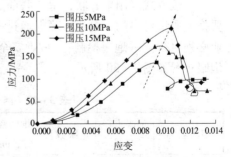

图 3-29 不同围压条件下岩石试件应力-应变曲线

（三）爆破器材选择

选用 3 级煤矿许用水胶炸药，规格分别为 φ35×350mm，每卷 385g，φ27×400mm，每卷 294g，大小直径药卷分别用于掏槽眼和周边眼。雷管选用 Ⅰ~

Ⅴ段煤矿许用毫秒延期电雷管，最后一段延时不超过130ms；并用专用导通表对雷管逐发导通；起爆器选用MFd-200（强力）型。

（四）掘槽方式优化

采用双阶楔形掘槽方法，并在掘槽眼中部增设深于掘槽眼约200mm的辅助掘槽眼，底部装药1卷，其余用炮泥和水炮泥封堵。掘槽眼和辅助掘槽眼的起爆雷管分别为Ⅰ段和Ⅱ段。辅助掘槽眼不仅起到空孔作用，而且还能把槽眼底部岩石进一步破碎后抛出槽外，有利于克服岩石的夹制作用，从而增大掘槽的有效深度，提高掘槽效果。

（五）炮眼直径与深度确定

炮眼直径直接影响凿岩效率、炮眼数目、炸药单耗、爆破块度和周壁平整度。当炮眼直径增大时，炸药量相对比较集中，炸药爆速和爆轰稳定性相应提高。然而，炮眼直径过大会导致凿岩速度显著下降，由于炮眼数目相应减少，岩石破碎质量降低，巷道周边平整度变差，从而降低爆破效果。掘槽眼直径为42mm，以提高掘进速度和爆破效果；周边眼直径为32mm，提高钻眼速度，减小对围岩的损伤，节约支护成本。

炮眼深度主要根据岩石性质、巷道断面尺寸、循环作业方式、凿岩机类型、炸药性质等因素确定。采用气腿式凿岩机时，炮眼深度以1.8~2.5m为宜，炮眼深度超过2.5m时，钻眼速度明显降低。根据《煤矿安全规程》规定，炮眼深度超过1m时，封泥长度不得小于0.5m；炮眼深度超过2.5m时，封泥长度不得小于1m。因此，为增大掘槽眼的炸药量，提高炮眼利用率，炮眼深度不宜超过2.5m。因此，合理的炮眼深度应以高速、高效、低成本和便于组织正规循环作业为原则，周边眼深度2.0m，掘槽眼深度为2.2~2.4m。

（六）起爆顺序设计

各炮眼的起爆为：掘槽眼→辅助掘槽眼→辅助眼→二圈辅助眼→周边眼和底部眼，对应的起爆雷管分别为Ⅰ段、Ⅱ段、Ⅲ段、Ⅳ段、Ⅴ段。

（七）装药与起爆

掘槽眼、辅助掘槽眼、辅助眼和二圈辅助眼，采用φ42钻头打眼，φ35药卷装药108卷，合计41.58kg；底部眼和周边眼，采用φ32钻头打眼，φ27药卷装药70卷，合计20.58kg；总装药量为62.16kg。所有装药均采用正向装药，炮眼均采用炮泥和水炮泥土封实，且封口炮泥长度不得低于500mm。毫秒延期电雷管Ⅰ段为8发，Ⅱ段为5发，Ⅲ段为11发，Ⅳ段为16发，Ⅴ段为31发。其中，Ⅱ段雷管的脚线不低于3.5m，其他雷管脚线不低于2.5m。

连接方式采用串并联，串并联前后应导通并测量电阻值是否正确；起爆器使用前一定要换上质量可靠的新电池，确保通过电雷管的电流应大于串并联雷管的准爆电流。爆破作业必须执行"一炮三检制"，放炮安全警戒距离为200m。经优化后的爆破参数见表3-27。炮眼布置如图3-30所示。

表3-27 南一底板轨道巷掘进爆破设计参数

炮眼名称	炮眼直径 /mm	炮眼数目	炮眼深度 /mm	炮眼角度 / (°)	装药卷数 /眼	总药量 /kg	眼间距 /mm	爆破顺序
掘槽眼	42	8	2200	80	4	12.32	400	Ⅰ
辅助掘槽眼	42	3	2400	90	1	1.16	400	Ⅱ

续表

炮眼名称	炮眼直径 /mm	炮眼数目	炮眼深度 /mm	炮眼角度 / (°)	装药卷数 /眼	总药量 /kg	眼间距 /mm	爆破顺序
辅助掏槽眼	42	2	2000	90	4	3.08	500	Ⅱ
辅助眼	42	11	2000	90	3	12.71	500	Ⅲ
二圈辅助眼	42	16	2000	90	2	12.32	500	Ⅳ
周边眼	32	23	2000	87	2	13.52	400	Ⅴ
底部眼	32	8	2000	87	3	7.06	600	Ⅴ

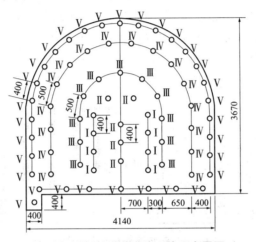

图 3-30　南一底板轨道巷道施工炮眼布置图（mm）

（八）爆破效果

现场试验表明，由于采用中深孔不同阶掏槽全断面一次爆破技术和合理的炮眼深度，炮眼利用率达 90% 以上，炮堆比较集中，巷道成形较好，达到良好的爆破效果。当月进尺比前三个月平均进尺提高了 29%。

项目二　露天爆破案例

一、露天台阶路堑爆破技术

（一）工程概况

凹陷露天采矿每下一个台阶，必须进行堑沟开挖，为台阶爆破开拓出下一台阶面。堑沟开挖一般都是采用垂直孔和斜孔相结合，一次拉槽爆破的爆破方案。当爆破岩质硬度较大，硬度不同且周围环境复杂时，采用这种爆破方案爆破药量大，爆破震动较大，不利于边坡稳定和安全防护。

采用直孔拉槽爆破和加大超深台阶爆破相结合，并辅助斜孔的爆破方法是一种选择。

某矿山内地层主要为变质岩系和沉积岩及第四系地层，矿岩节理缝隙中等发育，矿岩完整性较好，矿石硬度大于12，一般岩石硬度$f=18$。矿山台阶高度为10m，设计堑沟长150m，宽20m；下台阶斜坡道路的坡度为8°，长125m。矿山周围有十个村庄，最近的不到200m，对爆破的减震要求比较高。考虑到岩石硬度较大，且各处硬度有所不同，爆区环境复杂，采用传统堑沟开挖所采用的垂直孔和斜孔相结合，实施一次拉槽爆破的爆破方案是不可行的。经仔细研究并结合以往经验，决定采用将整个堑沟爆破分为若干次斜坡道开挖爆破，并在不同的深度采用不同的爆破方案，有效地控制了爆破震动，同时相应地降低了爆破成本。

（二）路堑下降6m前爆破方案

根据斜坡路堑坡度为8°的设计要求，路堑开挖下降6m之前，计算进深长度为75m，初次爆破路面宽度为14m。根据地质条件和设计要求，决定采用直孔加强超深拉槽爆破。在爆破地质为$f=12$的角闪岩段和$f=20$的原生矿段分别采用不同的孔网参数进行爆破。根据设计坡度的要求，计算出每个布孔位置孔底的标高，并根据其值定出该孔的深度，超深为2m。开端处孔深不足设计要求的可统一孔深为4m。根据开挖路堑坡度要求，由前至后孔深逐孔加深0.5m，布孔如图3－31所示。

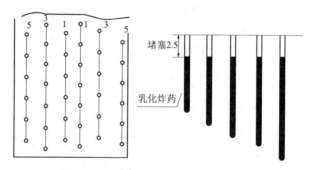

堵塞2.5

乳化炸药

图3－31 路堑下降6m的前爆破设计

爆破参数如下。

（1）中间两排孔距$a=3$m，排距$b=2$m。

（2）两边四排孔距$a=4$m（岩石硬度$f=20$时，$a=3$m），排距$b=3$m。

（3）钻孔直径$D=140$mm，超深$h=2.0$m，乳化炸药装药直径$d=110$mm，堵塞$l=2.5$m。

（4）最大抵抗线$W=3.5$m，平均单耗$q=0.9$kg·m^{-3}。

起爆方式如图3－31所标，采用一、三、五段毫秒延期起爆。爆破后形成良好爆堆，中间凸起2m左右，挖走以后斜坡坡度达到设计的8°要求，用挖机稍微平整即可通车。

（三）路堑下降6m后爆破方案

当直孔掏槽下挖到深6m且岩石硬度在$f=12$左右时，不宜继续采用直孔掏槽，采用扩大工作面的加大超深台阶爆破。根据设计要求，计算出每个布孔点的孔底标高，并算出孔深，超深$h=2.5$m，一般后一排孔深比前排深0.5m。采用梅花等腰三角形布孔，每次爆破4排为宜，如图3－32所示。

爆破参数如下。

（1）孔距$a=5.5$m，排距$b=3.5$m。

（2）钻孔直径$D=140$mm，超深$h=2.5$m，装药直径$d=110$mm，堵塞$l=2.5\sim3.0$m；

（3）最大抵抗线 $W = 3.5\text{m}$，平均单耗 $q = 0.6\text{kg} \cdot \text{m}^{-3}$。

起爆方式如图3 – 32所标，采用一、三、五、七段毫秒延期起爆。爆破后基本上没有大块，爆堆良好。断面很直并且眉线清晰，挖走后也能达到设计的坡度要求，不留跟脚，稍微平整即可通车。采用这种加大超深台阶爆破能有效地减小爆破震动，与单一的直孔掏槽相比，减少了穿孔量，爆破单耗也相应减小。

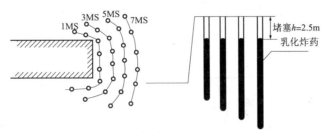

图3 – 32　路堑下降6m后爆破设计

当爆破地质为 $f = 20$ 左右原生矿时，采用缩小孔网参数、加大超深、提高单耗的台阶爆破方法，爆破效果不理想，地板没有按预计的情况走低。按照上一台阶的经验，放四排炮孔可走低2m左右，但实测地板只下降了0.5m，从爆破情况看单一采用这种方法无法达到设计要求。为了达到设计要求并减少损耗，采用辅助斜孔台阶爆破，即在台阶断面前加布一排斜孔，斜孔孔距为3m，孔深与直孔的孔底标高相同或略深一点，角度在60° ~ 70°之间，如图3 – 33所示。爆破时斜孔与第一排孔同时起爆。

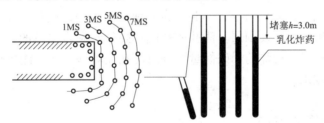

图3 – 33　辅助斜孔台阶爆破设计

爆破参数如下。

（1）孔距 $a = 5.0\text{m}$，排距 $b = 3.5\text{m}$。

（2）钻孔直径 $D = 140\text{mm}$，超深 $h = 3.0\text{m}$，装药直径 $d = 110\text{mm}$，堵塞 $l = 2.5 \sim 3.0\text{m}$。

（3）乳化炸药平均单耗 $q = 0.7\text{kg} \cdot \text{m}^{-3}$。

爆破效果同样很好，形成良好的爆堆，没有大块。挖走后孔底标高按设计的要求下降了2m多，一次到位。与原来相比，不但加快了进度也节省了成本。

凹陷矿山临时路堑爆破，采用上述直孔拉槽和加大超深台阶爆破的方法，不但可以减小震动，相对于一般的单纯的直孔拉槽更经济，但是在岩石很硬的情况下，加大超深也很难使台阶地板降低。采用与辅助斜孔相结合的方法能很好地达到降低地板的目的。

二、露天台阶硬顶爆破技术

（一）工程概况

某岩石台阶出现了台阶硬顶，长度为400m，厚度8 ~ 9m，东厚西薄，岩性逐渐变软且岩石胶结致密、质地坚硬，普氏硬度为9左右。在硬岩层的上部风化严重，裂隙发育，大部分为一块块的孤石相互分离。在以往的爆破过程中采用了缩小孔网参数、分段装药、压渣爆破等技术措施，但爆破质量均没有得到明显改善。

（二）台阶硬顶爆破方案

1. 布孔方法

台阶硬顶爆破的布孔方法是深孔套浅孔，如图3-34、图3-35所示。

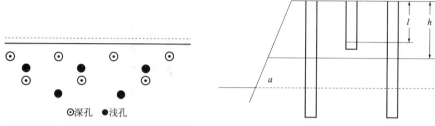

图3-34　台阶硬顶爆破布孔平面图　　图3-35　台阶硬顶爆破布孔断面图

H—台阶高度；L—浅孔深度；h—硬岩厚度

布孔方式为三角形布孔，大孔的孔网参数为8m×10m，孔深为18m。浅孔布孔的原则是在3个大孔的中间套1个浅孔。

2. 浅孔深度的确定

根据台阶硬顶厚度8~9m，确定浅孔深度5~6m。因为孔过深，浅孔炸药的爆炸能量容易释放到台阶硬顶下部的软岩层，不利于台阶硬顶的破碎；浅孔过浅，装药量少，炸药的爆炸能量不足以破碎台阶硬顶层。浅孔的孔底标高位于硬岩层厚的2/3处，且正处在深孔的填充高度，这样浅孔的炸药爆破能量刚好对深孔充填部分炸药能量作用的薄弱环节进行破坏，达到破碎效果。

3. 装药量的确定

5m深的浅孔计算装药量为

$$Q_1 = KV_1 = 62.5\text{kg}$$

6m深的浅孔计算装药量为

$$Q_2 = KV_2 = 108\text{kg}$$

式中　K——岩浅孔爆破的炸药单耗，单位 kg/m^3；

　　　V_1——孔深为5m的炮孔爆破体积，单位 m^3；

　　　V_2——孔深为6m的炮孔爆破体积，单位 m^3。

在实际操作中，孔径为250mm的炮孔装药密度为45kg/m，5m深的孔装药量调整为60kg，药柱长度1.3m；6m深的孔装药量调整为90kg，药柱长度为2m，符合浅孔装药量不超过孔深长度的1/3。

4. 深孔采用分段装药结构

深孔装药采用分段间隔装药的方式，提高药柱中心高度。但这里的分段装药的分段位置同普通的分段装药位置不同，并不是平常的炮孔的装药药柱长度的2/3为底部装药，1/3为上部装药，而是在充填部位从正常的炮孔装药药柱中拿出1m药柱放在充填长度的中间部位，利用此段炸药爆炸产生的能量破碎台阶上部的硬岩。因为台阶爆破容易出现大块的部位就是台阶上部炮孔充填部分，连续装药爆破能达不到的部位。对于19m孔深的炮孔，连续装药药柱长度为13m，充填长度6m，则分段装药第一段药柱长度12m，充填3m长度后再装入1m的炸药，然后继续充填至炮孔口部。在充填过程中特别注意要充填密实，否则容易出现冲天炮，发生飞石事故。

5. 起爆方式

起爆方式为分段排间微差起爆，浅孔和深孔排之间，不放非电延期雷管，浅孔往前排深孔上连。每段起爆深孔数应适量减少，以保证每段起爆药量不超过《露天矿爆破安全规程》中规定的一次最大起爆药量为2.5t。起爆网络连接时要注意仔细检查，以防浅孔和主线漏连。

6. 警戒距离的确定

《露天矿爆破安全规程》中规定浅孔爆破安全警戒距离是300m。在深孔套浅孔的起爆过程中，为保证人员安全，安全警戒距离为600m，下坡及顺风方向为500m。

（三）爆破效果

200多个深孔套浅孔和300多个深孔分段装药的爆破试验结果表明，在台阶硬顶的爆破过程中，采用深孔套浅孔的爆破方法，大块率明显降低，由5%下降到2%左右；爆堆疏松程度有所提高，采装效率比以往提高5%左右；但炸药的单耗由以前的0.38kg/m³升至0.45kg/m³，虽然爆破成本略有增加，但综合生产成本降低了。因此用深孔套浅孔进行台阶硬顶的爆破方法是降低大块率，提高采装效率的一种切实可行的爆破方法。

三、露天矿层状岩体爆破技术

（一）工程概况

黄麦岭露天矿矿体呈层状分布，向南倾斜。在开采水平上，矿石主要以锰质磷灰岩、条带变状粒磷灰岩、浅粒磷灰岩为主，硬度系数较低，属易爆矿体。岩石主要以半石墨片岩、石英云母岩、绿片岩、团块状浅粒岩、大理岩为主，硬度 $f=4\sim18$。+100m水平岩体解理裂隙发育，且水文地质富裕。该矿山主要采用靠固定帮坑线开拓，采掘推进方向从下盘到上盘，推进方向与岩层走向大致相同。岩层产状对爆破自由面的选取有很大影响，当岩层倾向与自由面相反时，极易产生连续根底和大块；当岩层倾向与自由面倾向相同时，由于岩层弱面的影响以及工作面普遍存在的岩层倾向开放状裂隙的存在，爆后出现不连续根底和大块；当岩层倾向与自由面垂直或成一定角度时，通常很少产生根底，而且大块率也很低。

该采场产生大块主要存在于自由面以及孔口堵塞部分。自由面产生大块主要原因如下。

（1）采场内层状节理发育，前一次爆破产生的后冲使得自由面节理更加扩张。

（2）每次装药不确定以及电铲铲装的影响，使得自由面超欠挖现象严重。

经过现场试验，孔口位置产生大块主要是岩层、微差时间的不合理导致，因此可以通过调整起爆网络来改善。

（二）爆破参数优化

黄麦岭矿山自2006年以来一直采用逐孔起爆技术，原爆破参数为：炸药单耗为1.03kg/m³，最小抵抗线基本与排距保持一致，通常取3.5m。矿石及难爆岩石孔网参数为

5m×3.5m，易爆岩石孔网参数为5m×3.7m。此次爆破参数的优化是在孔径及炸药单耗不变的情况下，通过对原有孔网参数的持续改进、优化，实现各项爆破指标最优化。

1. 台阶坡面选取

通过对原有爆破效果的分析，对于层状岩体，为避免根底的产生，台阶坡面尽量保持与岩层坡面垂直，即岩层倾向与台阶坡面倾向为45°～135°。

2. 微差时间

合理的微差时间由孔间微差时间和排间微差时间决定。孔间微差时间决定块度，排间微差时间决定爆堆松散度，但目前尚未有成熟的理论计算公式。国内外矿山的实践表明：地表延期时间与爆破效果的关系大致服从正态分布，孔间延时3～8ms/m，排间延时8～15ms/m，是一个倾向于最佳爆破效果的时间区域。结合黄麦岭矿山实际情况，选用17、25、42、65ms延期雷管，孔内选用400ms延期雷管。

3. 装药结构

黄麦岭矿山主要采用乳化炸药连续耦合装药方式。主爆区后排各孔严格控制装药，每孔装药为170kg，装药高度为8.5～9m，堵塞高度为2.5～3m。在药与岩渣接触带用聚乙烯进行隔离。

前排孔采用分层装药结构，下段药柱的高度根据具体情况确定。由于台阶坡面存在欠挖、超挖，参差不齐，因此，在超挖严重的地方装药，之后堵塞1～2m，继续装药，装药总高为8m左右，孔口堵塞为2～2.5m。如炮孔某段裂隙偏大、明显漏药，用岩渣堵塞1～2m，继续装药。

4. 起爆网络

利用Shotplusi起爆网络设计软件，选用两种起爆网络，通常在一个自由面下采用V形起爆网络，在两个及两个以上自由面下采用斜线起爆网络（如图3-36所示）。特殊情况下，加入虚拟孔，以满足起爆网络的要求。

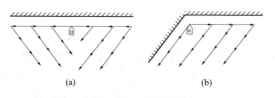

(a)　　　　　　　　　(b)

图3-36　起爆网络

（a）一个自由面；（b）两个自由面

5. 现场试验方案

针对不同的岩体情况，对其进行了参数优化，见表3-28。

表3-28　现场试验方案

方案	矿石			难爆岩石		
	孔网参数/(m×m)	延期组保/ms	起爆方式	孔网参数/(m×m)	延期组合/ms	起爆方式
I	6×4	17、42、65	斜线起爆	4.5×3	25、42、65	斜线起爆
II	6×3.7	17、42、65	斜线起爆	4.5×3.8	25、42、65	斜线起爆

续表

方案	矿石			难爆岩石		
	孔网参数/(m×m)	延期组保/ms	起爆方式	孔网参数/(m×m)	延期组合/ms	起爆方式
Ⅲ	5.5×3.7	17、25、42、65	"V"形起爆	4×4	17、25、42、65	V形起爆
Ⅳ	5.5×3.5	17、25、42、65	"V"形起爆	5×3.5	25、42、65	斜线起爆
V	5.5×4	17、42、65	"V"形起爆	5×3.8	25、42、65	斜线起爆

（三）爆破效果

（1）矿石。方案Ⅰ、Ⅱ、Ⅴ大块率均超过5%，方案Ⅲ、Ⅳ均符合块度要求，且爆后爆堆规整，未见根底产生。考虑到经济效益，方案Ⅲ单孔承受方量大，属最优方案。

（2）难爆岩石。方案Ⅰ、Ⅱ、Ⅳ大块率未超过5%，方案Ⅰ岩石抛掷距离过远，方案Ⅱ、Ⅲ、Ⅴ后冲距离较大，且爆后下一预爆区域有严重鼓包。综合考虑，方案Ⅳ为最优方案。由于易爆岩石与矿石性质相近，且岩石块度要求略大于矿石，因此确定了易爆岩石孔网参数5.5m×3.8m。

根据以上分析，在钻孔孔径为140mm的条件下，主采场爆破参数优化结果见表3-29。

表3-29 黄麦岭矿主采场爆破参数孔网参数对比

项目		孔网参数/（m×m）	最小抵抗线/m	前排孔距/m	孔负担面积/m²
矿石	原参数	5×3.5	3.5	5	17.5
	优化参数	5.5×3.7	3.7	5	20.35
易爆岩石	原参数	5×3.7	3.5	5	18.5
	优化参数	5.5×3.8	3.8	5	20.9
难爆岩石	原参数	5×3.5	3.5	5	17.5
	优化参数	5×3.5	3.5	4.5	17.5

四、露天矿边坡大孔径预裂爆破技术

（一）工程概况

冀东某铁矿目前平均每年靠帮境界线长为6000~9000m。近年来，该铁矿在应用中小孔径倾斜孔进行边坡控制爆破方面取得了显著进步，半孔率已达70%以上。但是，在进行中小孔径预裂爆破钻孔作业时，因现场地质、地形等条件影响，约占采场境界线长度30%的部位边坡钻机钻孔困难，无法成孔。在这种情况下，使用牙轮钻机钻孔进行直孔预裂爆破可能是一种可供选择的补救措施。因此，探索边坡垂直孔预裂控制爆破的技术参数，对于控制该铁矿边坡岩体的稳定性，具有重要意义。在钻孔直径一定的条件下，预裂孔距 a 和炮孔的线装药密度 Q_L 是决定预裂爆破效果的两个主要参数。一般情况下，岩石性质一定时，预裂孔距和线装药密度都宜随钻孔直径的增大而增大，以期获得较为理想的预裂爆破效果。

（二）预裂爆破技术参数

根据经验，对于稳固和较稳固岩体，可把岩石的抗压强度作为确定预裂爆破技术参数的主要依据。因此，采用类比法参照岩体条件类似矿山的数据大致推算出该铁矿的片麻岩（抗压强度约为100MPa）和混合岩（岩石抗压强度约为150MPa）的预裂爆破技术参数。目前国内部分露天矿山取得较好预裂爆破效果的预裂爆破技术参数如表3-30所示。

表3-30　国内部分露天矿山岩体强度和预裂爆破参数

岩石抗压强度 Q/MPa	预裂爆破参数	孔径 ϕ/mm					
		40	60	80	100	120	170
100	Q_L/g·m^{-1}	340	390	440	480	510	580
	a/cm	40	50	60	70	80	95
150	Q_L/g·m^{-1}	650	750	850	1000	1200	1500
	a/cm	45	65	85	100	110	155

该铁矿片麻岩（$Q=100$MPa）三种孔径预裂爆破主要参数，如表3-31所示。

表3-31　片麻岩预裂爆破主要参数

ϕ/mm	Q_L/g·m^{-1}	a/cm
115	500	75
250	750	135
310	850	160

该铁矿混合岩（$Q=150$MPa）三种孔径预裂爆破主要参数如表3-32所示。

表3-32　混合岩预裂爆破主要参数

ϕ/mm	Q_L/g·m^{-1}	a/cm
115	1100	110
250	2150	220
310	2670	270

由表3-30可见，在岩石性质一定时，预裂爆破的主要参数取值范围具有一定的规律性，即预裂孔距和线装药密度都随钻孔直径的增大而增大。表3-31和表3-32所示的三种孔径预裂爆破的技术参数，可分别作为该铁矿在强度较低、节理裂隙较发育的片麻岩和强度属中等的混合岩中进行预裂爆破试验的初始参考依据。

（三）预裂爆破试验与结果

1. 试验区段岩体基本特征

该铁矿边坡附近围岩主要为前震旦纪变质岩系，以黑云斜长片麻岩、紫苏黑云斜长片麻岩、角闪斜长片麻岩为主，并经受了混合岩化作用和地表的强风化作用。此外，还有少量花岗岩层和第四系冲积层。近边坡围岩的节理裂隙大都比较发育，每种岩石至少有两组以上的节理裂隙。矿石密度为 $3.09 \sim 3.24 t/m^3$，岩石密度为 $2.66 \sim 2.7 t/m^3$。

试验区段所处西帮围岩主要有两种：混合岩，极限抗压强度为 $130 \sim 140 MPa$，$f = 13 \sim 14$；片麻岩，极限抗压强度为 $80 \sim 100 MPa$，$f = 8 \sim 10$。

试验区段所处东帮围岩也是两种：混合岩，极限抗压强度为 $120 \sim 150 MPa$，$f = 11 \sim 13$；片麻岩，极限抗压强度为 $80 \sim 100 MPa$，$f = 8 \sim 10$。

西帮混合岩整体性较好，岩体的含水层较少，含水岩体约占 $1/3$；东帮岩体的地质条件更为复杂，不但节理裂隙很发育，而且又有多条断层和破碎带，属于多裂隙软岩和破碎型岩体，东帮的岩体大多是含水的，占 $2/3$ 以上。

2. 直孔预裂爆破试验参数

（1）片麻岩中的孔距 a：参照表 3 – 31，孔径为 250mm 时，取 $a = 115 \sim 215m$；孔径为 310mm 时，取 $a = 1.75 \sim 3.0m$。其中岩体完整性差时取小值，反之取大值。

（2）混合岩中的孔距 a：参照表 3 – 32，孔径为 250mm 时，取 $a = 212 \sim 217m$；孔径为 310mm 时，取 $a = 2.5 \sim 3.0m$。其中岩体完整性差时取小值，反之取大值。

（3）线装药密度 Q_L：不区分 250mm 和 310mm 两种孔径，均采用炮孔轴向连续装填乳化药卷，线装药密度取为 $1.0 \sim 3.0 kg/m$，软岩中取小值，反之取大值。

在该铁矿东帮的混合岩中进行的预裂爆破，其主要技术参数如表 3 – 33 所示。

表 3 – 33 东帮混合岩预裂爆破主要技术参数

孔号	a/m	$Q_L/kg \cdot m^{-1}$	孔号	a/m	$Q_L/kg \cdot m^{-1}$
1	2.7	1.8	11	2.5	1.5
2	2.3	1.5	12	2.3	1.5
3	2.7	1.8	13	2.4	1.5
4	2.8	2.0	14	2.6	2.0
5	2.8	2.0	15	2.4	1.5
6	2.7	2.0	16	2.6	1.5
7	2.5	1.5	17	2.8	2.0
8	2.6	1.8	18	2.3	1.5
9	2.7	2.0	19	2.3	1.5
10	2.7	2.0			

（四）爆破效果

采用如表 3 – 33 所示的参数在该铁矿东帮混合岩中进行预裂爆破，除节理裂隙发育程度很高的部位外，半孔率达到了90%以上，围岩破坏不明显，边坡岩体的稳固性得到了充分保护，基本达到了预期的预裂爆破效果。

2007年以来，由于边坡钻机无法成孔及边坡钻机故障等原因，该铁矿在境界部位实施250mm和310mm大直径牙轮钻机预裂爆破长达1920m（以250mm孔径为主）。从爆破效果看，超欠挖现象基本得到了有效控制，基本达到了境界控制的误差范围，且边坡岩体的稳定性也得到了明显改善。

采用牙轮钻机钻孔进行预裂爆破，与采用中小孔径的边坡钻机预裂爆破对比，边坡控制爆破的成本显著下降，1920m境界线长共减少钻孔费用90余万元，对改善矿山钻爆生产的技术经济指标，起到了积极作用。

五、露天台阶宽孔距小抵抗线爆破技术

（一）宽孔距爆破机理分析

1. 改善岩石中的应力状态

由应力波理论可知，同排两个条件相同的相邻炮孔同时爆破时，沿炮孔连心线方向由于应力波的叠加作用而得到加强，因而最先达到介质的抗拉强度而将介质予以破坏形成裂隙。此类裂隙的形成就会产生一个向四周围扩散的应力释放波，使其周围介质中的应力降低，从而抑制了其他方向裂隙的发育。目前，常用来保护露天边坡和井巷周壁的稳定和平整，避免爆破中过多损伤的预裂爆破和光面爆破技术就是利用这一原理。就宽孔距爆破而言，随着两相邻炮孔间的间距增大，就有可能延缓炮孔连心线方向应力波的迭加，使其他方向的裂隙有机会充分发育，保证了最小抵抗线方向的裂隙的充分发育。同时，爆生气体不会因两相邻炮孔之间的裂隙过早贯通而逸散，提高了爆炸能量的利用率而有利于破碎效果的改善。

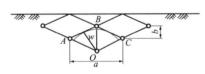

图 3-37　宽孔距爆破示意图

2. 增加了爆破自由面，形成近似弧形的临空面

宽孔距爆破随着 m 的取值增大，同排相邻炮孔的间距拉大，当 $m > 3$ 时，孔间爆破相互作用变得微弱，几乎可忽略。同排炮孔爆破近似变为单孔爆破。宏观爆破效果似为连续的加强爆破漏斗，前排孔为后排孔创造了近似弧形的临空面，这就使得后排孔爆破时接近于多面临空爆破。且自由面上各向的抵抗线近似相等，如图 3-37 所示。

（二）m 值的确定

根据上述宽孔距爆破破岩机理分析可知，前排药包要为后排药包创造近似弧形的临空面，后排孔爆破岩石破碎效果才能达到最佳。按上述分析，采用梅花形布孔，并且排间起爆。图3-37中的 A 与 C 炮孔起爆后，两孔之间不能贯通，但能够与前排已爆炮孔 E、B 等贯通。根据图 3-37 可看出，最佳的爆破效果应满足以下几何关系，即 $AO = BO = CO$，又 $AB = BC = AO = CO$。由此可知 $ABCO$ 为等边四边形，ABO 为等边三角形。由图 3-37 可得出：

$$b = \overline{BO}/2$$

$$a = AC = 2 \times \frac{\sqrt{3}}{2} \times \overline{BO} = \sqrt{3} \times \overline{BO}$$

所以有：

$$m = a/b = \frac{\sqrt{3} \cdot \overline{BO}}{1/2 \cdot \overline{BO}} = 2\sqrt{3} = 3.46$$

（三）宽孔距布孔设计

1. 炮眼布置形式

在前面的论述中，依据几何关系得出了炮孔密集系数 $m = 2\sqrt{3}$ 时，前排药包能够为后排药包创造近似弧形的临空面，则相邻炮眼之间的关系为：等边三角形（相邻三孔的关系）或等边四边形（相邻四孔之间的关系）如图 3 - 37 所示。单个炮眼负担岩石破碎的范围为 $ABCO$，此为一个爆破单元，由多个爆破单元的排列组合，则可给出炮眼的布置形式，如图 3 - 38 所示。

2. 布孔参数的确定（设计步骤）

（1）根据所使用的挖渣设备和钻孔设备，确定钻孔直径 d 和台阶高度 H。

（2）由 d、H 计算孔网参数。

最小抵抗线：$W = k \times d$，$k = （25 \sim 35）$。

超钻深度：$h = k \times W$；

钻孔深度：$L = （H + h）/\sin A$，（A 为钻孔倾角）。

堵塞长度：$L_d = （0.8 \sim 1.2）W$。

（3）计算孔装药量。

线装药密度：$q_1 = \frac{1}{4}\pi d^2 \cdot \Delta$（kg/m）。

单孔装药量：$Q_孔 = q_1 \cdot （L - L_d）$。

（4）计算单孔爆破方量 V：

$$V = Q_孔 = q$$

单位耗药量 q 的选取，根据开挖岩石的情况以及岩石需要破碎的程度，凭经验或通过试验确定单耗 q，一般 q 取 $0.4 \sim 0.6$。

（5）计算单孔负担面积 S：

$$S = V/L$$

（6）计算孔距 a、排距 b 及 $W_计$。

因为：

$$S = a \cdot b = m \cdot b^2 = 2\sqrt{3}b^2$$

所以有：

$$b = \sqrt{\frac{s}{m}} = \sqrt{\frac{s}{3.46}} \quad a = m \cdot b = 3.46b$$

$$W_计 = \sqrt{3} \cdot b$$

（7）核算 $W_计$ 与 $W = k \cdot d$ 是否吻合，如差距较大，则调整后重新计算。

（四）炮眼的起爆顺序

就宽孔距爆破来说，前排孔与后排孔的起爆顺序具有一定的严格性，只有前排孔先爆，才能为后排孔创造多个自由面。另外，合理的间隔时间也非常重要。宽孔距爆破的起爆顺序可设计为根据布孔形态决定，如图3-37所示应为排间微差起爆，如图3-38与图3-39所示应为对角线微差起爆。

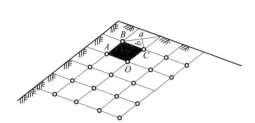

图3-38 宽孔距炮眼布置平面图

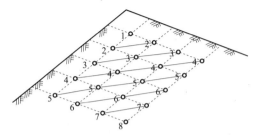

图3-39 对角线微差起爆（图中数字为微差起爆顺序）

（五）结束语

实践证明：不论何种孔网参数比 $m = a/b$，均符合等爆方单耗原理，即一个单孔的装药量 Q 与其负担破碎岩石的体积 V 之比 Q/V 等于一个常数。但不同的孔网参数，其爆破破碎块度不同。宽孔距爆破，解决岩石破碎块度问题，其实质是在单孔负担面积不变的情况下，加大炮孔的间距，相应缩小炮的排距，也即是单孔负担的爆破方量不变。但宽孔距爆破，能充分利用炸药的爆炸能量去破碎岩石，岩石的爆破破碎块度小。这种爆破技术，对降低爆破大块度是有效的。采用宽孔距大区微差爆破技术，炮孔密集系数 $m = 3.2 \sim 3.5$，均取得了很好的爆破效果。岩石破碎均匀，不需两次破碎，铲装效率提高10%以上，利润率达10%。

六、露天台阶爆破超深值确定

（一）工程概况

超深是指炮孔超出台阶底盘标高部分的长度，用来克服炮孔下部岩石的夹制作用，使爆破后不留根底，形成平整台阶面。超深过大，会造成炮孔和炸药的浪费，加大对下个台阶顶盘的破坏，加大下部台阶钻孔难度，并且会增大爆破地震效应；超深过低会产生根底或抬高下部台阶标高，影响铲运工作。

三道庄露天矿矿石主要为透辉石矽卡岩或含硅灰石矽卡岩，节理裂隙不发育，$f = 12 \sim 16$，属于坚硬岩石。围岩为风化、半风化石英角岩，节理裂隙发育，$f = 8 \sim 10$，属于较软岩石（见表3-34）。

表3-34 岩石种类

岩石名称	硬度系数 f	可爆性
硅灰石角岩	$14 \sim 16$	柔韧性好，顶部易出大块
矽卡岩	$12 \sim 14$	易爆破
石英角岩	$8 \sim 10$	极易爆破

（1）三道庄露天矿为地采转露采，采场下部空区情况复杂。处理空区后，由于空区底板高程变化大，不能保证和台阶高程一致，造成局部台阶不规整，上下错层大。在孔网参

数不变、超深统一的前提下，低于标准台阶的炮孔会由于装药量不足，爆破后出现岩根；而高于标准台阶高度的炮孔，则出现单耗提高，浪费炸药能量，而出现冲孔，影响爆破效果及爆破安全。

（2）矿区夏季雨期时间长、雨量大，同时地下水丰富，造成雨期孔内积水深。装药前需先将孔内积水抽出，但由于潜水泵的工作原理，孔底积水不可能抽尽，导致乳化炸药不能装到孔底，从而不能有效地克服底盘抵抗线，爆破后易出岩根，影响爆破效果。

（二）超深经验公式

超深与矿岩性质、抵抗线、孔距、孔径、炸药特性、装药结构、台阶高度等有关。目前计算超深一般都使用经验公式。

（1）根据底盘抵抗线，确定超深 h：

$$h = (0.15 \sim 0.3) W_底 \tag{3-4}$$

式中，W——底盘抵抗线，单位 m。

（2）根据孔径，确定超深 h：

$$h = (8 \sim 12) D \tag{3-5}$$

式中 D——孔径，单位 m。

由上述公式可以看出，目前超深值的计算只能得到一个大概的范围，具体的取值需要根据经验判断。因此，需要提出一种切实可行的计算方法。

（三）反推法确定超深的原则

通过三道庄露天矿的工程实践，认为根据炸药单耗来确定超深值的方法较为简单，而且适用性强，称为反推法确定超深值。其原理是根据岩石的物理力学性质，通过爆破漏斗试验得出标准炸药单耗。通过公式（3-6）计算单孔装药量，然后根据炸药密度（采用铵油炸药）确定装药长度，最后根据台阶高度、孔深、充填高度（根据公式（3-7）计算）、装药结构，反推炮孔超深值，有：

$$Q = qabKh \tag{3-6}$$

式中 Q——单孔装药量，单位 kg；

q——单耗，单位 kg/m³；

a——孔距，单位 m；

b——排距，单位 m；

h——台阶高度，单位 m；

K——考虑受前面各排孔的矿岩阻力作用的增加系数，取 1.1。

$$L = (20-30) D \tag{3-7}$$

式中 L——充填高度，单位 m。

（四）反推法在实际生产中的应用

目前，三道庄露天矿的主要穿孔设备为 250mm 牙轮钻机。各类岩石单耗及孔网参数见表 3-35。以矽卡岩为例，台阶高度按标准台阶高度计算取 12m，孔网参数为 6m×8m，根据公式（3-6），计算单孔药量为 411.8kg。250mm 炮孔每米可装铵油炸药 43kg，装药结构为连续柱状装药，计算装药长度为 9.5m。为克服爆堆上部大块，充填长度按公式（3-7）计算，取最小值 5.0m，则总孔深应为 14.6m，超深 2.6m。

表3-35 各类岩石单耗及孔网参数

岩石名称	单耗/kg·m⁻³	孔网参数/（m×m）
硅灰石角岩	0.7~0.75	5×7.5
矽卡岩	0.65	6×8
石英角岩	0.5	7×8

在相同炸药单耗和孔网参数的前提下，随着台阶超高的增加，超深应相应减小；同时，台阶超挖越大，则超深应相应越大（见表3-36）。

表3-36 矽卡岩不同台阶高度的超深值

台阶高度/m	孔深/m	超深/m
10	13	3
11	13.8	2.8
12	14.6	2.6
13	15.4	2.4
14	16.2	2.2

（五）结论

（1）通过改变超深值，可以改变爆破漏斗的相对位置，从而更好地克服底盘抵抗线。经实践，爆破后下盘场地平整，且高程均匀，节约了二次穿爆成本，使总爆破成本下降了5%。

（2）由过去的固定超深2.5m，变为根据单耗、高程综合计算的超深值，在高台阶爆破穿孔时，可节约穿孔量为1%~2%；在超挖台阶爆破穿孔时，不必缩小孔网参数，在达到相同爆破效果的前提下，可节约穿孔量为5%。

七、露天台阶鱼刺起爆技术

（一）工程概况

某露天爆区有两条地质断层穿过，矿石赋存厚度平均为7.0m，爆区距离现场生产班组待机室120m左右，距离现场变压器摆放点100m左右。

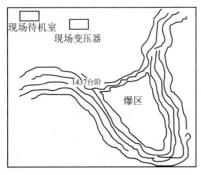

图3-40 1437台阶爆破区域示意图

图3-40所示，台阶高7m，爆区三面环山，位于一个凹陷处，呈子弹头形，除西北面有现场生产班组待机室和变压器对爆破抛掷方向有一定要求外，在爆区300m范围内的其他方向均无设备设施或电力线缆，爆破条件比较理想，但爆区为一子弹头形的狭长区域，必须充分考虑爆破夹制作用的影响、爆破块度的产出和爆堆堆积情况，以满足后续供配矿流程的铲装、运输及破碎工序的要求。

露天台阶微差爆破中几种常用的起爆方式的适用条

件及优缺点。

（1）逐排起爆（见图 3 – 41）。是最简单的起爆方式，一般为三角形、矩形或正方形布孔。设计和施工都比较简单，对起爆技术要求不高，其缺点是爆破块度较大，爆堆比较分散，爆破震动也比较严重，在工作线较长时，每排同段药量过大，末排后冲破坏较大，对下一轮爆区的穿孔和爆破均有一定程度的影响。

（2）横向起爆（见图 3 – 42）。这种起爆方式基本上没有向外抛掷作用，常用于挤压爆破或掘沟开挖。

（3）斜线起爆（见图 3 – 43）。向主自由面方向的抛掷作用较小，有利于横向挤压，常用于爆破台阶的端部。在主自由面方向有不便移动的设备设施时，通过斜线起爆可改变抛掷方向，避免爆破飞石对其造成损坏。

（4）V 形起爆（见图 3 – 44）。后段的起爆创造较长且方向斜交的自由面，爆破后的岩块朝这一空间抛掷，加强了相互间的碰撞和挤压作用，从而能获得较好的破碎质量，该方式实现了爆区最后一排炮孔之间的微差起爆，避免了过大的后冲破坏。

（5）弧线起爆（见图 3 – 45）。该方式在台阶爆破中用得较少，其特点是同一起爆段别的炮孔呈弧线分布，从自由面开始由前往后起爆，它与排间顺序的直线起爆方式相比，有稍多的岩块互相碰撞的机会，因而岩体破碎效果较直线稍好，且爆堆向着弧心集中，便于铲装。该方式可以应用在单帮工作面呈凹（凸）弧面的难爆矿岩中。

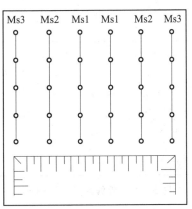

图 3 – 42　横向起爆示意图

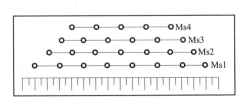

图 3 – 41　逐排起爆示意图

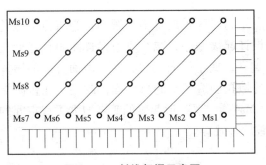

图 3 – 43　斜线起爆示意图

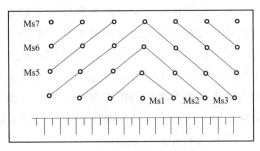

图 3 – 44　V 形起爆示意图

（二）起爆方式的选用

图 3-46 所示，根据爆区形状，布孔 72 个，正好覆盖爆区平面，首先直线起爆位于"鱼刺"尾部 Ms1 的 4 个炮孔，为后续炮孔创造新的自由面，然后采取"V"形依次起爆 Ms2 的 2 个炮孔、Ms3 的 4 个炮孔、Ms4 的 6 个炮孔；再直线起爆位于"鱼刺"中部 Ms5 的 4 个炮孔，然后又采取"V"形依次起爆 Ms6、Ms7、Ms8、Ms9 的共 24 个炮孔；最后直线起爆位于"鱼刺"前部 Ms10 的 4 个炮孔、"V"形依次起爆余下的共 24 个炮孔。

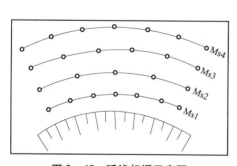

图 3-45　弧线起爆示意图

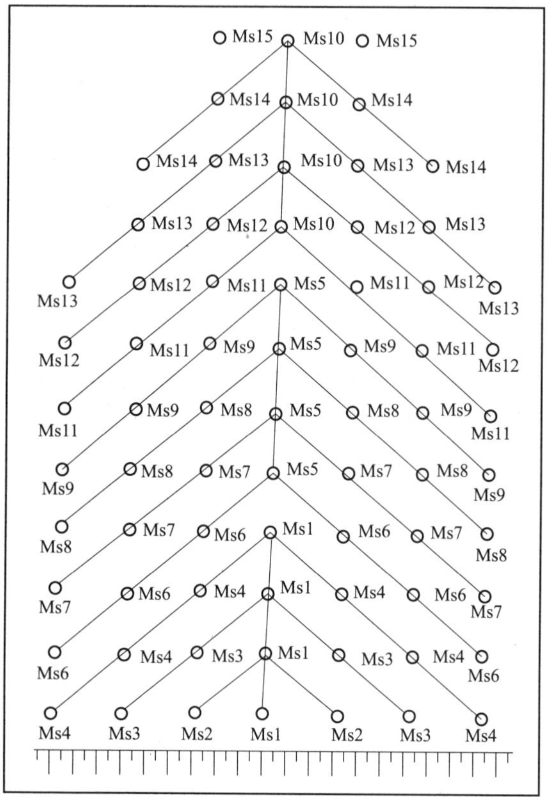

图 3-46　鱼刺起爆示意图

（三）爆破的技术要求

1. 环境安全对飞石距离的要求

考虑到现场生产班组待机室和变压器摆放点距离爆区较近且不易搬动，为避免爆破危害效应，特别是飞石对其造成损坏，必须充分设计起爆顺序，减小飞石抛掷距离，降低危害。采用鱼刺起爆法，最初起爆的 Ms1 的 4 个炮孔，属于横向起爆，在自由面方向的抛掷作用少，飞石抛掷相对少，也为后续相继起爆的炮孔创造了新的自由面，改变了在台阶端面方向直线布置炮孔的抛掷方向，更使得 Ms2 ~ Ms4 等"V"形起爆的矿岩增大了在空间的碰撞机会，减小了飞石的抛掷距离，降低了爆破危害效应。

（1）飞石距离经验公式：

$$R_f = 20 \cdot K_1 \cdot n^2 \cdot W$$
$$= 20 \times 1.5 \times 1 \times 1.41 \text{m} = 42.3 \text{m}$$

式中　R_f——个别飞石的最远抛掷距离，单位 m；

　　　K_1——安全系数，一般取 1~1.5，本次爆破取 1.5；

　　　n——最大一个装药的爆破作用指数，本次爆破取 1；

　　　W——最大一个装药的最小抵抗线，单位 m。本次爆破取 1.41。

（2）根据瑞典德汤尼克公式：

$$R_f = K_\varphi \cdot D = 15.7 \times 8m = 125.6m$$

式中　R_f——个别飞石的最远抛掷距离，单位 m；

　　　K_φ——安全系数，换算后取 15.7；

　　　D——炮孔直径，单位 cm。

本次爆破取 8。

比较两个计算结果，取大值 125.6m，该值接近爆区到现场变压器点的 120m，根据《爆破安全规程》（GB 6722—2003）规定和考虑爆区现场实际情况，实际爆破安全距离按 200m 计，即起爆前自爆区中心径向 200m 范围内所有人员必须撤离，在通向爆区的各入口处必须设置警戒岗哨，禁止任何人员、车辆进入，断开变压器电源，并披盖爆被加以保护。

2. 初破碎格筛尺寸对矿石块度的要求

由于供配矿流程初破碎工序中的格筛尺寸为 400mm×400mm，为提高供配矿生产效率和降低格筛处人力破碎工的劳动强度，要求爆破的矿石块度控制在 400mm 以下，大块率 ≤ 5%。在本次爆破中，所有属于"V"形起爆的炮孔，其抵抗线相对于直线逐排起爆减小，从 2.0m 降到 1.41m 左右，且抛掷方向呈 45°，使得矿岩在空中相对碰撞的概率较排间起爆增大，破碎更充分的同时，有利于改善爆破效果。另外，鱼刺起爆法中，每次"鱼刺"主干线的先爆，都多为后续"V"形起爆部分多创造了一个新的自由面，相对减少了爆破的夹制作用，多出的由该自由面反射的拉伸波使矿岩破碎更充分，获得较好的破碎质量，爆堆容易向着爆区中心集中，便于铲装。

（四）爆破参数

（1）最小抵抗线：$W = 1.41m$。

（2）孔距：$a = 2.2m$。

（3）排距：$b = 2m$。

（4）钻孔角度：90°。

（5）钻孔深度：$L = 3.5m$。

（6）钻孔直径：$D = 80mm$。

（7）布孔方式：矩形孔。

（8）台阶坡面角度：$a \approx 90°$。

（9）单位炸药消耗量：$q = 0.52kg/m^3$。

（10）爆破量：1108m^3。

（11）装药量：576kg。

（12）雷管分段：1 段~15 段。

（13）最大单响药量：48kg（Ms4、Ms6、Ms7、Ms8、Ms9、Ms11、Ms12、Ms13）。

（五）爆破效果

按照该爆破设计，采用鱼刺起爆法实施起爆后，各警戒区岗哨人员只听到一声闷响，且声音比以往采用直线、斜线起爆法的同类采矿爆破声响小得多，没有感受到爆破地震，飞石未飞溅到现场变压器摆放位置，现场班组待机室、变压器均未受到飞石撞击，设施完好；从表面上看，爆堆破碎均匀，几乎没有超过初破碎尺寸的大块，达到设计目标，满足供配矿生产的要求。

采用鱼刺法起爆，先爆炮孔为后爆炮孔创造了新的自由面，减小了后爆炮孔的抵抗线和爆破夹制作用，有利于改善爆破效果，可以以相对较少的药量获得同段装药时的效果。同时矿石在空中互相碰撞的概率较齐发起爆增大，产生的飞散物减少，爆堆容易向着爆区中心集中，便于铲装，减少了辅助作业量，提高了工作效率和矿山经济效益。鱼刺法起爆，微差雷管的段数增加，单段药量减少，爆破地震、冲击波可以互相影响、互相抵消，从而减少危害，在不影响爆破效果的前提下确保了近距离居民区人员、设备设施、建筑物不受露天土岩爆破的危害，降低了职业风险，体现了"以人为本"的理念，并为以后类似条件的采矿爆破提供了宝贵的借鉴经验。

八、露天台阶爆破堵塞长度确定

（一）工程概况

某石灰石露天矿，分台阶开采，台阶高度为 8 ~ 20m 不等；炸药由当地民爆部门专供，现用箱装膨化硝铵炸药及乳化炸药；起爆采用塑料导爆管毫秒微差起爆；孔径为 100mm；底盘抵抗线为 3.5m；排距为 3m；孔距为 4m；超深为 1m；采用三角形布孔。受周围村庄所限，一次爆破量控制在 2000kg 以内，单响起爆量控制在 400kg 以内，一次起爆 3 ~ 4 排；由于工作面不大，该矿不宜采用大孔距小排距办法来实现爆破效果的改善。除上述以外因素，重点探讨最佳堵塞长度，在确保不产生飞石的情况下，通过尽量减少堵塞长度来减少顶部爆破大块，改善爆破效果。

（二）堵塞长度计算

堵塞长度主要与孔径和抵抗线大小相关，还受到炮孔深度、装药长度、岩性和起爆药包位置的影响，与堵塞质量、堵塞材料、堵塞结构也密切相关。炮孔压力、底盘抵抗线以及药柱长度增大，堵塞长度相应增大，反之亦然；随着堵塞材料的内摩擦系数、密度和强度的提高，堵塞长度可以相应减少。可见，在炮孔压力、底盘抵抗线等因素确定的情况下为了提高爆破效果，确定恰当的堵塞长度，尽量减少顶部大块是很关键的措施。而提高堵塞效果，又是缩短堵塞的一个重要条件，提高堵塞效果有效的措施是改善堵塞材料的物理力学性质，采用高强度、高密度和内摩擦系数大的材料。

1. 计算堵塞长度推荐公式一

堵塞材料全长卸载的时间应大于爆炸气体压力在装药全长卸载的时间，使传给岩石的比冲量最大，即：

$$\frac{2l_s}{c_{ps}} \geqslant \frac{l_c}{c_0} \tag{3-8}$$

根据炸药爆轰流体力学理论算出 $c_0 = D_1/2$，代换后得：

$$l_s \geq l_c \frac{c_{ps}}{D_1} \qquad (3-9)$$

式中　L_s——堵塞长度，单位 m；

　　　L_c——装药高度，单位 m；

　　　c_{ps}——封孔材料中纵波波速或声速，单位 m/s，取 1500~1800m/s；

　　　c_0——稀疏波波尾传播速度，等于静止爆炸物中的声速，单位 m/s；

　　　D_1——爆轰波速度，单位 m/s，取 3400m/s。

如 $c_{ps} = 1800$，代入公式（3-9）得，$Ls \geq 0.53L_c$。

式中　$L_s + L_c = L$，L 为炮孔深度，单位 m。

$L_c = L - L_s$，求临近点状态，则 $L_s \geq 0.53$（$L - L_c$）；$1.53L_s >= 0.53L$

$$L_s \geq 0.345L \qquad (3-10)$$

如 $c_{ps} = 1500$，则：

$$L_s >= 0.31L \qquad (3-11)$$

如按照公式（3-11），且孔深 $l = 10$m，则 $L_s \geq 3$m；如果考虑分段装药因素，如系数取 0.345，分段处到孔口距离为 5~6m，则堵塞长度 1.7~2.04m，因此在堵塞长度为 2~2.5m 的条件下，不会发生飞石和大块率的现象。

此公式存在缺点：未考虑炮孔直径及最小抵抗线，也未考虑起爆药包的位置影响，有所不足。

2. 计算堵塞长度推荐公式二

根据底盘抵抗线推算堵塞长度：

$$L_s = （0.67~1.2）W_d \qquad (3-12)$$

如堵塞长度小于 2/3 底盘抵抗线时，则将引起严重的飞石、爆破噪声和后冲。如 $W_d = 3$m，则 $L_s \geq 2$m。就是说在堵塞质量良好情况下可取下限值。如堵塞质量一般，也可取中间值，甚至是上限，如取系数为 1~1.2，此公式没考虑分段装药及药包位置也有不足。

3. 计算堵塞长度推荐公式三

根据炮孔直径推算堵塞长度：

$$L_s = （16~32）D \qquad (3-13)$$

式中，D——炮孔直径，mm。

本矿山炮孔直径为 100mm，则 $L_s = 1600~3200$mm，公式（3-13）给的数值波动太大，主要是从炮孔直径的角度来考虑，实际上和考虑底盘抵抗线的原则是相关的。

综上所述推荐的三种计算堵塞长度的方法而言，彼此之间存在不一致的地方，究竟哪一种更加适合，还要具体问题具体分析，该矿山采用 $L_s = 20D$ 及 $L_s = 0.8W_d$，在堵塞质量良好情况下均未出现飞炮情况。

（三）合理堵塞长度的现场试验

1. 台阶（7~10m）爆破装药及堵塞做法

低台阶问题主要是大块率的问题，由于孔浅，孔内分段装药是不经济的。但为降低爆破大块率，减少二次爆破量问题，本矿山采取如下方法。

（1）起爆药包布置于孔底的办法，这样能延长孔内炸药作用时间。

（2）采取（碎石＋岩粉）作为堵塞材料，10~40mm 碎石材料占 50%~60%，确保堵塞质量。

（3）堵塞长度确定在 2.2~2.5m，避免顶部无炸药段太长。

2. 高台阶（15~20m）爆破装药及堵塞做法

分段装药结构广泛应用于高台阶爆破，提高装药高度，减少孔口部位大块率的产生，选择合理的间隔装药结构和间隔材料是影响爆破效果和提高经济效益的重要因素。

（1）实行分段装药。

（2）孔口堵塞长度为 2.2~2.5m，即 $l_s = 2.2~2.5m$。

（3）上段装药长度为 2.5m。

（4）间隔堵塞长度为 1.5~2.0m。

九、露天台阶爆破气体间隔技术

（一）爆破过程中矿岩破碎原理

爆破时矿岩的破坏是爆轰压力造成的冲击波和爆炸的气体产物对周围矿岩的压力共同作用的结果，它们各自在矿岩破坏过程中的不同阶段起着重要作用。

1. 爆轰压力引起的爆轰波对矿岩的作用

炸药爆炸时由于爆轰压力的作用，首先在药包周围形成一个粉碎区，此区域内矿岩多被压成粉末。应力波在传播过程中急剧衰减，随着传播范围的不断扩大，单位面积的矿岩分摊到的能量密度下降，传播到粉碎区外时应力波已低于矿岩的动抗压强度，因此已不能直接引起矿岩的压碎破坏，但仍足够引起矿岩的质点径向位移、径向扩张和切向拉伸应变，如果这种切向拉伸应变所引起的拉伸应力值超过此处矿岩的动抗拉强度，在矿岩中便会形成径向裂隙；当压应力波传播到自由面时，在自由面发生反射，会引起已形成的径向裂隙向前延伸；压应力波在破碎区外矿岩内传播的过程中，矿岩本身储存了弹性势能，当应力解除后，该弹性势能被释放出来，会在矿岩内生成环向裂隙。

2. 爆炸气体产生的爆炸压力对矿岩的作用

爆炸的气体产物对周围矿岩产生的高压同样也会在矿岩中引起压应力，即爆炸压力，这种爆炸压力作用于岩石不仅持续时间较长，而且是一种静态或准静态的施载过程，该过程中爆炸气体在压缩区以及裂隙网系中不断膨胀做功，从而在矿岩中形成环状裂隙。

综上所述，在冲击波和爆炸气体的共同作用下，压缩区周围矿岩中形成相互交错的径向裂隙和环状裂隙，矿岩被破碎。

3. 装药结构对爆炸压力及作用时间的影响

选择爆轰压力更高的炸药，可以提高爆破过程中的冲击波，在矿岩中制造较高的应力和较大的应变，有利于改善破碎效果，但过高的爆轰压力，会造成药包周围近区矿岩的过度粉碎，从而消耗过多的爆炸能量，所以爆轰压力只要能满足应力波的强度要求（使矿岩产生贯穿的径向和环向裂隙）即可。因此，要进一步提高炸药爆炸能量的利用率、改善爆破效果，更有效的方法是改变爆炸气体对矿岩的作用。

实践证明，装药结构改变可以引起炸药爆炸性能的改变，从而影响爆炸能量的利用率。在炮孔中预留空隙的空气间隙爆破（即空气介质爆破），可适当降低炮孔壁上受到的压力的峰值。爆破时空气间隙就像弹簧一样，把初始阶段爆轰气体产物中的一部分能量储存起来，使炮孔壁受到的初始压力值降低，而气体作用时间得以延长。在爆轰的后阶段中，受压空气将储存的能量释放出来做功。这样既避免了爆轰初始阶段由于压力过大而造成的药包近区矿岩的过度粉碎，又延长了爆炸气体的作用时间，从而改善了矿岩的整体的破碎效果。图 3 - 47 所示为空气间隙对 $p - t$ 曲线的影响图，其中曲线 1 为无空气间隙时的 $p - t$ 曲线，曲线 2 为预留空气间隙时的 $p - t$ 曲线。

由图 3 - 47 可以看出，$p_1 > p_2$、$t_2 > t_1$。在露天台阶深孔爆破中，由于所有炮孔都是垂直孔，所以不可避免地会有一部分水孔，在水孔中预留间隙，预留间隙中的水就充当了爆破介质，而在爆破过程中水介质比空气介质具有更好的缓冲作用。基于上述思想，引进了气体间隔器。

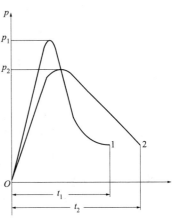

图 3 - 47　两种爆破的 $p - t$ 曲线

（二）气体间隔器应用

某矿设计台阶高度 12m，钻孔设备为 KY - 250 型牙轮钻机，铲装设备为 WK - 4 型电铲，爆破为露天台阶深孔爆破。

在矿山的采剥生产过程中，炸药单耗和爆破效果对原矿成本起着决定性的作用，仅炸药单耗一项就占原矿成本的 35% ~ 40%，而爆破效果直接影响着后续的二爆、铲装和破碎等各项工序。爆破效果好，相应的大块率低，根底、伞岩、岩墙少，减少二爆量、提高铲装效率、降低粗破卡快率，从而降低了二爆成本、提高了生产效率。

某矿自 1989 年投产以来，一直采用深孔底部集中装药，上部充填的方法，虽多次对爆破参数进行优化，但爆破效果一直没有得到大的改善，炸药单耗也没有突破性的降低。

气体间隔器的使用方法非常简单。装药前，在炮孔底部预留一定的空间（预留高度由爆区其他参数具体确定），安放气体间隔器，然后装入炸药，最后充填。而且在需要时还可实现分段间隔装药，以满足更高的爆破要求。使用气体间隔器前后爆破参数变化不大，现将部分参数列入表 3 - 37 加以对比。

表 3 - 37　采用间隔技术前后爆破参数对比表

		孔距/m	排距/m	超深/m	单孔装药量/kg	布孔方式	装药位置	充填高度	起爆方式
使用间隔器前	矿石爆区	7	7	2.5	460 ~ 480	三角形	炮孔底部	7	梯形或"V"形
	岩石爆区	7	7	2	380 ~ 400	三角形	炮孔底部	7	
使用间隔器后	矿石爆区	7	7	2	320 ~ 340	三角形	炮孔中部	6.5	梯形或"V"形
	岩石爆区	8	8	1.5	300 ~ 320	三角形	炮孔中部	6.5	

（三）爆破效果

应用空气间隔技术后，在单孔爆破量不变的前提下，单孔装药量减少，从而降低了炸药单耗。同时，由于装药位置的改变，炮孔内的爆炸压力沿炮孔轴向的分布更加均匀，有效地杜绝了根底、伞岩和岩墙的出现，前冲明显减小，大块率降低。特别是应用于边坡形成过程中的爆破，由于装药量的减少和爆炸能量的相对温和释放，提高了边坡的稳定性。

（1）节约炸药费用。使用间隔器前该矿的炸药单耗为：矿石为 0.23kg/t，岩石为 0.22kg/t；使用间隔器后，炸药单耗降至：矿石为 0.17kg/t，岩石为 0.165kg/t。故使用间隔技术每年节省了大量的炸药费用。

（2）节约穿孔费用。由于炮孔超深值改变，使崩落相同数量的矿岩所需的穿孔米数减少（孔距、排距都不变的前提下，每个炮孔的深度减少了 0.5m）。故每年可节省大量的穿孔费用。

（3）其他。使用气体间隔器前大块率一直在 3% 左右，使用气体间隔器后，大块率明显降低，一般都在 0.9% 左右，这样就节省了二爆费用。另外，由于爆破效果明显改善，铲装、运输、粗破等后续环节的工作效率都显著提高。

十、露天台阶爆破雷管段别与地震效应研究

实践和研究证明，爆破震动强度主要与炸药量、爆心距、介质等条件有关，对于多段毫秒延期爆破来说爆破震动强度取决于最大一段装药量。对于特定的爆破作业环境，在诸多影响爆破震动强度的因素中，人为可控制的因素为炸药量，因此在露天矿山生产爆破实践中，为了降低爆破震动强度，采用尽量多分段的办法，以减小每一段的起爆药量，在雷管段别的选取上，往往从 1 段用到 13 段或更高的段位。

由于雷管延期存在一定的误差范围，段位越低雷管精度越高，段位越高其精度越差。对于低段位雷管基本能保证同段炮孔在很小的时差范围内同时引爆，所产生的震动量级基本上是同段炮孔总药量所致；而高段位雷管的所有炮孔则不可能同时引爆，各炮孔引爆的时间误差较大，这对爆破震动强度会产生怎样的影响呢？是否能使得同段炮孔之间产生的地震波之间发生相互干扰或峰值不能相互叠加而相互错开，导致爆破震动强度显著减小？通过对 18 次生产炮的地震监测，研究了雷管断别对爆破地震效应的影响，目的是在现有技术条件下，指导露天矿山台阶爆破设计如何正确选择雷管段别，使爆破既满足爆破质量的要求，又同时满足爆破地震的要求。

（一）雷管断别对爆破地震效应的影响分析

图 3-48 所示为 3 月 20 日在黑山铁矿东山靠帮爆破的地震记录，监测位置为爆区的正后方，监测点距爆区边界 61m（由于爆破区域较大，加之起爆破方式为排间小波浪式，以爆破区实际中心为爆破源的中心也不尽合理，故均以爆破边界为准，以下均同），总药量为 6500kg，最大药量的比例距离为 0.164，最大震动速度为 4.93cm/s。爆破所用雷管为 1、2、3、4、5、6、7、8 段。第一排 12 个孔用了前 4 个段，第 2 排用了 5、6 段，第三排用了 7、8 段，第四排用了 9 段。最大药量为第 4 段为 1000kg，第 1、2、3 段药量为 750kg，第 5、6 段各为 750kg。第 7、8 段各为 700kg。而从图 3-49 中可以看出，第 1、第 2、第 3 段的地震波是分不开的，第 4 段、第 5 段的地震波也分不开。从第 6 段开始到第 8 段的震动幅值越来越小，可能是同段位的炮孔间的地震波之间发生了相互干扰、相互抵消。第 1、2 以及第 4、5 段可能发生了叠加。

图 3-49 所示为 8 月 9 日在东山靠帮爆破的一次爆破记录，监测点位于爆区的后侧，

监测点距爆区边界 72.6m，最大药量的比例距离为 0.189，监测的最大震动速度为 2.397cm/s。爆破岩石与 3 月 20 日完全相同，布孔和网络相同，两次均为剥岩爆破，本次爆破总药量为 7875kg。本次爆破所用雷管为 3、6、7、9、10、11、12、13 段雷管。第一排 14 个孔，其中两个孔用了 3 段雷管，一个单孔用了 6 段、7 段两个段别的雷管，其余 11 个孔全部用 9 段雷管，前排每孔装药量为 225kg。其余各排分别使用 10、11、12、13 段雷管，它们的最大段发药量均小于 9 段 2475kg。各段药量和相应的震动速度见表 3-38。

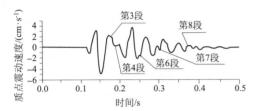

图 3-48　3 月 20 日爆破地震时域记录图

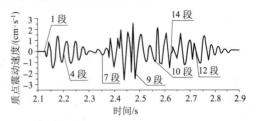

图 3-49　8 月 9 日爆破地震时域记录图

图 3-38　各段药量及震动速度表

段位	3	6/7	9	10	11	12	13
药量/kg	450	225	2850	850	1270	1800	1260
药量比例距离（$\sqrt{Q}/R$）	0.106	0.084	0.189	0.130	0.149	0.168	0.149
平均幅值/cm·s^{-1}	2.397	1.045	1.144	0.973	1.496	1.811	0.915

从表 3-38 可以看出，整个爆破震动过程中，最大震动幅值来自第 1 响的 3 段，药量为 450kg，而第 2 响的单孔药量是第 1 响的一半，震动速度也小一半多，减震率达到 51%。值得注意的是第 3 响的第 9 段，药量最大而震动并不最大，甚至比单孔的震动速度还小。由此可推知，11 个孔的地震波可能是相互抵消了，9 段雷管能够实现孔间爆破地震波的相互抵消。再看第 11 段和第 13 段，药量基本相当，但震动速度的幅值却相差 38.8%，第 13 段雷管的延期误差为 ±50ms。

为了进一步证明上述现象并非偶然，如图 3-50 所示为黑山铁矿生产爆破使用高段位毫秒延期雷管的爆破地震记录。10 月 17 日，爆破地点为东山 746m 水平采场降段爆破，测点距爆区边界 52m，位于爆区后方，药量比例距离为 0.223，最大震动速度为 2.397cm/s。为了方便比较，爆破网络中设计了三个单孔分别使用 1、4、7 段雷管，其余使用为单排多孔，分别使用 9、10、11、12 段。装药结构为水或空气间隔装药，均分两次间隔，三段装药。总药量为

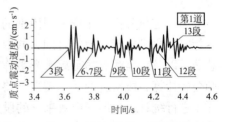

图 3-50　距爆区 52m 处监测到的爆破地垂直分量

4750kg，最大段为 9 段 1550kg。各段装药量及震动速度见表 3-39。

从图 3-48~图 3-50 和表 3-38、表 3-39 中可以看出，不同段位多孔与单孔在地震波的震动幅值上存在极大差别。从以上三例爆破地震记录看，最大药量比例距离分别为 0.223、0.189、0.164，对应的爆破震动强度分别为 2.56cm/s、1.14cm/s、4.93cm/s，从中

也可看出药量最大并不预示着爆破震动速度最大。

表 3 – 39　各段药量及震动速度表

段位	1	4	7	9	10	11	12
药量/kg	225	212.5	212.5	1550	1350	1150	700
药量比例距离（$\sqrt{Q}/R$）	0.117	0.115	0.115	0.223	0.213	0.201	0.171
平均幅值/cm·s^{-1}	1.42	1.3	2.35	2.56	1.78	1.51	1.36

目前利用高精度雷管严格控制炮孔起爆时间，使得不同炮孔炸药爆炸产生的地震波相互叠加干扰，获得了良好的减振效果。根据这一地震波相互叠加干扰降振原理，由于普通毫秒延期雷管存在一定的误差，严格控制每一分段药包的起爆时间几乎是不可能的。但是对于像黑山铁矿这样，采用排间或排间波浪的起爆方式，由于同排内炮孔的雷管自身的随机延期点火误差，可能正好落在最有利减震的延时间隔内，使孔间地震波发生相互抵消，同样起到地震波相互叠加干涉降振的效果。

从黑山铁矿生产爆破装药结构、爆破网络两个方面进行分析，普通毫秒延期雷管组成的爆破网络，其单孔内均为三段装药，每一段装药又有两发同一段别的雷管。假若同一段别有 10 个孔，总装药为 2000kg，则在这一段位上就有 60 发同一段别的雷管，总药量也分为 30 个大小不同的小药包。由分段装药和连续装药地震效应研究结论可知，在总药量相同的条件下，炮孔内炸药分段装药比连续装药结构的地震效应明显减小。因此，多段间隔装药结构也是地震效应减小的重要因素之一。

（二）不同段别雷管的降震效应分析

以上分析表明，在一定条件下，不同段别雷管多孔爆破与单孔爆破存在较大差异，而药量最大并不预示着震动速度最大。造成这种现象的主要原因，是由于普通毫秒延期雷管的延期时间的随机误差正好满足地震波相互干扰，相互削减的时间间隔。利用统计分析方法，通过研究不同段别雷管的降震作用，从中找出有利降震的雷管段位，指导黑山铁矿的爆破生产。

为了定量分析、比较不同段别的震动效应，首先，在实际监测到的地震波时域内，逐一标定各段别雷管的激发时间，并取其震动幅值，然后将各段别雷管的震动速度、段别的总药量以及距监测点的距离等参数作为样本，按照经验公式对样本数据进行回归，按照回归公式计算各段雷管的计算震速，将计算震速与其实际监测值进行比较，在此基础上对各样本进行统计，找出降震效果好的段别。通过对 18 炮地震监测数据的统计分析，按照经验公式统计回归的质点震动速度公式为

$$v = 18.62\left(\frac{\sqrt{Q}}{R}\right)^{1.092}$$

相关系数 $R = 0.81$。由回归公式计算的不同段位的计算震动速度，为了方便比较取各段别雷管震速的平均值为各自的振动速度。如图 3 – 51 所示为不同段别雷管实测震动速度与经验公式计算值的比较图，如图 3 – 52 所示为不同段位雷管经验公式计算震动速度减实际震动速度的差值与计算值的比率图。

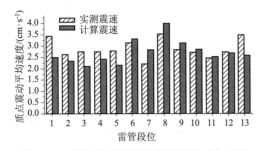

图 3 - 51　不同段别雷管计算震动速度与实际
监测震动速度比较图

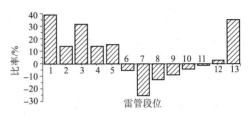

图 3 - 52　不同段别雷管计算震动速度减实际
震动速度的差值与计算值的比率图

从图 3 - 51 至图 3 - 52 中可以看出，不同段别雷管的震动效应是有差别的。5 段以下雷管的计算震动速度总体上比实际的震动速度小，说明前 5 段雷管的降震性能不好，地震波相互叠加的可能性非常大，1 段雷管的震动放大率为 38.99%；第 6 ~ 第 10 段雷管从总体上看计算震动速度大于实际震动速度，说明这些段位的雷管均具一定降震性，其中第 7 段降震性能最好，达到 25.53%；第 11 段降震性能较差只有 1%；第 12 段没有降震性能，但比 5 段以下低段雷管好。13 段雷管地震波产生叠加的可能性很大，震动放大率为 35.58%。

以上分析表明，有利于黑山铁矿爆破条件是，具有一定降震效果的雷管段位是第 6 ~ 第 10 段毫秒延期雷管，最佳段位为第 7 段毫秒延期雷管。

对于黑山铁矿的矿岩性质、爆破器材及起爆方法而言，使用普通毫秒延期雷管的排间起爆网络，不仅能够取得良好的爆破效果，而且也取得了良好的减震效果。据以上分析，建议在生产中应尽量少用 1 ~ 5 段低段位雷管，因为低段位雷管引爆炸药产生的地震波在时域内不易分开，有相互叠加的可能，这一现象在长沙矿山研究院对大冶铁矿长期爆破地震研究中也发现，实测中最大段药量不一定是震动速度最大的段，反之亦然。对于特定的矿岩、钻孔设备和爆破器材，在爆破网络的选择上，应存在一个合理的时间间隔，时间间隔过大或过小，可能会恶化爆破效果，还会使得爆破地震效应加强。

综上所述，对于多段毫秒延期爆破，最大段发药量并不预示着一定产生最大震动速度，有时最大段发药量产生的爆破震动速度比最小段发药量产生的震动速度还小。基于我国大多数矿山及各类爆破工程基本采用普通毫秒延期雷管这一事实，此现象预示着目前我国爆破安全规程中，以最大药量计算安全校核爆破最大震动速度是偏于保守了。

十一、露天高台阶爆破技术难点与措施

生产实践表明，高台阶开采做到了高度集中开采，提高了钻孔、装载和运输设备的利用率。技术经济指标分析表明，台阶高度为 24 ~ 30m 时，单位炸药消耗量比 12 ~ 15m 台阶下降 5% ~ 7%，每米钻孔的崩岩量提高 30% ~ 35%，钻机效率提高 40% ~ 50%，钻孔费用下降 30% ~ 40%，钻孔爆破综合成本降低 10% ~ 16%，运输成本将降低 8% ~ 9%，剥离生产成本下降 20% ~ 30%。

理论研究认为，高台阶爆破使柱状装药长度增大，被认为是提高炸药爆轰能量利用最有效、最活跃的因素，是改善爆破质量，降低成本的主要手段。当孔径一定时，药柱高度从 10m 增到 30m 时，爆轰气体从深孔中逸出的时间延长 1 倍以上。由此看来，随着深孔药

柱长度的增加，对岩石的爆破作用时间增长，岩石破碎效率得到提高。另外，高台阶爆破有利于使用先进的爆破技术，如毫秒爆破、宽孔距小抵抗线爆破、预裂爆破等技术的广泛应用，从而显著改善了破碎质量，降低有害效应。

（一）高台阶爆破的技术难点

1. 现有设备技术参数的限制

长期以来，我国大型露天矿普遍采用12～15m的台阶高度，这是由于采用落后的穿孔设备和斗容较小、挖掘高度小的电铲造成的。目前，大型露天矿开采的铲装作业多采用机械电铲，其最大挖掘高度不大于15m。根据露天矿台阶爆破的要求，爆堆高度为

$$H_{bm} = （1.2 ～ 1.3） h_{wm} \tag{3-14}$$

台阶高度为

$$H = （1.05 ～ 1.15） h_{wm} \tag{3-15}$$

式中　h_{wm}——挖掘机的最大挖掘高度，单位 m。

当台阶高度为24～30m时，$h_{wm} = 16 ～ 20m$，显然，对于台阶高度大于20m的露天矿开采，现有的采装设备难以适应。

除了现有装运设备技术参数限制以外，限制高台阶开采更直接的原因是随着采场参数的大幅度增大，对露天矿的穿孔爆破提出了新的课题。比如，将台阶高度从12～15m提高到24～30m，在台阶坡面角保持不变的情况下，底盘抵抗线也相应增加1倍，相应孔径增加至500～600mm。目前，世界上最大的露天矿钻机——49HR型牙轮钻机的穿孔直径只有406mm，如果台阶高度增加至50m，则钻孔直径相应要增加到1m左右。

2. 台阶高度对爆破效果的影响

（1）抵抗线的选取。倾斜炮孔底盘抵抗线随着台阶的高度呈线性增长，坡面角较缓时尤其明显。以台阶高度为30m，坡面角为75°为例，底盘抵抗线将达到15m，而药柱顶端的抵抗线仅为6.5m。抵抗线的大小将直接影响到爆破能量沿台阶高度的分配、爆破的效果及安全。因此，抵抗线的选取将给高台阶爆破的设计及施工带来一定困难。高台阶爆破通常选取垂直钻孔的形式，因为垂直钻孔的速度比较快，操作技术、装药较为简单。

（2）爆破效果。底盘抵抗线是影响露天爆破效果的一个重要参数，并决定超深、非装药段长度、孔网等爆破参数的大小。超深为

$$H_c = （0.15 ～ 0.35） W_底 \tag{3-16}$$

填塞长度为

$$L = （0.63 ～ 0.88） W_底 \tag{3-17}$$

式中　$W_底$——底盘抵抗线，单位 m。

虽然超深及非装药长度在整个台阶高度所占的比例有所降低，但总趋势是增大的。堵塞长度增加将会降低延米爆破量，增加钻孔费用，造成台阶上部岩石破碎不佳；超深选取过大，将造成钻孔和炸药量的浪费，增大对下一个台阶顶板的破坏，给下次钻孔造成困难，且增大爆破地震波的强度，使台阶上部容易产生大块。从爆破工艺看，更大的爆破参数将导致爆破矿岩破碎的不均匀程度以及可能难以避免的根底等。采用高台阶爆破，对所形成的台阶坡面完整性和稳定性有更高的要求。大参数的凿岩爆破，对如何降低爆破后冲，在设计和工程施工方面也增加了一定的难度。

3. 高台阶对爆破安全的影响

改善露天矿高台阶爆破效果的主要途径,一是增大沿台阶高度各部分岩石的爆破强度,即增加炸药单耗;二是降低超深和非装药长度在整个台阶高度中所占比重,即适当增加装药长度。增大炮孔直径不仅可以增加单孔装药的容量,减少钻孔的工程量及费用,而且能够提高炸药的传爆性能,增大炸药威力,提高爆破效果。但是,加大炮孔的直径,也会带来一些不利的因素,如降低钻孔效率,增加空气冲击波、飞石、震动等爆破危害,对爆破飞散物的预防、爆破震动的控制都将提出新的课题。

(二) 解决高台阶爆破技术难点的措施

高台阶爆破虽然有着普通深孔爆破无法比拟的技术及经济优势,但其对机械设备及爆破工艺提出了更高的要求。

1. 降低爆堆高度

(1) 清渣时联合布孔。尽可能地消除根底,降低爆堆的高度以及药柱能量分布不均匀产生的不利因素(爆破飞石及大块),单一垂直布孔的形式难以实现。采用水平孔拉底的爆破方案是一种选择(见图 3 - 53)。

爆破时,水平孔先于垂直孔起爆。垂直及水平孔的孔网参数视实际情况选取,采用排间微差起爆,适当缩小排距,增加抛掷量,从而达到松动爆堆,降低爆堆高度的目的。一般情况,24~30m 台阶的爆堆高度可控制在 14~18m,完全在现有挖掘机的安全作业范围内。实践证明,水平拉底爆破方案是解决爆破大块、根底以及降低爆堆高度的有效措施。

(2) 压渣时,爆堆分层采运。由于斗容较小以及作业范围的限制,现有的装运设备严重制约着台阶爆破技术的发展,采用爆堆分层采运的爆破方案能很好地解决这一技术难题。挖掘机在分层爆堆上作业,解决挖掘高度制约的难题,使高台阶爆破变为现实(见图 3 - 54)。

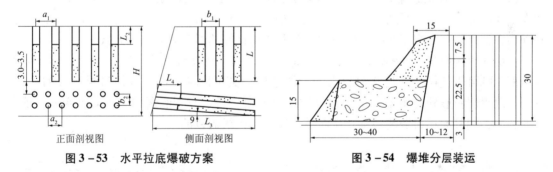

图 3 - 53　水平拉底爆破方案　　　　　图 3 - 54　爆堆分层装运

爆破时,由于前一阶段爆堆的约束,可以选取相对较大的炸药单耗以及装药密度,使矿石获得很好的破碎效果。同时,爆破飞石也得到很好的控制,安全容易保证,这一爆破技术在国外得到了很好的应用。

(3) 并段台阶爆破法。单纯从降低爆堆的高度及增大最终工作帮的角度出发,可以采用新的预裂爆破装药结构 + 低台阶并段的办法形成高台阶。

哈萨克斯坦的萨尔拜露天矿固定边帮的台阶高度达 40m,由两个 20m 的台阶并段而成。为提高最终边帮的安全稳定性,萨尔拜露天矿采用了超深的预裂孔爆破技术(见图 3 - 55)。爆破时,预裂孔先爆,后爆邻帮炮孔,预裂爆破效果较好。在上部台阶完成作业后,对下部台阶进行开采,最终并段成 40m 的高台阶。

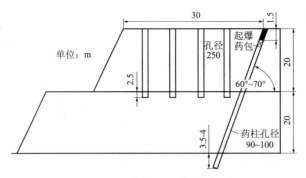

图 3-55　萨尔拜天矿井段爆破

2. 采用新工艺

高台阶底盘抵抗线增大的两个显著弊端,一是现有的设备很难满足大直径钻孔的要求;二是抵抗线浮动范围过大,给炸药能量沿台阶高度的均分带来一定的困难。但是,大型设备的创新以及先进爆破技术的发展解决了这一难题。

(1)钻孔及装药结构。利用火钻扩孔已得到实际应用,这一扩孔方式,是利用牙轮钻机先钻直径 200~250mm 的深孔,然后用火钻自孔底向上逐渐将原有炮孔扩大,使孔径增大到 400~500mm,有的甚至扩大至 600mm。

为了使炸药能量得到合理分布和有效利用,普遍采用混合装药以及间隔装药的措施,以达到均衡爆破作用的目的。此外,有的矿山还采用变孔径的装药结构,其特点是对应台阶底部抵抗线大的部位,扩大炮孔直径,然后自下而上随着抵抗线减小,炮孔直径相应缩小。这样,沿台阶高度,炮孔装药量与其对应的抵抗线大小成一定的比例关系,炸药能量的分布更均匀。

(2)炮孔布置及起爆顺序。由于台阶坡面角的存在,底盘抵抗线随台阶高度的增加而增大,并由此引发了一系列爆破技术难题。如图 3-56 所示的宽孔距小抵线布孔形式以及起爆顺序,是一种克服现存技术装备的缺陷并取得良好的爆破效果布孔方式。

在炮孔负担面积不变的情况下,减小最小抵抗线,则爆破漏斗角随之增大,形成弧形自由面,既可以使拉伸碎片获得较大的抛掷速度,又可以延缓爆炸气体过早逸散的时间,有利于改善岩石破碎的质量(见图 3-57)。爆破时,通过改变起爆顺序,即改变最小抵抗线的方向,使其向相对弱侧转移,从而达到减小抵抗线的目的。

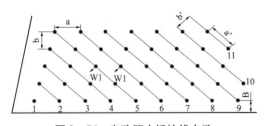

图 3-56　宽孔距小抵抗线布孔

a—布孔孔距;b—布孔排距;a'—起爆孔距;
b'—起爆排距;B—安全距离;W_1—实际抵抗线

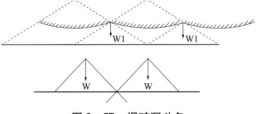

图 3-57　爆破漏斗角

(三)高台阶爆破安全

高台阶大参数爆破给设计以及施工带来了严峻的挑战,应从以下几个方面采取措。

（1）选定合理的最小抵抗线方向和数值，优化爆破参数，改进装药结构，确保填塞质量。

（2）对保护对象进行防护。采用预裂爆破或开挖减震沟，限制爆破的最大段药量，加强近体防护。

（3）加强管理。爆破施工过程中，必须严格遵守相关爆破安全规程，做到设计合理，施工严谨。

高台阶爆破具有传统深孔台阶爆破无法比拟的技术以及经济优势，但其对设备及技术的要求更高，且现有设备、技术不易保证安全。

十二、露天台阶爆破预防根底技术

露天台阶深孔爆破一般是指在露天矿的采剥台阶上或事先平整的场地上进行钻孔爆破，其钻孔的孔径大于50mm和孔深在5m以上并在孔中装入延长药包的一种爆破作业方式。随着大中型钻孔机械的不断出现和不断完善，露天台阶深孔爆破的应用越来越广泛，是目前露天矿山破碎矿、岩的主要手段，是矿山采剥作业的主要工序。而在评价爆破效果中，良好的爆破效果不仅要有合格的矿、岩石块度，无根底，爆堆集中和具有一定的松散度，能满足设备高效装载的要求，还要降低爆破的有害效应，减少后冲、后裂和侧裂，降低爆破地震、噪声、冲击波和飞石危害，保证爆破后续工序的生产发挥高效率，它直接关系到矿山的采剥成本和经济效益。由于台阶爆破根底发生率高，清理根底和二次爆破作业量大，影响铲装效率，而且增加了设备磨损和故障的发生，既不利于人员和设备的安全，又影响生产的正常进行。

（一）爆破根底产生的原因

通过对某矿2007年1月~2008年2月的爆破统计，2007年共进行45次中深孔爆破，爆破孔数912个，产生根底个数为99个。2008年1~2月进行8次中深孔爆破，爆破孔数199个，产生根底个数为18个。根据对爆破资料的调查统计，根底产生主要有以下四种情况。

1. 底盘抵抗线偏大

底盘抵抗线是台阶坡底线到上台阶第一排爆破孔的水平距离。由于上一次爆破后冲和岩层倾角的影响，容易造成台阶坡面角变小，在布孔设计中为保证钻孔安全，炮眼位置距台阶坡顶线留有安全距离，使前排底盘抵抗线变大（如图3-58所示）。因为炸药爆炸产生的能量以应力波的形式在矿岩介质内传播，随着应力波能量的损失，在矿岩内形成压碎区、裂隙区、震动区。压碎区内冲击应力波的峰值大大超过了矿岩的极限抗压强度，矿岩被粉碎成小块；裂隙区内冲击应力波衰减为压缩应力波，使矿岩质点产生径向位移，派生出切向拉应力和切向应变，由于岩石抗拉强度比抗压强度小得多，因此矿岩在切向拉应力作用下形成纵向裂隙，爆炸气体的"气楔"作用使裂隙进一步扩展和延伸，压缩应力波经自由面反射后形成拉应力波，于是矿岩内又形成切向裂隙，最后使矿岩碎成中块；震动区应力波能量只能引起矿岩质点的弹性震动，裂隙不发育，矿岩形成大块。当底盘抵抗线过大时，台阶坡底线离爆破中块区较远，阻力增加，爆炸能量不能克服其阻力，坡底线与中块区边缘之间的大块区的矿岩裂隙很少，这样就形成了根底。

在靠近山体边部，一般情况下原始地形坡度角较钻孔倾角小，因此在台阶下部，底盘抵抗线大大超过爆破最大抵抗线。该矿钻孔设备为 KQG150 型潜孔钻，一般倾角为 75°。而露天采场边界地表地形的自然坡度为 32° ~ 60°，同时地表岩层常出现岩石夹泥土的情况，形成了上部松散下部坚硬的岩体，若按通常规整台阶的钻孔、爆破方式进行凿岩和爆破，就会出现底盘抵抗线过大，经计算，当地表坡度为 60° 时，其底盘抵抗线增加 L = 10（tan30° ~ tan15°）m = 3.09m，当地表坡度为 32° 时，其底盘抵抗线增加 L = 10（tan58° ~ tan15°）m = 13.32m，底盘抵抗线过大，不仅产生根底，甚至产生"岩墙"。

2. 地质条件因素对爆破的影响

该矿区内露出地层为上二叠系（P2）及中、下三叠系（T2、T1）的碳酸盐构造，上覆盖有第四系坡残积及冲积层，地层较缓，构造简单。全区共发现大小断层 11 条，除 F11 外，其余断层的断距多数小于 20m，以正断层居多，按走向可分为北北东及北西西两组，前者较为发育。该石灰石矿裂隙节理较发育，矿段平均裂隙节理率为 64%，矿岩节理裂隙对穿孔、爆破施工影响较大，首先是对爆破作用的影响，由于结构面和软弱带的存在，产生能量吸收作用，吸收和放出了传入带内的能量，使背向爆源侧界面上的应力波减弱，对应力波的能量起到阻断作用。由于爆炸气体沿靠近爆源的软弱带冲出，炸药的能量以"冲炮"或其他形式泄出，使爆破效果明显降低至完全失败；结构面改变破裂线作用，在有破裂带和溶洞区的爆破范围中与均质岩石中所形成的爆破漏斗存在明显的不同，实际爆破破裂线受结构面的影响与设计的破裂线的差异改变了爆破的破坏范围、爆落方量、爆破效果和边坡形态，形成根底，其典型方式如图 3 - 59 所示。

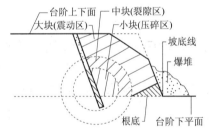

图 3 - 58　底盘抵抗线变大示意图

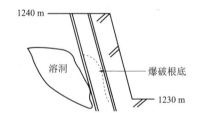

图 3 - 59　溶洞影响产生爆破根底示意图

其次是爆破施工的影响。一是破碎带及溶岩层成孔条件差，炮孔出现孔壁不光滑，或根本无法成孔，装药时药粉易挂在炮孔壁而堵塞，使炮孔下部无药而成空孔；塌孔倘若出现则炮孔下部就根本无法装药，这时必然产生根底。二是炮孔穿过溶洞，使装药容易产生跑偏，使炸药无法装到预定炮孔位置，也会产生根底。三是雨季地表水向孔内渗透，造成孔内积水，特别是孔中水深越过 2m 时，装药时炸药包底端因冲击水面而变形不能继续下沉，使装药不到底，且药包受浮力作用，接触不充分，装药密度降低，爆破后在底部则出现根底。

3. 岩层产状对爆破的影响

岩层倾向和层理结构对爆破的影响很大。在布孔设计中，孔网参数要充分考虑岩层产状。当岩层的层理面平行于台阶临空面时，孔距 a 应大，而排距 b 及抵抗线 W 应小，当岩层的层理面垂直于台阶临空面时，不管它的产状是直立或倾斜的，孔距应小，排距及抵抗线应取大，而且炮孔不应布置在层理面中，如果仍然使用常规孔网参数，极易产生根底。有时逆岩层倾向挖掘时，不易找到着力点，挖掘时沿岩层上爬，也会留下部分根底。

4. 钻孔质量对爆破的影响

由于穿孔工作面（地平面）不平整，在钻孔过程中又未加清理平整，操作人员不能保证钻机平稳，钻孔方向和钻孔倾角不能达到设计要求，炮孔间呈"外八字"和炮孔排间也呈现"外八字"，使部分炮孔孔间距或排间距偏大。当孔间距偏大时（如图3-60所示），两个炮孔孔距和孔底较远，爆炸产生的爆力不能贯通，当其在台阶底部水平上无裂隙形成时，就导致了根底的形成；当排间距偏大时（见图3-61），后排炮孔抵抗线增大，特别是孔底部位，增大了后排的底盘抵抗线也易产生根底。

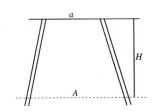

图3-60 钻孔空间"外八字"示意图

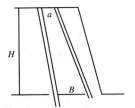

图3-61 钻孔排间"外八字"示意图

（二）减少根底的技术措施

1. 缩小底盘抵抗线

在布孔设计中，在保证钻机作业时的安全前提下，距台阶坡顶线取 $W_上 = 315m$ 为宜，且后排孔应在一条直线上，以减少后排炮孔爆破时的不规则开裂，铲装时要避免超挖。

2. 减小孔距

在靠近地表缓边坡处的边孔孔网参数应减小孔距 a，根据图纸量取台阶上盘孔距 a 取 3~5m，下盘孔距 a 取 6~7m 为宜，且钻孔方向为底盘抵抗线最大方向，这样既能降低爆破炸药单耗，又能减小了底盘抵抗线。

3. 改变孔网参数、装药结构和起爆方式

在顺岩层倾向爆破时措施。

（1）为了加大爆破初始压力，取消底部间隔的装药方法，有利于克服爆破初始裂隙的形成，增加爆生气体。

（2）减小孔距，有利于消除或减少根底。

（3）改变爆破方向，采用斜线起爆（如图3-62所示）。

这种近似于圆形自由面的情况：①增加了有利于爆破应力波反射而拉伸破坏岩体的自由面；②使

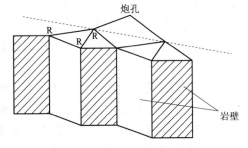

图3-62 双壁面控制岩体装药结构示意图

爆力对两岩壁的作用力近乎相等，从而也就大大改善了爆破效果。由图3-61可看出，双平自由面的产生给后爆炮孔提供了充分拉伸破坏岩体的条件，由于在120°张角范围内岩体能较均匀受力，所以，此时岩块破碎均匀，超大块率和粉矿率降低，达到改善爆破效果的目的。

4. 炮孔内积水的处理

当炮孔内有积水时，首先用风管吹净孔中的积水，然后装药。如果积水未能吹尽，装药时用绳子系住乳化炸药药包，在药包上开四个口，排除里面的空气，然后缓慢放入空孔中，待药包到达位置后，取出绳子，重复此法进行装药，保证孔下部的装药密度。这样就避免了直接投放的药包与水冲击变形后不能下沉而出现空隙的现象。

5. 按设计钻孔、严格执行钻孔验收制度

布孔前要对作业场地进行平整，开孔时一定要敷设好孔口，钻孔时要求钻机司机保证钻机平稳，保证钻孔倾角和方位角满足设计要求，保证孔壁质量。进行装药爆破设计前对钻孔情况爆破工要认真检查，炮孔是否有坍塌、堵塞及积水现象，当孔内有上述现象时，积水应予处理，首先用风管吹净孔中的积水，然后装药。

该矿采取以上减少爆破根底和改善爆破质量的爆破技术措施，不仅保证爆破效果，而且使根底的产生率由原来的12%下降到5%以下，大大提高了采装设备的效率、减少了设备磨损消耗。

十三、露天台阶缓冲光面爆破技术

（一）工程概况

某矿位于古尔班通古特沙漠南缘，地势平坦、开阔，为卡拉麦里西南山前戈壁荒漠地带，地表无常年水流，属大陆干旱荒漠气候。地层为侏罗系西山窑组地层，其岩性主要以泥岩、泥质粉砂岩、粉砂质泥岩等细颗粒状的岩性为主，局部夹有中、粗砂岩及煤层。剥离物强度不均一，节理裂隙较发育。设计台阶高度为16m，穿孔设备为CM－351型钻和汽车钻，孔径为140mm，为中深孔爆破。

该矿已形成南北长约2.0km，东西宽约1.0km，开采垂深约120m的采坑。前期南、北端帮都没有达到设计边界，且南、北端帮都布置有运输系统，必须提前考虑南、北端帮的边坡稳定。临近边坡爆破工作是影响边坡稳定性的最直接的因素，因为爆破过程形成的地震波对已形成边坡的破坏作用，因此要求对到界边坡实施控制爆破。

（二）技术方案选择

技术方案有：预裂爆破、光面爆破和缓冲爆破。

1. 预裂爆破

预裂爆破就是沿露天矿设计台阶边坡线，钻凿一排较密集的钻孔，每孔装入少量炸药，在采掘带主爆孔未爆之前先行起爆，从而炸出一条有一定宽度（一般大于1~2cm）并贯穿各钻孔的预裂缝。由于有这条预裂缝将采掘带和边坡分隔开来，因而后续采掘带爆破的地震波在预裂带被吸收并产生较强的反射，使得透过它的地震波强度大为减弱，从而降低地震效应，减少对边坡岩体的破坏，提高边坡坡面的平整度，保护边坡的稳定性。预裂爆破在岩石硬度较大的岩层能产生较好的效果。

2. 光面爆破

光面爆破是先爆除主体开挖部位的岩体，然后再起爆布置在设计轮廓线上的周边孔药包，将光爆层炸除，形成一个平整的开挖面，是通过正确选择爆破参数和合理的施工方法，达到爆后壁面平整规则、轮廓线符合设计要求的一种控制爆破技术。光面爆破法与预裂爆破法恰好相反，它是先起爆主体开挖部位的岩体，然后再起爆布置在设计轮廓线上的周边孔药包，将光爆层炸除，形成一个平整的开挖面。它是软岩、中硬岩控制爆破施工中广泛应用的方法。

在密集炮孔中采用空气间隙不耦合串式装药结构，当相邻炮孔炸药同时起爆后，爆炸冲击波压缩间隙内的空气，峰压急剧衰减后作用于炮孔内壁，并转化为应力波在空气中传播。相向传播的应力波在炮孔连心面中央相遇并叠加，从而形成一个最大的主拉应力区。炮孔周围的岩石在主拉应力的作用下随机产生初始的径向裂纹，然后径向裂纹在高温、高压气体的"气楔"作用下沿炮孔连心面扩展，直至相邻炮孔间的裂缝贯通形成光爆面。

3. 缓冲爆破

临近边坡的缓冲爆破，是在沿临近边坡界线布置若干排抵抗线和装药量都逐渐递减的缓冲孔，组成能衰减地震效应的缓冲层，并在正常采掘爆破之后起爆。它是控制爆破中最简单的方法，最适用于保护松散岩体边坡。

与预裂爆破法比较，光面爆破的周边轮廓线上炮眼数较少，施工成本低于预裂爆破，但减震效果没有预裂效果好。为了更有效地保护边坡，光面爆破与缓冲爆破配合使用。根据该矿岩层条件，到界台阶的爆破采用了缓冲与光面爆破配合使用的控制爆破技术。

（三）缓冲光面爆破参数设计

在进行常规深孔台阶爆破后，留 15～20m 爆区进行到界处理。光面孔距设计开挖边线 1.0～1.5m，预留 1.0～1.5m 保护层，爆破时适度加大光爆孔的线装药密度，利用光爆孔炸药能量轻微拉裂光爆孔后的保护层。最后由液压反铲挖掘机清掉保护层处的岩石，以形成光滑平整的坡面（如图 3-63 所示）。

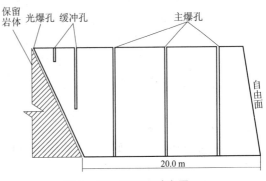

图 3-63 光面爆破布置

（1）钻孔直径 D。根据现有钻孔设备，光爆孔的孔径选用 115mm。

（2）炮孔间距 a。光爆孔间距的选取应考虑炮孔直径、岩石性质、地质构造等多种因素的影响，目前国内光面爆破中一般采用经验公式 $a = KD$ 计算。计算系数 K 根据准东露天煤矿的岩层基本属于软岩性质，取 $K = 6 \sim 12$，D 为光爆孔孔径，单位为 m，计算得 $a = 0.69 \sim 1.38m$，本矿取 $a = 0.8m$。

（3）最小抵抗线 W。光面爆破的最小抵抗线是影响光面爆破效果的关键参数之一。对于软岩而言，必须保证一定的光爆层厚度才能避免主爆孔及缓冲孔对坡面的破坏。通常情况下，$W = (1.2 \sim 1.8) a$，在软岩中主爆孔及缓冲孔对光爆层的影响较大，应取大值，取 $W = 2.0m$。

（4）线装药密度 q。线装药密度是最重要的光面爆破参数之一，其值选取的合理与否是直接关系着光面爆破效果。光爆孔在爆后是否能形成半孔，主要与岩石的极限抗压强度有关，所以对于软岩 q 应适当减小。线装药密度可由公式 $q = K \cdot a \cdot W$ 计算，式中 K 为炸药单耗，取 $K = 150g/m^3$。经计算 $q = 240g/m$。

（5）孔底加强药 $q_{底}$。为了克服光爆孔底部的夹制作用，底部必须加大药量，光爆孔越深夹制作用越强，加强药越多，设置加强药高度越高。一般情况下，$q_底 = (1.2 \sim 3.0) \, q$，这里取800g，高度为0.4m。

（6）不装药段。因为光爆孔的顶部有自由面存在，药包爆炸后应力波会在自由面处产生反射拉伸作用，孔口部位的岩石会遭到破坏，甚至形成爆破漏斗，因此在光爆孔的孔口一定范围内应设置不装药段，以保护孔口部位的边坡岩体。对于软岩，不装药段宜取大值，这里取1.0m。

（7）堵塞段。根据工程经验，堵塞段取1.0m。

（8）起爆时间间隔 Δt。光爆孔是随主爆破一起构成同一爆区，光爆孔滞后于主爆破起爆，其起爆间隔时间 Δt 的选取是否合理直接影响爆破效果。根据准东露天煤矿的爆破实践，$\Delta t = 50 \sim 250$ms 为宜，取100ms。

（9）缓冲爆破。在深孔光面爆破中，光爆孔与主爆孔之间应布置缓冲孔，缓冲孔可分为垂直孔与倾斜孔两种。在本例中，主爆孔与光爆孔之间设置了垂直缓冲孔。

（四）施工工艺要求

（1）前期测量放样。用测量的方法将设计开挖边线在实地中标示出来，并将该线的相关坐标存档，以作为爆后效果评价的依据。

（2）工作面的平整。因光爆孔及缓冲孔对钻孔精度要求较高，工作面台阶要求平整无浮渣，以便于钻机的调整与稳定。

（3）钻孔工艺。精确钻孔是保证光面爆破质量的关键，钻孔不仅要按孔对位，并且要使炮孔都钻在一个坡面上。使用CM351型钻机穿孔时应做到以下几点。

①每台钻机应配备斜度尺，开口前应调好角度，使钻臂倾斜角度与光爆孔的设计角度一致。

②钻孔过程中应随时关注岩层变化情况，及时发现角度偏差及时修正。

③夜间钻孔时，现场技术员或施工员跟班，对钻孔质量随时检查，发现不合格炮孔及时处理。

（4）装药工艺。光面孔的装药，药包沿着光爆孔的轴线方向均匀分布，应采用串式装药结构。装药时，先将串式药包绑扎在竹片上，然后再插入孔中，竹片应靠在保留区的一侧。

（5）堵塞。堵前先塞入松软物，以控制不装药段及堵塞段达到设计长度，然后再堵塞黄土、松砂等松软材料。堵塞应密实，防止爆轰气体冲出影响爆破效果。

（6）起爆网络。光爆孔与主爆孔属同一爆区，且主爆孔的排数较多，主爆孔先爆破产生的爆渣易破坏后爆的光爆孔导爆索网络，因此导爆索采用三角形连接法，并在导爆索网络中多接几发接力雷管，这样即使导爆索网络的某处受到破坏，亦能保证整个网络的安全准爆。主爆孔及缓冲孔孔内均采用600ms高精度管，孔外采用100ms接力。

（五）爆破效果

从实际应用情况看，缓冲光面爆破取得了良好的爆破效果（见图3-64），半孔率达88%以上；边帮无明显的超欠

图3-64　光面爆破效果图

挖现象；周边光面爆破成型质量较高，只是在部分土夹层部位半孔处有细小裂缝。

十四、露天喀斯特岩层爆破降低根底与大块技术

（一）工程概况

某矿矿体均赋存在喀斯特岩层中，矿岩的坚固性系数 f 值为 8～11。由于溶洞、裂隙、泥层、孔内积水和矿岩相夹等因素的影响，爆破后存在严重的根底和大块，大块率常高达 6.0%～7.0%。铲装作业中常用 KQ80 型钻机钻孔作业处理根底；并用手持式风钻钻孔爆破处理大块。这些辅助钻孔爆破不仅增加了作业的时间和成本，而且增加爆破工作的不安全因素；恶化了矿山工作环境。

该露天矿台阶高 8m 或 10m，炮孔为直径 160mm 的倾斜孔，孔距和排距均为 3.5～4.0m，炮孔超深为 0.5～1.0m。

（二）实验研究

在该矿共进行了 13 次深孔爆破试验。由于所有的爆破试验必须结合现场生产进行，试验内容受到生产计划安排、生产规模、矿岩性质、矿岩界面情况、炮孔深度、孔内水深和操作者熟练程度等因素影响，情况十分复杂，所以必须对各次爆破效果进行综合分析，才能得到正确的试验研究结果。

将每次爆破试验的时间及地点、矿岩类型及性质、台阶高、爆破孔数、孔网参数、炮孔超深、总药量、炸药单耗、装药结构、起爆药包位置、试验主要内容与措施、爆破效果及分析等内容，列入表 3－40 中。各项试验内容见表 3－41。

表 3－40 贵铝某露天矿台阶爆破减少根底和大块试验结果汇总表

顺序	矿岩类型性质	台阶高度/m	孔数 N/个	孔网参数 d、a、b、W/m	超深 Δh/m	爆破力量 V/m³	总药量 Q/kg	单耗 q/kg·m⁻³	装药结构
1	铝土矿	8	20	0.16、4.0、4.0、4.0	0	1200	528	0.44	孔中部空气间隔
2	铝土矿	8	21	0.16、4.0、4.0、4.0	1.0	2184	2500	0.44	孔中部空气间隔
3	灰岩，岩层较完整，可爆性较好，$f=8$	10	40	0.16、4.0、4.0、5.0	1.8	12000	4500	0.38	连续装药
4	岩层规整，矿石较硬	8	26	0.16、4.0、3.0、4.0	1.0	3000	1350	0.45	孔中部空气间隔
5	夹有灰岩，可爆性好	8	20	0.16、2.5、3.0、4.0	0	1000	288	0.30	连续装药
6	铝土矿	8	25	0.16、2.5、3.0、4.0	0.5	3500	1464	0.42	孔中部空气间隔
7	石灰石 $f=8-11$	8	20	0.16、3.0、4.0	0	1800	712	0.40	连续装药

顺序	矿岩类型性质	台阶高度/m	孔数 N/个	孔网参数 d、a、b、W/m	超深 Δh/m	爆破力量 V/m³	总药量 Q/kg	单耗 q /kg·m⁻³	装药结构
8	铝土矿	8	33	0.16、4.0、3.0、4.0	0.5	4000	1656	0.41	孔中部空气间隔
9	块状铝土矿	10	11	1.16、单排孔 a=4.0、W=5	1.5~2.0	2500	922	0.37	孔中部多层空气间隔
10	坚硬石灰石,可爆性差	10	19	0.16、4.0、4.0、5.0	1.5~2.0	10000	2192	0.22	孔中部、孔底空气间隔,间隔长度1.2m
11	石灰石 f=8~11	8	35	0.16、4.0、3.0、5.0	0	3500	1392	0.40	孔中部空气间隔,间隔长度0.8m
12	铝土矿	8	33	0.16、4.0、3.0、4.0	0.5	4000	1746	0.44	孔中部空气间隔,间隔长度1.2m
13	石灰石 f=8~11	10	21	0.16、4.0、4.0(局部6×6)、5.0	1.5~2.5	5000	1860	0.7	孔中部空气间隔,间隔长度1.2m

表 3-41 各项试验内容

顺序	起爆药包位置	起爆方式	试验主要内容与措施	爆破效果分析	备注
1	近孔口、孔中部	排间起爆	孔中部空气间隔	效果较好,块度适中,无2.0m以上大块、无根底	—
2	近孔口、孔中部	排间起爆	孔中部空气间隔	效果较好,块度适中,无2.0m以上大块、无根底	—
3	近孔口、孔中部	"V"形	使用密度为1.20的乳化炸药"V"形起爆	爆堆规整集中、高出台阶、无抛掷、无前冲后裂;但因孔内有积水,有根底、大块产生	孔内积水严重装药时间短,药包不到位
4	近孔口	排间起爆	孔中部空气间隔	爆堆集中无抛掷、后冲,无根底,铲装效果好	台阶底部用KQ-80钻修坡
5	孔底	排间起爆	爆堆集中,无抛掷、后冲,无根底,铲装效果好	—	—
6	孔底	排间起爆	孔中部空气间隔、孔底起爆	爆堆集中,无抛掷、后冲,无根底,铲装效果好,大块率小于4%	台阶底部用KQ-80钻修坡

续表

顺序	起爆药包位置	起爆方式	试验主要内容与措施	爆破效果分析	备注
7	近孔口、孔中部	排间起爆	排间起爆	无根底，大块率小于3%，无前冲后冲现象，爆堆集中	—
8	近孔口、孔中部	排间起爆	孔中部空气间隔	无根底，大块率小于2%，无前冲后冲现象，爆堆集中	—
9	近孔口、孔中部	单排孔用导爆索起爆	一、二工区孔中部空气间隔装药对比，以及多层空气间隔装药试验	中部有前冲，单孔药量稍大，无根底，块度很均匀，说明多层间隔有效果	—
10	近孔口、孔中部	"V"形起爆	"V"形起爆，孔底、孔中部空气间隔	用两种间隔，效果明显，无根底，大块率0.5%，块度均匀，节约炸药10%左右，爆堆规整，无后冲	仅两排孔试验"V"形起爆
11	近孔口、孔中部	排间起爆	孔中部空气间隔	无根底，无后冲，大块率在2%以下	—
12	近孔口、孔中部	排间起爆	孔中部空气间隔	稍有前冲，分析因KQ-80钻坡面补孔所致，无根底，块底均匀	—
13	近孔口、孔中部	排间起爆	孔中部空气间隔	无根底，无后冲，大块率在2%以下	—

1. 改变连续装药结构

传统的连续柱状装药结构存在爆轰初压过高、岩石过粉碎、爆生气体作用时间短和炮孔上部填塞段过长等缺点，因此台阶上部易产生大块，下部易产生根底。许多矿山的实践和室内模型试验都证明，把连续柱状装药结构改为轴向空气间隔装药结构，可有效克服上述缺点。在现场爆破试验中，在孔中部和孔底安置空气间隔器，实行空气间隔装药，其作用原理是：①减小填塞段长度；②使炸药能量沿炮孔整个长度分布更为均匀；③因气隙缓冲作用减小了孔壁周围压碎圈范围，增大了矿岩破碎圈范围；④延长了爆生气体对矿岩爆破裂隙的"楔入"作用时间，使其径向和环状裂隙更加扩展。上述这些作用是对炮孔整体而言的，因此试验中无论安放孔中部的还是孔底的空气间隔器，对减少根底和大块都有不同程度的作用。试验中的空气间隔器是由一根木棍和其一端或两端钉上直径为130~140mm的圆木盘组成。当台阶高度为10m时，间隔器长度约为1.2m。这种自制的木质间隔器使用简单方便，成本仅为3~4元/个；而市场上出售的气囊式空气间隔器单价为37元，使用时还得充气。

在13次试验爆破中，有单独使用孔中部间隔器的，也有孔中部和孔底间隔器同时使用的，具体情况见表3-40。从表中的爆破效果分析可以看到，实行空气间隔装药后，大块率下降至原来的0.5%~4.0%。同时，使用间隔器后减少了装药长度和单孔装药量，每爆破1万 m^3 矿岩可节约炸药成本3000~5000元，而且爆破后不产生根底。因此，孔中部或孔底使用间隔器对降低大块和根底是十分重要的。

2. 采用合适的孔网参数和起爆方式

大孔距小抵抗线和"V"形起爆方式已在国内外许多矿山得到成功的应用。一般要求炮孔密集系数 m 值为 1.5~2.0，甚至更大，对改善爆破效果十分显著。当孔数较多、排数多于 3~4 排时，使用"V"形起爆可增大 m 值和改变最小抵抗线作用方向，从而有利于减小块度和爆堆集中。

表 3-40 中第 3 次和第 10 次爆破，布孔时孔距 a 和排距 b 均为 4.0m。因采用"V"形起爆，起爆时实际的孔距 $a=5.64$m、排距 $b=2.82$m，这时 m 值为 2.0。第 3 次爆破共有 40 个炮孔，分为 4 排。因当时许多炮孔内水很深，装药时炸药并未完全沉至孔底，爆后的大块和根底较严重，但爆堆很集中，爆堆面高于台阶。因受生产安排和雷管段数限制等因素影响，仅对第 10 次爆破中布置两排的炮孔采用"V"形起爆，取得了良好的爆破效果。

3. 改变起爆药包的位置

理论分析和现场实践都已证明，起爆药包所在区段是孔内炸药爆速最高、能量释放最完全、最充分的区段。如将起爆药包置于孔底，这就恰恰与台阶爆破时孔底附近的夹制性最大、所需的能量也最大之情况相符。此外，孔底起爆时爆生气体逸出孔外慢，在孔底作用时间长，这使炸药能量能得到充分利用，对消除根底有利，也有利于减少大块。尽管孔底起爆要使用较长的导爆管，装药操作也较为麻烦些，但利大于弊。

表 3-40 中第 6 次爆破在使用孔中部间隔器的同时将起爆药包置于孔底，消除根底效果良好。同样道理，当使用孔内分段装药时，也应尽量将起爆药包置于该段柱状装药的下部。

4. 确保炮孔深度和装药质量达到设计要求

实际生产中，炮孔因各种原因（如矿渣回填、超深不足或无超深）其深度会达不到设计要求。而炮孔中部不同部位和不同程度的堵塞、孔壁垮落、孔内积水和水中泥砂过多等情况，都会使装药难以到位或影响装药质量。这些情况是造成根底和大块的直接且最重要的原因。例如，第 3 次爆破，装药前未将孔内大量积水排尽，致使爆破效果受到影响。

表 3-40 中第 2、4、9、10 次试验的结果表明，适当的炮孔超深对减少根底是非常重要的。综合分析表 3-40 中各次试验的超深（Δh）值后认为：对深度为 L 的炮孔，当矿岩可爆性较好时，取 $\Delta h=(0.06~0.12)L$；矿岩可爆性差时，取 $\Delta h=(0.13~0.16)L$。爆破前应先对炮孔进行验收，发现堵孔、水孔或孔深不足，都得事先进行处理。

露天矿炮孔积水是较为普遍存在的问题，在南方和雨期情况下尤为严重。炮孔积水的排除方法有多种，其中用水泵抽水是最简便的方法。因受 160mm 的孔径限制，试验中只能使用螺杆式或离心式清水泵。这两种水泵易受水中泥砂影响，泥砂含量较高时，不可能将孔内水全部排尽，会留下深约 1.5m 的泥浆水，这对装药到位已影响不大。对于直径大于 200mm 的炮孔，可用污水泵进行排水，这种水泵价格低，且能用于水中含有一定泥砂的情况。

5. 增加炸药密度和改进装药包装

表 3-40 所列的第 3 次爆破中，孔内积水严重，虽然采用了为解决水孔装药问题而专门生产的密度为 1.20g/cm³ 的乳化炸药，但由于当时装药时间紧和装药操作不当等原因，许

多炮孔仍存在装药不到位情况，从而导致根底的产生。

为了解决水孔中装药不到位的问题，曾取出炮孔内积水，进行了两种无任何包装的不同密度炸药在水中沉降速度的对比试验。结果表明，在含泥砂量较大的水中，普通密度的炸药在水中几乎处于半悬浮状态或沉降很慢，而高密度的炸药在水中沉降较快。这说明高密度炸药对水孔装药的重要作用。

药包的包装也对其在水中的沉降快慢产生一定的影响。在 160mm 的炮孔内装入外径为 130mm、长为 0.5m 的袋装乳化炸药，药袋为塑料膜软包装袋。药袋投入孔后沉降较慢，其原因：①药包的柔性易使其产生弯曲变形，缩小了药袋与孔壁间隙，使水流动的"通道"变狭，减缓了药袋沉降的速度。如果后续药包紧接着投放，同样道理会使该"通道"越来越狭。如果药袋内空气未完全排尽，会降低袋装炸药的密度。②操作时用长竹竿加压捅破炸药包装袋，使炸药外泄，粘住孔壁，造成炸药堵孔。有的操作工划开药包将乳化炸药直接丢入孔内，更易于造成炸药堵孔，尤其是对倾斜的炮孔。为确保水孔中的装药到位，使用高密度乳化炸药（$1.20g/cm^3$）是非常必要的。但对于 160mm 直径的炮孔，应增加塑料包装袋的刚度，并应尽量排尽药袋内空气，或适当将药径缩小，才能保证炸药顺利沉降至孔底。

（三）实验结论与建议

（1）使用空气间隔器。在类似该矿的岩层、f 值小于 10 ~ 11 的情况下用 160mm 炮孔进行台阶爆破时，在孔中部使用长度为 1.20m 左右的空气间隔器；而在合适炮孔超深值条件下，在孔底使用长度为炮孔全长 1/10 的空气间隔器，对于减少大块和根底是十分有效的。

（2）合适的炮孔超深值 Δh。在上述矿岩和爆破条件下，当孔深为 L 时，一般可取 $\Delta h = (0.10 ~ 0.15) L$。矿岩可爆性好的取小值，反之取大值。

（3）孔网参数和起爆方式。在考虑炮孔布置和起爆方式时，应使起爆时实际的炮孔密集系数 m 值较大。当一次爆破 3 ~ 4 排炮孔时，应采用"V"形起爆，这时 $a \times b = 4.0m \times 4.0m$ 或 $3.0m \times 4.0m$；当一次爆破排数为 2 排时，可使用排间起爆，这时 $a \times b = 3.0m \times 4.0m$ 或 $3.5m \times 4.5m$，保证 m 值为 1.30 以上。合适的孔网参数对保证良好的爆破效果很有作用。

（4）使用孔底起爆。当台阶高度为 10m 时，应尽可能采用孔底起爆，或将起爆药包置于每一个装药段的底部，这对于减少大块和根底有一定的作用。

（5）保证炮孔质量和装药到位。应加强炮孔质量管理和验收，装药前处理好炮孔堵塞和孔内积水。对于无法排尽积水的水孔应使用高密度乳化炸药，并建议使用 3 ~ 4 层浸蜡的硬纸代替塑料膜作为乳化炸药的硬包装材料，以减少药包的柔性。装药时不使药包包装破损，并注意适当放慢装药的投放速度，以确保所有炸药均装药到位。

十五、露天台阶爆破前排抵抗线合理长度计算

对于露天深孔台阶爆破而言，前排抵抗线的确定通常是指底盘抵抗线的确定，因为底盘处是爆破阻力最大的地方。底盘抵抗线的选取对爆破效果的好坏有着至关重要的影响，如果采用较大的底盘抵抗线会造成根底多、大块率高、后冲作用大，进而影响到后一排炮孔的爆破效果；相反，如果过小则不仅浪费炸药，增加钻孔工作量，而且岩块易抛散和产生飞石危害。为此，许多爆破工作者曾用各种手段对此进行了大量的实验研究，结果表明：合理的前排抵抗线长度主要取决于所爆破的岩石条件。但同时还受到钻孔直径、炸药威力、

台阶高度和坡面角的影响。

对于一定的炸药、岩石类型和炮孔间距，存在一个最佳的最小抵抗线，此时，其爆落下的岩石体积较大且块度适中。如果实际抵抗线偏离该值太远，则不能达到良好的爆破效果。同时，在选取抵抗线时，还应考虑它和炮孔间距的关系，如果抵抗线明显地大于间距时，则会引起炮孔之间的过早地割裂，填塞物过早松散，进而影响到抵抗线方向上的岩石破碎。在实际中，有人曾采用小抵抗线大孔距的布孔方法，并取得了良好的爆破效果，改变抵抗线对总的破碎程度和底板的影响比改变间距对它们的影响要大得多。因此，在选择抵抗线时一定要谨慎考虑。前人在实践的基础上提出了一些抵抗线计算方法的经验公式。如当已知台阶高度时，其底盘抵抗线 $W_D = (0.6 \sim 0.9) H$；若已知孔径时，则 $W_D = (20 \sim 50) d$。在实际进行爆破作业时，可参考使用。

尽管在露天台阶爆破中涉及的爆破参数较多，但一般来说，前排抵抗线在所有参数中是最重要的一个。

（一）前排抵抗线长度计算模型

1. 基本假设

在台阶爆破时，前排柱状装药除对台阶顶部岩石会产生一定的破碎、挤压的抛举作用外，其主要作用是用来破碎和运动台阶坡面（抵抗线方向）上的岩石，这种爆破作用有如下特点。

（1）随着装药量的减少，爆破作用减弱。

（2）当装药爆炸后，其爆炸裂隙首先沿台阶坡面方向发展，以台阶坡面方向为岩石破碎的位移主导方向上自由面对其爆破效果影响较小。

为了使台阶爆破前排抵抗线长度计算模型反映台阶坡面岩石的上述爆破特点，特提出如下假设：

（1）岩石为均质各向同性体。

（2）忽略微差爆破对孔与孔之间岩石爆破作用的影响。

（3）忽略台阶顶部自由面对爆破作用的影响，并假定台阶坡面为直角。

（4）苏联学者认为对介质某点的爆破作用，距其最近的炮孔影响最大，其余炮孔的影响可以忽略。

（5）根据利文斯顿爆破理论，如果球状药包与柱状药包的比例深度满足一定关系，则当其装药量相同时其所得爆破效果相同。

2. 计算模型

紧靠台阶坡面岩体的第一排炮孔布置的平面图及剖面图分别如图 3-65、图 3-66 所示。

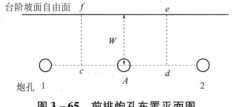

图 3-65　前排炮孔布置平面图

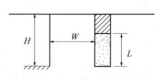

图 3-66　炮孔剖面图

根据假设可知，炮孔 A 中的装药爆破后，其能量主要是用来破碎如图 3-65 所示的以 $cdef$ 为顶面，以台阶高度 H 为高的长方体。设该炮孔的装药段高度为 L。为了研究条状药包的爆破，雷德帕斯在利文斯顿爆破漏斗理论的基础上，提出了以比例深度的概念来确定条状药包与球状药包的爆破关系，他把球状药包看成点药包，把单孔柱状长条药包视为线药包，从几何相似和量纲原理找出点、线药包之间的相关关系。点药包的比例深度 W_{pt}：

$$W_{pt} = W_{\sigma t} \cdot Q_1^{-1/3} \tag{3-18}$$

式中　$W_{\sigma t}$——点药包埋置深度，单位 m；

　　　Q_1——点药包装药量，单位 kg。

线药包的比例深度 W_L 根据量纲分析有：

$$W_L = W_{ot} \cdot \left(\frac{L}{Q_2}\right)^{-1/2} \tag{3-19}$$

式中　W_{ot}——线药包埋置深度，单位 m；

　　　Q_2——线药包装药量，单位 kg；

　　　L——线药包装药高度，单位 m。

要想使点药包爆破与线药包爆破获得相同的爆破效果，则应满足以下两个条件：一是它们二者的装药量相同，即 $Q_1 = Q_2$；二是二者的比例深度满足 $W_{pt}^3 = W_L^2$。因此存在以下关系：

$$W_{\sigma t}^3 = W_{\sigma t}^2 \cdot L \tag{3-20}$$

若要使台阶坡面岩石爆破达到工程要求，则需要满足如下条件。顶部为松动爆破：

$$Q_1 = K'KW_{\sigma t}^3 = K'KW^2 L \tag{3-21}$$

顶部为抛掷爆破：

$$Q_1 = Kf(n)\,W_{\sigma t}^3 = Kf(n)\,W^2 L \tag{3-22}$$

式中　K——标准抛掷爆破漏斗单耗，单位 $kg \cdot m^{-3}$；

　　　K'——松动爆破时装药系数；

　　　W——柱状药包的前排抵抗线，单位 m；

　　　L——装药段长度，单位 m；

　　　$f(n)$——爆破作用指数。

又因为：

$$Q_2 = \frac{\pi}{4} d^2 L \rho \tag{3-23}$$

式中　d——炮孔直径，单位 m；

　　　L——装药段长度，单位 m；

　　　ρ——装药密度，单位 $kg \cdot m^{-3}$。

由上述各式可推出柱状药包的抵抗线长底的计算公式如下。台阶坡面为松动爆破：

$$W = \frac{d}{2}\left(\frac{\pi\rho}{KK'}\right)^{1/2} \tag{3-24}$$

台阶坡面为抛掷爆破：

$$W = \frac{d}{2}\left[\frac{\pi\rho}{Kf(n)}\right]^{1/2} \tag{3-25}$$

（二）对计算模型的讨论

由以上可以看出，前排抵抗线长度是随着岩石性质、炸药性质和工程要求而变化的。岩石坚硬，可爆性差，所需的前排抵抗线长度相对说较短；威力高、密度大的炸药需要的堵塞长度相对说较长。在爆破工艺上，根据环境和工程要求选择不同的爆破类型，选择不同的装药直径，其抵抗线的长度也会相对发生变化，这些和实际情况是一致的。如果以台阶坡面的松动爆破为例，取 $K' = 1/3$，$K = 1.5 \text{kg} \cdot \text{m}^{-3}$，$\rho = 10^3 \text{kg} \cdot \text{m}^{-3}$；或以台阶坡面减弱抛掷爆破为例，$f(n) = 0.71$，$K$、$\rho$ 同上，根据公式（3-24）、公式（3-25）可以求得不同装药直径 d 下的前排抵抗线长度 W 值见表 3-42。

表 3-42 不同爆破类型的 $d - W$ 值

d/mm	$W_{松动}/\text{m}$	$W_{抛掷}/\text{m}$
76	3.0	2.1
89	3.5	2.4
100	4.0	2.7
115	4.6	3.1
140	5.5	3.8

由表 3-41 可以看出，当台阶坡面为松动爆破时，其前排抵抗线长度约为装药直径的 40 倍；当台阶坡面为抛掷爆破时，其前排抵抗线长度约为装药直径的 27 倍，该结果包含在目前常采用的 (20~50)d 的范围内，因此有一定的参考价值。

由于现场岩体性质的复杂性，因而很难求出一个最佳的前排抵抗线，公式（3-24）、公式（3-25）近似地给出了在具体岩石、炸药性能和工程要求条件下台阶爆破的前排抵抗线的合理长度，可供爆破设计时参考。每一个具体条件下的合理前排抵抗线长度最终还需由现场试验确定。

还有一点应该指出的是，由于本模型在计算时引入了较多的假设条件，有时可能与实际情况有较大偏差，因此，本计算模型仍属探讨性，需要进一步研究并加以完善。

十六、露天台阶逐孔起爆技术

（一）工程概况

某矿矿石矿物以钛磁铁矿与钛铁矿为主，原生结构主要为海绵晶铁与连晶结构，次生结构以破裂结构和交代残余结构为主。矿石和岩石的普氏硬度系数均为 $f = 12 \sim 14$，矿岩平均密度一般为 $3000 \sim 3300 \text{kg/m}^3$，矿石比重为 3.5t/m^3，节理裂隙等级属强裂破碎。冰碛层由亚黏土、亚砂土与砾石组成，漂石砾石含量为 $10\% \sim 50\%$。表土的普氏硬度系数均为 $f < 4$，平均密度约为 1900kg/m^3。

该矿自开采以来，采用连续装药、排间分段起爆，一次起爆药量大，且装药高度低，导致台阶上部大块率高（50% 以上）、二次爆破消耗高、电铲铲装效率低，也给选矿破碎增加了难度。

为了改善爆破效果，应用了逐孔起爆技术，采用澳瑞凯公司生产的高精度非电雷管，应用孔内、孔外延时的起爆网络，孔底起爆，逐孔起爆；空气间隔器，控制填塞高度，有效地降低了大块率。

（二）逐孔起爆技术的特点

逐孔起爆技术是指爆区内处于同一排的炮孔，按照设计好的延时时间从起爆点依次起爆；同时，爆区排间炮孔按另一延时时间依次向后排传爆，从而使爆区内相邻炮孔的起爆时间错开，起爆顺序呈分散的螺旋状，也就是说在预爆区域的布孔水平面内，处于横向排和纵向列上的炮孔分别采用不同的延时时间，但通常位于一排或一列中的炮孔具有相同的地表延时时间间隔。从起爆点开始二维平面内每个炮孔的起爆时间按孔、排间延时时间累加实现，相对于周围炮孔各自独立起爆。即爆区中任何一个炮孔爆破时在空间上都是按照一定的起爆顺序单独起爆，因此爆破过程在时空发展上按某一起爆等时线向前推进，直至爆破过程完毕。

逐孔爆破技术基于以下爆破原理：炮孔自由面的增加有利于发挥炮孔炸药能量；相邻炮孔爆破的矿石互相碰撞可以显著降低爆破块度；减少一段同时起爆的孔数有利于降低爆破震动。

逐孔起爆技术与多排孔延时起爆比较有以下几个特点。

（1）先起爆炮孔为后爆炮孔多创造一个自由面。增加爆破自由面，能大幅度地提高爆破炸药的能量利用率，从而提高了爆破效率。

（2）爆炸应力波沿自由面充分反射，加强矿岩破碎。

（3）相邻炮孔起爆后矿岩相互碰撞、挤压，增强了矿岩二次破碎的效果。

（4）利用逐孔起爆技术，矿岩爆破块度好、大块率低、二次爆破量少，能较大地提高铲装和运输的工作效率。

（5）控制或减小爆破地震波等危害。同一时间起爆药量只有单孔装药量，起爆药量小，能有效地控制和减小地震波、冲击波和飞石等爆破危害。

（三）逐孔起爆爆破设计

1. 爆破参数选取

采用 KQ – 200 型潜孔钻机进行钻孔，钻孔直径为 220mm，采用三角形和方形两种布孔方式。其爆破参数：台阶高度为 12m，孔深为 14.0～14.5m，钻孔角度为 90°，孔距为 7m，排距为 4m，抵抗线为 5m，填塞长度为 5m，单孔药量为 280～320kg。炸药单耗为 0.8～1.0kg/m³，使用炸药为混装乳化炸药，起爆药包为 2 号岩石乳化炸药。

2. 逐孔起爆延时选取

毫秒等时间间隔延时爆破，为了改善爆破效果和降低爆破震动，炮孔之间实施等间隔延时爆破，各炮孔起爆顺序和延时时间通过计算并结合非电雷管各段别的标称时间确定。从改善破碎效果着眼，前后排炮孔之间的延时时间 t 应等于或接近可使前排炮孔承担的受爆体已经移动、后排炮孔的临空面已经形成的时间 t_1，使前排抛体达到最大抛速后、后排炮孔开始起爆，后排抛体尽可能地尾随撞击前排抛体，减少能量渗漏、改善破碎效果。而从爆破震动安全上考虑，炮孔之间的延时时间应大于或等于可使相邻起爆炮孔爆炸引起的爆破震动主震相互分离的时间 t_2，以使前后炮孔爆破地震波到达保护物时不叠加，以达到降震的目的，即 $t = t_1$，$t \geq t_2$。

（1）选取原则：孔间延时时间主要分孔内雷管的延时时间和孔外雷管的延时间隔。孔内雷管的延时时间要保证孔外雷管传到相当距离远时孔内雷管才能起爆。因此，孔内选取段别高延时长的雷管，孔外选段别低的雷管。

（2）孔间延时时间：根据实践经验，按孔距的 3～8 倍计算，即 $t_孔 = (3～8) ×7ms = 21～56ms$，选取 17、25、42ms 延时的三种段别的雷管。

（3）排间延时时间：按排距的 8～15 倍计算，即 $t_排 = (8～15) × (4～5) ms = 32～75ms$，取 42、65、100ms 延时的三种段别雷管。

（4）孔内延时时间：该矿一般爆破在 40 孔以内，孔内选择 16 段 400ms 的非电雷管就能满足需求。在实际工作中，采用了 17～42ms、25～65ms、42～100ms、25～42ms 等进行配对，对于易爆类不易产生大块的，各类配对效果均差不多，但对于易产生大块的用 17～42ms、25～42ms 两种延时方式效果较好。

3. 起爆网络设计

该矿设计并采用了三种不同的方案，经过实践验证主要采用了斜线起爆和"V"形起爆（以孔间延时 25ms，排间延时 42ms 为例）。

方案 1：方形布孔，直线起爆方式如图 3－67 和表 3－43 所示。

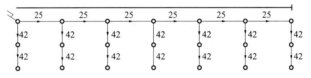

图 3－67　方形布孔，直线起爆方式

表 3－43　方案 1 的炮孔起爆顺序

孔号	1	2	3	4	5	6	7
第 1 排/ms	400	425	450	475	500	525	550
第 2 排/ms	442	467	492	517	542	567	592
第 3 排/ms	484	509	534	559	584	609	634

方案 2：三角形布孔，斜线起爆方式如图 3－68 和表 3－44 所示。

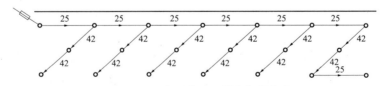

图 3－68　三角形布孔，斜线起爆方式

表 3－44　方案 2 的炮孔起爆顺序

孔号	1	2	3	4	5	6	7
第 1 排/ms	400	425	450	475	500	525	550
第 2 排/ms	467	492	517	542	567	592	
第 3 排/ms	509	534	559	584	609	634	659

方案 3：三角形布孔，"V"形起爆方式如图 3 - 69 和表 3 - 45 所示。

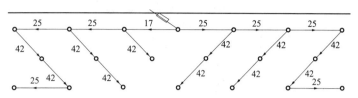

图 3 - 69 三角形布孔，"V"形起爆方式

表 3 - 45 方案 3 的炮孔起爆顺序

炮孔号	左 3	左 2	左 1	起爆孔	右 1	右 2	右 3	右 4
第 1 排/ms	467	442	417	400	425	450	475	
第 2 排/ms	509	484	459		467	492	517	
第 3 排/ms	576	551	526		509	534	559	601

三种起爆方案全部都实现了逐孔起爆，但在实践中发现方案 1 的大块最多，列与列之间的矿岩挤压不充分，给铲装运输工作带来很大困难。方案 2 的效果比方案 1 好些，方案 3 最优，爆堆挤压充分、大块很少、松散均匀，便于挖掘和装运，充分发挥了铲装、运输设备的效率。

4. 装药结构

为降低上部大块，孔内装药主要采取了连续柱状装药和同段别分段装药两种方式，连续柱状装药，在上部填塞处用空气间隔器间隔，分段装药之间用空气间隔器进行间隔。两种装药方式爆破后爆破效果相差不大，但分段装药对爆破器材消耗要大一些。

（四）逐孔起爆技术辅助措施

由于地质构造（如断层、节理、层理、裂隙、风化带孤石等）、炸药单耗、布孔形式、延时间隔时间、起爆网络、装药结构、填塞质量、钻孔质量及爆破方法等各种因素的影响，常常会产生较大的岩块。针对大块、根底和贴坡产生的原因，可采取以下技术措施。

1. 在填塞段设置辅助药包

为了充分避免炮孔填塞段过长产生大块，考虑在填塞段中部设置常规袋装炸药辅助药包，一方面可破碎上部大块，另一方面可通过该药包爆破后形成的压实作用减少炸药能量损失。辅助药包按公式 $Q = KL^3$ 计算（K 取 $0.08 \sim 0.10\text{kg/m}^3$，$L$ 为填塞长度），辅助药包位置放在填塞段的 $1/2 \sim 2/3$ 处。

2. 调整装药结构

主炮孔选择耦合连续装药结构，起爆药从孔底反向起爆，周边孔及后排孔采用底部耦合装药上部不耦合装药，防止周边孔及后排孔拉裂或后冲产生大块石。

3. 调节炸药密度

炸药密度的大小对炸药威力有一定影响，而对猛度的影响更显著，炸药密度与体积威力成正比例关系。混装乳化炸药的密度在现场可以调节，范围为 $1.05 \sim 1.25\text{g/cm}^3$。通常选择炸药密度时，微新岩选择高密度、强风化岩选择低密度，周边孔、后排孔选择低密度，同一炮孔底部装高密度、上部装低密度炸药。

4. 优化布孔形式和起爆网络

根据爆破机理的微分原理，使炸药均匀地分布在被爆岩体中，防止能量过于集中，达到减小爆破震动强度之目的。这就要求爆破设计中选取比较合理的孔网参数，要求做到：炮孔密集系数要尽量大于1；采用大孔距小排距爆破新技术；减小炮孔超深；深孔孔口填塞长度要合理，防止孔口药量集中；采用孔内间隔装药。起爆网络确定延时时间的原则：一是使前后起爆的炸药量产生的地震波主震相不重叠；二是选取延时时间应使前后起爆的炸药量产生的地震波互相干扰；三是使排间延时时间大于排内延时时间。长期实践证明，延时间隔一般选取 30~50ms 为宜，这还要结合不同的地质条件和环境，通过测试和长期观察来确定。

5. 针对出现的根底和贴坡

一般在孔深控制到位的情况下，底部炮根基本可以消除，但如果底部抵抗线过大或者前排临空面的处理不到位，两侧缓冲孔前部即夹制作用明显的两个三角形夹角未处理也会造成底部有炮根、边墙留有贴坡。这种情况下，处理炮根通常采取加大前排孔的装药量，而对于贴坡的处理通常采取减小缓冲孔的间距、排距的方法。

也可以采取以下措施来降低大块率。提高炸药单耗，减小填塞长度，缩小周边孔及后排孔与相邻主炮孔的间距，采用留渣延时挤压爆破等。

十七、露天深孔台阶减少根底爆破技术

（一）工程概况

某深凹露天矿，地质条件比较复杂，岩体的节理、裂隙发育并相互交错，给爆破开采带来一定困难。台阶高度为 10m，钻孔直径为 140mm，装药采用直径为 110mm，爆速为 3500~4200m/s 的条装乳化炸药，在干孔的情况下延米装药量可达 14kg/m。对于一般岩石（硬度系数 $f = 12~14$）爆破孔网参数为：孔间距 $a = 6.5m$、排距 $b = 3.8m$，炮孔填塞为 3.5m、超深为 1.5m，炸药单耗控制在 0.42kg/m³，然而在前期施工过程中爆破根底率较大的问题始终未解决。在露天采矿深孔台阶爆破中，爆后残留根底率是衡量爆破质量的一个重要指标，根底率过大直接降低了挖运设备的效率，增大了挖运设备的故障率以及机械设备材料的消耗，从而影响整个矿山作业的效率，增加了成本。虽然影响爆破质量的因素很多，但对于一个具体的露天矿台阶爆破工程而言，每一次台阶爆破所涉及的开采条件、矿石赋存、地质结构、台阶高度、钻孔设备，甚至炸药，均具有一定的相似性。通过长期的爆破实践和经验总结，在同一个露天矿山爆破开采中，综合考虑经济成本，在各种不同的地质条件下，不同岩体爆破的单耗、孔网参数、底盘抵抗线、超深及装药填塞都会有一个合理的数值（一般来说不会有太大变化，而且爆破过程中不可避免地留下一定数量的根底）。

经分析影响露天深孔台阶爆破根底率的主要因素有：①钻孔质量；②爆破器材的选择；③深孔台阶爆破的孔网参数；④超深；⑤底盘抵抗线的大小；⑥填塞长度；⑦台阶深孔爆破逐排爆破排间的延时时间。

该矿在一些基础地质条件变化不大的情况下，通过局部加大超深，改变炮孔密集系数 m 值，采用"V"形起爆技术等爆破措施，在一定程度上减少了根底率，从而提高了经济效益。

（二）减少根底爆破技术

1. 局部超深

在工程施工中采用等边三角形（梅花形）布孔，爆破网络采用孔内毫秒延时、孔外电雷管串联的爆破方式逐排爆破，一般每次爆破排数为 4 排，各排延时时间为 0ms、50ms、110ms、200ms。通过对大量工程爆破效果的观察和数据统计，大块率在 3% 左右，基本符合挖运要求。然而每个炮区的第 4

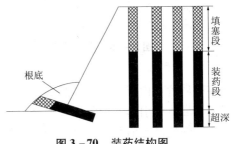

图 3 - 70　装药结构图

排（下一次爆破的前排）总会留下一定的根底，下次爆破前总要对前排进行根底抬炮处理（见图 3 - 70），根据数据统计，抬炮率在 10% 左右。抬炮率为每个爆破区需要处理抬炮所打的穿孔米数与每个台阶爆破区深孔穿孔米数的百分比。抬炮处理一般是在根底上面打斜孔，根据根底实际情况，通常倾斜角度为 30° ~ 60°，根据需要确定孔深，一般不超过 4m。根据矿山按方量的计量方式，抬炮处理的是深孔留下的方量，为附加费用，所以减小抬炮率可以提高矿山爆破经济效益。

观看了大量的深孔台阶爆破录像后，发现深孔台阶爆破逐排起爆后，每排岩石逐排往斜上方翻动。由于后排爆破岩石的翻动受前一排的限制，其起爆扩散的空间相对变小，后排岩石随着前排岩石向斜上方翻动，因此受到前三排的夹持作用，第四排根底岩石的翻动需克服的阻力更大，所以正常的情况下如果没有适当加大底部的爆破能量，就会由于能量不足无法使根底的岩石翻动，从而留下根底。从爆破技术上分析，在爆破参数都基本合理的情况下，前三排的爆渣对第四排有压制，使其爆渣的膨胀空间不足，导致第四排留下根底。经过近千次的爆破观察与对比分析，采用同样的爆破参数，在第四排的超深多加 0.5m，即第四排超深为 2.0m，并且提高第四排的根底装药量，可使抬炮率降到 6% 左右。

从经济效益上考虑，假设每个矿区有 40 个炮孔、台阶高度 10m、超深 1.5m，则总共穿孔米数为 460m，根据统计需要 14 个抬炮处理的穿孔米数为 56m，总共需要装药长度为 21m。爆破施工中采用等边三角形（梅花形）布孔，后排的孔数为 8 个，每孔超深比正常多超 0.5m，则多穿孔米数为 4.0m，多装药 4.0m。在抬炮率下降 50% 的情况下，相比较每个炮区可以节省穿孔米数为 24m，节省装药 6.5m。按照当地的穿孔及炸药的价格计算，每个炮区相对可以节省费用约 1640 元。在该矿 19 个月的开采过程中，采用此种爆破方法，经计算节约了工程造价约 270 万元。

2. 改变炮孔密集系数

在深孔台阶爆破中，经常遇到各种不同的地质条件。当为土岩夹层时，采用正常的爆破孔网参数（$a = 6.5m$、$b = 3.8m$，密集系数 $m = a/b = 1.8$），爆破后只把岩石周围的土层抛开，而土层中的孤石仍岿然不动，如果这种情况发生在前排，那么将严重影响后排的推动，给爆破带来不利影响。

造成这种情况的根本原因是炮孔炸药提前泄能。根据爆破漏斗原理，炸药爆炸后的能量总是往最薄弱的自由面作用，如果爆破的深孔恰好位于土层中间，则土层方向的自由面就相当于一个薄弱面，容易造成炸药提前泄能。在单耗基本不变的前提下，采用加大最小

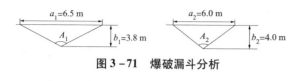

图 3－71 爆破漏斗分析

抵抗线、减小孔间距，可以有效地控制爆破效果。如图3－71所示，$a_1 > a_2$，增加了相邻两深孔之间存在土层的概率；最小抵抗线 $b_1 < b_2$，且爆破漏斗的夹角 $A_1 > A_2$，那么在相同的地质条件下，炸药爆炸后爆炸气体在后者孔内作用的时间必然大于前者，而爆炸气体作用于岩体的时间越长，能使爆炸气体在岩体中引起的裂隙得到更充分的胀裂和延伸，使岩体破坏相对均匀，从而尽可能地减少爆炸气体提前泄能，有效地改善爆破效果，同时提高了炸药的利用率。通过改变爆破系数 m，使 $a/b = 1.5$，即 $a = 6.0\text{m}$、$b = 4.0\text{m}$，采用同样的爆破方式进行爆破，基本解决了上述问题。即使爆堆不是很好，依然可将孤石翻起，岩石基本已经震裂，可以正常进行挖掘作业。

3. 采用"V"形起爆技术

"V"形起爆的特点是起爆从爆区的中心部位开始，以"V"形顺序向两侧发展，相当于两个不同方向的斜线起爆同时进行，两个方向的同段起爆孔连线与台阶眉线均成斜交。由此得出以下结论。

（1）"V"形起爆网络起爆时，被爆岩石受到的挤压和碰撞作用强烈，爆破抛堆方向指向爆区中心，爆堆抛掷的距离缩小，爆堆集中加快了装车速度。

（2）可有效地减少根底，使爆破断面平整，并能有效地控制后冲现象。

（3）两个方向起爆，岩石间互相撞击，矿石的破碎效果好，大块率明显降低。

（4）地震效应小。

（5）炮孔不需要过大的超深。

根据爆破实际工程统计，在地质条件相对均匀密实的矿岩中，同样的爆破参数采用宽孔距"V"形起爆，可以减少爆破根底，如图3－72所示。但在裂隙、节理发育的台阶中采用"V"形起爆反而会留下更多的根底。

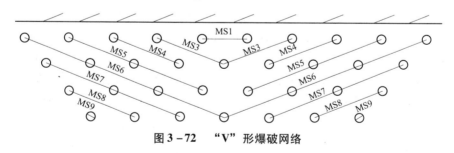

图 3－72 "V"形爆破网络

十八、露天矿降段与掘沟爆破技术

（一）工程概况

某露天矿矿体呈似层状或透镜状，以单斜构造产出，倾角为50°～60°，矿石硬度 $f = 6 \sim 8$，矿石和围岩体密度为 2.7t/m^3，台阶高度 12m。采用电铲—自卸车平装车的采装运输方式。现有两台 KQX－150 型潜孔钻机、一台 KQ－200 型潜孔钻。炮孔直径分别为 150mm 和 200mm，炮孔倾角 $75°$，采用铵松蜡炸药、导爆管微差起爆。

该矿采场设计四条溜井，现建成并使用两条。本次爆破前，两条溜井深度均为252m。根据目前的采掘工作面和生产配矿要求，主要靠1号溜井出矿，2号溜井辅助出矿。1号溜井地处矿体中心，周围矿体比较稳定，该部位矿体倾角为60°，没有断层、破碎带。所以每次新水平准备的出入沟掘沟、溜井降段工作都选在1号溜井口周围，沟道沿东西走向布置，溜井降段和掘双壁出入沟同时进行。为保证溜井生产的连续性，溜井降段和掘沟爆破必须保证破碎块度均匀、无大块、无根底。爆破质量的好坏，直接关系到电铲的掘沟效率和溜井能否连续生产。因此，降段与掘沟爆破和普通爆破相比，在设计与施工方面提出了更高的要求。

（二）降段和出入沟掘沟的设计

1. 溜井降段方法

溜井降段通常用储矿爆破降段法和直接爆破降段法。储矿爆破降段法一般用于投产初期的溜井降段，要求溜井装满；溜井投入生产使用几年后，由于井壁磨损使溜井断面增大，井内储矿量增多。此时，采用储矿爆破降段法有一定的困难，多采用直接爆破降段法。该降段方法的核心问题是控制直接落井的矿岩块度，以防大块堵塞溜井，措施是钻密孔、多装药、溜井储矿只要求一定的高度即可。该法可保持采场与溜井均衡连续地生产，从而克服了储矿爆破降段法影响生产的弊端。本次采用直接爆破降段法。

2. 出入沟掘沟方法

按穿爆方式的不同，出入沟的掘沟通常有半断面穿爆法和全断面穿爆法。半断面穿爆法是根据出入沟的设计坡度，按不同的孔深穿爆，爆堆挖掘铲装结束后，出入沟自然形成。这种方法较多用于固定斜坡路堑的掘沟。全断面穿爆法是按台阶的全段高穿爆，根据设计出入沟的坡度和长度挖掘铲装形成出入沟，沟底留有一半的爆破量。在临时或短期斜坡路堑的掘沟中，全断面穿爆法一次穿孔量大，但克服了半断面穿爆法形成的出入沟下部基岩仍需二次穿爆的不足，且能保证出入沟的掘沟质量。此次掘进的出入沟属短期路堑，采用全断面穿爆法。

3. 爆破方法的选择

溜井降段和掘沟的爆破质量取决于岩体结构、炮孔的排列方式、起爆方式、微差时间和单位炸药消耗量等诸多因素。对于掘沟爆破，两侧沟帮的夹制性大，为了提高掘沟速度，通常采用多排孔微差挤压爆破。

过去，该矿溜井降段和掘沟爆破工作中，溜井降段的爆破均采用弧形布孔、环形起爆方式，取得了较为满意的效果；掘沟爆破曾采用排间微差爆破和上向掏槽行间微差爆破。排间微差掘沟爆破，沟的两帮上冲现象严重，下部留有根底；上向掏槽行间微差掘沟爆破，穿孔量大，炮孔下部由于补偿空间小，沟底残留根底严重。经分析该部位的岩层产状为倾向西南南西，倾角为60°，采用排间微差掘沟爆破，起爆方向与岩层走向一致，不利于爆破；采用上向掏槽行间微差爆破，掏槽效果差。因此，采用上述两种方法在该部位爆破均不适合。

本次为新水平准备所进行的3360~3348m水平溜井降段与路堑掘沟爆破，整个爆区分为降段部分和掘沟部分。降段部分的炮孔分布在溜井周围的各段圆弧上，采用环形起爆；掘沟部分的炮孔呈矩形排列，采用"V"形起爆。降段孔与掘沟孔之间采用过渡孔连接，用非电导爆管起爆系统实现组合式微差挤压爆破。

（1）环形起爆的原理及特点。如图3-73所示，炮孔分布在同心的半径由小到大的各段圆弧上，从自由面开始由前向后起爆，较排间起爆岩块有更多的互相碰撞机会，破碎效果较好，便于铲装，但钻孔定位较困难。

（2）"V"形起爆的原理及特点。降段部位的布孔采用矩形排列的方式。这种排列方式从表面上看，抵抗线大，而采用"V"形起爆后，实际抵抗线并不大（见图3-74）。"V"形起爆的特点是起爆从爆区的中心部位开始，以"V"形顺序向两侧发展，它相当于两个不同方向的斜线起爆同时进行。两个方向的同段起爆孔连线与台阶眉线均成斜交，地震效应小，爆堆抛掷的距离缩小，矿石的破碎效果好，有利于减少大块，炮孔也不需要过大的超深，但起爆网络比较复杂。

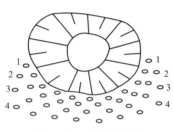

图3-73 环形示意图

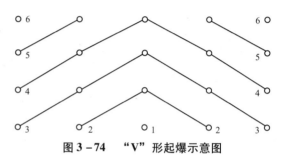

图3-74 "V"形起爆示意图

4. 孔网参数的确定

根据采场设备状况，本次爆破采用KQX-150型潜孔钻机穿孔，炮孔倾角为75°，按掘沟宽度、抵抗线、炸药单耗的要求和以往的实践经验，同时考虑掘沟方向与矿体走向基本一致的问题，选用掘沟部分孔距为5m、排距为4.5m；降段部分孔距为4~6m（前排孔距取小值、后排孔距取大值），排距为4m。各炮孔除掘沟部分掏槽孔和第一排孔深为15m（超深为2.5m），其余均为14.5m（超深为2m）。

5. 沟宽和沟长的确定

根据WK-4型电铲最小回转半径为10.6m，沟的两边特留4m安全距离及架设高压线杆的需要，掘沟的宽度确定为20m；根据采场移动设备爬坡能力的要求，沟长定为100m。

6. 药量计算

本次设计的炸药单耗以0.25kg/t作为参考基数。

（1）降段部分。实际布孔60个，实测爆破量40 000t。每孔装药量160kg（未含起爆药包，单药包药量1.5kg，下同），为减少溜井周围处大块的产生，第一排11个炮孔的药量加大，均为200kg。总装药量为10130kg，炸药单耗为0.2533kg/t。溜井降段的装药量比正常深孔爆破药量大30%~40%。

（2）掘沟部分。实际布孔85个，实测爆破量62000万t。为了增大爆破补偿空间，加大第一排五个孔的药量，均为200kg。为了克服沟两帮的夹制力和加强掏槽孔的爆破作用，中心一列孔每孔装药200kg，其余孔装药均为160kg。总装药量为14567kg，炸药单耗为0.235kg/t。

（3）实际装药量。实测总爆破量10200t，设计炸药总用量为24700kg，实际为25000kg；设计平均炸药单耗为0.2422kg/t，实际为0.2451kg/t。

7. 微差时间的确定

多排孔微差爆破能否实施，关键在于网络的设计能否按微差时间全部起爆。从起爆到岩石开始移动的时间一般是冲击波自炮孔到达自由面传播时间的 5 ~ 10 倍，随抵抗线的增加而增大。因此，微差爆破合理时间间隔一般采用下式计算：

$$t = KW$$

式中　K——与岩体结构、岩石性质及爆破条件等有关的系数，排间微差一般取 5 ~ 10ms/m，对于裂隙发育地带，K 取 10ms/m；

　　　t——微差间隔时间，单位 ms；

　　　W——底盘最小抵抗线，单位 m。

多排孔微差爆破因爆破时要推压前面的堆渣，所以比一般微差间隔时间大 30% ~ 50%。

本设计降段与掘沟的底盘最小抵抗线分别为 4m 和 3.35m，经计算多排孔微差间隔时间分别为 52 ~ 60ms 和 43.55 ~ 50.25ms。为连线方便，根据毫秒延期雷管的延期时间，本设计取 50ms，国内冶金矿山的多排孔微差爆破选用的微差时间通常为 50 ~ 100ms。为防止先爆的雷管碎片及飞石将后爆的导爆管切断，造成拒爆，并考虑爆破块度均匀、减少大块的要求，孔内选用 MS7 段雷管，每排簇联采用 MS2 段雷管，地表采用 MS3 段雷管接力来实现排间 50ms 的微差间隔时间（见图 3 - 75）。这样，当第一排孔起爆时，地表传爆网络已经引爆了第 6 排孔的传爆雷管，2 ~ 5 排孔内雷管已进入延时状态，确保了网络的安全起爆。

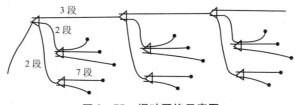

图 3 - 75　爆破网络示意图

（三）爆破施工

1. 穿孔

本次爆破选用 KQX - 150 型潜孔钻机穿孔，炮孔倾角为 75°。降段孔为环形排列，孔朝向溜井中心，掘沟部分孔朝降段环形孔的切线方向，采用矩形布孔。严格按设计要求穿孔。

2. 装药填塞

由于在雨期施工，水孔较多，该矿使用的是只有微弱防水能力的铵松蜡炸药，给装药带来了麻烦。因此，事先准备了防水铵松蜡药卷（将炸药装入直径为 130mm、长为 1m 的塑料袋中）、对于水深 1m 以下的炮孔，炮孔下部先装入 1.2m 长的竹竿起间隔作用，再装一个防水药卷，然后装药。水深在 1m 以上的炮孔，用排水器将水抽干后，根据孔深决定装入的药卷个数，然后再装药。炮孔采用连续柱状装药，每孔装单起爆药包，按设计要求装药，根据实际穿孔质量调整每孔装药量，确保炮孔上部填塞 5m 以上。装药前仔细检查雷管段别，以防错连和串段，簇连接头采用黑胶布多层包扎，并用岩渣掩盖好。

（四）爆破效果

爆破后，溜井周围无大块，掘沟部分爆堆规整，凸出约 5m。从铲装情况看，无大块、无根底，块度小且均匀，松散程度好，铲装效率高。出入沟的长度和宽度均达到设计要求。

（1）当掘沟方向和岩层走向基本一致时，采用"V"形起爆方式，能改变抵抗线与岩层走向一致对爆破所带来的不利影响，减小夹制力，提高掘沟爆破质量。

（2）多排孔微差挤压爆破法在夹制力比较大的情况下使用，矿石破碎块度小，有利于铲装，但不利于提高块矿率。在掘双壁出入沟时，如何提高块矿率，有待于进一步研究。

（3）采用本设计方案掘沟，保证了出入沟的上宽、下宽基本一致，能减少穿孔量。

（4）由于掘沟部分孔有超深，对下台阶顶板有一定程度的破坏，致使穿孔时开孔困难。建议在今后的设计中，掘沟部位和上台阶掘沟部位错开，从而减小穿孔难度。

（5）溜井周围降段孔的孔网参数比普通中深孔爆破小，药量也有所增大，如按照通常选取炮孔超深的方法，超深值实际是增大了。因此，爆破后的溜井口底板标高比台阶标准水平低，雨期会向溜井涌水，不利于溜井生产。虽然电铲铲装挖掘底板时可控制井口标高，但井边孔的炮孔超深及药量的增大，致使爆破后新水平井口破坏严重，井口上部呈喇叭状。为避免下次溜井降段井口处产生大块，第一排孔必须紧靠井口边穿孔，施工困难，且难保证穿孔和爆破质量。为避免发生这种情况，溜井周边两排孔的超深应比其他孔的超深小0.5~1.0m，以降低降段爆破对下水平井壁的破坏程度。

项目三 爆破安全案例

一、爆破飞散物成因分析

爆破飞散物是指爆破时个别或少量脱离爆堆飞得较远的石块或碎块，给爆区附近的人员和设备构成极大的威胁，目前飞散方向和距离还不能完全预测和控制。据统计，美国1982—1985年露天爆破事故中飞散物事故占59.1%，日本1979年的爆破事故中飞散物事故高达61%，我国飞散物事故占整个爆破事故的15%~20%，露天矿山飞散物伤人事故占整个爆破事故的27%。因此，分析爆破飞散物产生的原因并将其控制在安全范围内，对保障爆破安全意义重大。

根据文献资料的统计，爆破飞散物的类型主要有：①炸药爆炸后，介质表面在鼓包运动作用下向外抛掷形成；②介质破碎后呈放射线飞散；③介质存在软弱部位、炮孔填塞不合理等因素，使个别介质碎块在爆轰气体的冲击下加速抛射；④高耸建筑物坍塌冲击地面，使部分介质碎块被反弹向外飞射，或者坍塌落地处的地面上有碎石等硬物，受到坍塌物的冲击而弹射形成。

从高速摄影的图像分析，飞散物有两类：①从炮孔口冲出的碎石，其抛掷有一定的方向，且速度很小，飞散距离较近；②介质表面的鼓包解体，在爆轰气体的作用下，最小抵抗线方向的部分岩块向外抛散，其速度很大，飞散距离较远。

（一）对爆区、爆破介质了解不全设计不当造成

爆区地质、地形情况，各种结构面的性质、产状、分布情况，岩层构造资料、待拆除的建（构）筑物的设计和施工原始资料掌握不全面，且未进行准确勘测，爆区附近建（构）筑物考察不细，使爆破设计方案有误而产生飞散物。拆除物受长期的风化和侵蚀作用，其性能、结构、受力等已发生变化，原始资料的数据已不完全可靠，通过取芯测试或

试爆得到的力学性能和结构特点，往往具有片面性，导致爆破设计参数不准确。

（二）爆破参数选择不当

（1）最小抵抗线的位置和大小是爆破飞散物产生的主要原因之一，其方向是产生飞散物的主要方向，应避开重要保护对象及人员密集处。最小抵抗线过小，炸药能量在此方向过多释放而产生飞散物；比填塞长度大，会造成冲炮现象。

（2）孔网参数不合理。炮孔密集系数过大，孔距、排距过小，使最小抵抗线过小而产生飞散物。

（3）炮孔方向、位置和深度布置不当。对岩石中的裂缝、节理裂隙、软弱夹层、断层、空洞、破碎带和弱化区等地质构造，建筑物的工程质量、结构和布筋情况等了解不够，将炮孔布置在薄弱部位，炸药爆轰气体夹杂飞散物冲出。根据经验，炮孔深度与最小抵抗线的比值为 1.5~4.0 较为合理，小于 1.5 时会引起个别飞散物，且块度不均。

（4）炸药单耗过大是产生爆破飞散物的主要原因之一。介质破碎后，过量的炸药使碎块获得动能而形成飞散物，炸药单耗与产生飞散物的数量与距离正相关。

布置的原则是使炸药的能量在被爆介质中分布均匀，被爆介质各方向的抵抗线均匀。单耗一定的情况下，单孔装药量增大则炮孔数减少，使装药过于集中而引起飞散物。

（6）装药结构不合理易引起飞散物，耦合装药孔口易出现大块和飞散物。地质地形异常部位、设计或施工爆破参数不当等应采用不耦合装药、间隔装药等装药结构，避免最小抵抗线过小、冲炮等引起飞散物。

（7）起爆形式或起爆顺序选择不当。先爆炮孔不能创造自由破碎条件，后爆炮孔受到夹制，产生冲炮飞散物。特别是起爆顺序颠倒，后排孔比前排孔先起爆而引起冲炮。

（8）起爆位置和传爆方向不当。经验表明，孔口起爆比孔底起爆易产生飞散物。使用导爆索从孔口起爆时，孔口的填塞材料会被破坏，使填塞的阻挡作用减弱而产生过多飞散物。

（9）延期时间不合理。延期间隔时间过长，改变了后爆炮孔的最小抵抗线，或破坏了后爆炮孔的防护设施，产生飞散物；延期时间过短，先爆炮孔尚未形成新自由面后爆炮孔即起爆，形成冲炮飞散物。经验表明，相邻炮孔抵抗线的延迟时间以 8~20ms/m 为宜，延迟时间与孔径和台阶高度有关，大孔径高台阶应适当加长。经研究，孔内雷管的延时误差超过地面的排间雷管延期时间，可能出现后排孔先起爆而造成冲炮飞散物。

（三）爆破器材选择不合理

所选炸药与被爆介质特征不匹配，如采用猛度大、爆速高的炸药爆破脆性介质，则易产生少量的速度较快、距离较远的飞散物；导爆索起爆容易产生飞散物。

（四）爆破安全设计不当

未对重点部位或区域有针对性地实施防护，或防护材料、防护方法等不合理导致飞散物。高耸的建（构）筑物，如楼房、烟囱、水塔等爆破拆除时，未设置缓冲层，结构物坍塌范围内清理不干净，其坍塌时以很高的速度和动能冲击地面，部分碎块碰撞坚硬地面反弹飞出，或者结构物落地处的碎石等受到冲击而向外弹射，产生飞散物。

（五）施工方面的原因分析

（1）钻孔。未严格按设计的炮孔位置及参数进行标孔、钻孔；施工中受各种条件限制，实际钻孔与设计有偏差；钻孔精度不够，头排炮孔的抵抗线比设计值小，爆破前没有对孔深、孔距排距、倾角、最小抵抗线等认真测量，出现以上情况或其他原因导致炮孔过深过浅或方向改变等问题，造成某些炮孔装药量过大而引起飞散物。

自由面出现凹陷，尤其钻倾斜孔时自由面呈凹状或垂直状，使最小抵抗线变小；底盘抵抗线过大，没有处理根底，爆生气体朝孔口或斜上方相对薄弱处突破，产生飞散物；有时根底超挖过多，造成底盘抵抗线过小。

（2）装药。作业人员误装药，装药超量，雷管误装导致跳段，颠倒了装药顺序、起爆顺序，违反安全操作规程等造成飞散物。岩体中的溶洞、裂缝与钻孔相通，装药时炸药流失到这些岩体缺陷中，装药人员未及时测量装药高度的变化情况，形成集中装药区，造成飞散物。

（3）填塞。填塞长度不够、回填不密实、填塞材料质量差，尤其是孔口起爆，药量偏大时，孔口方向必然产生飞散物。

（4）连线。操作不慎而损坏起爆线路，起爆线未与炮孔相连，连线不符合设计要求，造成一些炮孔拒爆，使部分炮孔受到夹制，或使最小抵抗线的大小及方向改变而引起飞散物。

（5）检查核实工作不到位。施工人员不按设计参数进行施工，管理人员核查工作不到位，引起飞散物。

（六）特殊情况下产生的飞散物

（1）外界环境因素的影响。爆破飞散物在某些情况下受风速、风向的影响，风速大且顺风时，飞散距离较远。

（2）二次爆破中以下情况易产生飞散物：夹缝塞药；根底掏穴装药量大；采用覆土法，覆土材料夹杂石块；先爆的矿岩落到或盖在后爆的覆土炮上。

（3）处理盲炮时，其抵抗线通常会减小，如果不改变药量再次起爆，容易产生飞散物。

二、某矿爆破事故处置措施

（一）事故处置过程

（1）第一时间处置好第一现场。事故发生后，110 指挥中心接到报警，在报告市委市政府的同时，在第一时间启动抢险救灾应急预案，集结警力赶赴一线，开展先期处置。

（2）首先建立了"生命通道"，组织 60 名交警在沿线公路全线布警，保障公路畅通，在主要道路正在施工、道路通行条件较差的情况下，全力疏导交通，确保救援装备和救援人员、车辆及时到达现场，伤者及时转运救治。

（3）动员和组织矿区以及现场民警 100 余人在事发现场周围进行巡查，最大限度地寻找遇难人员和抢救受伤人员。

（4）抽调 50 名消防战士赶赴爆破事故中心现场，开展搜救失踪人员及抢险救援工作。

（5）抽调 20 名刑警赶赴事故现场开展事故调查，控制事态发展。

（6）对 9 名涉嫌爆破事故责任人进行控制。

（7）抽调医院所在地 100 名民警在医院维护医疗秩序，掌握救治人员的死伤情况，核对死难人员身份，并安排 4 名法医做好死者尸检，为善后处理做好准备。

（8）抽调 6 名刑事技术人员，进行现场拍照、摄像取证。

（二）领导亲临一线正确指挥，是保证事故及时处理的前提

政府职能部门的主要领导亲临现场指导事故处理工作。公安厅、市公安局领导全部在一线参与事故救援处置工作并带领技术人员多次深入事故中心现场，对现场进行细致勘验检查。

（三）成立五个职能组迅速开展工作

（1）交通管控组：对事故现场受损的 30 辆车辆进行清理、登记、定位、取证，保障现场周边道路交通安全畅通，完成各级领导督导检查事故现场的保卫任务。

（2）调查取证组：及时控制重点人员及责任人员，配合自治区、市两级安监局、区检察院对重点人员进行谈话，深入调查了解事故基本情况，对相关人员进行调查取证。同时，对施工单位账户进行了控制和冻结，对外单位支付施工企业的工程款进行严密监控，确保资金使用方向及安全。加强对施工企业负责人的教育，引导业主积极配合，面对面与死者家属对话磋商，做好善后处理工作。

（3）维护稳定组：对轻伤人员进行谈话，疏导死伤者家属情绪，及时将遇难遗体转移至殡仪馆，做好医院、殡仪馆治安管理工作，密切掌握网上及社会相关动态。

（4）现场勘察组：全力开展救援和勘验检查工作，对死者进行法医鉴定，对爆炸中心现场周边进行走访调查。

（5）爆炸物品调查组：核实使用单位炸药雷管出入库、使用、库存等台账，并对炸药库进行清理，掌握爆炸物品的实际情况。

（四）及时做好信息发布工作

及时向社会公布处理情况。组织召开新闻发布会，向媒体通报事故处理最新进展情况，稳定社会秩序，稳定人心，不信谣、不传谣，向民众公开事故真相以及处理事故的进程。

（五）做好死难者家属工作

死难人员家属情绪激动，容易引发抬尸闹访等群体性事件的发生，应及时将遇难人员的遗体送至殡仪馆分别存放，并派遣警力维护殡仪馆秩序。同时，将遇难者家属全部妥善安排在不同的宾馆住宿，每个家庭都安排了专门的人员全程做好政策讲解、心理疏导、法制教育和人员稳控工作，促成事故善后处理工作平稳解决。

（六）爆破事故处理中出现的问题

（1）处置装备配备不足。受经费紧张等问题的制约，明显表现在运警车辆、照明设备、救援装备不足；面对爆炸后高温、高热的环境，救援人员防护装备不足；一些参与处置的民警对处置突发事件预案还不够熟悉，紧急集结时没有携带必要的装备。

（2）原有预案操作性、实战性不够强。一些环节衔接不够紧密，在梯次用警方面考虑不足。

（3）预防次生灾害的意识不强。

（七）加强突发事件处置工作的建议

（1）进一步健全组织指挥体系。参照处置重大群体性治安事件的做法，形成层次少、调度快、规范有序、精干高效的组织指挥体系，为快速反应和协同作战提供组织保证。

（2）增强工作预案可操作性。根据处置这两起爆破事故的实战历练，对工作预案进行必要的修改和补充，促进处置工作决策的优化。

（3）科学使用警力。针对突发事件的不同性质、不同级别，合理编配用于一线的处置警力。特别是对时间跨度长、处置难度大的突发事件，要梯次安排警力，保障参战人员能够保持旺盛的工作精力，提高工作质量。

（4）强化实战演练。经常性地组织有针对性的综合演练，重点练技能、练协同、练指挥，力求做到方案熟、程序清、动作快、能力强，确保在关键时刻拉得上、打得赢。

（5）充分做好保障准备。要着眼于应急处突工作形势的发展变化，适量增配必要的处突器材和装备，并保证车辆、手持台、照明设备、救援装备等器材处于最佳的工作状态，为应急处置工作提供强有力的支持。

三、富水炮泥降低掘进巷道爆破尘毒试验

在矿山巷道掘进过程中，爆破作业会产生大量烟尘。爆破烟尘是地下开采的主要尘毒来源之一，会污染井下环境，其中的粉尘和 CO 等有毒气体对井下工人的身体健康构成严重威胁。主要控制措施：①对已产生的烟尘进行通风净化；②通过改变爆破工艺、炮孔充填材料，增加被爆矿岩体的含湿量来减少炮烟的生成。通风净化需要一定的时间才可以将爆破烟尘排出，而且降尘效率有限。与通风净化相比，减少炮烟生成量更方便快捷，其中采用富水炮泥来减少炮烟的应用较普遍。配置富水炮泥的原料在我国非常充足，成本低廉又无二次污染，因此利用富水炮泥减少炮烟生成量是一种解决爆破烟尘污染的有效途径。

（一）试验概况

某矿掘进巷道断面积约为 11.17m²。通常布置炮眼 50 个左右，采用 2 号岩石硝铵炸药爆破，反向连续装药结构，每个炮孔用黄泥封口，炸药消耗为 2.27kg/m³。测定点距巷底高度为 1.5m，距天井为 10m，天井风速为 0.5m/s，测定点大气温度为 22℃ ~ 23℃。

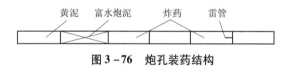

图 3-76　炮孔装药结构

试验所用富水炮泥的配方为：单体 0.005%、1 号助剂为 0.5%、2 号助剂为 0.1%、3 号助剂为 0.4% 和水 98.95%，这是基于实验室试验的结果确定的。在掘进工作面装药时，将富水炮泥填塞于炮孔中（一般每个炮孔里填塞一个）。炮孔中的装药结构如图 3-76 所示。这里采用反向装药结构，按正常情况在炮孔中装炸药，再在黄泥和炸药之间填塞富水炮泥。

（二）测点布置及测定方法

一般而言，电雷管起爆的炮烟在巷道中的抛掷长度为 L，按 $L = 15m + A/5$ 计算，如矿区通常情况下炸药量为 $A = 11.17 \times 1 \times 2.27kg \approx 25kg$，抛掷长度 L 大致等于 20m。由于炮烟刚抛掷出去，抛掷带内的炮烟浓度分布不均匀，同时也出于安全考虑，应在远于炮烟抛掷长度 20m 处设立测点。

测量所使用的仪表是 P-5L2 粉尘瞬时测量仪和 CO 监测报警仪。在响炮之后，尽快到达炮烟测点，进行粉尘和 CO 的浓度测量，每 1min 读取 1 个数据，通常一直测量到粉尘浓度读数低于 100mg/m³，CO 读数低于 100×10^{-6}。然后在测点至爆破工作面之间选几个有代表性的点，每一个点用 CO 监测报警仪测量一个浓度值，用于计算 CO 和粉尘浓度的剩余量。另外粉尘和 CO 浓度的测定，都应在测点的呼吸带高度取得。

工业试验共测定 10 次，10 次测定类型如表 3-45 所示。表 3-45 中的本底为未加富水炮泥爆破时的测定结果，试验为加富水炮泥爆破时的测定结果。

表 3 - 45 测定类型

项目\试验试数	类型		炸药量/kg	测点距离/m	测点温度/℃
	一	二			
1	本底	测尘	27	33	22
2	试验	测尘	25	33	22
3	本底	测 CO	27	33	22
4	试验	测 CO	26	33	22
5	试验	测 CO	29	103	23
6	试验	测尘	29	103	23
7	本底	测 CO	31.5	103	23
8	本底	测尘	31.5	103	23
9	试验	测 CO	9	103	23
10	试验	测尘	9	103	23

（三）测定结果分析

1. 定性分析

选择 10 次测定结果中的几组对应数据绘成坐标图，对比分析其降低尘毒的效果。

（1）图 3 - 77 所示为第 3 和第 4 次测定的曲线，反映加了富水炮泥（采取措施）与未加富水炮泥（未采取措施，即本底条件下）CO 浓度随时间变化情况。由图 2 看出，两条 CO 浓度随时间变化曲线均呈正态分布，而且在整个测定过程中，本底浓度都高于加了富水炮泥爆破的浓度，其高出浓度的最大值达到 900×10^{-6}，约发生在爆破后的第 14、15 分钟。

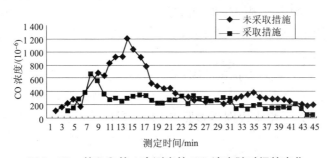

图 3 - 77 第 3 和第 4 次测定的 CO 浓度随时间的变化

（2）图 3 表示第 5 次、第 7 次和第 9 次测定的线，反映了加了富水炮泥（采取措施，第 5 次、第 9 次）与未采取措施（第 7 次）的本底条件下 CO 浓度随时间变化的情况。

由图 3 - 78 中可以看出，第 7 次的浓度曲线峰值虽然低于加了富水炮泥的第 5 次（炸药 29kg）浓度，但持续时间短，浓度值很快下降。第 7 次测定的浓度值总体上大大超出采取措施的第 5 次。显然，第 7 次（炸药 31.5kg）测定时炮烟扩散很慢。从图 3 - 78 中还能看到，采取措施的第 9 次测定曲线 CO 浓度很低，这是由于这次使用的炸药量只有 9kg，只约占第 5 次和第 7 次使用炸药量的 1/3。

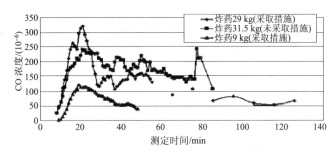

图 3 – 78　第 5 次、第 7 次和第 9 次测定的 CO 浓度随时间的变化

（3）图 3 – 79 表示第 6 次、第 8 次和第 10 次测定的曲线，反映了加富水炮泥采取措施（第 6、第 10 次）与未采取措施（第 8 次）的本底条件下的粉尘浓度随时间变化情况。由图 3 – 79 中可以看出，总体结果与图 3 – 78 类似，第 8 次（炸药 31.5kg）的 CO 浓度曲线峰值也低于加了富水炮泥的第 6 次（炸药量 29kg），且浓度也很快下降，在全过程中都高出第 6 次测定曲线很多；采取措施的第 10 次测定曲线（炸药量 9kg）CO 浓度也很低。

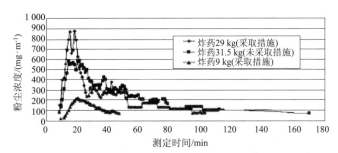

图 3 – 79　第 6 次、第 8 次和第 10 次测定的粉尘浓度随时间的变化

2. 定量分析

定量分析的目的是利用实测的污染物浓度数据，结合计算模型，计算出在常规本底情况下和在填加富水炮泥情况下爆破产生的粉尘、CO 总量，以便更精确地评价使用富水炮泥的定量效果。

（1）浓度余量（C_Y）测定在选定的固定测点结束测定后，测点与爆破位置之间的空气中还有剩余的粉尘和 CO，由于定量分析考虑浓度余量，因此需要测量污染物的剩余量。实测的是 CO 的剩余量，对粉尘来说则是参照 CO 剩余量所占的比例确定的。CO 剩余量测定数据见表 3 – 46。

表 3 – 46　CO 深度余量（C_Y）

	各测定位置 CO 浓度				
	1	2	3	4	平均
第 3 次测定	298	248	193		246
第 4 次测定	220	170	150		180
第 5 次测定	182	105	84	58	107

续表

	各测定位置 CO 浓度				
	1	2	3	4	平均
第 7 次测定	250	246	190	66	188
第 9 次测定	168	115	86	39	102

（2）流过测点断面的污染物累积量（N）计算，计算 CO 和粉尘在测定时间系列的累积量的公式见式（3 – 26）和式（3 – 27）。

$$N_{iCO} = AD\int_{n_1}^{n_1} C dt \tag{3-26}$$

$$N_{if} = AD\int_{n_2}^{n_1} C dt \tag{3-27}$$

式中　A——测点处巷道的断面积，单位 m^2；

　　　　D——污染物迁移速率；

　　　　k——测尘仪校正系数；

　　　　C——测点的浓度；

　　　　t——测量时间，单位 min；

　　　　n_1、n_2——测量 CO 和粉尘的起止时间。

根据污染物累积量计算式和试验数据，所计算出的污染物累积量见表 3 – 47。

表 3 – 47　各次测定计算所得的污染物累积量

测量次数	1	2	3	4	5	6	7	8	9	10
污染物	粉尘	粉尘	CO	CO	CO	粉尘	CO	粉尘	CO	粉尘
N_{co}/m^3			1.55	0.61	0.79		2.05		0.169	
N_f/kg	6.85	1.40				2.88		5.69		0.537

（3）污染物余量（Y）的计算，CO 余量（Y）按 $Y = A \cdot L \cdot C_Y$ 计算。其中，L 为测量 CO 余量浓度所涉及的巷道长度。计算各次测定的 CO 余量（Y_i）为：$Y_3 = 0.12 m^3$、$Y_4 = 0.086 m^3$、$Y_5 = 0.13 m^3$、$Y_7 = 0.23 m^3$、$Y_9 = 0.126 m^3$。粉尘的余量按 CO 的余量做近似估计。从 CO 余量（Y）和流过测点断面的 CO 累积量（N）的比值看，第 3、4、5、7、9 次测量结果的比值分别为：$0.12/1.55 = 7.8\%$；$0.086/0.61 = 14\%$；$0.13/0.79 = 16.5\%$；$0.23/2.05 = 12\%$；$0.126/0.169 = 74\%$。可见，除了第 9 次测定结果因爆破的炸药量少而显得余量占的比例较大之外，其他测量结果的比值为 $7.8\% \sim 16.5\%$，平均值为 12.6%，因此第 1、2、6、8 次粉尘的余量按此平均值计算。至于第 10 次的测定结果，因为使用的炸药量等情况与第 9 次类似，所以其余量参照第 9 次测量结果比值 74% 进行计算。计算其余 5 次粉尘测定的余量为：$Y_1 = 0.86 kg$、$Y_2 = 0.18 kg$、$Y_6 = 0.36 kg$、$Y_8 = 0.72 kg$、$Y_{10} = 0.397 kg$。

（4）各次测定的污染物总量 E 和排放强度 q。各次测定的污染物总量为所对应的污染物累积量与污染物余量之和，即 $E = N + Y$。排放强度即爆破单位炸药的污染物产量，即污染物总量与每次爆破的炸药总量的比值：$q = E/G$。经计算，各次爆破产生的污染物总量 E 和污染物的排放强度 q 如表 3－48 所示。

表 3－48　各次爆破产生的污染物总量 E 和污染物排放强度 q

样本次数	1（本底）	2	3（本底）	4	5	6	7（本底）	8（本底）	9	10
爆破炸药量/kg	27	25	27	26	29	29	31.5	31.5	9	9
污染物种类	粉尘	粉尘	CO	CO	CO	粉尘	CO	粉尘	CO	粉尘
累积量 N_{CO}/m^3			1.55	0.61	0.78		2.05		0.169	
累积量 N_{kg}/kg	6.85	1.4				2.88		5.69		0.537
余量 Y_{CO}/m^3			0.12	0.086	0.13		0.23		0.126	
余量 Y_{kg}/kg	0.086	0.18				0.36		0.72		0.397
污染物总量 E_{CO}/m^3			1.67	0.696	0.91		2.28		0.295	
污染物总量 E_{kg}/kg	7.71	1.58				3.24		6.41		0.934
排放强度 $q_{CO}/m^3 \cdot kg^{-1}$			0.0619	0.027	0.031		0.072		0.033	
排放强度 $q_{kg}/kg \cdot kg^{-1}$	0.286	0.062				0.112		0.204		0.104

由表 3－48 可以看出，无论是 CO 排放强度还是粉尘排放强度，本底的试验数据都远远高出添加了富水炮泥的数据。

（5）降尘毒效果评价。采取添加富水炮泥措施降低爆破尘毒的效率。可通过式（3－28）计算。

$$\eta = (1 - q_y/q_b) \times 100\% \quad (3-28)$$

式中　q_b——本底试验爆破单位炸药产生的 CO 或粉尘平均量；

q_y——采取富水炮泥措施后爆破单位炸药产生的 CO 或粉尘平均量。

本次试验结果计算得 $\eta_{CO} = 54.7\%$、$\eta_{粉尘} = 62.2\%$。可见，采取富水炮泥措施后烟尘的产生量比本底爆破减少 50% 以上，效果非常明显。

该矿区采用富水炮泥填塞炮孔爆破，一次爆破用于富水炮泥的费用不超过 10 元，从经济上考虑值得推广。通过定量分析试验数据，得出正常掘进使用粉状硝铵炸药爆破的产尘强度和产 CO 强度：爆破每千克炸药产生粉尘 0.245kg、CO 为 0.067m³。这些数据对于科研、设计和实际生产管理都很有价值。

四、露天深孔台阶拒爆事故分析

（一）拒爆事故概况

某露天矿采用中深孔台阶爆破进行采剥，台阶高度为 12m，炮孔直径为 165mm，使用的爆破器材主要有：毫秒延期导爆管雷管、导爆索、粉状乳化炸药、直径为 110mm 片膜包装乳化炸药。该矿自 2012 年开采以来，在爆破作业中，发生多次拒爆事故。2012 年 3 月份出现 1432m 台阶主爆区起爆后将连接岩根炮孔的导爆索覆盖损坏，1420m 台阶六个岩根炮孔全部拒爆；2012 年 3 月 10 日在 1420m ~ 1408m 水平的爆区发现一个拒爆孔，炮孔内发现三卷直径为 110mm 的乳化炸药；2012 年 3 月 20 日在 1420m ~ 1408m 水平的上部发现约 3m 高的粉状乳化炸药；2012 年 4 月 28 日在 1408 ~ 1396m 水平发现一拒爆孔，粉状乳化炸药高度约为 8m，没有发现雷管。

（二）拒爆事故调查及原因分析

为了确保矿山的安全生产，杜绝拒爆事故的发生，对 2012 年 3 月至 4 月该露天矿发生的四起拒爆事故进行了详细的调查和分析，调查分析发现四起拒爆事故原因各不相同，现将四起拒爆事故的调查分析做详细描述。

1. 爆破网络中毫秒延期雷管选择不当引起的拒爆事故

2012 年 3 月 1420m 台阶六个岩根炮孔拒爆事故调查：本次爆破主爆区位于 1432m 台阶，六个岩根炮孔位于 1420m 台阶，两爆区相距约 100m。主爆区采用孔内延时毫秒微差起爆，地表敷设复式导爆索，炮孔内的导爆管雷管脚线和导爆索采用十字打结连接，主爆区共计 5 排，1 排 15 个炮孔，5 个炮孔 1 个段别，使用的毫秒延期雷管最高段别为 15 段，最长延期时间 880ms；两发 20 段毫秒延期雷管十字打结在主爆区导爆索上，作为岩根炮孔的起爆雷管。

拒爆原因分析：主爆区和岩根炮孔的接力雷管延期时间过长，致使主爆区全部起爆后，20 段的接力雷管仍然没有起爆，主爆区的爆堆将传爆的导爆索损坏，六个岩根炮孔全部拒爆。

2. 富水炮孔装药阻断或不连续出现的拒爆事故

2012 年 3 月 10 日在 1408m 水平的爆区发现一个拒爆孔，残留炮孔孔壁完好，炮孔深度约为 90cm，孔内发现三卷直径为 110mm 的乳化炸药，经 GPS 定位确定该炮孔为 2012 年 3 月 4 日 1408m 台阶爆破设计中的 26 号炮孔，孔深为 13.5m，水深为 7.0m，装药方式为吊装乳化炸药，起爆体位于孔底约 1.5m 处，发现的拒爆炸药位于炮孔底部。

拒爆原因分析：富水炮孔由于受炮孔内水的影响，一般为不耦合装药，炮孔由于受到水长时间的浸泡，容易出现塌孔、掉石块等，造成装药不连续，导致炮孔内部分炸药拒爆。

3. 粉状乳化炸药遇水结块、失效引起的拒爆事故

2012 年 3 月 20 日在 1420 ~ 1408m 水平的上部发现约 3.0m 高的粉状乳化炸药；粉状乳化炸药周围岩石已经破碎，经 GPS 定位确定该炮孔为 2012 年 3 月 16 日 1408m 台阶爆破设计中的 20 号炮孔，该炮孔孔深为 13.2m，水深为 4.5m，下部装直径为 110mm 的乳化炸药 5.0m，上部装粉状乳化炸药 3.2m，堵塞高度为 5.0m，一个起爆体位于距孔底装药高度的 1.5m 处。发现的粉状乳化炸药下部约 0.5m 已经结块失效。粉状乳化炸药具有粉状炸药和乳化炸药的性能，但是，在使用中却发现粉状乳化炸药受水影响而结块失效。为了研究粉状乳化炸药的浸水性能，对使用的粉状乳化炸药进行了试验研究，见表 3 - 49。

表 3 - 49　粉状乳化炸药浸水性能试验研究

名称	样品质量/g	原料	添加物	比例	浸泡方法	浸水时间/h	爆炸性能
试验 1	800	粉状乳化炸药	木粉、滑石粉	1.5：3.5：100	将样品放入 1000mL 烧杯中，加满水浸泡	18	完全起爆

名称	样品质量/g	原料	添加物	比例	浸泡方法	浸水时间/h	爆炸性能
试验2	800	粉状乳化炸药	木粉、滑石粉	1.5:3.5:100	将样品用纱布包裹后放入3m水池中	8	拒爆
试验3	800	粉状乳化炸药	无	1.5:3.5:100	将样品用纱布包裹后放入3m水池中	8	完全起爆

从试验结果看，没有添加滑石粉和木粉的粉状乳化炸药具有良好的抗水性；而添加滑石粉和木粉后的粉状乳化炸药略有抗水性；在深水炮孔中添加滑石粉和木粉的粉状乳化炸药几乎没有抗水性。

拒爆原因分析：①使用的粉状乳化炸药由于生产工艺、添加物的不同，防水性能较差；②爆破员认为只要使用防水炸药超过炮孔水深就能保证上部的粉状炸药不会因受水而失效，忽略了炮孔内的水位会受临近水位的影响。

4. 爆破作业人员误操作引起的拒爆事故

2012年4月28日在1408~1396m水平发现一拒爆孔，拒爆孔完好，粉状乳化炸药高度约8.0m，没有发现雷管。经GPS定位为2012年4月22号爆破设计中26号炮孔，孔深为13.5m，堵塞高度为5.0m，通过当天爆破器材核对，发现80个炮孔，实际使用的导爆管雷管为158发，说明该炮孔没有装起爆体。

原因分析：该爆区的施工流程为爆破员分为四个小组，第1小组负责下底药，第2小组负责下起爆体，第3小组负责上部装起爆体上的炸药，第4小组负责炮孔堵塞；从爆破施工流程看，炮孔的装药、下起爆体及堵塞不是同时完成的，在这个过程中有时间间隔。从发现的拒爆孔分析：应该是该炮孔没有下起爆体，而第3、4小组又对该炮孔实施了作业。

（三）预防措施

为了保证矿山爆破作业的顺利安全进行，杜绝拒爆事故的发生，采取以下措施。

（1）爆破网络设计要确保网络的准爆性，合理安排炮孔间或爆区间的微差时间，最佳时间间隔为50~125ms，避免先爆炮孔或者爆区对后爆炮孔或者爆区产生破坏。

（2）富水炮孔装药前，首先要对炮孔周围进行清理，避免炮孔周围的石块在装药中吊入炮孔中，其次要对炮孔的孔壁进行处理，避免装药中出现塌孔。

（3）对于粉状乳化炸药的使用要特别留心其成分，根据粉状乳化炸药的配方来选择适合其的炮孔。

（4）对爆破作业人员进行爆破安全技术基础知识和爆破技术培训，增强爆破安全意识，提高爆破施工操作技能；同时改进原来的爆破施工流程，对于同一炮孔应一次完成整个装药过程。

（5）爆破作业后要及时认真地检查爆破现场，如发现存在拒爆或半爆情况，要正确地分析拒爆的原因，并采取正确的方法及时处理或改进措施。

五、掘进爆破瞎炮原因分析及预防

由于井下爆破作业环境复杂等种种原因，岩巷掘进爆破作业中常常会出现部分或全部雷管和炸药均不爆炸、雷管爆炸而炸药部分或全部不爆炸的瞎炮，并不时有伤人事故发生，也埋下了安全隐患。

（一）盲炮拒爆原因分析

通常把通电后雷管部分未爆或全部未爆称为拒爆（也称盲炮）。某掘进爆破作业采用全断面一次起爆，连续发生了三次通电起爆后工作面的雷管部分未爆事故：①周边顶眼未爆；②某侧帮眼未爆；③近50%的炮眼未爆。

1. 起爆器材问题

（1）发爆器充电时间过短或内装电池电压不足，未达到规定的起爆激发电压值就放电起爆。如果发爆器长期不停地使用，发爆器内的电池电压值降低，就无法达到充电电压，再加上起爆时充电时间过短，均会造成网络中的雷管全部或部分拒爆，这是造成上述几次事故的主要原因。

（2）发爆器管理保养不当。长期不停地使用会使发爆器主电容容量降低，同时在使用过程中发爆器也会受潮使得氖灯提前启辉，使人误认为已达额定激发电压。另外，发爆器开关触点熔蚀或接触不良等会使发爆器的输出引燃冲能降低，这些均会降低发爆器的起爆能力而导致拒爆产生。

（3）雷管使用和运输不当。①在实际装药过程中混用了不同厂家、不同规格、不同批次、不同材质的雷管，或者混杂使用了电阻值差异较大的电雷管，均会使在同一爆破网络中敏感度高的电雷管先起爆，炸断了网络而产生其他雷管的拒爆现象。②在井下长距离地运输过程中，电雷管也会由于受到震动使得一些质量较差的雷管桥丝或脚线虚接，这也是造成拒爆的原因之一。

2. 操作工艺问题

（1）爆破网络设计不合理，整个网络中连接的雷管数目超过发爆器的起爆能力，造成部分雷管未能起爆，这是发生上述拒爆事故的另一个主要原因。

（2）爆破网络连接中脚线与脚线、脚线与连接线、连接线与放炮母线间的接线头没有拧紧，出现虚连而增加了接头电阻，使得整个网络中起爆雷管处的引燃冲能过小，不易起爆而产生拒爆，有时也存在雷管脚线的裸露接头互相短接而使部分雷管不爆的情况。当然，因工作疏忽，也会造成网络部分雷管漏连，形成断路而无法起爆的隐患。

3. 作业环境因素

岩巷掘进工作面大部分有水，如岩体内出水、掘进湿式钻打眼等。如此潮湿的环境，可使雷管脚线或放炮母线裸露部分与周围岩体产生感应电流，似接非接，从而增加了雷管的接地导电能力，导致起爆时部分雷管产生拒爆现象。有研究表明，在同等爆破条件下，比起潮湿的爆破环境，干燥的爆破环境下可减少80%以上的拒爆情况。

（二）残爆原因分析

在上述部分拒爆现场已爆炮眼内和爆炸临空面内，发现部分炮孔内虽雷管已经起爆了，但是却留有未爆的炸药。这种雷管起爆而炸药部分未爆或全部未爆称为残爆，岩巷中的残爆产生主要受爆破器材和爆破工操作技术等因素的影响。从现场分析看，发生残爆的原因主要有两方面。

1. 雷管质量问题

由于雷管质量存在瑕疵，有的雷管起爆药量不足以起爆炸药。此外，如果超过了雷管的有效储存期，也会造成雷管的起爆能力不足，使得雷管响后炸药没有被引爆，这是造成事故的主要原因。

2. 操作工艺问题

（1）在装药过程中不小心，使得药卷与药卷之间有煤粉、岩粉存在，或者使得药卷之间存在空隙超过了殉爆距离，都会导致炸药的爆炸不充分。

（2）由于操作不当，在装药时用炮棍送药用力过大，会使炸药被压实，使其敏感度降低，有时也可能使引药中雷管位置移动或脱落，造成炸药不爆。

（3）钻眼布置时眼与眼间距过小，如果相邻炮孔的起爆时间间隔过大，易造成先爆炮眼把邻近炮孔中的炸药"压死"，使得炸药密度增加，敏感度下降，产生残炮。

（三）预防措施

（1）严格按《煤矿安全规程》要求选用爆破材料。特别是应使用合格的电雷管，禁止不同性能参数的电雷管混合使用，更禁止使用过期、失效和变质的雷管和炸药。

（2）加强电雷管的导通和电阻检测。雷管在出库前，必须使用专用的电雷管检测仪逐个进行电阻检查，并且按照电阻值进行编组，将阻值一样或相近（误差不得超过10%）的编在同一个电爆网络中。

（3）正确选用和保养发爆器。煤矿井下爆破作业必须选用带煤安标志的防爆型发爆器，考虑到作业环境条件和连线质量的影响，一般情况下要求起爆雷管的数目不超过额定值的80%。同时，对发爆器要实行统一管理，定期检测维修，定期更换电池，保持完好的工作状态，以保证安全可靠。

（4）保证传爆性。严格按要求装药，装药时放炮员要一手拉直雷管脚线，一手用木质炮棍将药卷轻轻送入炮眼，防止把脚线捣断或捣破脚线绝缘层，同时炮眼内药卷间要保持接触，以确保传爆性良好。

（5）注重电爆网络的连接质量。电爆网络的连接要符合设计要求，防止错连和漏连，接头要拧紧并保持清洁，各裸露接头彼此应相距足够距离并不得触地，潮湿或有水时要用防水胶布包裹。放炮前，放炮员必须用电雷管检测仪对电爆网络进行电阻检查，确认无误后方可起爆。

（6）做好现场爆破器材的管理工作。现场存放爆破器材的箱子应存放在干燥无滴水的安全地点，不装药放炮不准打开。现场制作起爆药头时要轻拿轻放，装一个做一个。

（四）处理方法

处理拒爆、残爆必须在班组长指导下进行，并应在当班处理完毕，如果当班未处理完毕，当班爆破工必须向下一班爆破工交接清楚。

（1）由于连线不良造成的瞎炮，可以重新连线再放。如果重新连线仍无法正常起爆，可在距瞎炮至少30cm处另打一平行新炮眼，重新装药放炮。重新打眼装药放炮后，放炮员必须详细检查并回收未爆的电雷管。

（2）处理瞎炮时，严禁用镐刨或从炮眼中拉出炸药和雷管，严禁用压风吹捅这些炮眼取药，更严禁用钻眼的方法往外掏炸药。

（3）在瞎炮处理完毕前，严禁在该地点进行与处理瞎炮无关的工作，如装岩、打锚杆等，以确保人身安全。

（4）如果起爆后雷管全部拒爆，必须立即切断电源，及时将爆破网络短路，等超过15min以后，爆破员才能进入工作面进行检查。

六、爆破飞石原因事故树分析

（一）工程概况

某棚户区改造工程平场工地，在靠回填区方向▽900平台进行台阶爆破。

1. 爆区地质条件

爆区以残坡积黄色、褐黄色粉质黏土和黏土为主，多呈可塑状，第2层为茅口组灰岩，中等厚层状，夹燧石条带及团块，中等微风化，爆区边坡被雨水冲蚀严重。岩层产状与构造线一致，断裂构造发育，区域溶洞较多。

2. 爆区爆破参数

钻孔直径为140mm；台阶高度为10m；底盘抵抗线取4m；炮孔底部超钻值为1m，炮孔实际钻孔长度11~12m；堵塞长度为4m，局部堵塞为3.5m；采用三角形梅花布孔，孔距为5.5m，排距4.5m。爆破使用多孔粒状铵油炸药，单耗为0.40kg/m³；单孔最大装药量为120kg。此次爆破共装药7300kg。采用塑料导爆管起爆，其中孔间三段，排间五段微差，孔内十段延时，孔间由南向北、排间由西向东微差起爆。

3. 飞石伤人事故概况

起爆前在安全员的监督下分五个警戒小组对爆区周围进行警戒。爆区距回填区正对面的民房较近（直线距离<150m）且爆区比居民区高60~70m，《爆破安全规程》规定深孔爆破安全警戒范围不小于200m，警戒人员对该方向实施加强警戒，对室外人员一律要求躲进牢固的房子内。在确认警戒完毕后，爆破技术员发出起爆信号。起爆后，有飞石朝回填区方向飞去，伤到户外一位居民的腿部。爆破员进入爆区检查，发现在爆区中部有1个约0.6m深的炸坑，在炸坑前面有1排孔没有起爆。

（二）爆破飞石事故树分析方法

事故树分析是一种演绎的系统安全分析方法。从要分析的事故开始，层层分析其发生的原因，将事故和各层原因（危险因素）之间的逻辑关系用逻辑门符号连接起来，得到能形象、简洁地表达其逻辑关系（因果关系）的逻辑树图形。通过对事故树的定性与定量分析，找出事故发生的主要原因，为确定安全对策提供可靠依据，以达到分析、评价、预防事故发生的目的。

1. 事故树的编制

引起爆破飞石伤人事故的原因是多方面的，上述飞石事故是由于部分警戒范围有限，在警戒范围外正常起爆条件下产生的飞石伤人事故。因此可把爆破飞石直接作为顶上事件，主要从爆破作业过程中人为因素和爆破器材故障等方面来分析爆破飞石产生原因。

确定顶上事件：爆破飞石。

人为因素：缺乏安全管理意识、爆破参数设计不合理、施工过程不规范、防护不当、警戒人员疏忽、炮工没有专业技术、警戒范围太小、技术员检查粗心、抵抗线设计不合理、装药量过大、区域地质不明、起爆信号不明确、无安全警戒线、防护不到位等。

物的不安全状态：导爆管网路被踩断、炸药出现故障、导爆管质量问题、电雷管起爆力度不够、起爆器电量不足等。

由上述分析，绘制爆破飞石事故树如图 3-80 所示。

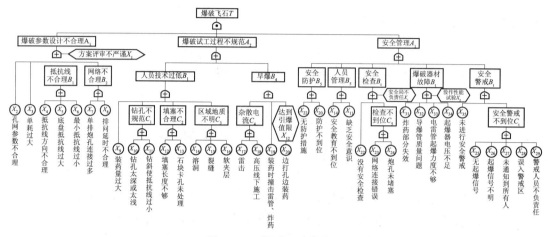

图 3-80　爆破飞石事故树

2. 最小割集分析

$T = A_1 \times A_2 \times A_3 = X_1(X_2 + X_3 + B_1 + B_2) \times (B_3 + X_{17}B_4) \times (B_5 + B_6 + X_{26}B_7 + X_{30}B_8 + B_9) = X_1(X_2 + X_3 + X_4 + X_5 + X_6 + X_7 + X_8) \times [X_9 + C_1 + C_2 + C_3 + X_{17}(C_4 + X_{20} + X_{21})] \times [X_{22} + X_{23} + X_{24}X_{25} + X_{26}(X_{27} + C_5) + X_{30}(X_{32} + X_{33} + X_{34}) + X_{35} + C_6] = X_1(X_2 + X_3 + X_4 + X_5 + X_6 + X_7 + X_8) \times [X_9 + X_{10} + X_{11} + X_{12} + X_{13} + X_{14} + X_{15} + X_{16} + X_{17}(X_{18} + X_{19} + X_{20} + X_{21})] \times [X_{22} + X_{23} + X_{24}X_{25} + X_{26}(X_{27} + X_{28} + X_{29}) + X_{30}(X_{31} + X_{32} + X_{33} + X_{34}) + X_{35} + X_{36} + X_{37} + X_{38} + X_{39} + X_{40}]$

计算最小割集共计 1344 个。事故树的或门很多，因此这个系统很不安全。在施工作业中稍有不注意就会触发顶上事件，针对此种情况最好的控制措施是从最小径集入手，查找包含本事件较多的最小径集，直接采取相应控制措施进行控制，提高爆破作业的安全性。

3. 最小径集

事故树最小径集共 8 个：$\{X_1\}$；$\{X_2X_3X_4X_5X_6X_7X_8\}$；$\{X_9X_{10}X_{11}X_{12}X_{13}X_{14}X_{15}X_{16}X_{17}\}$；$\{X_9X_{10}X_{11}X_{12}X_{13}X_{14}X_{15}X_{16}X_{18}X_{19}X_{20}X_{21}\}$；$\{X_{22}X_{23}X_{24}X_{26}X_{30}X_{36}X_{37}X_{38}X_{39}X_{40}\}$；$\{X_{22}X_{23}X_{25}X_{26}X_{30}X_{36}X_{37}X_{38}X_{39}X_{40}\}$；$\{X_{22}X_{23}X_{24}X_{27}X_{28}X_{29}X_{31}X_{32}X_{33}X_{34}X_{35}X_{36}X_{37}X_{38}X_{39}X_{40}\}$；$\{X_{22}X_{23}X_{25}X_{27}X_{28}X_{29}X_{31}X_{32}X_{33}X_{34}X_{35}X_{36}X_{37}X_{38}X_{39}X_{40}\}$

从上面最小径集可以得知：预防事故发生重点在安全管理方面，最直接、方便的就是控制基本事件 X_1、X_{17}、X_{26}、X_{30} 的发生，在现场施工过程中可以提前做好这几个事件的防御工作，加强安全作业。从最小径集中找到控制顶上事件发生的最优途径，即加强和完善安全监督制度，尤其是对人员的安全管理工作。

4. 结构重要度分析

$I_\Phi(1) > I_\Phi(17) > I_\Phi(30) > I_\Phi(26) = I_\Phi(2) = I_\Phi(3) = I_\Phi(4) = I_\Phi(5) = I_\Phi(6) = I_\Phi(7) = I_\Phi(8) = I_\Phi(9) = I_\Phi(10) = I_\Phi(11) = I_\Phi(12) = I_\Phi(13) = I_\Phi(14) = I_\Phi(15) = I_\Phi(16) = I_\Phi(18) = I_\Phi(19) = I_\Phi(20) = I_\Phi(21) > I_\Phi(22) = I_\Phi(23) = I_\Phi(27) = I_\Phi(28) = I_\Phi(29) = I_\Phi(31) = I_\Phi(32) = I_\Phi(33) = I_\Phi(34) = I_\Phi(35) = I_\Phi(36) = I_\Phi(37) = I_\Phi(38) = I_\Phi$

$(39) = I_{\Phi}(40) > I_{\Phi}(24) = I_{\Phi}(25)$

$I_{\Phi}(i)$ 表示第 i 个基本事件的结构重要度系数，可以从事故树结构上了解各基本事件对顶上事件的影响大小，在编制事故预防措施时可以根据基本事件的重要程度对 X_1、X_{17}、X_{26}、X_{30} 进行重点控制，也可以把重点事件编入安全检查表，对其实施监管控制。

（三）飞石伤人事故原因分析

本次爆破事故是在正常起爆前提下发生的，对照上面事故树结合实际现场勘查得知：造成本次事故主要是人为因素。

（1）技术人员在进行爆破设计时爆区抵抗线方向正对居民区，抵抗线方向设计不合理。

（2）装药人员对爆破区域地质条件不熟悉，施工经验不足，造成孔内装药过多。据调查了解，炮孔最大单孔装药量为 120kg（散装铵油炸药四袋），但作业人员装入六袋炸药后才进行间隔处理，该区装药量过大导致岩石沿薄弱面抛出。

（3）技术人员在爆破施工作业前未对使用炸药和雷管进行爆破性能试验，部分雷管、炸药失效，出现第 1 排炮孔没有起爆；用 BS－1 型爆速测定仪对炸药进行爆速测试发现炸药爆速明显低于临界爆速，炸药能效较差。

（4）爆破网络安全性不高，孔内孔外雷管应采用双发雷管以保证爆破网络的可靠性，爆破施工人员只对第 1 排实施双发雷管连接，降低了爆破网络的可靠程度。

（5）警戒人员责任心不强，在警戒区域人员应躲在相对安全的环境内，不允许随意走动。

（6）爆破后爆区出现爆坑，是造成爆破飞石的直接原因。第 1 排孔没有爆，不能为后排孔创造有效的临空面，由于岩石的夹制作用造成炸药能量向相对薄弱的地方释放，成为一个水平临空面的半无限岩石介质下的爆破，当埋置在一定深度的药包在岩石中爆炸时，除了会将岩石破碎以外，还会抛掷一部分破碎了的岩石。

（四）结论

（1）从事故树结构上看，"或门"相对较多，说明在施工中人的失误占主要因素，导致事故发生的主导因素是人的不安全行为造成的，要预防事故的发生就要提高设计水平和作业人员技术水平，加强人员管理、人员安全教育、提高安全意识。

（2）从事故树最小割集和最小径集看，割集数目很多，最小径集较少，说明在爆破施工作业中该类事故很容易发生，但是相对而言飞石事故的预防措施也很多，充分说明飞石事故并不可怕，只要管理得当、施工规范，就可以预防爆破飞石事故的发生。

（3）从结构重要度上看，基本事件 X_1、X_{17}、X_{26}、X_{30} 的发生概率最大，在预防事故发生上重点应放在爆破参数的合理设计，施工过程的安全控制，人员技术水平、安全责任的提高方面。事故树可直观、明了地描述爆破飞石事故发生的逻辑关系，清晰地显现爆破飞石产生的各种潜在因素。因此可利用事故树找出爆破事故系统的薄弱环节，提出有效的预防措施，从而提高爆破作业的安全性。

七、二次爆破个别飞石伤人事故分析

据矿山事故统计，露天爆破飞石伤人事故占整个爆破事故的 27%。

（一）伤人事故概况

某水泥厂的采石场进行矿石大块解体二次爆破作业时，距二次爆破地点东侧约 160m 处一个未戴安全帽的工人被一块飞石击中头部重伤。受伤方认为伤害是水泥厂二次爆破产生的个别飞石导致的，要求赔偿。而水泥厂不服，认为飞石飞不过两道山脊而伤人。水泥厂要进行二次爆破解体的大块矿石块度为 $0.10 \sim 0.13 \mathrm{m}^3$，重量为 $250 \sim 320 \mathrm{kg}$。二次爆破采用裸露药包爆破法，所用炸药为散装的露天硝铵炸药。每个大块岩石用药量为 $250 \mathrm{g}$，炸药一般放置于拟破石块的上表面。

当时二次爆破炮工回忆认定，当时裸露炸药外没有再覆盖黄泥层，而事故当天下午该辖区公安局派出所民警在水泥厂采石场现场调查取证时，却看到另一组炮工进行二次爆破中，在裸露药包外覆盖了一层黄泥，而且黄泥中混有小石块。

（二）分析与计算

裸露药包爆破解体大块矿岩的一般工艺做法是：根据拟破大块的岩性和大小，确定所需药量，将该定量炸药制成厚度不小于 $3 \mathrm{cm}$ 的圆药饼，放置于拟破岩石顶部中央，在药饼中央插入起爆雷管，并稍加压实。为提高爆破效果，往往在裸露药包外表覆盖一层厚度不小于药饼的黄黏土，然后起爆。裸露药包爆破实质上是利用炸药的猛度对拟破岩石的局部（炸药所接触的岩石表面附近）产生压缩、粉碎或击穿作用。炸药爆炸时爆生气体大部分逸散到大气中形成空气冲击波而浪费了炸药爆炸能，因此爆力作用未能充分利用于破裂岩石，反而使爆破响声很大，甚至产生很远的飞石。正因为这个原因，所以《爆破安全规程》中对裸露药包爆破时人员的最小安全距离规定为不少于 $400 \mathrm{m}$。

炸药爆炸反应时生成的大量高压气体产物同时向外急剧膨胀喷出，爆生气体向外运动的速度为 u_2，$u_2 = （1/K + 1）D$

式中　D——所用炸药的爆速，单位 $\mathrm{m/s}$；

　　　K——绝热指数，一般工业炸药 $K = 3$。

该水泥厂炸药为露天硝铵炸药，其新鲜炸药爆速为 $3200 \sim 3500 \mathrm{m/s}$，考虑到炸药经一段时间储存，含水量增大以及使用中装药厚度（直径）和装药密度不足等因素的影响，水泥厂裸露爆破时炸药的实际爆速将降低到 $2800 \sim 3000 \mathrm{m/s}$。那么该水泥厂二次爆破时爆生气体喷出的瞬时速度为

$$u_2 = 700 \sim 750 \mathrm{m/s}$$

因该水泥厂放炮员提供的和公安派出所民警于事故当天下午所看到的该厂二次爆破施工工艺有所不同，所以分别进行分析。

1. 完全裸露药包爆破情况

完全裸露药包爆破是指放置于岩石表面上的炸药不加任何覆盖，炸药除下部接触岩石外，其侧向和上向外表面完全是空气。这种情况下，炸药爆炸作用可分为侧向和上向空气介质和下向岩石介质两种情况。

（1）侧向、上向空气冲击波作用。由于炸药侧向和上向均为空气，炸药爆炸瞬间，爆生气体即可向该方向无约束膨胀喷出，急剧压缩空气，从而形成侧向和上向运动的接近球面状的空气冲击波，该空气冲击波初速度最大也可达 $700 \sim 750 \mathrm{m/s}$。但是由于该冲击波是向上向、侧向的半无限空间运动，其能量衰减极其迅速。在平坦地形条件下裸露药包爆破时，某处空气冲击波超压可按下式确定：

$$\Delta P = 14 \frac{Q}{R^3} + 4.3 + \frac{Q^{2/3}}{R^2} + 1.1 \frac{Q^{1/3}}{R}$$

式中 ΔP——空气冲击波超压值，10^5Pa；

    Q——一次爆破的 TNT 当量，单位 kg，此案中 $Q=0.25$kg；

    R——测点至爆破点的距离，单位 m，此案中 $R=160$m。

那么，$\Delta P=0.0044\times10^5$Pa，此值远小于《爆破安全规程》规定的空气冲击波对人员超压安全允许标准 0.02×10^5Pa，而本案中爆破点到伤人点间还有两道山脊，可明显削弱空气冲击波能量，所以这种情况下，爆炸冲击波不会对 160m 处人员产生伤害。

（2）下向空气冲击波作用。裸露药包爆炸形成的爆炸冲击波和爆生气体，同时也向下对所接触的岩石产生直接的压缩冲击和粉碎作用。被破裂或破碎的岩块在爆生气体膨胀喷出能量的作用下，也会有很大的动能，其瞬时速度仍可达每秒百米左右。但是该岩块的运动方向是朝向下方或侧下方的，这种飞石在很近的距离内即会碰上地面或障碍物，虽然飞石打到地面或其他岩石后仍将多次飞弹起来，但其能量又受到消耗，弹飞的速度必然大大减少，所以其飞出的距离很难达到 160m 处。但是，裸露药包爆破时产生的个别飞石的抛飞距离情况复杂，也不能绝对排除偶然现象。

2. 覆盖裸露药包爆破情况

放置于拟破岩石上表面上的裸露药包上面又覆盖了一层黄泥层等覆盖物，由于药包爆炸气体逸散受到一定的约束，爆破效果稍有改善。但是，药包爆炸也形成了上向、侧向的空气冲击波，该冲击波瞬时初速度虽小于爆生气体喷出速度，但也能达到每秒数百米。

在空气冲击波能量的作用下，覆盖物也随之向上向、侧向半无限空间飞散，覆盖物的飞散受到爆生气体的加速，其初速度可与爆生气体喷出速度相接近，达每秒数百米。如果覆盖物为纯黄土，那么它们在飞散的过程中由于密度较小，形状扁平，受到的空气阻力相对较大，一般不会抛飞多远距离。但如果覆盖物中夹杂小石块，小石块在获得每秒数百米速度后，由于密度较大，所受的空气阻力相对较小，就可能脱开黄泥覆盖层而独自抛飞，其独立抛飞的初速度仍可达每秒百米左右。这种情况下小石块的抛飞距离往往可达几百米甚至上千米远。正因为如此，所以不少论著明确强调：裸露药包切不要使用干砂或石块覆盖。不考虑空气阻力时，爆破飞石的抛飞水平距离及最大高度可按下面公式计算：

$$L=v_0^2\sin2a/g$$

$$H=1/2L\tan a-L^2g/8v_0^2\cos^2a$$

式中 L——个别飞石的抛飞距离，单位 m；

    H——个别飞石抛飞的最大高度，单位 m；

    v_0——飞石的初速度，单位 m/s；

    a——飞石的初始抛射角；

    g——重力加速度，单位 m/s^2。

显然，初始抛射角为 45°的飞石，其抛飞距离比其他方向的飞石距离要远。当然目前要准确确定某飞石的初速度 v_0 及其抛射角 a 很困难。但根据上面的公式，即使是按初速度为 39.6m/s，抛射角 $a=45°$的情况计算，飞石抛飞水平距离也可达 160m 左右，其抛飞过程中可达到的最大高度约为 40m，其整个过程历时约为 5.7s。

而小石块在抛射过程中某任意时刻 t 的位置可由下式确定：

$$x = v_0 \cdot t \cdot \cos a$$

$$y = v_0 \cdot t \cdot \sin a - 0.5gt^2$$

式中　x——飞石某 t 时刻的水平抛距，单位 m；

　　　y——飞石在某 t 时刻的垂直高度，单位 m；

　　　t——起爆后 5.7s 以内任一时刻，单位 s。

设 $v_0 = 39.6\text{m/s}$，$a = 45°$，则可确定不同 t 值时飞石的相应 x、y 值，并在二次爆破点 O 和伤人点 G 间的地形剖面图上标定，即可画出该情况下小石抛飞的轨迹示意线（见图 3 - 81）。尽管该案中二次爆破点与伤人点中间存在着两道山脊，但在裸露药包上覆盖着混有小石块的黄泥情况下，该小石块抛飞的初速度即使小于 100m/s 而为 39.6m/s，抛射角为 45° 时，小石块仍可以飞越这两道山脊而抵达伤人点。

由此可以认为，在这种条件下进行覆盖混有小石块黄泥的裸露爆破，飞石完全有可能飞越两道山脊，抵达 160m 处，而致人伤亡。

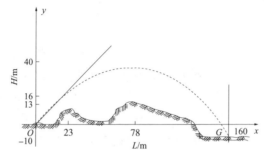

图 3 - 81　二次爆破点 O 与伤人点 G 间的地形剖面图与初速度 $v_0 = 39.6\text{m/s}$，

抛射角 $a = 45°$ 的飞石轨迹示意图

上述分析可知，裸露药包爆破工艺不同，个别飞石的情况相差甚大。如果该水泥厂炮工当时确实采用了完全裸露药包爆破，则其产生的个别飞石似乎不大可能飞抵百米以外伤人。但是由于个别飞石抛飞距离的影响因素很多，比较复杂，加之各种偶然性，《爆破安全规程》明确规定：只要进行裸露爆破，其对于人员的最小安全距离就不能小于 400m。该水泥厂在临爆前没有在此规定的范围内通知所有人员撤出并进行警戒，显然对伤人事故有着不可推卸的责任。如果该水泥厂采用混有小石块黄泥覆盖的裸露爆破，临爆前又没有进行 400m 范围内的撤人和安全警戒，其爆破个别飞石抵达 160m 处伤人的可能性是存在的。

本案再一次证明："工程爆破，安全第一"，任何忽视安全的做法都可能付出惨重的代价。

八、矿山溶洞勘测及爆破技术

矿山爆破常常因为溶洞导致爆破效果不理想，有时会引发安全事故。溶洞的大小及位置会对爆破效果产生不同的影响，为了保证施工人员的安全以及保证爆破效果达到预期目标，在爆破前必须对溶洞位置和大小进行专业的探测。

（一）溶洞大小及位置对爆破效果的影响

对于小溶洞来说，当位于孔底时，且直径和高度均小于 0.5m，进行标准的装药就能够很好地解决问题，且爆破效果通常是能够达到预期目标的。如果增加一些用药量，在满足抵抗线的基础上，施工人员的安全可以得到相应的保障。当位于孔身时，且直径大于三倍炮孔直径的溶洞，在进行装药时，会导致溶洞部位药量过于集中，会使飞石超出可控制范围，击伤人员、建筑物及设备等，造成不同程度的安全事故。对于较大溶洞来说，在不知道详细信息的情况下盲目的装药可能会导致药量过分集中，浪费成本的同时，还会产生大量飞石，严重者甚至会导致爆破方向转变，造成巨大的安全事故。

（二）勘测设施方法及判断

1. 勘测工具

勘测工具为带刻度塑料管数米、定制加工锤头一个、笔记本计算机一台和微型夜视防水摄像头一个以及蓄电池一个。

2. 勘测设备

将微型夜视防水摄像头装入定制加工锤头底部，然后将导线穿过带刻度的塑料管，与笔记本计算机的 USB 接口相连，并用导线将笔记本计算机与蓄电池相连，如此便形成了一个勘测溶洞形状、大小及位置的装置。

3. 实际操作

在实施钻孔时，钻孔人员应注意钻杆钻进的速度，并对发现溶洞的炮孔进行相应的记录和判断，对溶洞的位置及大小进行第一次预估。然后参照钻孔记录，对已发现溶洞的炮孔实施探测。探测仪所有的线连接完成后，打开笔记本计算机，施工人员将锤头慢慢送进炮孔，锤头进入炮孔时进行摄像的工序由另外的专业人员来进行操作。在发现溶洞时，将塑料管上的刻度进行相应的记录，然后慢慢地将塑料管向下进行输送，待到达溶洞底部时，再次对刻度进行记录，直到锤头到达炮孔底部，然后记录此炮孔测定的溶洞数量，进行摄像的工作人员将摄像图参照炮孔进行相应地标号。

4. 溶洞的判断

参照摄像机记录的塑料管的刻度和孔的深度，就能够算出溶洞在孔深方向的大小以及位置。然后按照摄像记录图对溶洞在孔深的方向尺寸，参照相应的比例来确定溶洞的横向尺寸，由此来确定溶洞的实际大小。

（三）溶洞爆破措施

按照摄像记录图对溶洞在孔深的方向尺寸，参照相应的比例来确定溶洞的横向尺寸，由此来确定溶洞的实际大小。然后根据溶洞大小及位置采取不同的爆破方法。溶洞位于孔底时，且直径和高度均小于 0.5m 时，可不用进行处置；直径和高度均大于 0.5m 时，可采用堵塞的措施进行处理，抬高孔低高程，以便在位于溶洞 0.5～1m 进行装药。位于孔身，且直径大于三倍炮孔直径的溶洞，在进行装药时，需在固定值范围内，可采取分段装药的方法对溶洞进行控制。假若溶洞正好位于堵塞深度的范围内时，可直接对溶洞实施堵塞。假如上述的措施不能够有效地对溶洞进行控制，则可采取在附近重新钻孔的措施来对溶洞进行相应的控制。

（四）案例分析

1. 工程概况

在实施装药前，与爆破相关的技术人员使用专业的溶洞探测装置对相应的炮孔进行勘测，在第一排第 4 个炮孔孔深 11m 处发现一个溶洞，溶洞孔深方尺寸为 1.1m，横向尺寸不规整，最宽达 1.4m。技术参数：孔径为 199mm，台阶高度为 15m，排距为 2.9m，孔距为 4.7m，梅花形布置。炮孔为 28 个，平均单耗为 0.42kg/m³，非电毫秒雷管起爆，粉状乳化炸药。

2. 技术措施

爆破的技术人员对炮孔实施分段式装药方法对溶洞进行控制，缩短孔口堵塞长度，装药量在原先计算值内减少了 4.9kg。

3. 最终爆破效果

起爆后，爆炸堆较为集中，爆破产生的飞石都在预计的范围内，爆破效果达到了预期的目标。

九、某矿露天台阶拒爆事故调查与分析

（一）拒爆事故概况

某山坡露天矿，矿岩多为中等风化长英角岩，岩体节理裂隙发育，岩石的普氏硬度系数 $f = 10 \sim 12$。该露天矿采用深孔台阶爆破进行采剥，主要爆破器材为塑料导爆管雷管、直径为 110mm 卷装乳化炸药或粉状乳化炸药。自 2011 年该矿进行爆破施工以来，发生多起拒爆事故，2 月份在 1405 ~ 1390 水平的爆区发现七个拒爆孔，其中爆区的半坡上有一个炮孔残留有炸药，炮孔内的两发雷管全部起爆，但是未能引爆起爆药包从而导致整个炮孔的炸药拒爆，之后又发现多起拒爆事故，具体如表 3 - 50 所示。

表 3 - 50　2011 年某矿部分拒爆事故统计

时间	4 月 27 日	4 月 28 日	4 月 29 日	5 月 31 日	5 月 17 日	5 月 18 日
地点	1390 台阶北部	1390 台阶中部	1360 台阶南部	1345 台阶 3 号孔	1360 台阶爆破	1360 台阶爆破
事故概况	一个拒爆孔，孔内炸药和雷管均未起爆	一个拒爆孔，炮孔炸药未爆，孔内只有炸药，未发现雷管	一个拒爆孔，雷管起爆，脚线上没有雷管管体残留物，上部炸药未爆，下部炸药起爆	导爆管雷管正常起爆，粉状乳化炸药拒爆	设计中的 47 号孔导爆管雷管正常起爆，粉状乳化炸药拒爆	设计中的 1 号孔仅上部发现少量粉状化炸药，导爆雷管及其余炸药正常起爆

（二）拒爆孔情况

选用 2 月份在东采区 1390 台阶北部爆破后发现的 78 号、83 号、49 号、52 号、65 号、36 号拒爆孔对拒爆事故进行分析，其中后五个拒爆孔挖开后发现雷管起爆，起爆药包和主装药均未起爆。上述六个炮孔的残留炸药挖开后都经过了洒水消爆处理，拒爆孔情况如图 3 - 82 和表 3 - 51 所示。对 78 号和 83 号孔残留的炸药进行起爆能力试验，残留炸药制成起爆药包后均能够被单发雷管起爆，表明残留炸药仍具有爆炸性能。试验如图 3 - 83、图 3 - 84 所示，试验结果见表 3 - 52。

 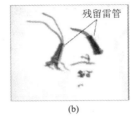 

（a）　　　　　　　　　　（b）　　　　　　　　（c）

图 3 - 82　拒爆孔、残留的雷管及炸药

（a）拒爆孔；（b）拒爆孔残留的雷管；（c）从拒爆孔掏出的炸药

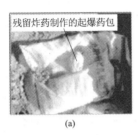 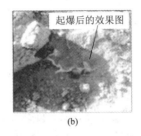

（a）　　　　　　　　　　　（b）

图 3 - 83　残留起爆药包（粉状乳化炸药）起爆试验

（a）起爆前；（b）起爆后

表 3 - 51　拒爆炮孔情况

孔号	78 号	83 号	49 号	52 号	65 号	36 号
孔深/m	17.6	16.0	16.6	15.7	17.0	16.1
装药长度/m	13.1	11.4	12.1	11.2	12.5	11.6
装药量/kg	157	132	139	129	150	133
雷管段别	MS15	MS16	MS6	MS4	MS10	MS6
雷管聚能穴起爆方向	朝下	朝上	朝上	朝上	朝上	朝上
拒爆类别	半爆	半爆	半爆	半爆	半爆	半爆

注：1. 表中各炮孔装药结构均为粉状乳化炸药连续装药，孔内无水。

2. 78 号、65 号炮孔的起爆药包为塑料袋装 1kg 粉状乳化炸药，83 号、49 号、52 号、36 号炮孔为 3kg，φ10 乳化炸药纵向切开起爆药包。

（a）　　　　　　　　　　　（b）

图 3 - 84　残留主装药（乳化炸药）起爆试验

（a）起爆前；（b）起爆后

表3-52 78号、83号孔残留的炸药起爆能力试验结果

孔号	78 号	83 号
残留炸药类型	粉状乳化炸药	乳化炸药
炸药来源	非起爆体	原炮孔起爆体
（含量）	（约0.5kg）	（约0.3kg）
炸药试验状态	炸药已受潮结块，碾碎试验	两小块乳化炸药捏合在一起试验
起爆雷管个数	单发雷管	单发雷管
试验结果	完全引爆	完全引爆

（三）拒爆事故原因分析

（1）起爆雷管在起爆药包中位置不当或在装药过程中起爆雷管被拉出并脱离起爆药包引起拒爆。雷管起爆炸药主要靠雷管的装药部位，即靠雷管聚能穴的一端。正确的安装方法是将雷管全部插入不得露出药卷。如果位置太偏，雷管处于药卷表层就可能引起药卷拒爆。表3-51中注2拒爆孔中有四个孔是用3kg直径110mm乳化炸药纵向切开取一半制作起爆药包，然后将导爆管雷管插入药包并把雷管脚线在药包上打个结，再拉住雷管脚线慢慢沿炮孔放入。由于起爆药包重1.5kg，在放入炮孔的过程中雷管容易被拔出或拉斜（见图3-85），雷管聚能穴未能准确地朝向起爆药包正中心，导致雷管起爆而起爆药包未爆。但从拒爆孔掏出的炸药来看，雷管还在起爆药包中，其上沾有乳化炸药。通常只要雷管挨着炸药，应该就能将炸药引爆，因此用乳化炸药做起爆药包的炮孔发生拒爆与雷管位置没有关系。另外两个78号和65号孔是用塑料袋装1kg粉状乳化炸药制作的起爆药包，雷管放入药包中再用绳把雷管和塑料袋捆扎在一起放入炮孔中，在下放的过程中雷管可能被拉出一部分，从而与炸药接触少或完全分开，导致雷管起爆而起爆药包未爆（见图3-86）。

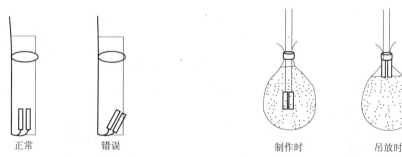

图3-85 乳化炸药起爆药包制作方法示意图　　图3-86 粉状炸药起爆药包制作方法示意图

（2）起爆药卷与其他药卷之间受岩粉阻隔或距离超过殉爆距离引起拒爆。东采区爆破装药过程是先装两袋底药，再放起爆药包，然后再装剩余的炸药，最后进行填塞。装完两袋底药后有可能孔口的岩粉及孔壁的石块掉落使起爆药卷与底药之间发生隔断，从而导致下部部分装药拒爆，但实际发现的四个拒爆孔均是起爆药包未爆，与此种情况不符。

（3）炮孔中有水造成炸药失效引起拒爆。如果炮孔中有水，装药速度过快，下部药卷未装到位就装入起爆药包，填塞后下部药卷缓慢下沉，而起爆药包被导爆管或脚线拉住不

再下沉,导致下部药卷与起爆药包脱离发生拒爆。本次拒爆孔中起爆药包和雷管还在一起,且炮孔底部的炸药是干的,因此本次拒爆由于炮孔中有水造成的可能性较小。

针对所使用的粉状乳化产品做抗水性试验。取生产正常药粉(添加有木粉、滑石粉)和没有添加滑石粉、木粉的药粉各1kg,分别用纱布包裹后放入3m深的水中浸泡8h后取出发现,添加滑石粉和木粉的药粉内部被水浸湿,失去爆炸性能;而没有添加滑石粉和木粉的粉状乳化炸药仅表面浸湿,仍具有爆炸性能。从试验结果看,没有添加滑石粉和木粉的粉状乳化产品具有良好的抗水性,而添加滑石粉和木粉后的粉状乳化产品略有抗水性;在深水孔中添加滑石粉和木粉的粉状乳化产品几乎没有抗水性。因此,所使用的粉状炸药的爆炸性能受到影响可能也是本次拒爆事故发生的一个原因。

(4)炸药、雷管产品质量有问题引起拒爆。从对炮孔残留的炸药试验情况看,该批乳化炸药在经过揉搓后用1发雷管能够引爆,且浸水结块后搓开也能用1发雷管引爆,说明使用的炸药没有质量问题。在处理36号拒爆孔时,在起爆药包内找到了雷管爆炸后留下的雷管聚能穴(见图3-87),因此可判断该发雷管是半爆,起爆能力不足,不能将炸药引爆。

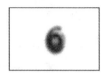

图3-87 在起爆药包中找到的雷管聚能穴

综上所述,通过对起爆雷管、水、炸药性能和起爆药包位置等方面进行分析,得出导致本次拒爆的主要原因是:①雷管产品质量问题,即雷管起爆能力不足,无法将炸药引爆,从而导致炸药拒爆;②在装药过程中,起爆雷管被拉出,使得雷管与炸药接触少或完全脱离起爆药包导致拒爆;③所采用的粉状乳化炸药的爆炸性能不稳定,可能导致用其制成的起爆药包起爆能力不足,引起拒爆事故。

(四)预防措施

(1)加强爆破器材现场的常规检测,在每次爆破过程中使用同一批次产品,对爆破器材的使用进行现场登记,并在使用前检查爆破器材外观及性能,确认产品质量状况完好,发现异常情况及时处理。

(2)使用卷状药卷而不使用塑料袋装粉状炸药制作的起爆药包。起爆药包制作时雷管聚能穴朝下,并将雷管脚线用绳或胶布紧紧绑在起爆药包上,防止雷管被拉出。

(3)爆破作业后要及时认真检查爆破现场是否有拒爆炮孔,如发现存在拒爆或半爆情况,要正确地分析拒爆原因,并采取正确的方法及时处理或改进。

(4)加强矿区负责人、生产管理和施工人员的安全施工及管理能力,进行爆破安全技术基础知识和爆破技术培训,提高爆破施工人员的操作技能,增强爆破安全意识。

十、某矿掘进爆破失败的技术分析

(一)工程概况

在巷道掘进爆破中,掏槽的深度是决定巷道掘进速度的主要因素,炮孔的利用率决定了掘进每一循环的进尺。巷道掘进爆破是只有一个临空面的单自由面爆破,爆破时受岩石的夹制作用影响较大,形成第二临空面的掏槽技术是隧道爆破的关键技术。掘进爆破受地质条件的影响比露天爆破更大,因此必须充分重视岩层的节理、裂隙、软弱夹层、断层、破碎带、漏水等对爆破效果的影响，同时还受原始应力场的影响及狭小空间的制约。

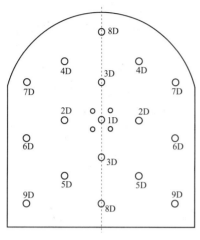

图 3 – 88　断面布孔图

某爆破断面为采矿巷道掘进爆破，断面总高度为1.8m，宽为1.4m，边墙高为1.3m，拱高为0.5m。爆破断面岩石性质：从底部开始约0.9m高、宽约1.2m（从左边墙开始）处的岩石较松软，掏槽孔正处在软岩上，掏槽孔处的岩石用炮棍用力可以敲落，其余岩石硬度较大。断面共布有17个炮孔，孔深为1.8m，所有炮孔除三个底眼为向下倾斜孔外，其余为水平孔，如图3 – 88所示。

（二）技术方案

（1）布孔。该断面的掏槽孔为菱形布孔，布孔参数很随意，孔距最小为30cm，最大为42cm，排距最小为32cm，最大为45cm；如图3 – 88所示，左边6D到2D的孔距为30cm，右边6D到2D的孔距为38cm；底部5D到8D的排距为32cm，而顶部则为40cm，总之布孔很乱。

（2）装药与堵塞。此次爆破采用φ35、200g改性铵油炸药、塑料导爆管雷管，采用正向起爆连续装药结构，装药过程中用炮棍用力捣紧药条使之紧密相连；炸药装填满至炮孔不作任何堵塞。

（3）起爆方法。爆破采用半秒导爆管雷管，起爆方式采用"一把抓"（集束式）起爆方法，即用一发雷管引爆断面炮孔内的所有导爆管雷管。

（4）爆破效果。起爆后经检查雷管与炸药完全爆炸，爆后整个巷道爆破断面未能按设计要求将矿渣抛出。掏槽眼处已将碎石抛出，进尺深度与孔深一致，底眼因碎石埋住未能发现是否爆出碎石，断面上有一个顶眼（8D）、一个辅助孔（3D）、两个帮眼（4D）、三个边眼（一个6D、两个7D）共七个炮孔未能爆出矿石（见图3 – 89），只是炮孔直径变大一些，孔内无任何残药。观察掏槽眼爆后情况，发现掏槽眼处内部出现一个很大的空腔，像一个底部上翘的葫芦。用炮棍检查未爆炮孔，发现上部的辅助孔3D、左边的崩落眼4D和边眼7D三个炮与空腔相通，如图3 – 89、图3 – 90所示。

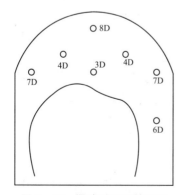

图 3 – 89　爆破后正面效果图

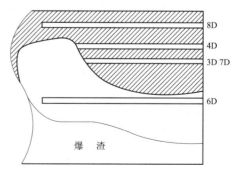

图 3 – 90　爆破后侧面解剖图

（三）爆破失败原因分析

根据爆破现场检查情况及对爆破器材性能了解情况，结合爆破技术进行分析如下。

（1）通过爆破前对断面岩石性质检查判断，由于掏槽眼处的岩石较软，掏槽眼 1D 起爆后抛出碎石形成一个很大的空间，辅助眼 2D 起爆后使该空间进一步扩大且空间周边的岩石已爆松，以至掏槽眼上部辅助眼 3D 起爆后，由于此处的岩石性质较硬，而内部早已形成一个空间且岩石已爆松，炸药爆炸后能量向孔口与孔底泄出，同样由于后续 4D、7D 炮孔内炸药的爆炸能量而使内部空间形成一底部上翘的葫芦空腔。

（2）由于爆破员对岩石性质不了解及布孔的随意性，对掘进爆破的孔距与排距没有严格设计要求，使炸药爆炸产生的能量不能将岩石抛出。

（3）起爆顺序设计不合理，只是根据以往或他人的爆破方法来设计起爆顺序。

（4）因铅锌矿的岩石性质较硬，而改性铵油炸药的感度低、威力小，用普通 8 号雷管引爆不能使炸药完全爆轰。

（5）炮孔装药后未进行堵塞，使炸药爆炸产生的能量不能完全发挥作用。

综上所述，此次爆破失败是由于爆破员不了解该次爆破的岩石性质、爆破参数及爆破网络设计不合理、使用的炸药性能与岩石不匹配及未对炮孔进行堵塞等多种因素引起。

（四）技术措施

（1）掌握岩石性质。

（2）选好掏槽方式。

（3）合理布孔。

（4）使用质量合格、性能可靠的爆破器材。

（5）合理的装药与堵塞。

（6）可靠的起爆方法。

（7）合理的起爆顺序与段间隔时差。

十一、中深孔台阶爆破事故应急救援预案

有效的应急救援系统可将事故损失降低到无应急系统的 6%，因此应急救援体系在各行业中得到了广泛发展。工程爆破行业是六大高危行业之一，由于环境的复杂性、炸药爆炸过程的瞬时性、爆破介质的多变性导致爆破作业出现的事故难以完全预控，爆破事故时有发生。针对爆破作业可能出现的事故，结合爆破作业现场特点，设计完整的应急预案及现场处置方案，形成救援预案体系，并对应急救援预案进行实际演练，以保证在生产实践中出现事故时，能更好、更有效地完成事故的救援，最大限度地降低伤亡，减少事故损失，将具有重要的意义。

（一）爆破事故应急预案

1. 工程概况

在某项路基开挖工程中，需要对石方实施爆破施工，该区域的岩体节理发育、存在软弱夹层，在爆破过程中极易发生冲孔导致爆破飞石的事故。该爆破区域的周边环境也较为复杂，爆区 100m 处有 6kV 高压线，100m 范围有民房 10 余间，240m 处有加油站。因此，该区域的爆破参照城镇控制爆破的作业要求，严格控制单孔装药量、控制起爆总药量，加强覆盖，确保在爆破作业中将振动和飞石控制在最佳状态。

2. 应急评估

由于爆破作业环境较复杂，在爆破前认真进行了爆破设计，在爆破作业过程中，加强

堵塞质量，并对部分炮孔采取覆盖措施。但是由于岩体的节理发育、存在软弱夹层，因此在爆炸瞬间可能产生大量飞石，将电线打断，落在民房上，引起民房失火，同时飞石可能超过安全距离将警戒人员击中打伤。基于上述可能发生的事故，为了确保出现事故时能够及时、高效地采取救援措施，将事故损失减少到最小，避免二次灾害事故的发生，应急救援演练十分必要。

3. 应急策划

针对对事故的评估，分析出可能的伤害主要有：物体打击、火灾、触电伤害，为了减少事故损失，对此类事故的预控制定了相应的措施。

（1）完善的应急预案。根据公司综合应急预案，结合该区域的实际情况，对应急预案进行完善和修改，确保修改后的应急预案能符合爆破现场的实际情况。

（2）针对救援，建设现场便道，此项措施是事故后启动应急预案的关键，通过便道的修理，保证在事故状态下救援车辆能及时到达事故现场，从而为应急抢险节约大量的时间。

（3）组织学习，通过对应急预案的学习，使全体人员及时熟悉应急预案，以保证在事故状态下能采取相应措施，不因慌乱而造成次生灾害事故。

（4）与地方政府联系，并根据可能产生的事故，由地方政府启动相应的应急救援。

（5）成立应急小组并明确各应急小组的职责。

（6）落实应急装备。除消防器材、应急药箱等应急常备物品外，针对可能发生的事故，还配备了试电笔、应急车辆、通信设备等应急装备。

（二）实际应急演练

1. 模拟事故发生

针对工程爆破可能发生事故情况，进行事故模拟。在路基三队实施正常的装药、堵塞、连网、警戒、起爆等作业程序结束后，爆破员启动了起爆按钮，炮响后，大量飞石从某结构面飞出，砸伤了1名现场警戒人员，同时飞出的飞散物还砸断了爆破区域100m外的6kV高压线，高压线被砸断后落下，打在民房上，随即民房被电击起火。

图3-91　应急救援演练准备

2. 应急启动

事故发生后，爆破队长及时向项目部负责人汇报。接到报警后，项目部负责人根据现场汇报情况，及时宣布启动应急预案，并由安全管理人员及时组织各相关人员就位，由总指挥宣布应急预案演练开始。如图3-91所示。

3. 应急响应

（1）应急响应程序框图。根据图3-92，应急指挥部及时启动三级应急响应程序，与乡镇一级地方政府实现应急响应联动。

（2）演练流程。下午2：30，所有参演部门人员全体在工地大门口集结待命；3：00利用单孔爆破模拟正常生产爆破，爆破后模拟发生爆破飞石砸伤1名工人和一起火灾事故；3：05现场人员分成两个组开展自救，一组对伤员进行简单包扎，一组利用现场简单工具对失火现场进行临时扑救；3：08接到工地负责人紧急报告的项目部应急处置小组到达现场，医疗救护组立即将伤员简单包扎，原地等待救援，工程抢险组组织人员用干粉灭火器灭火，如图 3-93 所示，同时对外联络组立即联系公安消防、医疗救护支援现场；3：15 医疗救护和公安消防先后到达现场，医疗救护对事故重伤人员进行紧急救护后用救护车将伤员立即送往医院救治，消防官兵在火灾现场对火势进行控制，如图 3-94 所示；3：25 火灾被彻底扑灭，清理现场，演练完毕。

（3）应急结束。由于应急响应及时，火灾被及时扑灭，除现场警戒人员一人轻伤，无其他人员受伤，被砸断的电线经电力部门抢修，于 2h 后及时恢复正常。通过对现场的判断，整个事态已经完全控制，无次生灾害发生，于是总指挥宣布应急演练结束。

（三）演练小结

通过组织应急救援演练，有效地让施工各方把处置涉及爆破过程中可能出现的事故与应急救援结合起来，充分检验了处置爆破事件的应变和救援水平，考核了应急救援队伍的实战能力，检验现场处置指挥员的指挥水平和各部门对预案、处置程序、行动手段的熟悉程度。通过实战式的演练，有力地提升了安全生产事故应急指挥、快速反应、协调配合、高效处置的能力和水平，从而达到测试能力、锻炼队伍、提高水平的目的和预期效果。同时，根据此次实战演练，也发现了应急过程中的一些不足。

（1）配备的应急物资不充分，如项目部未配备抬送伤员的担架。

（2）由于模拟的事故现场距离项目部较近，在处置和运送伤员的整个过程都较迅速，在实际爆破施工作业中，爆破地点相对分散，如果在其他作业地点发生类似事故，对实际的处置与预案不完全相符，因此在编写预案时，必须考虑在车辆不能进入的场地，以最快时间进行抢救，防止因抢救不及时而发生人员伤亡事故。

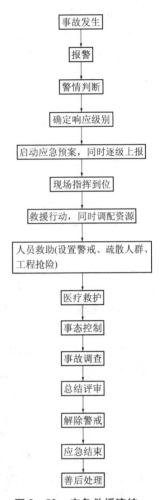

图 3-92 应急救援演练
程序框图

图 3-93 应急救援火灾事故模拟

图 3-94 应急救援火灾处理

（四）爆破事故应急救援注意事项

1. 应急预案演练的可操作性检验

在爆破作业过程中，应急救援是否能在真正事故中发挥作用，达到降低爆破作业风险的目的，都需要在对爆破事故应急预案的演练中充分检验和论证，通过演练，及时对预案进行修改，提高应急预案的可操作性。在本次实际演练中，发现进场便道需要进行处置，完善排水，以确保在雨期应急车辆和设备抢险车辆能及时进入。

2. 进行实战演练

实现对应急预案的评审后，进行应急预案的实战演练，除了企业自身外，还有政府的相关部门参与，在演练中各司其职，各尽其能，同时，也能从更多角度、更专业的切入点对应急预案的功能和作用进行评审，评审应急预案是否真正起到在事故状态下避免次生灾害的发生，是否真正能避免事态的扩大。如果通过实战演练，有潜在的事故未被识别，或是演练过程中出现了新的风险，那就说明应急预案不能发挥其应有的作用，需要重新进行危险评估，重新编写。

3. 增强企业与政府应急协作和联动

通过应急预案的实战演练，以及地方政府领导及相关部门的参与，既提供了对应急预案评审的一个平台，同时更是增加企业与地方政府应急协作和联动的机会，通过这样的应急演练，为真正在事故状态下，各方及时联动奠定较好的基础。

4. 统一思想、提高认识

随着社会经济的发展，安全生产工作越来越得到高度重视，必须认真贯彻落实各项安全生产责任制和安全规章制度，通过预防控制事故发生，同时，更要在安全事故发生后能及时启动应急预案，以降低和减少事故带来的损失和影响，更要能在发生重特大事故时冷静应对，避免发生二次灾害。因此，组织实施爆破安全事故的应急救援学习，正是防患于未然，保障职工生命财产安全的有益尝试和决策。

5. 精心组织、周密安排

面对社会经济发展所带来的日趋复杂、多元化的各种形势，综合分析考虑社会稳定及安全生产事故的应对措施，必须要求相关单位在应对各类突发性事故、事件上未雨绸缪。因此，组织实施重特大安全生产事故应急救援综合演练，要求各参演单位从实战出发的角度，根据各自的职责任务，制定相应的实施细则并进行演练，确保学习任务的顺利完成。现场处置过程必须在总指挥的统一协调指挥下，建立全局一盘棋的思想观念，各单位密切联系，协同配合，整体作战，共同做好演习。

6. 合理规划、保障到位

各参演单位要合理规划，及时筹备，认真做好前期准备、训练和保障工作，确保演习的效果。通过学习，检验各队伍平时训练情况及作战能力，在资源、人员及装备的配置上找出不足和差距，加强整改。

7. 严格要求、确保安全

爆破事故应急预案的综合演练，从环境、人员素质、组织实施上均存在着不可预见的、潜在的问题和不足，在演习过程中的危险是处处存在的，因此各参演单位在训练和演习过程中，要严格按照方案要求和规定程序演练，通信器材、车辆等要落实专人负责，同时加强安全教育和培训，防止发生意外事故。总之，组织实施爆破安全事故应急救援综合演练，是新形势下安全生产工作不断发展的必然要求，是锻炼救援队伍和检验救援能力的有效尝试。本次综合演练虽然达到了预期目的，但还有一些需要改进的地方，继续探索在安全生产方面的相关管理，以演练的方式，提高突发事件控制和处置能力，促进安全生产，将具有重要的意义。

十二、露天非均质岩体爆破设计

（一）工程概况

某矿是一座中型深凹露天矿，该矿区气候干燥、多风少雨，岩性多为粉、粗砂岩，$f = 6 \sim 8$ 属中等坚硬岩石，岩体节理、裂隙发育，结构面将岩体切割成大小不等、形态各异的岩块，属非均质岩体。北帮为固定帮，南帮为移动帮，在南推过程中，掘场部分岩层结构面逐渐暴露，从所揭露的剥离台阶断面看，岩层由北向南倾斜，倾角为25°左右，岩层中存在节理和裂隙。现采场已经形成上部三个剥离台阶，深部一个采煤台阶，设计台阶高度为10m。现场爆破：①大块多，爆堆存在明显的大块，根据现场统计，大块率达25%。在北部边帮推进过程中，由于北部岩层倾斜方向和台阶自由面方向相同，爆破后台阶底部岩体容易被抛出，爆破时爆堆向南抛出10m左右，上部岩体为不规则沉降性开裂，很难满足采装要求。②爆堆不规整。南部工作帮岩层倾斜方向由于和台阶坡面方向相反，后冲大，爆堆抛出减少，张节理作用大，岩体切割严重，大块减少。

（二）爆破问题分析

1. 岩层和台阶自由面倾向分析

（1）北部边帮顺层节理和台阶自由面贯通形成弱层，爆炸应力波和爆生气体对岩体的破坏作用减弱，部分爆生气体从自由面释出，降低了正常破碎围岩的有效作用时间和压力作用时间。台阶底部岩体沿自由面被抛掷的距离比预计的远 $3 \sim 4$m。

（2）南部边帮岩层倾斜方向和台阶坡面方向呈逆倾向，爆生气体不易从自由面释出，增大了爆炸应力波和爆生气体对破碎围岩的有效作用时间和压力作用时间，后冲作用增强，爆堆隆起，岩体抛出距离减少。

2. 岩体结构面分析

（1）节理和裂隙将完整的岩体切割成岩块产生结构面，是岩体中的软弱部位，又是应力集中的部位，根据现场观察，结构面影响越显著，岩石破碎越不完整。

（2）岩体结构面使得各个方向的动态抗拉强度、抗压强度及抗剪强度产生变化，这与裂隙的密度、产状和延伸长度有关，岩体发生严重的破碎一般都是强度较低的方向。

（3）炸药爆炸时，爆生气体很容易从扩展了的裂隙中逸出，降低了正常破碎的有效压力和压力作用时间，这就是使得沿裂隙方向容易产生岩块被抛得过于分散的重要因素。

（三）爆破技术方案

（1）布孔方式。改变拉沟方向，在煤层上部的岩石台阶，沿南北倾斜方向横向拉沟，横向布置采掘工作线纵向推进，形成向东、西方向倾斜的自由面，并沿横向工作线方向布置钻孔，从而减少爆堆的抛出。

（2）"V"形斜线排间、孔间微差起爆。对于结构面影响比较大的爆破作业区段，起爆点位于自由面处，由自由面方向斜线向炮区内部传爆，用电雷管引爆导爆管，导爆管用"四通"连接，沿斜线方向实现排间微差起爆，沿水平方向实现孔间微差起爆，微差间隔30ms；以实现多排孔排间、孔间毫秒微差起爆。起爆网络如图 3 - 95 所示。在非均

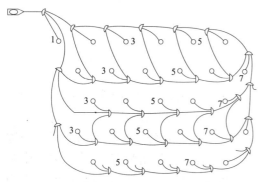

图 3-95　"V"形斜线排间、孔间毫秒
微差起爆网络

质岩体爆破中，为了减少大块率，增强岩石破碎效果，常使用导爆管并、串联起爆网络，以实现整个炮区的安全起爆。

（3）装药结构。对于节理、裂隙特别发育的爆破区域，为了减少炮孔上部岩石爆破以后爆力减弱而产生的大块，增加药柱高度，采用分段不耦合柱状装药，不耦合系数为1.25，设计炸药单耗为0.32kg/m³。

（4）优化爆破参数三角形布孔，孔距×行距=6m×4m，抵抗线为4.6m，超深为1.5m，炮孔装药量为79kg。

（四）爆破效果分析

1. 实现排、孔间毫秒微差爆破

导爆管通过"四通"连接，实现排间、孔间毫秒微差起爆，在自由坡面产生主动位移区，随着第二、三排孔产生排间、孔间毫秒微差起爆后，岩体内弹性变形能突然释放衍生成朝自由面的环向拉应力，使排、孔之间的爆炸能产生合力一起朝前运动将大块破碎。

2. 孔间微差增加横向切割面

孔间微差爆破以后，沿炮孔纵向方向产生不同程度的裂缝，由外向里裂缝宽度逐渐增大。为了减少岩体块度，使岩体破碎更加均匀，可适当增大孔距，减小行距，采用不耦合装药，增加横向切割面。

3. 大块率降低

采用"V"形斜线排间、孔间毫秒微差起爆网络，弥补了空间应力降低区岩石破碎效果差的缺陷，破碎作用效果明显，使炮区内岩石既处于先爆孔的回弹位移区内，也处于后爆孔的主动位移区内，既增加了合推效应，又加大了补偿空间，根据现场资料统计，大块率降低10%左右。

综上所述，可以得到以下几点。①对于节理裂隙发育的非均质岩体，采用"V"形斜线排间、孔间毫秒微差起爆网络，可以大大增强破碎效果；②由于节理裂隙的存在，采用分段不耦合柱状装药爆破，可以有效降低炮孔上部岩体的大块率；③对于受结构面影响的岩体，孔间微差起爆可以增加横向切割面，使岩石破碎更加均匀。

十三、矿山井下常见爆破事故分析与预防

（一）爆破事故概述

矿山井巷工程的掘进和采场矿石的回采主要是使用凿岩爆破法。而矿用炸药与起爆材料，都是易燃、易爆的危险品，一旦发生事故，就会危害职工的健康与安全，并造成严重的经济损失，因此，搞好爆破安全工作就显得非常重要。通过某金矿建矿以来死亡事故类别（见表3-53）和冶金矿山100例爆破事故统计（见表3-54）可以看出，因爆破与炮烟中毒而出现的死亡事故，居第二位，仅次于冒顶片帮事故。而炮烟中毒，点火不符合要求，打残眼是主要的爆破事故。

表 3 – 53　某金矿死亡事故类别

类别	次数/次	百分比/%
冒顶片帮	24	36.3
爆破与炮烟中毒	15	27.3
坍塌	5	7.6
触电	8	12
高空坠落	3	4.5
车辆伤害	2	3
机械工具伤害	3	3
物体打击	3	4.5
受压容器爆炸	1	1.5

表 3 – 54　冶金矿山 100 例爆破事故统计

类别	次数/次	百分比/%
炮烟中毒	26	26
导火索质量不好，点火方法不符合要求	34	34
盲炮处理不当，打残眼	13	13
警戒不严，信号不明，安全距离不够	10	10
电气爆破事故	1	1
炸药雷管处理不当	4	4
飞石事故	4	4
气体爆燃、爆炸事故	3	3
硫化矿自燃事故	2	2
其他爆破事故	3	3

（二）炮烟中毒事故

炮烟中有毒气体主要是一氧化碳（CO），氮的氧化物（NO、NO_2、N_2O_4、N_2O_5）。硫化矿山还有硫化氢（H_2S）和二氧化硫（SO_2）。矿山安全规程规定矿山有毒气体最高允许的质量浓度为：一氧化碳为 $30mg/m^3$、氧化氮为 $5mg/m^3$（换算成 NO_2）、硫化氢为 $10mg/m^3$、二氧化硫为 $15mg/m^3$。炮烟中毒事故有两种情况，一种是爆破后通风时间不够，或通风设施不良以及人员过早进入工作面所造成的炮烟中毒事故；另一种是炸药失火燃烧形成烟雾而引起的中毒事故。

1. 实例

（1）过早进入工作面炮烟中毒实例。

某矿天井掘进时，采用深孔爆破一次成井法。一次凿岩分段装药爆破，最后一段药量为300kg，炮响后不到10min，有人进入工作面，看爆破效果。由于药量大，通风不良，有毒气体含量高，造成一次死亡两人的重大事故。某金矿在－70中段47支东4850采场进行凿岩工作的韩某，因钻机出现故障，违章进入放炮不久的56号天井卸钻件。因天井高，身体疲劳，韩某发现中毒后，无力脱离现场，造成死亡。

（2）炸药燃烧炮烟中毒实例。

云南某矿井下大爆破，在炸药运输过程中，因装炸药的乘人车与电机车架线接触，造成短路，电弧击穿车顶，熔渣引燃了炸药，两车炸药4.3t全部烧完，造成死亡多人的重大炮烟中毒事故。

某金矿130中段59南川部分工程承包给外施工队施工，其爆破材料由施工队负责运输储存。炸药被堆积在离工作面不远的巷道内，在晚班，机工不慎引燃了炸药，致使30多箱炸药全部燃烧，附近的风钻、风水绳、电缆也全部烧毁，产生的有毒气体复杂多样，含量高，造成死亡多人的严重事故。

2. 炮烟中毒急救措施

当发生炮烟中毒事故后，应迅速采取抢救措施，及时组织现场人员互救自救，以保证最多的伤员转危为安。其主要急救措施如下。

（1）立即将中毒者从中毒现场转送到具有新鲜风流的场所。

（2）迅速将中毒者鼻内的黏液、血块、泥土等除去，并将上衣、腰带解开，将胶鞋脱掉。

（3）为促使体内毒物的排除，要及时输氧或进行人工呼吸。一氧化碳或硫化氢中毒时，在纯氧中加入5%的二氧化碳，以刺激呼吸中枢，增强肺部的呼吸能力。二氧化硫或二氧化氮中毒进行人工呼吸时，要特别注意，尽量避免对伤员肺部刺激，要注意是否有肺部水肿的症状。

（4）如果发现伤员脉搏微弱等症状时，要进行盐酸钠络酮静脉注射治疗。如1998年5月份某矿李某某炮烟中毒昏迷，呼吸衰浅，无罗音，心率快，立即给予静脉注射0.4mg盐酸钠络酮，4min后复醒。

3. 炮烟中毒的预防措施

为了防止中毒事故的发生，要采取以下措施。

（1）加强井下有毒气体质量浓度的监测，随时掌握其变化情况。

（2）加强通风，供给井下工作面足够的新鲜风流，稀释、排除井下生产过程中产生的有毒、有害气体。

（3）加大宣传、教育力度，施工人员要严格遵守操作规程，不要进入炮烟浓度大的场所，加强自我防护。

（4）对炸药的运输、储存，必须符合《爆破安全规程》，加强管理，查找隐患，杜绝自燃、自爆事故的发生。

（三）导火索质量不好及点火方法不当造成的爆破事故

1. 实例

某金矿二车间爆破工李某下掘斜井时，单点炮19个，由于导火索受潮，点不着而延误了时间，炮响后，造成李某某右手拇指被打掉，右眼失明。

2. 原因与措施

单点炮过程中，由于导火索受潮或者导火索质量问题，出现速燃、拒燃等现象，致使爆破工没有撤离到安全距离以外就响炮，从而造成了爆破事故。因此，导火索单点炮必须禁止，应采用三通管连接，另外推广应用非电导爆管起爆系统代替导火索、火雷管单点炮。现在，非特殊情况，已经禁用导火索起爆了。

（四）警戒不严及信号不明造成的爆破事故

1. 实例

某金矿王某在放炮时，由于王某疏忽，警戒不严，致使到此检查工作的宫某等四个人进入采场，结果造成宫某右眼重伤，两个人轻伤的事故。

2. 原因与措施

警戒不严，信号不明，安全距离不够而引发爆破事故，主要是管理不严，疏忽大意，有章不循所致。因此，要加强教育、监察管理，爆破工要在各个进入爆破地点的入口处设警戒堵人，炮响后方可撤去警戒。

（五）盲炮处理不当和打残眼造成的爆破事故

1. 实例

某金矿西山坑口凿岩工李某，未处理工作面的盲炮，打残眼发生爆炸，致使他双目失明。贺某某在凿岩时违章作业，打残眼，打响了上班留下的盲炮，造成贺某某左眼失明的重伤事故。

2. 事故原因

从表3-54可以看出，盲炮处理不当，打残眼而发生的爆破事故在爆破事故中占有较大的比例。

（1）火雷管起爆产生盲炮的原因。导火索、火雷管在储存、运输或装药后受潮变质；导火索浸油渗入药芯，造成断火；起爆雷管加工质量不好，造成雷管瞎火；装药、充填不慎，使导火索受损；点炮时造成漏点、带炮等。

（2）电雷管起爆产生盲炮的原因。使用过期、变质电雷管；爆破网络有短路、接地、连接不紧或连接错误；电雷管电阻差过大，超出允许范围；有水工作面雷管受潮；起爆电源不足，没有达到电雷管所需的准爆电流。

（3）导爆索起爆产生盲炮的原因。网络连接时，搭接长度不够，连成小于30°角而造成拒爆；导爆索芯渗入油质而拒爆；导爆索变质，起爆能量不够；充填过程中线路受损被砸断；多段起爆时，被前段爆破冲断。

（4）导爆管起爆产生盲炮的原因。网络连接方法错误；与雷管连接处卡口过紧，冲击波传不过去；飞石砸断导爆管；多段起爆时，被前段爆破冲断。

3. 盲炮处理方法

发现盲炮、残药应及时处理，处理方法要确保安全，力求简单、有效。不能及时处理的盲炮，应在附近设置明显标志，并采取相应措施。通常采用以下几种方法处理盲炮和残药。

（1）重新起爆法。经检查，盲炮中雷管未断，线路完好时，可以重新连线起爆。

（2）诱爆法。利用竹制或有色金属制的掏勺，小心地将炮泥掏出，再装起爆药包，重新起爆。

（3）打平行眼装药起爆法。在距浅孔盲炮0.3~0.5m处，再打一平行孔装药爆破。

（4）水冲洗法。如没有雷管，只有残药，可用低压水冲洗，稀释炸药。若是黏性强的防水炸药，应冲去炮泥后，再装起爆药包重新起爆。

（六）销毁爆破材料不当造成的爆破事故

江西某矿在销毁旧雷管时，没有按《爆破安全规程》要求将销毁雷管包装好埋入土中，而是把待销毁的雷管摆放在土上，点燃导火索起爆，刚点完一松手，导火索弹回引爆了待销毁的雷管，造成了严重伤亡事故。

因爆破而出现的安全事故，还有飞石事故、电气爆炸事故、变质爆破材料造成的迟爆事故、看回头炮事故等。

要不断进行"安全第一，预防为主"教育。

十四、炮烟中毒事故应急救援预案编制

（一）炮烟概述

工人在进行爆破作业时会产生炮烟，炮烟中毒气的主要成分有：一氧化碳（CO）、氮氧化物、二氧化硫（SO_2）、硫化氢（H_2S）、氨（NH_3），炮烟的危害性如下。

1. 一氧化碳

一氧化碳（CO）是化学性窒息性气体，无色、无味、无嗅，是含碳物质不完全燃烧的产物，比空气轻，它对人体内血色素的亲和力比对氧的亲和力大 250～300 倍。一氧化碳主要经呼吸道进入肺泡内，迅速弥散于血中，所以当吸入一氧化碳后，将使人体组织和细胞因严重缺氧而急性中毒。一氧化碳对人体的影响见表 3 - 55。

表 3 - 55　一氧化碳对人体的影响

φ（CO）（%）	作用时间	人体的反应
0.006 4～0.007 2	10d 后	血中碳氧血红蛋白达到 13%，血浆量减少
0.048	1h 以内	发生中毒。中毒者有耳鸣、心跳、头昏、头痛的感觉
0.128	0.5～1h	发生严重中毒。中毒者有昏迷、呕吐等症状
0.4	20～30min	中毒死亡。死者两颊有红斑点，嘴唇呈桃红色

2. 氮氧化物

氮氧化物主要是指一氧化氮（NO）和二氧化氮（NO_2）。二氧化氮是一种褐红色、密度为 1.57、有窒息性、极易溶于水的气体，具有强烈的刺激作用，主要经呼吸道，也可经皮肤接触进入人体，其毒性比一氧化碳大得多。吸入的氮氧化物中以二氧化氮为主要成分时，表现为对肺部的危害；以一氧化氮为主要成分时，表现为对中枢神经系统的损害。二氧化氮对人体的影响见表 3 - 56。

表 3 - 56　二氧化氮对人体的影响

φ（NO_2）（%）	作用时间	人体的反应
0.004	2～4h	有显著的中毒现象——咳嗽
0.006	5～10min	刺激呼吸道，有咳嗽、胸痛等症状

φ（NO_2）（%）	作用时间	人体的反应
0.01	30 ~ 60min	出现激烈咳嗽，声带痉挛性收缩、呕吐、神经麻木
0.025	—	短时间内死亡

3. 二氧化硫

二氧化硫（SO_2）是一种无色、具有强烈的硫黄燃烧气味的气体，密度为2.2，易溶于水。二氧化硫进入人体的主要途径是吸入，经皮肤接触也可进入人体。二氧化硫对上呼吸道及眼结膜有刺激作用，浓度较高时对深呼吸道也有刺激作用，可引起支气管炎和肺部病变。

4. 硫化氢

硫化氢（H_2S）是一种无色、有臭鸡蛋样气味的气体，密度为1.19，易溶于水。硫化氢几乎全部经呼吸道吸入，也可以皮扶吸收。硫化氢对人体的影响见表3－57。

表3－57 硫化氢对人体的影响

φ（H_2S）（%）	人体的反应
0.0001	嗅觉闻
0.002	可引起急性中毒，昏迷、抽搐
0.05	严重中毒、失去知觉、脸色发白、生命垂危
0.1	中毒者立即昏倒、痉挛、死亡

5）氨

氨（NH_3）主要经呼吸道进入人体，对黏膜产生刺激作用，对脂肪组织产生皂化作用，可引发上呼吸道充血、水肿、支气管炎、肺水肿及皮下灼伤等。皮肤直接接触高浓度氨可造成皮肤灼伤。急性氨中毒轻者出现流泪、流涕、咽喉刺痛、咳嗽、声音嘶哑、头晕、头痛、吞咽困难、全身乏力等症状；重者因短时间接触高浓度氨可引起中毒性肝坏死和造成窒息，使人呼吸困难而死亡。

我国《爆破安全规程》规定，地下爆破作业点有害气体的浓度不得超过表3－58中的数值。

表3－58 有害气体的最大允许浓度

有毒气体名称	对人体的影响	最大允许浓度	
		按体积/%	按重量/mg·m^{-3}
CO	窒息	0.0024	30
氢氧化物（换算为NO_2）	刺激肺，形成亚血红蛋白改变血液	0.00025	5
SO_2	刺激咽喉和肺	0.0005	15
H_2S	刺激呼吸道并窒息	0.00066	10
NH_3	刺激鼻孔、咽喉	0.0040	30

（二）预防炮烟中毒主要措施

（1）采用零氧平衡的炸药，使爆后不产生有毒气体，加强炸药的保管和检验工作，禁用过期变质炸药。

（2）必须完善局部通风系统，对于通风不良的采场，应安装局部风扇进行通风。要经常维护采场通风设备，通风设备发生故障时要及时检修，以确保设备能正常运转。

（3）爆破后必须加强通风，应采取措施向死角盲区引入风流，严格执行《爆破安全规程》规定，井下爆破需等 15min 以上（经过充分通风吹散炮烟），露天爆破需等 5min 以上，炮烟浓度符合安全要求时，才允许人员进入工作面。

（4）露天爆破的起爆站及观测站不许设在下风方向，在爆区附近有井巷、涵洞和采空区时，爆破后炮烟有可能窜入其中，积聚不散，故未经检查，不准入内。

（5）设有完备的急救措施，如井下设有反风装置等。

（6）作业人员在较浓的炮烟区通过，要用湿毛巾堵住口鼻，迅速撤到安全地点。

（三）应急救援预案编制概要

1. 目的和意义

事故应急预案是为了规范安全生产事故灾难的应急管理和应急响应程序，及时有效地实施应急救援工作，最大限度地减少人员伤亡、财产损失，维护人民群众的生命安全和社会稳定。

事故应急预案是针对各种可能发生的事故所需的应急行动而制定的指导性文件。针对各种不同的紧急情况制定有效的应急预案，不仅可以指导应急人员的日常培训和演习，保证各种应急资源处于良好的备战状态，而且可以指导应急行动按计划有序进行，防止因行动组织不力或现场救援工作的混乱而延误事故应急，应急预案对于如何在事故现场开展应急救援工作具有重要的指导意义。

2. 基本原则

（1）生产经营单位事故应急救援预案应针对那些可能造成本单位、本系统人员死亡或严重伤害、设备和环境受到严重破坏而又具有突发性的灾害。

（2）事故应急救援预案应以努力保护人身安全为第一目的，同时兼顾设备和环境的防护，尽量减少灾害的损失程度。

（3）事故应急救援预案应包括对紧急情况的处理程序和措施。

（4）事故应急救援预案应结合实际，措施明确具体，具有很强的可操作性。

（5）事故应急救援预案符合国家法律、法规的规定。

3. 基本要求

（1）科学性：事故应急救援工作是一项科学性很强的工作，制定预案也必须以科学的态度，在全面调查研究的基础上，开展科学分析和论证，制定出严密、统一、完整的应急反应方案，使预案真正具有科学性。

（2）实用性：应急救援预案应符合企业现场和当地的客观情况，具有适用性和实用性，便于操作。

（3）权威性：救援工作是一项紧急状态下的应急性工作，所制定的应急救援预案应明确救援工作的管理体系，救援行动的组织指挥权限和各级救援组织的职责和任务等一系列的行政性管理规定，保证救援工作的统一指挥。应急救援预案还应经上级部门批准后才能实施，保证预案具有一定的权威性和法律保障。

4. 预案内容（但不局限于下列内容）

（1）生产经营单位的基本情况。

（2）危险源的数量及分布图。

（3）指挥机构的设置和职责。

（4）装备及通信网络和联络方式。

（5）应急救援专业队伍的任务和训练。

（6）预防事故的措施。

（7）事故的处置。

（8）工程抢险抢修。

（9）现场医疗救护。

（10）紧急安全疏散。

（11）社会支援。

（四）应急预案编制举例

某矿编制爆破工程事故应急救援预案。本预案虽然是针对爆破工程事故中的炮烟中毒事故编制的，但其预防和救援的程序、方法也可以适用于其他类型的爆破工程施工，不同的爆破工程事故应急救援预案可以根据单位的基本情况和事故的特点来进行编写。

某矿炮烟中毒事故应急救援预案《Ⅰ级（企业级）应急预案》的主要内容如下。

为了切实做好我单位重特大事故抢险救援工作，在事故发生后及时有效地减少人员伤亡和财产损失，按照"救人第一、快速反应"的要求，根据有关法律法规结合实际制定爆破事故应急救援预案如下。

1. 应急救援范围

本预案适用于矿山一次伤亡3~9人或者伤亡9人以上的炮烟中毒事故的应急救援。

2. 生产经营单位的基本情况

（1）地理位置、环境、工程地质概况：本矿位于北纬×度×分，东经×度×分。占地面积××平方米。

（2）规模与现状：本矿创建于××年，目前共有工人××人，主要矿区有××个，本矿主要生产××矿，年产量××万t。

（3）矿区道路与运输车辆情况：①交通情况：本矿主要交通道路有××条（可附道路分布状况图）。②运输能力：本矿现有机动车××辆。（可附分布情况列表）。

3. 危险源的分布

本次爆破工程设计在距硐口351m处至590m处共布置四个爆炸点；第1处是距硐口590m处炸小煤井的小绞车，药量一包；第2处是距硐口525m处的空压机和变压器，药量三包；第3处是炸距硐口525m处的见煤点，药量三包；第4个处是炸距硐口425m处的见煤点，药量四包；第5处是炸距硐口352m处岔口点，用药量四包，雷管四发（事故后回收），前四个点位合计用炸药量11包，雷管13发。具体爆炸点的分布示意图如图3-96所示。

图 3 – 96　爆炸点的分布示意图

注：①表示第 1 处爆炸点；②表示第 2 处爆炸点；③表示第 3 处爆炸点；
④表示第 4 处爆炸点；⑤表示第 5 处爆炸点

4. 指挥机构的设备和职责

（1）指挥机构下设四个部。

① 应急救援指挥部。总指挥：矿长。成员：总工程师、生产科科长、保卫科科长。应急救援指挥部设在矿调度室，日常以调度室为联络指挥部，一旦发生灾害，即由应急救援指挥部统一指挥。

② 现场抢险救灾组。现场总指挥：副矿长、副总工程师。成员：安全员、工段长、班长等。

③ 医疗救护组。组长：卫生科科长。

④ 善后工作组。组长：安全科科长。

（2）应急救援机构人员职责总指挥：组织指挥全厂的应急救援。现场总指挥：负责应急救援的具体现场指挥工作；指挥部成员：在统一指挥下进行工作；生产科科长：负责事故处置时生产系统、开停车调度工作；事故现场通信联络和对外联系；安全科科长：协助总指挥做好事故情况通报及事故善后处置工作；保卫科科长：负责灭火、警戒、治安保卫、疏散、道路管制工作；卫生科科长：负责现场医疗救护指挥及中毒、受伤人员分类抢救和护送转院工作。

（3）应急救援机构人员电话号码汇总表见表 3 – 59。

表 3 – 59　电话号码总表

矿长	办公电话：＊＊…＊＊ 移动电话：＊＊…＊＊	副矿长	办公电话：＊＊…＊＊ 移动电话：＊＊…＊＊
总工程师	办公电话：＊＊…＊＊ 移动电话：＊＊…＊＊	副总工程师	办公电话：＊＊…＊＊ 移动电话：＊＊…＊＊
生产科科长	办公电话：＊＊…＊＊ 移动电话：＊＊…＊＊	保卫科科长	办公电话：＊＊…＊＊ 移动电话：＊＊…＊＊
卫生科科长	办公电话：＊＊…＊＊ 移动电话：＊＊…＊＊	安监科科长	办公电话：＊＊…＊＊ 移动电话：＊＊…＊＊

（4）装备及通信网络和联络方式。抢险技术装备：物资储备、防毒面具等装备。通信设备：报警总机 1 台，电话若干部。联络方式：发生事故或灾情，通过现场报警、广播、报警总机及电话报告信息。应急系统指挥联络方式如图 3 – 97 所示。

（5）应急救援专业队伍的任务和训练。应急救援专业队伍的任务是确保救援指挥和通信的顺利实施、应急救护、人员疏散、维护矿区内治安秩序、防止人为破坏、保障疏散线路畅通、恢复生产。应急救援演习由矿应急救援指挥部牵头，依靠有演习能力的部门进行事故防灾联合演习（原则上每年 1~2 次）。

（6）事故的处置。事故一旦发生，矿山应急救援指挥部应立即向上级领导机构汇报，启动应急程序并留有专人与上级保持联系。现场抢险救灾组接到矿山应急救援指挥部的指令后，应马上和医疗救护组奔赴事故现场，现场总指挥了解事故的发展情况后，将情况报告指挥部，指挥部根据侦检情况划定灾害区，并确定和设立警戒线，制定对策和处置方案。根据处置方案，医疗救护组人员应迅速、准确地对伤亡人员进行抢

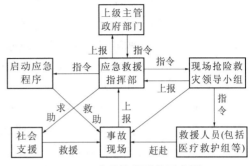

图 3-97 应急指挥联络示意图

救。现场总指挥根据险情的不同状况，采取有效措施（包括与上级来现场人员的配合，外援人员的协调，岗位人员的留守和安全撤离等）对事故进行处置。善后工作组在其他的救援工作完成之后，按照矿山应急救援指挥部的指令，再对事故进行善后处理。

（7）现场医疗救护（炮烟中毒的急救方法）。

① 一氧化碳（CO）。迅速将患者移离中毒现场至通风处，松开衣领，注意保暖，摩擦皮扶，给中毒者嗅氨水，密切观察意识状态，并迅速采取相应措施恢复中毒者的体温，及时、有效给氧。对轻度中毒者，可给予氧气吸入；中度及重度中毒者，应积极给予常压口罩吸氧治疗，有条件时应给予高压氧治疗。对重度中毒者，视病情应给予消除脑水肿、促进脑血液循环、维持呼吸循环功能及解痉等支持治疗。对迟发脑病患者，可使用高压氧、糖皮质激素、血管扩张剂、神经细胞营养药等进行治疗。

在等待运送车辆的过程中，对于昏迷不醒的患者可将其头部偏向一侧，以防呕吐物误吸入肺内导致窒息。为促其清醒可用针刺或指甲掐其人中穴，若其仍无呼吸则需立即开始口对口人工呼吸。必须注意，对一氧化碳中毒的患者，人工呼吸的效果远不如医院高压氧舱的治疗。因而对昏迷较深的患者，不应立足于就地抢救，而应尽快送往医院，但在送往医院的途中，人工呼吸绝不可停止，以保证大脑的供氧，防止因缺氧造成的脑神经不可逆性坏死。

② 氮氧化物。及时判明中毒原因，因为一氧化碳和氮氧化物中毒的患者及同时中两种气体毒的患者是不一样的。二氧化氮中毒时，指头上出现黄色斑点或毛须发黄并伴有咳嗽、恶心、呕吐等症状。而一氧化碳中毒时，呼吸急促或完全停止，身上出现红斑，嘴唇呈玫瑰色或不正常地发红。同时一氧化碳和二氧化氮中毒时，胸部有受压迫的感觉，咳嗽、头疼，有时呕吐。

仅仅二氧化氮中毒时，将中毒者迅速脱离现场放至空气新鲜处，立即吸氧，禁止人工呼吸。同时一氧化碳和二氧化氮中毒时，吸入无二氧化碳的纯氧，做人工呼吸时，将中毒者仰卧，撬开口腔，拉住舌头，在数"1、2、3"时，尽可能把舌头从口内拉出，然后数"4、5、6"时，把舌头放回。

用苏生器进行人工呼吸时，不要戴面罩，把胶管放入口内以供给氧气，以免加重呼吸系统的负担。对密切接触者观察 24~72h。及时观察胸部 X 线变化及血气分析。对症进行支持治疗。积极防治肺水肿，给予合理氧疗。

③ 二氧化硫（SO_2）。迅速将患者移离中毒现场至通风处，松开衣领，向患者供给含5%的二氧化碳的纯氧。严重二氧化硫中毒的伤员不能进行人工呼吸。可以给患者饮牛奶、蜂蜜，用苏打溶液漱喉等。用1%的硼砂水洗眼睛。

对有紫绀缺氧现象患者，应立即输氧，保持呼吸道通畅，如有分泌物应立即吸取。如发现喉头水肿痉挛和堵塞呼吸道时，应立即做气管切开术。

④ 硫化氢（H_2S）。迅速将中毒者抬离现场，放在通风的地方，要在上风向安置患者，脱去患者所有衣物，吸入氧。注射呼吸兴奋剂，静脉注射葡萄糖以及维生素 C。积极供氧是改善急性硫化氢中毒患者缺氧的必要措施。眼部损害可用清水冲洗至少15min，可用激素软膏点眼。接触的皮肤用肥皂水清洗，后期按化学性烧伤处理。

⑤ 氨（NH_3）。患者立即被撤离现场，移至空气新鲜处，以防止毒物继续吸入。脱去污染衣物，用大量清水彻底清洗污染的皮肤，重者用2%～4%硼酸液清洗。清除呼吸道分泌物以保持呼吸道通畅，必要时立即给予经口气管插管或气管切开，对已经发生和可能发生肺水肿的患者及早使用肾上腺皮质激素治疗，并依病情轻重缓急尽快转至医院进行系统救治。

（8）紧急安全疏散。发生炮烟中毒事故时，所有人员必须遵循"应急疏散计划"行动。警报发出后，应急救援小组成员应立即到达指定负责区域，指导作业工人离开现场。对于受伤人员，在确认环境安全的情况下，必须首先进行伤员救助，同时有权要求附近任何员工协助。在不能确认环境安全或环境明显对救助者存在伤害时，应首先做好个体防护后再进行救助工作。

（9）社会支援。紧急事件发生后，由矿安全部门报警，报警务必说明：矿名、所在地址和方位、联系电话和联系人。表3－60为可利用的外部资源。

表3－60　可利用的外部资源表

事件类型	外部资源	报警电话	联系电话	外援地点
炮烟中毒	某化学事故应急救援抢救中心	119	＊＊……＊＊	近
	某医院	120	＊＊……＊＊	

十五、大型露天金属矿爆破事故树分析

事故树分析也称故障树分析（Fault Tree Analysis，FTA）。事故树分析技术是美国贝尔实验室的沃特森博士于1961年开发的，是安全系统工程的重要分析方法之一，它在对系统的各种危险性进行辨识和评价的基础上，不仅能分析出事故的直接原因，而且能深入地揭示出事故的潜在原因。用它描述事故的因果关系直观、明了，思路清晰，逻辑性强，既可定性分析，又可定量分析。

（一）事故树分析的基本程序

1. 准备阶段

（1）确定要分析的系统。在分析的过程中，合理地处理好所要分析的系统与外界环境及其边界条件，确定所要分析系统的范围，明确影响系统安全的主要因素。

（2）熟悉系统。对于已确定的系统进行深入的调查研究，收集与系统有关的资料与数据，包括系统的结构性能，工艺流程，运行条件，事故类型，维修情况，环境因素等。

（3）调查系统发生的事故。收集调查所分析系统曾经发生过的事故和将来可能发生的事故，同时调查本单位与外单位、国内与国外同类型的事故。

2. 编制事故树

（1）确定事故树顶事件。是指确定所要分析的对象事件，根据事故调查分析其损失大小和事故频率，选择易于发生且后果严重的事故作为事故的顶上事件。

（2）调查与顶上事件有关的所有原因事件。从人机、环境和信息等方面调查与事故树顶上事件有关的所有事故原因，确定事故原因并进行影响性分析。

（3）编制事故树。采用一些规定的符号，把事故树顶事件与引起顶事件的原因事件按照一定的逻辑关系绘制成反映因果关系的树形图。

3. 事故树定性分析

主要是按事故树的结构，求取事故树的最小割集或最小径集，以及基本事件的结构重要度，根据定性分析的结果确定预防事故的安全保障措施。

4. 事故树定量分析

主要是根据引起事故的几个基本事件的发生概率，计算事故树顶事件的发生概率，计算几个基本事件的概率重要度和关键重要度，根据定量分析的结果以及事故发生以后可能造成的危害，对系统进行风险分析，以确定安全投资方向。

5. 事故树分析的结果总结与应用

必须及时对事故树分析的结果进行评价、总结，提出改进建议。

（二）金属矿山爆破事故危险因素分析

爆破是金属矿山的主要生产手段，它是现代化大型露天矿生产工艺中必不可少的一道工序，其地位极其重要。然而爆破作业本身是个复杂的系统工程，也是一项专业性特别强的高危行业，对爆破技术员、爆破器材和爆破质量要求特别高。其中爆破质量与穿孔等前期工作质量有很大的关系，也会影响以后的各工序的质量。爆破质量直接影响到电铲的铲装效率及电动卡车的装满系数。不良的爆破效果，如大块、根底、瞎炮等，都会严重影响日常生产的效率、成本以及劳动者的安全和劳动条件。

矿山统计资料表明，矿山爆破引起的人身伤亡和设备损坏事故在矿山中占有较大的比例。由于矿山爆破事故不像瓦斯爆炸、透水事故那种群死损伤的特大恶性事故伤亡惨重，它的伤亡一般人数较少，往往不被人们注意和重视。其实，当它一旦发生，危害性非常大，轻者造成国家财产损失和影响生产的顺利进行，重者会危及人的身体健康、生命安全和造成强烈的政治影响。矿山爆破作业危险性主要存在以下几个方面：由于爆破的力学效应（如爆破产生的地震波、冲击波、噪声、个别飞石）引起的安全事故；由于炸药爆炸时的物理化学效应，及炸药爆炸产生的大量有毒有害气体、电磁效应等引起的安全事故；由于爆破引起的突发事故，如炸药的早爆、拒爆、迟爆、起爆顺序不合理和因操作失误而引起的安全事故；非爆破工作人员进行爆破作业造成的事故。通过对典型爆破事故进行统计资料分析，按事故原因分类，各类事故所占百分比如表3－61所示。

表 3 - 61　我国冶金矿山爆破事故原因统计

序号	爆破事故原因	所占百分比/%
1	炮烟中毒与爆后过早地进入工作区	28.3
2	导火索质量不好，点火方法有问题（早爆）	19.0
3	爆破网络事故	17.5
4	警戒不严，信号不明，安全距离不够	10.0
5	盲炮处理不当，打残眼	10.0
6	非爆破工作业，违反规程	9.0
7	炸药处理不当	6.2

由表 3 - 61 可知，采用事故树分析法对爆破事故进行全面分析研究，找出引起该事故的各种"可能途径"及排除"非可能途径"，对于全面分析和把握引起事故的各种致因，进而搞好今后的爆破安全工作具有十分重要的意义。

（三）建立爆破事故树

建立的爆破事故树如图 3 - 98 所示。

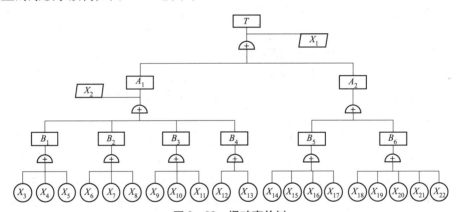

图 3 - 98　爆破事故树

T：爆破事故；A_1：非正常起爆；A_2：正常起爆；B_1：雷管早爆；B_2：雷管拒爆；B_3：雷管迟爆；B_4：雷管起爆顺序不对；B_5：警戒区内受到伤害；B_6：飞石飞出警戒区受到伤害；X_1：人机处在危险区；X_2：人为因素、缺乏安全管理；X_3：起爆开关出现故障；X_4：操作过程失误；X_5：杂散电流过大；X_6：起爆电源出现故障；X_7：炸药出现故障；X_8：爆破网络设计不合理；X_9：雷管起爆力度不够；X_{10}：导爆索质量问题；X_{11}：炸药钝感；X_{12}：技术员粗心检查缺陷；X_{13}：区域地质不明；X_{14}：起爆前未清点人数；X_{15}：非工作人员误入工作区；X_{16}：没有放炮信号；X_{17}：无安全警戒线；X_{18}：设计的警戒范围太小；X_{19}：炸药装药量过大；X_{20}：抵抗线设计不合理；X_{21}：防御不到位；X_{22}：网孔参数选取不合理

1. 求出最小割集

事故树中一组基本事件发生就能够导致顶上事件的发生，这组基本事件就称割集，最小割集就是导致顶上事件发生的最低限度的割集。对某一系统而言，最小割集越多，该系统出现故障的可能性就越大。最小割集的主要求法有行列法、布尔代数法、结构法、质数代入法和矩阵法等，这里只用布尔代数法求解。

用布尔代数化简求如图 3-98 所示的事故树的最小割集:

$$T = X_1(A_1 + A_2)$$
$$= X_1[X_2(B_1 + B_2 + B_3 + B_4) + B_5 + B_6] = X_1[X_2(X_3 + X_4 + X_5 + X_6 + X_7 + X_8 + X_9 + X_{10} + X_{11} + X_{12} + X_{13}) + X_{14} + X_{15} + X_{16} + X_{17} + X_{18} + X_{19} + X_{20} + X_{21} + X_{22}] \qquad (3-29)$$

式中,T 为事故树中的顶事件;$A \sim B$ 为事故树中中间事件;X_i 为事故树中的基本事件($i = 1 \sim n$)。

由于篇幅较大,计算过程不在这里详细列出。由组合数学的公式可知:最小割集的总数为 $3 + 3 + 3 + 2 + 4 + 5 = 20$ 个。

2. 求最小径集

径集又叫通集。如果事故树中某些基本事件不发生,则顶上事件不发生,这些基本事件的集合称为径集。最小径集是指顶上事件不发生所必需的最低限度的径集。其求法是:如果把事故树顶上事件发生用不发生代替,把"与"门换成"或"门,把"或"门换成"与"门,可得到与原事故树对偶的成功树。求成功树的最小割集,就是事故树的最小径集。它用于表示系统的安全性,最小径集越多说明系统的安全性越高。求解出最小径集,就可以知道控制住哪几个基本事件,就可以控制顶上事件不发生,要想使顶上事件不发生,有几个最小径集就有几个可能方案。爆破事故树成功树如图 3-99 所示。

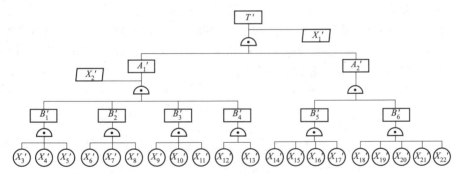

图 3-99 爆破事故树成功树

成功树的最小割集是原事故树的最小径集,可按下式计算:

$$T' = X'_1 + (A'_1 A'_2) = X'_1 + X'_2 + (B'_1 B'_2 B'_3 B'_4 B'_5 B'_6) \qquad (3-30)$$

式中,T' 为顶上事件的补事件;$A'_i \sim B'_i$ 为中间事件的补事件;X'_i 为基本事件的补事件。

计算可知有三个最小径集,说明控制爆破事故发生的途径有三条。

3. 结构重要度分析

所谓结构重要度分析,是从事故树结构上分析各基本事件的重要度,也就是各基本事件的发生对顶上事件发生的影响程度,基本事件结构重要度越大,它对顶上事件的影响程度就越大。

因为在 20 个最小割集中,割集的基本事件数不相等,故可将在基本事件的最小割集内出现次数少的基本事件与在基本事件的最小割集内出现次数多的基本事件相比较,一般说前者结构重要度大于后者,极个别情况两者相等。根据此原则,对各基本事件的结构重要度排序如下:$I(1) > I(2) = I(14) = I(15) = I(16) = I(17) = I(18) > I(19) = I(20) = I(21) = I(22) = I(3) > I(4) = I(5) = I(6) = I(7) = I(8) = I(9) = I(10) = I(11) =$

$I(12) = I(13)$。

4. 结果分析

（1）从事故树结构看出，导致爆破事故的基本原因有22个，这些因素相互组合都可导致事故的发生，因此系统的危险性必须引起足够的重视。

（2）从事故树结构还可看出，事故树中或门个数占88.9%，与门个数占11.1%，这个比例说明爆破事故容易发生。

（3）从最小割集和最小径集的组数来看，爆破事故最小割集是20组，最小径集是3组，因此，发生爆破事故的"可能途径"共有20条，预防途径有3条，且事故树最小割集中包含的基本事件很少，最小径集所包含的基本事件却很多，所以爆破事故易发生而难以控制，系统比较危险。

十六、某露天深孔爆破拒爆事故处理及索赔

（一）事故调查

2012年5月10日中午12点30分，某矿采区像往常一样进行露天深孔爆破作业，爆后相关技术、安全人员检查爆破效果时发现大面积拒爆现象。对事故进行初步调查发现：爆破采用电雷管孔外并联、非电导爆管雷管孔内起爆网络，爆区共66个孔（平均孔深为13.4m），其中拒爆51个孔，已爆15个孔，爆区电雷管起爆网络全部正常起爆，孔内非电导爆管雷管导爆管部分（孔口外）均已变黑，拒爆孔分布没有规律，爆后爆区基本没有发生位移，没有形成爆堆，前排部分炮孔正常起爆，爆区下部平台有少量爆破松散石料。爆区炮孔布置如图3-100所示，拒爆现场如图3-101所示。

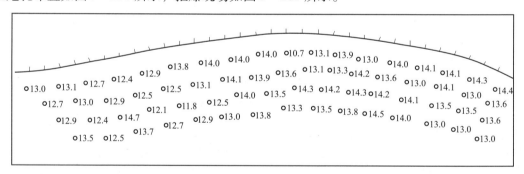

图3-100　炮孔布置图

图3-101　拒爆现场图

（二）事故分析

根据常见的中深孔台阶爆破拒爆产生的原因分析及拒爆事故现场调查，排除因起爆网络连接问题和设计缺陷问题引起的拒爆，并初步推断拒爆产生的原因是：爆破器材质量不合格。爆区爆破器材使用情况如表 3 - 62 所示。

表 3 - 62　爆区爆破器材使用情况

序号	爆破器材名称	单位	数量	备注
1	电雷管	发	20	经检测电阻合格、孔外电起爆网络、并联
2	非电导爆管雷管	发	122	孔内延期、双发、18m 脚线
3	起爆弹	个	122	1 孔 2 药包、双向起爆
4	乳化炸药	kg	9300	ϕ110 乳化炸药起爆，每孔均为 141kg

为确定引起拒爆的真正原因，先后对同一批次的电雷管、非电导爆管雷管、起爆弹、乳化炸药进行了现场抽查试验。为排除电雷管和非电导爆管雷管爆力大小问题对拒爆的影响，在民爆公司和雷管生产厂家的配合下进行了工业雷管铅板试验，工业雷管铅板试验如图 3 - 102 所示。经过对整个试验过程的记录和确认，随机抽查的电雷管（经检测电阻合格）和非电导爆管雷管全部起爆，且所对应的铅板全部被击穿。试验结果表明：电雷管及非电导爆管雷管性能良好，不存在任何质量问题。为验证起爆弹的起爆感度及起爆能是否符合要求，对起爆弹进行了多组药包起爆试验，起爆弹（药包）起爆并带动炸药（粉状铵油）完全起爆。试验结果表明：起爆弹（药包）不存在任何质量问题。乳化炸药是该深孔爆破中的主要材料，炸药性能是否满足各技术参数成为确认本次拒爆原因的重点，为查清该批次乳化炸药的各种性能，对其进行了常规起爆试验及殉爆试验。乳化炸药现场常规起爆、殉爆试验如图 3 - 103 所示。

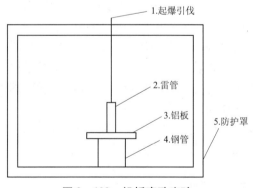

图 3 - 102　铅板穿孔实验

图 3 - 103　乳化炸药现场试验图

经过对同批次乳化炸药的现场常规起爆、殉爆试验，随机抽查的 20 组乳化炸药有 13 组不能正常起爆，正常起爆的 7 组乳化炸药中有 6 组不能殉爆（殉爆距离为 4.0cm）。试验结果表明：该批次乳化炸药起爆感度过低，不能正常起爆，存在严重质量问题。

（三）事故处理

爆破作业过程中发生拒爆现象非常常见，但盲炮必须及时、安全、妥善处理，否则会留下严重的安全隐患，甚至可能造成重大人身伤害及财产损失。为确保施工安全，用警戒旗拉起警戒范围，禁止闲杂人员及机械设备进入，由经验丰富的爆破员进行排查，并针对实际情况制定专项处理方案。

此次大规模拒爆中，大部分炮孔几乎没有发生移位现象，为确定盲炮孔位置，充分利用 GPS 测量仪对所有炮孔进行精确定位（以点位坐标进行放样），在人工配合机械（挖掘机）的处理下找出所有盲炮孔位置；在爆破技术负责人及经验丰富的爆破工程师的指导下，距离每个盲炮孔不少于 10 倍炮孔直径（φ140）处重新布孔、测量；布测孔完毕后，爆破工程师向钻机班长及操作人员进行技术交底，由爆破技术人员亲自监督穿孔，穿孔须确保垂直，如有特殊情况立即停止钻孔并向爆破工程师报告，钻孔只在白天晴朗天气情况下进行，夜间停止钻孔；钻孔完毕后进行验孔，验孔合格之后重新按照爆破设计进行逐孔精密装药，装药完毕堵孔、连接网络，网络连接、检查无误之后进行起爆；爆破时起爆站设在爆区后方，距离在 200m 之外；警戒范围在 300m 之外，以确保爆破安全。

该处理方案的主要目的是将盲炮孔内的炸药挤压、破坏、分散，彻底消除安全隐患。同时，拒爆区可通过重新钻孔爆破方式取得良好爆破效果，以便顺利挖装，尽量将拒爆产生的损失和不良影响降到最低。盲炮处理过程如图 3－104 所示。

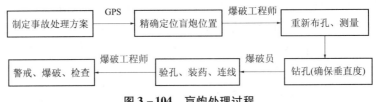

图 3－104　盲炮处理过程

（四）事故索赔

拒爆事故发生后，根据事故调查结果进行分析，判断引起拒爆现象的真正原因，并根据实际情况判断是否属于索赔范围，确定索赔对象，并根据实际情况提出索赔要求、提交索赔资料，通过会议协商解决、中间人协调解决、仲裁或起诉方式进行索赔。

通过与民爆公司及爆破器材生产厂家的积极协调，根据拒爆情况进行各种爆破器材现场试验并作出相关记录，最终确认引起拒爆的原因是乳化炸药质量不合格。随即根据合同要求向民爆公司和爆破器材生产厂家提交了索赔意向书（主要包括索赔事项、索赔理由和索赔要求），并及时向相关部门报送索赔资料，经过积极协调，民爆公司和爆破器材生产厂家同意通过会议协商解决。此次索赔要求主要包括直接损失费、间接损失费、后期处理费。总索赔费用共计 216019 元，明细见表 3－63 所示。

表 3－63　拒爆损失清单

拒爆损失清单
拒爆时间及地点：2012 年 5 月 10 日于内蒙古必鲁甘干铜钼露天矿 1010 采区
拒爆原因：乳化炸药质量不合格（起爆感度过低、不能正常起爆）
索赔事项：直接损失费、间接损失费、后期处理费

续表

索赔费用	索赔项目	单位	数量	单价/元	金额/元	备注
直接损失费	工作面清理	h	8	500	4000	穿孔工作面清理，小松 PC450
	穿孔	m	885.1	50	44255	ϕ140，每孔均 13.4m
	炸药	kg	9300	12	111600	ϕ110，每孔均 141kg
	电雷管	发	20	1.7	34	孔外并联电起爆网络
	导爆管雷管	发	122	10	1220	延期、孔内双发起爆
	起爆弹	个	122	30	3660	孔内双向起爆
间接损失费	爆破人工费	人	15	200	3000	包括安全、技术、操作人员
	企业管理费	人	15	50	750	按平均管理费计算
后期处理费	工作面清理	h	80	500	40000	拒爆后精确定位盲炮孔位
	拒爆炸药清理	h	15	500	7500	处理完毕后清理原拒爆炸药
合计					216019	

拒爆事故需以预防为主，防治结合。爆破器材要妥善保管，严格检查，严禁使用不合格爆破器材；努力提高爆破操作水平，保证施工质量。拒爆事故发生后，需集中一切力量消除安全隐患，恢复隐患，减少经济损失。先调查清楚事故原因，针对原因提出安全、有效、可行的解决方案，再根据方案进行事故处理。根据事故调查结果进行分析，判断是否属于索赔范围，并确定索赔对象，根据合同要求进行索赔。

十七、岩溶发育区露天台阶微差爆破拒爆分析

（一）拒爆实例

在裂缝、溶洞较多且规模较大的岩溶发育区进行穿孔爆破时，钻孔可能穿过裂缝（或溶洞），甚至两个相邻的钻孔（同排或邻排）被裂缝连通。当采用导爆索微差起爆网络时，可能因为被裂缝连通的相邻两钻孔的装药产生殉爆而改变原设计的起爆顺序，并产生成片拒爆。

某石灰石矿区的岩性为：①第一层 C11，下石炭纪浅灰白色中厚层状纯灰岩；②第二层 C2 - 61，下石炭纪淡黄色到浅紫红色碎屑灰岩，与 C11 呈整合接触；③第三层 C72，中石炭纪下部为灰白、浅灰色厚层至块状细中粒纯灰岩，夹薄层黄褐色、紫色泥灰岩与紫红色、黄绿色砂质泥灰岩和中厚层白云岩夹层，上部为浅白色中粒中厚层白云石化灰岩，与 C2 - 61 呈整合接触。

矿区岩层受强烈挤压作用，节理裂隙发育，最发育的一组节理裂隙产状为 253°～280°，小于 67°～83°；较发育的一组节理裂隙产状为 22°～43°，小于 73°～80°。主裂隙主要分布在 C2 - 61 的顶、底部及 C11 的下部底板内侧和 C72 上部顶板内侧的 50m 宽范围内。

主裂隙分布区也是该矿主要的岩溶发育区。深孔台阶爆破的参数如表 3 - 64 所示。采

用电雷管——导爆索起爆网络进行排间微差爆破，微差时间为25ms。

表3-64　爆破参数

台阶高/m	孔径/mm	孔深/m	孔距/m	排距/m	单耗/kg·m⁻³	平均单孔药量/kg
15	160	17~18	6	4	0.5	187

在2000—2003年之间，共进行深孔台阶爆破115次，发生3次拒爆事故（每次事故的拒爆现象类似）。其中一次爆破的起爆网络如图3-105所示，起爆后，发现第3排钻孔整体拒爆，B点右边的主导爆索全部起爆，支导爆索未爆，B点左边的主导爆索和支导爆索均未起爆。因第3排孔拒爆，第4排孔虽然起爆，但夹制作用强，爆破效果差。此类拒爆事故的后期处理工作十分困难。

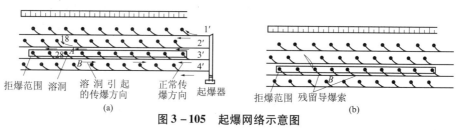

图3-105　起爆网络示意图
（a）起爆前的爆破网络；（b）爆破后残留的导爆索

（二）殉爆原因分析

根据钻孔和装药时发现18号和28号钻孔可能存在裂隙的情况下，结合该爆区岩溶特别发育的特点和导爆索断爆的特征分析，认为此次爆破事故是由于溶洞诱爆作用引起的拒爆。

1. 溶洞引起相邻钻孔装药殉爆的可能性分析

穿过岩溶的钻孔，有的因无法装药而作废孔处理；有的采取适当措施（如岩溶段采用条形袋装药）后可以利用；有的孔壁裂隙不明显而未被发现。由于裂缝与相邻钻孔连通，先爆孔的爆炸冲击波通过裂缝定向传播，能量损失小，衰减慢，后爆孔的炸药在冲击波高温高压作用下可能产生殉爆。

2. 影响殉爆作用的因素

（1）主发装药量。主发装药量是引起被发装药殉爆的最重要因素。主发装药越多，能量越大，冲击波越强，因而殉爆距离就越大。按照冲击波峰值超压和冲量的相似准则，在其他条件固定的情况，殉爆距离与装药量的关系可表示为

$$R = kq^{\alpha} \tag{3-31}$$

式中　R——同等程度的殉爆距离，单位m；

　　　k、α——系数；

　　　q——主发药量。

上式中的待定指数A取值范围为1/3~1/2，主发药量大时取大值，反之取小值；k值与炸药品种的试验条件有关，某些炸药的k值见表3-65。

表 3 - 65　某些炸药的 k 值

炸药名称	k 值		试验
	殉爆	不殉爆	
TNT	0.65	0.86	麻袋装，放置在地面上
特屈儿	1.28	2.14	木箱装，被发装药放置位置高于主发装药
泰安	—	2.14	木箱装，放置在建筑物内
硝铵炸药	0.52	0.60	纸袋装，放置在地面上

（2）装药的约束条件。装药在殉爆方向以外的其他方向上约束条件愈好，炸药爆轰过程的侧向扩散作用愈小，爆速愈高，殉爆方向上的冲击波愈强，殉爆距离愈大。表 3 - 66 列出了苦味酸炸药的管状约束条件对殉爆距离的影响情况。

表 3 - 66　管状约束条件对殉爆距离的影响

约束条件	殉爆距离 $R_{50\%}$ /mm	主发装药		被发装药	装药直径 /mm	炸药品种
		药量/g	密度/（g/cm³）	密度/（g/cm³）		
无约束	190					
壁厚 1mm 的纸管约束	590	50	1.25	1	29	苦味酸
壁厚 5mm 的钢管约束	1250					

由表 3 - 66 可知，当采用 1mm 的纸管和 5mm 的钢管约束时，苦味酸炸药的殉爆距离分别为无约束条件下的 3 倍和 6.5 倍。

（3）主发装药起爆方向。主发装药起爆方向对殉爆作用影响很大，这主要由于当主发装药从一个方向起爆时，爆炸冲击波在各个方向分布不均所造成的。图 3 - 106 表示了不同药柱和不同起爆方法和不同约束条件下，在不同方向上的殉爆范围。

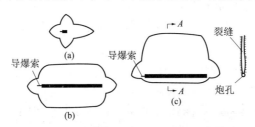

图 3 - 106　不同条件的主发药包在不同方向的殉爆范围示意图
①无约束的短药柱药包；②无约束的长药柱药包；③连通裂缝的钻孔内药包

（4）装药之间介质的影响。介质对主发装药产生的冲击波、爆轰产物、外壳的破片和飞石等冲击能量有吸收、衰减和阻挡作用，因而使殉爆距离减小。介质越稠密，减小作用越明显。

（5）装药直径的影响。一般情况下，工业炸药的临界直径和极限直径都比较大，因此装药直径对殉爆距离也有影响。

3. 殉爆的可能性

将单孔药量 187kg、$\alpha = 1/2$、$k = 0.52$ 代入式（3-31），得殉爆距离 $R = 7.12m$，考虑深孔台阶爆破采用耦合装药，装药直径较大，药柱较长，导爆索起爆的起爆条件较好（整个爆孔同时起爆），加之孔壁岩石构成良好的约束条件，殉爆距离将会比上述计算值增加数倍，相距 6m 的后排钻孔完全有可能被前排钻孔殉爆。

（三）拒爆原因分析

该起爆网络第一、二、三和四排钻孔分别由 1 段、2 段、3 段和 4 段雷管起爆，正常的延期时间分别为 0ms、25ms、50ms 和 75ms。但是，因爆区有一溶洞连通第 2 排的 18 号钻孔和第 3 排的 28 号钻孔，改变了爆破网络设计的起爆顺序：第 2 排钻孔的起爆雷管（2 段）爆炸时，引爆该排的主导爆索，爆轰波到达 A 点时（见图 3-105（a）），引爆 18 号孔的分支导爆索，使该孔炸药的爆炸冲击波通过溶洞殉爆第 3 排 28 号孔的装药，并引爆该孔内的分支导爆索，爆轰波向孔口传爆并在第 3 排钻孔的 B 点引爆主导爆索。由于导爆索爆轰波的传爆具有方向性，主导爆索的爆轰波只向右（即 3 号雷管方向）传播，而不能向左传播。设导爆索爆轰速度 $D = 6500m/s$，冲击波在溶洞内的平均速度为 5000m/s，则第二排孔和起爆雷管（2 段）爆炸在导爆索中激发的爆轰波通过溶洞殉爆 28 号孔的装药后，再经过第三排主导爆索传播到该排钻孔的起爆雷管（3 段）所经过的时间为

$$t = \frac{na}{D} + \frac{b}{D'} = 16\text{ms} \tag{3-32}$$

而此时，第三段雷管还未爆炸（因第二段雷管至第三段雷管间隔 25ms）。因此，第三排孔 B 点右边的主导爆索因为反向传爆，不能引爆各支导爆索；B 点左边的主导爆索也因 28 号孔的支导爆索反向传爆而不能被引爆。所以第 3 排孔产生整体拒爆。

（四）防止溶洞引起拒爆的措施

岩溶发育区的溶洞和裂隙是客观存在的，在目前的技术条件下还难于探明其准确的位置和形状。对于穿过岩溶的钻孔，不能成孔或无法装药的，作废孔处理；不知道已与岩溶相通的或采取必要措施后可装药的均进行装药爆破。因此，在岩溶发育区进行深孔台阶爆破时，应采取如下防止溶洞引起拒爆的措施。

（1）认真探查钻孔的质量，发现钻孔与岩溶贯通时，与岩溶贯通段不装药，或作废孔处理。

（2）采用电爆网络或双向导爆索网络。

（3）采用高精度雷管爆破网络实施逐孔起爆。该石灰石矿自 2004 年 4 月 29 日以来，采用高精度雷管逐孔起爆网络进行深孔台阶爆，克服了拒爆现象，且破碎效果好，爆堆集中，后冲小，飞石距离减小，取得了很好的爆破效果。

贯通相邻钻孔的溶洞、裂隙可能使先起爆的钻孔超前殉爆后起爆的钻孔，破坏起爆网络，从而产生拒爆事故。因此，在岩溶发育区进行延期爆破时，应进行相邻钻孔的装药通过岩溶裂缝殉爆的可能性分析，设计可靠的起爆网络，以免产生严重的拒爆事故。实践表明，采用高精度雷管逐孔起爆网络是防止此类拒爆的最理想的方法。

附录

某地下矿山平巷掘进爆破说明书
编制示例

某地下矿山平巷掘进爆破说明书

设计人（签章）：

负责人（签章）：

乙方公司名称（盖章）：

年　月　日

技术交底记录

本说明书内容已经进行全面交底。

甲方单位（公章）：

甲方代表（签字）：

年　　月　　日

乙方单位（公章）：

乙方代表（签字）：

年　　月　　日

目　　录

第一部分 爆破设计

一、爆破作业原始条件

某地下矿山，矿岩稳固，$f = 14$，矿岩平均密度为 $3.1g/cm^3$，应力波传播速度为 $5200m/s$。YT28 钻机钻进 1m 耗时达 10min。在 $-420m$ 水平掘进水平运输巷，巷道断面为梯形，下底×高×上底尺寸为 $2.4m × 2m × 2.2m$。矿岩节理裂隙不发育，有的地段含水较多。爆破块度不超过 300mm。无瓦斯、可燃粉尘爆炸危险。爆破作业原始条件见附表 1

附表 1 爆破作业原始条件表

序号	名称	单位	数量	备注
1	梯形断面下底×高×上底尺寸	m	2.4. ×2 ×2.2	
2	梯形断面面积	m²	4.6	
3	岩石坚固性系数 f		14	
4	瓦斯（煤尘）情况		0	
5	岩石密度	g/cm³	3.1	
6	岩石应力波速	m/s	5200	
7	含水率	%		不均，有的地段很高
8	块度	mm		小于 300mm

二、设计依据

（1）《爆破安全规程》（GB 6722—2003）。

（2）《中华人民共和国民用爆炸物品管理条例》（2006）。

（3）爆破技术说明书委托协议（爆破施工合同）。

（4）《金属非金属矿山安全规程》（GB 16423—2006）。

（5）《岩土工程勘察规范》（GB 50021—2001）。

（6）《××地方公安机关民用爆炸物品管理工作规范》等。

三、凿岩、装岩设备

凿岩、装岩设备见附表 2。

附表 2 凿岩、装岩设备表

序号	名称	型号	单位	数量	效率
1	凿岩机	YT28	台	2	10min/m
2	装岩机	CZ17	台	2	3m³/h

四、爆破器材

金属矿山平巷掘进爆破，选用导爆管起爆系统，起爆过程为：起爆器引爆导爆管→导爆管引爆非电雷管→非电雷管引爆炸药。所需器材见附表 3。

附表3　爆破器材表

序号	器材名称	规格	数量	备注
1	岩石乳化炸药	$\phi = 32mm$，$L = 200mm$ $G = 150g$		
2	非电雷管	8 号		
3	起爆器	前后端距离 $0 \sim 300m$	1，母线长度视具体情况而定	

五、爆破参数及炮眼布置

（1）炮孔直径：选择 42mm。

（2）炮眼深度：1.8m。由于岩石较难爆破，降低炮眼深度有利于提高炮眼利用率，故选 1.8m。

（3）炮眼数目：根据断面面积（4.6m²）和坚固性系数 14，参考计算与经验孔数 $N \approx 26$。

（4）炸药单耗：炸药单耗有多种选取方法，根据断面面积（4.6m²）和坚固性系数 14，经查表得单耗 $q = 2.33kg/m^3$，是否合理，在实践中修正。

（5）炮孔孔距。

① 周边孔至轮廓线的距离 10cm。

② 周边孔孔距。由于岩石坚固难爆，故孔距取小值。底眼孔距 $= 0.55m$（5 孔），顶眼孔距 $= 0.66m$（4 孔），帮眼 $= 0.62m$（4 孔）。

③ 掏槽孔孔距：正矩形掏槽布置（见附图 1）。正矩形掏槽的特点是工作面上有 4 个呈正方形的孔，其中心布置一个装药炮孔，根据岩石的坚硬程度并结合断面实际情况，选取 $S_1 = 80mm$、$S_2 = 120mm$、$S_3 = 160mm$，两个 2 号和 3 号孔采取对称布置，孔深为 2m，"1、2、3"为掏槽装药孔起爆顺序，微差起爆。大正方形边长约为 0.365m，对角线长为 0.52m。

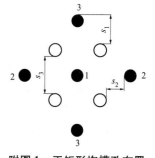

附图 1　正矩形掏槽孔布置

掏槽孔布置在断面正中偏下，掏槽孔最下孔距底部轮廓线为 0.65m。

④ 辅助眼孔距：尺寸见附图 2、附图 3（炮孔布置图）。

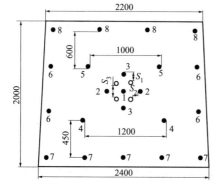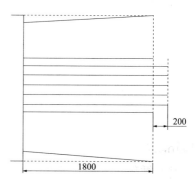

附图 2　炮孔布置图

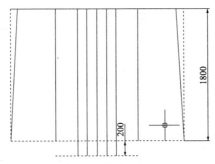

附图3 炮孔布置图

（6）装药系数与装药量。

① 掏槽孔：△=0.8，8个/孔=1.6kg/孔。

② 辅助孔：△=0.7，7个/孔=1.4kg/孔。

③ 周边孔：△=0.6，6个/孔=1.2kg/孔。

④ 底孔：△=0.7，7个/孔=1.4kg/孔。

⑤ 顶孔：△=0.6，6个/孔=1.2kg/孔。

（7）堵塞长度：炮泥封满孔。

（8）一炮装药量：30.2kg。

装药结构及起爆药包位置如附图4所示。

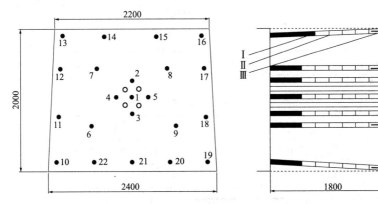

附图4 装药结构及起爆药包位置

Ⅰ—堵塞炮泥；Ⅱ—连续装药药卷；Ⅲ—起爆药包（孔底第二个药卷）

爆破参数表见附表4。

六、预期爆破效果

预期爆破效果指标见附表5。

七、循环作业图表

掘进基本情况：巷道断面为梯形，下底×高×上底尺寸为2.4m×2m×2.2m的平巷掘进作业循环图表，共布置26个炮孔，孔深为1.8m，超深为0.2m，炮孔利用率为90%，凿岩机效率为10min/孔，装岩效率为3.3m³/h。窄轨运输，铲斗后卸式电动装岩机。岩石碎胀系数为1.25。循环作业表见附表6。

附表 4　爆破参数表

眼号	眼名	眼数/个	眼径/mm	眼深/m	爆序	段数	堵塞长度/cm	装药量(个/孔)或 kg	总药量(个)或 kg
	空眼	4	42	2					
1~5	掏槽眼	5	42	2×5=10	1~3	1、3、5	封满	8 个/孔=1.6kg	40 个=8kg
6~9	辅助眼	4	42	1.8×4=7.2	4~5	7、9	封满	7 个/孔=1.4kg	24 个=5.6kg
10、19~22	底眼	5	42	1.8×5=9	7	13	封满	7 个/孔=1.4kg	35 个=7kg
11~12、17~18	边眼	4	42	1.8×4=7.2	6	11	封满	6 个/孔=1.2kg	20 个=4.8kg
13~16	顶眼	4	42	1.8×4=7.2	8	15	封满	6 个/孔=1.2kg	20 个=4.8kg
合计		26		40.6					139 个=30.2kg

药卷直径长度 20cm，重量 150g，药卷直径 32mm。雷管选用第 4ms 系列非电导爆管雷管。

附表 5　预期爆破效果

炮眼利用率/%	每循环进尺/m	每循环炸药消耗量/kg	炸药单耗/kg·m⁻³	单位炮眼消耗/m·m⁻³	每循环爆破崩落实体岩石量/m³	单位雷管消耗量/个·m⁻³		炮眼总长度/m	巷道轮廓(超挖、欠挖、规整性)	块度(均匀、大块率高、过于破碎)
90	1.62	30.2	2.33	5.4	7.5	2.9		40.6	≤3%	≤300mm

附表 6　循环作业表

工序名称	工作量	效率	所需时间/h	进度/h 0.5 1.0 1.5 2.0 2.3 2.8 3.5 4.0 4.5 5.0 5.5 5.8 6.5 7.0 7.3
准备工作			0.5	
凿岩	40.6m	22.6m/h	1.8	
装药爆破			0.5	
通风			0.5	
出渣	7.5m³	3m³/h	2.5	
铺轨接线	2m		1.5	

八、导爆管起爆网络（簇联起爆）

起爆器引爆孔外传爆雷管→传爆雷管引爆导爆管束→进而引爆孔内非电雷管→非电雷管引爆炸药。首先将炮孔内引出的导爆管分为两束，各 11 根，每束导爆管用胶布捆联在二发传爆导爆管雷管上（注意雷管聚能穴方向），再将传爆导爆管雷管集束用胶布捆联在上一级传爆雷管上。起爆网络示意图如图 5 所示。

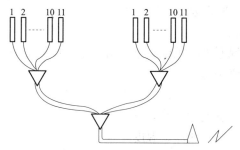

附图5 起爆网络示意图

第二部分 爆破施工

一、孔的施工

（1）标注孔位：由测量人员按照孔的排列图以及孔的参数在施工断面标注孔位。

（2）凿岩：孔位标注完成后，由凿岩工凿岩。

（3）检测：检测孔位、孔距、孔深、倾角，将验收结果填入验收单，对于孔内出现的异常现象（如偏离、堵孔、透孔、深度不足等），均要标注清楚。根据这些标准和实测结果要计算炮孔合格率（指合格孔占总炮孔的百分比）和成孔率（实际钻凿炮孔数与设计炮孔数的百分比），按上述要求设计验收单（包括孔合格率和成孔率）。

二、爆破施工

1. 装药前准备

检查炮孔：除上述检查外，还要看有无积水等，若有进行处理。

2. 装药与堵塞

按预先设计雷管的段数、每孔装药量、装药结构、起爆药包位置、堵塞长度等进行装药堵塞。装药时不许提拉、捣固起爆药包。

3. 网络连接

严格按设计进行连接，确保连接质量。巷道掘进爆破连线顺序一般为掏槽→辅助眼→周边眼，由里向外逐段连线（如果是采场→一般逐排或逐段连线）。

第三部分 安全技术措施

一、作业前安全检查

进入现场作业人员必须按规定穿戴劳保用品，进入现场，必须首先敲帮问顶，检查现场安全状况，确认安全后方可作业。

二、作业中安全检查

作业过程中，必须随时观察顶底板的变化状况，如发现险情，要及时排除。

三、通风安全

要保证通风畅通（通风方式：抽出式、压入式、抽出压入联合式），以保证工作面空气新鲜，通风筒、轴扇等要随掘进随时跟进。

四、停止施工情况

爆破作业时必须严格按爆破说明书进行，按《爆破安全规程》规定施工操作。爆破作业地点由下列情形之一时，禁止进行爆破工作。

（1）有冒顶、片帮危险。

（2）支护规格与支护说明书的规定有较大出入或工作面支护损坏。

（3）通道不安全或通道阻塞。

（4）爆破参数或施工质量不符合设计要求。

（5）沼气或瓦斯气体含量超标，或有突涌征兆。

（6）工作面漏水、涌水危险或炮孔温度异常。

（7）危及设备或建筑物安全，无有效防护措施。

（9）危险区边界未设警戒。

（9）光线不足或无照明。

（10）未严格按设计以及安全规程要求做好准备工作。

五、盲炮处理

（1）发现盲炮或怀疑有盲炮，应立即报告及时处理。若不能及时处理，应在附近设明显标志，采取相应的安全措施。

（2）处理盲炮时，无关人员不准在场，应在危险区边界设置警戒，危险区内禁止进行其他作业。

（3）禁止拉出或掏出起爆药包。

（4）处理方法。

① 重新起爆。经检查确认炮孔的起爆线路完好时，可重新起爆。

② 打平行眼装药爆破。平行眼距盲炮孔口不得小于0.3m。为确定平行炮眼的方向允许从盲炮孔口取出长度不超过20cm的填塞物。

③ 聚能药包诱爆。用木制、竹制或其他摩擦不易发生火星的材料制成的工具，轻轻将跑眼内大部分填塞物掏出，用聚能药包诱爆。

④ 风吹水洗。在安全距离外，用远距离操纵的风水喷管吹出盲炮填塞物及炸药，必须采取措施回收雷管。

（5）盲炮处理后，应仔细检查爆堆，将残余的爆破器材收集起来，未判明爆堆有无残留爆破器材前，应采取预防措施。

（6）盲炮应当班处理，当班不能处理或未处理完毕，应将盲炮情况（盲炮数目、炮眼方向、装药数量和起爆药包位置，处理方法和处理意见）在现场交接清楚，由下一班继续处理。

六、警戒

（1）人员撤离现场。

（2）通知临近工作面人员做好避炮准备。

（3）在相关位置布置人员或设置明显标志。

第四部分　爆炸物品的使用及保管

一、爆破物品的使用

（1）爆破物品必须由持《爆破员作业证》的人员使用。

（2）加工起爆药包时，必须由爆破员在专门场所内进行加工，严禁无关人员进入加工场所，装药前由爆破负责人负责管理。

（3）爆破作业现场保管爆破物品必须使用民用爆破物品保管专用箱，并加锁，钥匙由爆破员保管。

（4）领用爆破器材不得超过当班用量，所需爆破器材由安全监督员或专门负责人和爆破员共同填写领料单，并共同签字，然后凭此签字的领料单到保管员处领料。保管员凭此单发料，并认真做好登记，当班剩余爆破器材，经核定并由领料人签字退回临时库房，由保管员登记入库。

（5）使用过程中，严禁烟火、撞击。

（6）严格执行《爆破作业安全操作规程》。

二、爆破物品的保管

（1）爆破物品由民爆物品专营公司负责配送至施工现场专库，并由专人负责保管，两种性质相抵触的爆破物品必须分类存放。

（2）爆破物品入库时保管员经核实后填写入库登记，发现不合格产品或有丢失及时上报公安机关。

（3）爆破物品严禁在施工现场过夜，剩余爆破物品必须入库。

（4）使用过程中，严禁烟火、撞击。

第五部分 施工组织机构

根据具体爆破工程定，施工组织机构的设置可繁可简，如附图 6 所示。

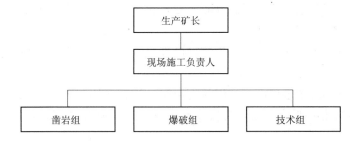

附图 6 施工组织机构

附 件

图纸（略）

参 考 文 献

[1] 戚文革，等．矿山爆破技术［M］．北京：冶金工业出版社，2010．

[2] 国家经贸委安全生产局组织．爆破工［M］．北京：气象出版社，2005．

[3] 安全生产、劳动保护政策法规系列专辑编委会．民用爆炸物品安全管理专辑［M］．北京：中国劳动社会保障出版社，2004．

[4] 编委会．最新爆破工程消耗量定额及工程量清单计算规则贯彻实施手册［M］．北京：中国矿业出版社，2008．

[5] 汪旭光．中国典型爆破工程与技术［M］．北京：冶金工业出版社，2006．

[6] 王玉杰．爆破安全技术［M］．北京：冶金工业出版社，2005．

[7] 曹仁贵，黄小庆，黎文斐．白云岩巷道爆破掘进楔形掏槽试验研究［J］，中国高新技术企业，2010（24）．

[8] 余永强，吴帅峰，褚怀保，等．非均质硬岩巷道爆破方法研究［J］，工程爆破，2013，19（6）．

[9] 赵勇，范文录，廖九波．光面爆破在破碎矿体脉内凿岩巷道中的应用［J］，采矿技术，2012，12（5）．

[10] 汪峰，牛宾，胡坤伦，等．提高大断面硬岩巷道掘进爆破效率试验研究［J］，煤炭科学技术，2013年，41（增刊）．

[11] 单仁亮，黄宝龙，高文蛟，等．岩巷掘进准直眼掏槽爆破新技术应用实例分析［J］，岩石力学与工程学报，2011，30（2）．

[12] 王拥军．硬岩巷道掘进爆破方法的研究应用［J］，西部探矿工程，2012（6）．

[13] 李建强．中深孔爆破技术在岩巷快速掘进中的应用研究［J］，山西建筑，2014，40（11）．

[14] 刁先鹏，胡坤伦，吉永明，等．大断面岩巷中深孔光面爆破技术［J］，建井技术，2013，34（2）．

[15] 王磊，李胜辉，申文．光面爆破技术在采区斜坡道掘进中的应用［J］，矿业工程，2011，9（1）．

[16] 程真富．影响岩巷掘进中深孔爆破效果的技术因素分析［J］，煤炭技术，2010，29（5）．

[17] 向军．光面爆破技术在凡口铅锌矿的应用［J］，采矿技术，2010，10（3）．

[18] 华根勇，傅菊根，段锋．深孔光面爆破技术在井巷掘进中的应用［J］，煤炭工程2012（3）．

[19] 平琦，刘延俊，周鲁军，等．硬岩巷道掘进爆破参数设计优化［J］，煤炭工程，2013（12）．

[20] 王文伟. 凹陷露天铁矿下台阶路堑爆破实例 [J], 煤矿爆破, 2007 (1).

[21] 刘玉福, 宋富国, 孙新虎, 等. 黑岱沟露天煤矿台阶硬顶的爆破方法 [J], 露天采矿技术, 2005 (5).

[22] 王涛, 惠明星, 刘建兵. 黄麦岭露天矿层状岩体爆破参数优化 [J], 现代矿业, 2012 (6).

[23] 邓森儒. 露天台阶爆破宽孔距布孔探讨 [J], 爆破, 2006, 23 (2).

[24] 杨涛. 露天台阶中深孔爆破合理超深值确定的实践 [J], 采矿技术, 2013, 13 (4).

[25] 顾亮业, 方颜空, 陈述云, 等. 鱼刺起爆法在东露天 1437 台阶的应用 [J], 轻金属, 2011 (3).

[26] 胡庆允, 张华. 堵塞长度对爆破效果影响的实践 [J], 建材世界, 2011, 32 (3).

[27] 赵桂香, 王正昌, 孙敬文. 间隔技术在露天台阶深孔爆破中的应用 [J], 矿业快报, 2004 (9).

[28] 吕淑然. 雷管断别对露天台阶爆破地震效应的影响研究 [J], 中国矿业, 2005, 14 (6).

[29] 陆广, 史秀志, 杨志强. 露天矿高台阶爆破几个问题的探讨 [J], 采矿技术, 2007, 7 (3).

[30] 胡定宽, 杨溢, 陈玉凯. 甘冲山坡露天矿台阶深孔爆破根底产生原因及预防措施 [J], 云南冶金, 2009, 38 (5).

[31] 张义军. 缓冲光面爆破在准东露天煤矿的应用 [J], 露天采矿技术, 2011 (4).

[32] 陈寿如, 毛晖, 张劲松, 等. 工程爆破 [J], 2003, 9 (2).

[33] 朱月健, 刘红岩. 露天台阶爆破前排抵抗线合理长度计算 [J], 煤矿爆破, 2002 (3).

[34] 陈寿, 周桂松, 周云, 等. 逐孔起爆技术在太和铁矿的应用 [J], 工程爆破, 2011, 17 (1).

[35] 陈晶晶, 赵博深, 白玉奇. 经山寺铁矿减少深孔台阶爆破根底的工程实践 [J], 工程爆破, 2013, 19 (3).

[36] 吕向东, 魏炳, 马小兵. 西沟石灰石矿在降段与掘沟爆破中的经验 [J], 工程爆破, 1998, 4 (2).

[37] 安祥吉. 对两起重大爆破事故的处置措施及经验总结 [J], 工程爆破, 2011, 17 (1).

[38] 李晏松, 江兵, 杜翠凤. 掘进巷道降低爆破尘毒的工业试验研究 [J], 有色金属, (矿山部分) 65 (1).

[39] 肖晓梅, 薛延河, 李创新, 等. 露天深孔台阶拒爆事故分析 [J], 金属矿山, 2013 (1).

[40] 秦龙头, 许克鸣, 吕学晓, 等. 岩巷掘进中瞎炮事故原因分析及预防措施 [J], 中州煤炭, 2012 (9).

[41] 王丹丹, 池恩安, 詹振锵, 等. 爆破飞石产生原因事故树分析 [J], 爆破, 2012, 29 (2).

[42] 梁开水, 余德运. 二次爆破个别飞石伤人事故分析 [J], 安全与环境工程, 2005, 12

（1）.

［43］翟云虎．矿山爆破中的溶洞处理及勘测［J］，科技咨询，2013（10）．

［44］李晓虎，贾海波，薛延河，等．南泥湖露天矿台阶爆破拒爆事故调查与分析［J］，工程爆破，2013，19（3）．

［45］吴荫松，龙昌军．一次巷道掘进爆破失败的若干问题［J］，中国高新技术企业，2010（13）．

［46］张广荣，赵明生，明悦，等．爆破事故应急救援预案演练的研究与探讨［J］，爆破，2013，30（2）．

［47］张广荣，赵明生，明悦，等．爆破事故应急救援预案演练的研究与探讨［J］，爆破，2013，30（2）．

［48］陈亚军．非均质岩体爆破设计方案优化［J］，煤炭技术，2012，31（5）．

［49］杜明洲．矿山井下常见爆破事故分析与预防［J］，黄金，2002，23（19）．

［50］任春芳，庙延钢，陈俊智．炮烟中毒事故应急救援预案的编制［J］，云南冶金，2007，36（4）．

［51］王文才，张世明，周连春，等．大型露天金属矿爆破的事故树分析［J］，金属矿山，2010（4）．

［52］丁银贵．露天深孔爆破拒爆事故处理方法及索赔事宜［J］，中国新技术新产品，2013（6）．

［53］郭学彬，蒲传金，冯德润，等．岩溶发育区微差爆破孔间殉爆引起拒爆分析［J］，中国矿业，2005，14（11）．

［54］甘海仁，杨永顺，李永星．我国凿岩机械现状［J］，凿岩机械气动工具，2006（1）．

［55］王毅．潜孔钻机的选型与应用［J］，采矿技术，2002，2（1）．